U0162039

网络安全等级保护与关键信息基础设施安全保护系列丛书

网络安全保护平台建设应用与挂图作战

郭启全 主编
张海霞 江东 连一峰 胡光俊 等编著

電子工業出版社
Publishing House of Electronics Industry
北京•BEIJING

内 容 简 介

新时代网络安全的显著特征是技术对抗。为了大力提升网络安全技术对抗能力，需要建设网络安全保护平台，建设网络安全智慧大脑，利用大数据和人工智能等技术将网络安全业务上图，实施挂图作战。本书对与网络安全保护平台建设应用有关的网络空间地理学、网络空间测绘、网络空间大数据汇聚与治理、网络威胁信息采集汇聚、智慧大脑、网络安全技术对抗等内容进行了深入探讨，并对网络安全保护工作中等级保护、关键信息基础设施安全保护、安全监测、通报预警、应急处置、技术对抗、安全检查、威胁情报、追踪溯源、侦查打击、指挥调度等业务的挂图作战设计进行了具体说明。

本书供网络安全保护工作相关单位、网络运营者和网络安全从业者阅读。

图书在版编目（CIP）数据

网络安全保护平台建设应用与挂图作战 / 郭启全主编；张海霞等编著. —北京：电子工业出版社，2023.11
（网络安全等级保护与关键信息基础设施安全保护系列丛书）
ISBN 978-7-121-46497-3

Ⅰ. ①网… Ⅱ. ①郭… ②张… Ⅲ. ①计算机网络－网络安全－信息化建设 Ⅳ. ①TP393.08

中国国家版本馆 CIP 数据核字（2023）第 195366 号

责任编辑：潘　昕
印　　刷：三河市君旺印务有限公司
装　　订：三河市君旺印务有限公司
出版发行：电子工业出版社
　　　　　北京市海淀区万寿路 173 信箱　　邮编：100036
开　　本：787×980　1/16　印张：23　字数：426 千字
版　　次：2023 年 11 月第 1 版
印　　次：2023 年 11 月第 1 次印刷
定　　价：135.00 元

凡所购买电子工业出版社图书有缺损问题，请向购买书店调换。若书店售缺，请与本社发行部联系，联系及邮购电话：（010）88254888，88258888。

质量投诉请发邮件至 zlts@phei.com.cn，盗版侵权举报请发邮件至 dbqq@phei.com.cn。

本书咨询联系方式：faq@phei.com.cn。

前　言

审视国际国内网络空间大局，我国网络安全面临的形势严峻复杂：一是网络安全外部威胁挑战加剧，网络空间成为大国竞争的重要领域；二是网络安全内在需求加大加快，网络和数据安全是国家经济安全的重要基础保障，而网络攻击是数字经济的最大威胁；三是我国网络安全提档升级跨进新时代，应树立新理念、采取新举措、实现新目标。近年来，国家密集出台网络和数据安全法律法规，为开展网络安全保护、保卫和保障工作提供了法律依据。

新时代我国的网络安全工作应坚持五项原则：一是坚持依法保护，落实各方责任；二是加强网络安全保护、保卫和保障工作，三方面协调发展；三是坚持问题导向，实战引领，建立网络安全综合防御体系；四是强化落实“实战化、体系化、常态化”和“动态防御、主动防御、纵深防御、精准防护、整体防控、联防联控”的“三化六防”措施，大力提升“打防管控”一体化网络安全综合防御能力；五是坚持底线思维，树立一盘棋思想，采取超常规举措，大力提升应对突发事件的能力，守住关键，保住要害。

新时代网络安全的显著特征是技术对抗。我们应立足有效应对大规模网络攻击和信息基础设施遭摧毁等极端情况，建立完善关键信息基础设施安全保护制度和综合防御体系，显著提升关键信息基础设施整体防御能力。为了大力提升网络安全技术对抗能力，需要建设网络安全保护平台，建设网络安全智慧大脑，利用大数据和人工智能等技术将网络安全各业务上图，实施挂图作战。为此，我们编写了本书。

本书纳入网络安全等级保护与关键信息基础设施安全保护系列丛书。丛书包括：

- 《〈关键信息基础设施安全保护条例〉〈数据安全法〉和网络安全等级保护制度解读与实施》
- 《网络安全保护平台建设应用与挂图作战》（本书）
- 《关键信息基础设施安全保护能力建设与实践》
- 《网络安全等级保护基本要求（通用要求部分）应用指南》
- 《网络安全等级保护基本要求（扩展要求部分）应用指南》

- 《网络安全等级保护安全设计技术要求（通用要求部分）应用指南》
- 《网络安全等级保护安全设计技术要求（扩展要求部分）应用指南》
- 《网络安全等级保护测评要求（通用要求部分）应用指南》
- 《网络安全等级保护测评要求（扩展要求部分）应用指南》

本书得到了国家重点科技研发计划项目“网络空间地理图谱构建与智能认知关键技术研究”的支持，总结和凝聚了研究团队近年来在本领域的新成果。本书主编为郭启全，负责组织和统筹全书内容并认真进行设计和把关。中国科学院软件研究所张海霞编写第 4 章、第 6 章、第 10 章。中国科学院地理研究所江东编写第 2 章、第 8 章。中国科学院软件研究所连一峰编写第 1 章、第 5 章、第 7 章。公安部第一研究所胡光俊编写第 3 章、第 9 章。

由于水平所限，书中难免有不足之处，敬请读者指正。

作　者

目　录

第 1 章　网络安全概要 1

1.1　网络安全法律政策 1

1.1.1　网络安全法律 1

1.1.2　网络安全政策 5

1.1.3　网络安全制度 9

1.2　网络安全标准 12

1.2.1　网络安全国家标准 12

1.2.2　网络安全行业标准 17

1.3　网络安全关键技术 18

1.3.1　密码技术 18

1.3.2　可信计算 21

1.3.3　访问控制 22

1.3.4　身份鉴别与认证 23

1.3.5　入侵检测与恶意代码防范 24

1.3.6　安全审计 25

1.4　新型网络空间安全技术 25

1.4.1　新型网络安全挑战 26

1.4.2　大数据技术 27

1.4.3　人工智能技术 27

1.4.4　区块链技术 27

1.5　小结 28

第 2 章　网络空间地理学理论 29

2.1　网络空间地理学概述 29

2.1.1 网络空间概述 29
2.1.2 网络空间的地理学特征 31
2.1.3 网络空间与现实空间的关联关系 37
2.2 网络空间地理学的理论基础 39
2.2.1 网络空间地理学的基本概念 39
2.2.2 网络空间地理学的内涵与发展 42
2.3 网络空间地理学的关键问题与方法论 49
2.3.1 网络空间地理学的方法体系 49
2.3.2 网络空间地理学的关键技术 54
2.4 网络空间地理学理论支撑核心技术研究 63
2.5 小结 64

第3章 网络空间测绘 65

3.1 网络空间测绘概述 65
3.1.1 网络空间的演变与发展 65
3.1.2 网络空间测绘技术的提出与兴起 66
3.2 网络资产测绘支撑图谱构建 67
3.2.1 网络空间知识图谱模型及知识图谱要素定义 68
3.2.2 网络空间知识体系刻画及知识图谱建模 71
3.2.3 网络空间基础数据自动化清洗及知识图谱自动化构建 73
3.3 互联网测绘技术与方法 78
3.3.1 互联网资产指纹库的构建与更新 78
3.3.2 互联网资产的识别与管理 81
3.3.3 互联网资产耦合分析方法 95
3.4 专网测绘技术与方法 99
3.4.1 专网资产的要素采集 99
3.4.2 专网资产深度采集、分析与治理 100
3.4.3 专网资产知识图谱构建 104
3.5 城市网络测绘技术与方法 108

3.5.1 城域网资产深度测绘技术 108
3.5.2 城域网资产数据汇集、存储及检索技术 110
3.5.3 城域网资产知识图谱构建 114
3.6 小结 118

第 4 章 网络空间大数据汇聚与治理 119

4.1 数据资源目录与管理 119
4.1.1 数据资源分类分级 119
4.1.2 数据资源目录编制 123
4.1.3 数据资源目录管理与服务 126
4.2 数据治理与功能框架 127
4.2.1 数据治理定义 127
4.2.2 数据治理功能框架 128
4.3 数据采集与集成 129
4.3.1 数据采集 129
4.3.2 数据集成 131
4.4 数据预处理 133
4.4.1 数据清洗 133
4.4.2 数据转换 134
4.4.3 数据关联 135
4.4.4 数据比对 135
4.4.5 数据标识 136
4.5 数据管理 136
4.5.1 数据质量管理 137
4.5.2 数据标签管理 139
4.5.3 数据血缘管理 144
4.6 数据开发 146
4.6.1 离线开发 147
4.6.2 实时计算 148

4.6.3 算法开发 148
4.7 统一数据服务 150
4.7.1 数据服务分类 150
4.7.2 数据应用服务 151
4.7.3 服务生命周期管理 153
4.7.4 统一数据服务功能框架 153
4.8 小结 155

第 5 章 网络威胁信息采集汇聚 156

5.1 网络威胁信息采集技术 156
5.1.1 网络威胁信息来源 157
5.1.2 威胁情报类型 158
5.1.3 网络威胁信息采集渠道 159
5.1.4 网络威胁信息采集方法 162
5.1.5 新型网络威胁监测发现技术 162
5.2 网络威胁信息汇聚技术 166
5.2.1 汇聚目标 166
5.2.2 汇聚方式 167
5.2.3 汇聚技术 168
5.3 网络威胁信息分析挖掘技术 169
5.3.1 网络威胁信息融合 170
5.3.2 网络威胁信息治理 170
5.3.3 网络威胁信息挖掘 170
5.4 网络威胁信息共享交换 173
5.4.1 共享交换需求及存在的问题 174
5.4.2 共享交换框架与标准 175
5.4.3 共享交换模型与关键技术 176
5.5 小结 180

第 6 章 建设网络安全保护平台 181
6.1 网络安全保护平台规划设计 181
6.1.1 总体定位 181
6.1.2 技术架构 183
6.1.3 业务模块 191
6.1.4 基础库 193
6.2 网络安全保护平台建设关键技术 195
6.2.1 监测发现技术 195
6.2.2 态势感知技术 200
6.2.3 分析挖掘技术 205
6.2.4 知识图谱技术 207
6.3 网络安全保护平台内部协同联动 208
6.3.1 业务模块协同联动 208
6.3.2 基础库协同联动 209
6.4 网络安全保护平台外部协同联动 210
6.4.1 与职能部门协同联动 211
6.4.2 上下级单位协同联动 211
6.4.3 跨行业协同联动 212
6.4.4 与网络安全企业协同联动 212
6.5 网络安全保护平台运营 212
6.5.1 运营基础设施搭建 213
6.5.2 数据运营 214
6.5.3 技术运营 215
6.5.4 业务运营 215
6.6 网络安全保护平台安全保障 216
6.6.1 安全保障设计依据 216
6.6.2 数据安全 217
6.6.3 密码应用安全 217

6.6.4 授权与访问控制 218
6.6.5 安全审计 219
6.6.6 协同联动安全 221
6.7 网络安全保护平台支撑挂图作战 221
6.8 小结 222

第 7 章 建设网络安全保护平台智慧大脑 223

7.1 智慧大脑概述 223
7.1.1 建设目标 223
7.1.2 技术架构 224
7.1.3 核心能力 228
7.1.4 外部赋能 232
7.2 智慧大脑建设 233
7.2.1 大数据支撑智慧大脑 233
7.2.2 基础设施支撑智慧大脑 234
7.2.3 专家系统支撑智慧大脑 235
7.2.4 大数据分析技术支撑智慧大脑 238
7.2.5 人工智能技术支撑智慧大脑 239
7.3 智慧大脑典型应用 243
7.3.1 威胁情报分析挖掘 243
7.3.2 攻击溯源 248
7.3.3 重点目标画像 252
7.4 小结 256

第 8 章 绘制网络空间地理图谱 257

8.1 网络空间地理图谱构建 257
8.1.1 网络空间地理要素的信息抽取 258
8.1.2 网络空间关系的识别与空间化 259
8.1.3 网络空间地理图谱的动态构建 262

8.2 网络空间地理图谱管理与表达 265
8.2.1 网络空间地理图谱的管理 266
8.2.2 网络空间地理图谱的可视化 272
8.3 基于网络空间地理图谱的网络空间行为认知方法 274
8.3.1 网络空间安全行为实体的特征分析 275
8.3.2 网络空间安全行为的智能认知 277
8.4 小结 280

第 9 章 网络安全技术对抗 281

9.1 网络安全技术对抗概述 281
9.2 黑客常用攻击手段和方法 281
9.2.1 信息搜集 282
9.2.2 漏洞利用 286
9.2.3 后门植入 288
9.2.4 横向与纵向渗透 291
9.2.5 痕迹清除 294
9.3 网络安全技术对抗措施 296
9.3.1 攻击面收敛 297
9.3.2 重点防护 299
9.3.3 常态化监测感知 301
9.3.4 攻击检测阻断 303
9.3.5 威胁情报收集 306
9.3.6 攻击诱捕 307
9.3.7 对抗反制 310
9.3.8 纵深防御 314
9.3.9 攻防演练 319
9.4 小结 320

第 10 章 网络安全挂图作战 321
10.1 挂图作战总体设计 321
10.2 等级保护挂图作战 324
10.3 关键信息基础设施安全保护挂图作战 325
10.4 安全监测挂图作战 326
10.5 通报预警挂图作战 327
10.6 应急处置挂图作战 329
10.7 技术对抗挂图作战 331
10.8 安全检查挂图作战 333
10.9 威胁情报挂图作战 335
10.10 追踪溯源挂图作战 337
10.11 侦查打击挂图作战 339
10.12 指挥调度挂图作战 341
10.13 小结 343
参考文献 345

第 1 章　网络安全概要

本章对网络安全相关法律、政策、制度、标准和关键技术进行介绍，分析网络空间面临的新型威胁和挑战，简要介绍大数据、人工智能、区块链等新兴技术在网络空间安全领域的应用前景。

1.1　网络安全法律政策

本节主要介绍网络安全相关法律、政策、制度。

1.1.1　网络安全法律

网络安全相关法律列举如下。

1.《中华人民共和国国家安全法》

《中华人民共和国国家安全法》是为了维护国家安全，保卫人民民主专政的政权和中国特色社会主义制度，保护人民的根本利益，保障改革开放和社会主义现代化建设的顺利进行，实现中华民族伟大复兴，根据《中华人民共和国宪法》制定的法规。

《中华人民共和国国家安全法》于 2015 年 7 月 1 日经第十二届全国人民代表大会常务委员会第十五次会议审议通过，由国家主席习近平签署中华人民共和国主席令第 29 号予以公布。《中华人民共和国国家安全法》明确国家安全工作应当坚持总体国家安全观，以人民安全为宗旨，以政治安全为根本，以经济安全为基础，以军事、文化、社会安全为保障，以促进国际安全为依托，维护各领域国家安全，构建国家安全体系，走中国特色国家安全道路。《中华人民共和国国家安全法》明确了政治安全、国土安全、军事安全、文化安全、科技安全等 11 个领域的国家安全任务，共 7 章 84 条，自 2015 年 7 月 1 日起施行。

《中华人民共和国国家安全法》第二十五条明确提出：国家建设网络与信息安全保障体系，提升网络与信息安全保护能力，加强网络和信息技术的创新研究和开发应用，实现网络和信息核心技术、关键信息基础设施和重要领域信息系统及数据的安全可控；加强网络管理，防范、制止和依法惩治网络攻击、网络入侵、网络窃密、散布违法有害信息等网络违法犯罪行为，维护国家网络空间主权、安全和发展利益。

2.《中华人民共和国网络安全法》

《中华人民共和国网络安全法》(简称《网络安全法》)是为保障网络安全，维护网络空间主权和国家安全、社会公共利益，保护公民、法人和其他组织的合法权益，促进经济社会信息化健康发展制定的法律。

《网络安全法》于2016年11月7日经第十二届全国人民代表大会常务委员会第二十四次会议审议通过，由国家主席习近平签署中华人民共和国主席令第53号予以公布。《网络安全法》是我国第一部全面规范网络空间安全管理方面问题的基础性法律，是我国网络空间法治建设的重要里程碑，是依法治网、化解网络风险的法律重器，是让互联网在法治轨道上健康运行的重要保障，共7章79条，自2017年6月1日起施行。

《网络安全法》提出了网络空间主权原则、网络安全与信息化发展并重原则、网络空间共同治理原则，进一步明确了政府各部门的职责权限，完善了网络安全监管体制，强化了网络运行安全，重点保护关键信息基础设施，并完善了网络安全义务和责任，将监测预警与应急处置措施制度化、法制化。

3.《中华人民共和国人民警察法》

《中华人民共和国人民警察法》于1995年2月28日第八届全国人民代表大会常务委员会第十二次会议通过，1995年2月28日中华人民共和国主席令第40号公布；根据2012年10月26日第十一届全国人民代表大会常务委员会第二十九次会议通过，2012年10月26日中华人民共和国主席令第69号公布的《全国人民代表大会常务委员会关于修改〈中华人民共和国人民警察法〉的决定》修正。

《中华人民共和国人民警察法》明确了人民警察的任务是维护国家安全，维护社会治安秩序，保护公民的人身安全、人身自由和合法财产，保护公共财产，预防、制止和惩治违法犯罪活动，规定了人民警察的职权、义务和纪律、组织管理、警务保障、执法监督和法律责任，共7章52条，自2013年1月1日起施行。

《中华人民共和国人民警察法》第六条明确规定，公安机关的人民警察按照职责分工，依法履行监督管理计算机信息系统安全保护工作的职责。

4.《中华人民共和国刑法》

《中华人民共和国刑法》是为了惩罚犯罪，保护人民，根据《中华人民共和国宪法》，结合我国同犯罪作斗争的具体经验及实际情况制定的法律。《中华人民共和国刑法》于 1979 年 7 月 1 日第五届全国人民代表大会第二次会议通过，自 1980 年 1 月 1 日起施行。2020 年 12 月 26 日，第十三届全国人民代表大会常务委员会第二十四次会议通过《中华人民共和国刑法修正案（十一）》，自 2021 年 3 月 1 日起施行。

《中华人民共和国刑法》的任务是用刑罚同一切犯罪行为作斗争，以保卫国家安全，保卫人民民主专政的政权和社会主义制度，保护国有财产和劳动群众集体所有的财产，保护公民私人所有的财产，保护公民的人身权利、民主权利和其他权利，维护社会秩序、经济秩序，保障社会主义建设事业的顺利进行。

《中华人民共和国刑法》第二百八十五条至第二百八十七条分别对与网络安全有关的非法侵入计算机信息系统罪、破坏计算机信息系统罪、非法利用信息网络罪、帮助信息网络犯罪活动罪等的犯罪行为、刑事责任和刑罚作出了明确规定。

5.《中华人民共和国治安管理处罚法》

《中华人民共和国治安管理处罚法》是为维护社会治安秩序，保障公共安全，保护公民、法人和其他组织的合法权益，规范和保障公安机关及其人民警察依法履行治安管理职责制定的法律。

《中华人民共和国治安管理处罚法》于 2005 年 8 月 28 日第十届全国人民代表大会常务委员会第十七次会议通过，2005 年 8 月 28 日中华人民共和国主席令第 38 号公布，自 2006 年 3 月 1 日起施行；根据 2012 年 10 月 26 日第十一届全国人民代表大会常务委员会第二十九次会议通过，2012 年 10 月 26 日中华人民共和国主席令第 67 号公布的《全国人民代表大会常务委员会关于修改〈中华人民共和国治安管理处罚法〉的决定》修正。

《中华人民共和国治安管理处罚法》第二十九条明确规定了针对侵入计算机信息系统，删除、修改、增加、干扰计算机信息系统功能，删除、修改、增加计算机信息系统数据，故意制作、传播计算机病毒等网络安全违法行为的处罚措施。

6.《中华人民共和国数据安全法》

《中华人民共和国数据安全法》（简称《数据安全法》）是为了规范数据处理活动，保障数据安全，促进数据开发利用，保护个人、组织的合法权益，维护国家主权、安全和发展利益制定的法律。

2021年6月10日，第十三届全国人民代表大会常务委员会第二十九次会议通过《数据安全法》，自2021年9月1日起施行。

《数据安全法》是我国实施数据安全监督管理的基础性法律，目的是提升国家数据安全的保障能力和数字经济的治理能力。《数据安全法》阐明了数据安全与发展的关系，明确了未来数据治理的方向：一是要开展数据领域国际交流与合作，参与数据安全相关国际规则和标准的制定，促进数据跨境安全、自由流动；二是要全面加强数据开放利用，推进技术和标准体系建设，建立健全数据交易管理制度；三是要建立分类分级数据保护制度，形成集中、统一、权威的数据安全机制，建立数据安全应急处理机制、数据安全审查制度、数据安全出口管制制度，根据实际情况采取数据投资贸易反制措施等；四是明确数据安全保护义务，落实数据保护责任，加强数据安全风险监测和评估；五是国家机关政务数据要建立健全数据安全管理制度，落实数据安全保护责任，及时、准确公开政府数据，构建统一、规范、互联互通、安全可控的政务数据开放平台，推动政府数据开放利用。

7.《中华人民共和国密码法》

《中华人民共和国密码法》是为了规范密码应用和管理，促进密码事业发展，保障网络与信息安全，维护国家安全和社会公共利益，保护公民、法人和其他组织的合法权益而制定的法律。

《中华人民共和国密码法》于2019年10月26日第十三届全国人民代表大会常务委员会第十四次会议通过，自2020年1月1日起施行。

《中华人民共和国密码法》是我国密码领域的综合性、基础性法律，规定了密码工作的基本原则、领导和管理体制及密码发展促进和保障措施，核心密码、普通密码的使用要求、安全管理制度，国家加强核心密码、普通密码工作的一系列特殊保障制度和措施，商用密码标准化制度、检测认证制度、市场准入管理制度、使用要求、进出口管理制度、电子政务电子认证服务管理制度及商用密码事中事后监管制度，以及违反该法相关规定应当承担的相应的法律后果。

8.《中华人民共和国个人信息保护法》

《中华人民共和国个人信息保护法》（简称《个人信息保护法》）是为了保护个人信息权益，规范个人信息处理活动，促进个人信息合理利用，根据《中华人民共和国宪法》制定的法规。

2021 年 8 月 20 日，第十三届全国人民代表大会常务委员会第三十次会议通过《个人信息保护法》，自 2021 年 11 月 1 日起施行。

《个人信息保护法》健全了个人信息处理规则，完善了个人信息跨境提供规则，明确了个人信息处理活动中个人的权利和处理者的义务，规定了国家网信部门和国务院有关部门在各自职责范围内负责个人信息保护和监督管理工作。

9.《关键信息基础设施安全保护条例》

《关键信息基础设施安全保护条例》是根据《网络安全法》制定的条例，旨在建立专门保护制度，明确各方责任，提出保障促进措施，保障关键信息基础设施安全及维护网络安全。

《关键信息基础设施安全保护条例》于 2021 年 4 月 27 日国务院第 133 次常务会议通过。2021 年 7 月 30 日，国务院总理李克强签署中华人民共和国国务院令第 745 号，公布《关键信息基础设施安全保护条例》，自 2021 年 9 月 1 日起施行。

《关键信息基础设施安全保护条例》明确规定，重点行业和领域的重要网络设施、信息系统属于关键信息基础设施，国家对关键信息基础设施实行重点保护，采取措施，监测、防御、处置来源于境内外的网络安全风险和威胁，保护关键信息基础设施免受攻击、侵入、干扰和破坏，依法惩治违法犯罪活动。应坚持综合协调、分工负责、依法保护，强化和落实关键信息基础设施运营者主体责任，充分发挥政府及社会各方面的作用，共同保护关键信息基础设施安全。《关键信息基础设施安全保护条例》明确了监督管理体制，完善了关键信息基础设施认定机制，规定了运营者责任义务、保障和促进措施，并明确了相应的法律责任。

1.1.2　网络安全政策

网络安全相关政策列举如下。

1.《信息安全等级保护管理办法》

2007 年，公安部、国家保密局、国家密码管理局和国务院信息化工作办公室联合发布《信息安全等级保护管理办法》（公通字 [2007] 43 号），明确了等级保护各相关单位和机构的工作职责及实施要求。其中，信息系统主管部门负责督促、检查、指导本行业、本部门或者本地区信息系统运营使用单位的信息安全等级保护工作，信息系统的运营使用单位负责履行信息安全等级保护的义务和责任。

《信息安全等级保护管理办法》明确了信息系统的等级划分与保护工作，围绕等级保护的实施与管理，对信息系统安全保护等级确定、信息安全设施同步建设、信息安全产品选择、安全管理制度制定和落实、等级测评、系统备案、系统检查、系统整改、测评机构管理等工作事项作出了明确规定。

2.《关于开展全国重要信息系统安全等级保护定级工作的通知》

2007 年，公安部、国家保密局、国家密码管理局和国务院信息化工作办公室联合发布《关于开展全国重要信息系统安全等级保护定级工作的通知》（公信安 [2007] 861 号），部署 2007 年 7 月至 10 月在全国范围内组织开展重要信息系统安全等级保护定级工作，明确了定级范围，提出了定级工作要求，规定了定级工作的主要内容，包括开展信息系统基本情况的摸底调查，初步确定安全保护等级，开展评审与审批，并完成备案工作。

3.《关于开展信息安全等级保护安全建设整改工作的指导意见》

2009 年，公安部发布《关于开展信息安全等级保护建设整改工作的指导意见》（公信安 [2009] 1429 号），用于指导各地区各部门在等级保护定级工作的基础上深入开展等级保护建设整改工作，提出要依据等级保护有关政策和标准重点落实三项工作：一是开展信息安全等级保护安全管理制度建设，提高信息系统安全管理水平；二是开展信息安全等级保护安全技术措施建设，提高信息系统安全保护能力；三是开展信息系统安全等级测评，使信息系统安全保护状况逐步达到等级保护要求。

4.《国务院关于推进信息化发展和切实保障信息安全的若干意见》

2012 年，国务院发布《国务院关于推进信息化发展和切实保障信息安全的若干意见》（国发 [2012] 23 号），提出必须进一步增强紧迫感，采取更加有力的政策措施，大力推进信息化发展，切实保障信息安全；要求到“十二五”末，国家信息安全保障体系基本形成，重要信息系统和基础信息网络安全防护能力明显增强，信息化装备的安全可控水平明显提高，信息安全等级保护等基础性工作明显加强。在健全安全防护和管理，保障重点领域信息安全方面：一是确保重要信息系统和基础信息网络安全；二是加强政府和涉密信息系统安全管理；三是保障工业控制系统安全；四是强化信息资源和个人信息保护。在加快能力建设，提升网络与信息安全保障水平方面：一是夯实网络与信息安全基础；二是加强网络信任体系建设和密码保障；三是提升网络与信息安全监管能力；四是加快技术攻关和产业发展。

5.《党委（党组）网络安全工作责任制实施办法》

2021 年 8 月 4 日，《人民日报》头版发布《中国共产党党内法规体系》一文。同年，《中国共产党党内法规汇编》公开发行，收录了《党委（党组）网络安全工作责任制实施办法》(简称《实施办法》)。作为《中国共产党党内法规汇编》唯一收录的网络安全领域党内法规，《实施办法》的公开发布将对厘清网络安全责任、落实保障措施、推动网信事业发展产生巨大影响。

《实施办法》规定：各级党委（党组）对本地区本部门网络安全工作负主体责任；行业主管监管部门对本行业本领域的网络安全负指导监管责任。《实施办法》明确：各级网络安全和信息化领导机构、各地区各部门网络安全和信息化领导机构应组织开展的网络安全重点工作；各级党委（党组）违反或未能正确履行网络安全职责时应按照有关规定追究责任；各级党委（党组）应建立网络安全责任制检查考核制度，完善健全考核机制，明确考核内容、方法和程序；各级审计机关在有关部门和单位的审计中，应将网络安全建设和绩效纳入审计范围。

6.《贯彻落实网络安全等级保护制度和关键信息基础设施安全保护制度的指导意见》

2020 年，公安部发布《贯彻落实网络安全等级保护制度和关键信息基础设施安全保护制度的指导意见》(公网安 [2020] 1960 号)，确定了指导思想、基本原则和工作目标，提出深入贯彻国家网络安全等级保护制度，建立并实施关键信息基础设施安全保护制度，加强网络安全保护工作协作配合，加强网络安全工作各项保障，从而进一步健全完善国家网络安全综合防控体系，有效防范网络安全威胁，有力处置重大网络安全事件，切实保障关键信息基础设施、重要网络和数据安全。

7.《网络安全审查办法》

为确保关键信息基础设施供应链安全，维护国家安全，国家互联网信息办公室、国家发展和改革委员会、工业和信息化部、公安部、国家安全部、财政部、商务部、中国人民银行、国家市场监督管理总局、国家广播电视总局、国家保密局、国家密码管理局依据《中华人民共和国国家安全法》《中华人民共和国网络安全法》《中华人民共和国数据安全法》制定《网络安全审查办法》(国家互联网信息办公室、国家发展和改革委员会、工业和信息化部、公安部、国家安全部、财政部、商务部、中国人民银行、国家市场监督管理总局、国家广播电视总局、国家保密局、国家密码管理局令第6号)，于2020年4月13日公布，自2020年6月1日起施行。

2021年7月10日，国家互联网信息办公室发布关于《网络安全审查办法(修订草案征求意见稿)》公开征求意见的通知。

2021年11月16日，国家互联网信息办公室2021年第20次室务会议审议通过《网络安全审查办法》，并经国家发展和改革委员会、工业和信息化部、公安部、国家安全部、财政部、商务部、中国人民银行、国家市场监督管理总局、国家广播电视总局、中国证券监督管理委员会、国家保密局、国家密码管理局同意，予以公布，自2022年2月15日起施行。2020年4月13日公布的《网络安全审查办法》(国家互联网信息办公室、国家发展和改革委员会、工业和信息化部、公安部、国家安全部、财政部、商务部、中国人民银行、国家市场监督管理总局、国家广播电视总局、国家保密局、国家密码管理局令第6号)同时废止。

网络安全审查重点评估关键信息基础设施运营者采购网络产品和服务可能带来的国家安全风险。根据中央网络安全和信息化委员会《关于关键信息基础设施安全保护工作有关事项的通知》精神，电信、广播电视、能源、金融、公路水路运输、铁路、民航、邮政、水利、应急管理、卫生健康、社会保障、国防科技工业等行业领域的重要网络和信息系统运营者在采购网络产品和服务时，应按照《网络安全审查办法》的要求考虑申报网络安全审查。

8.《关于进一步加强中央企业网络安全工作的通知》

2017年，国务院国有资产监督管理委员会办公厅发布《关于进一步加强中央企业网络安全工作的通知》(国资厅发综合 [2017] 33号)，要求各中央企业深刻认识网络安全工作的重要性、复杂性和艰巨性，牢固树立以安全保发展、以发展促安全的思想观念，进一步增强责任感和使命感，按照全面排查风险、增强重点防护、实时发现预警、强力有效处置、确保平稳运行的工作目标抓好网络安全工作。各中央企业应全面深入开展《网络安全法》宣传教育，强化关键信息基础设施保护，加强网络安全自查和风险防范，提高网络安全态势感知和预警处置能力，做好重大会议活动期间网络安全保障，增进企业间合作共享，加强领导和组织落实。

1.1.3 网络安全制度

网络安全相关制度列举如下。

1. 网络安全等级保护制度

《中华人民共和国计算机信息系统安全保护条例》（1994 年国务院令第 147 号）第九条规定，计算机信息系统实行安全等级保护，安全等级的划分标准和安全等级保护的具体办法由公安部会同有关部门制定。1999 年发布的 GB 17859—1999《计算机信息系统安全保护等级划分准则》明确将信息系统的安全保护等级划分为五级。此后，由公安部和其他相关部门发布的《关于信息安全等级保护工作的实施意见》（公通字 [2004] 66 号）、《信息安全等级保护管理办法》（公通字 [2007] 43 号）、《关于开展全国重要信息系统安全等级保护定级工作的通知》（公信安 [2007] 861 号）、《关于开展信息安全等级保护安全建设整改工作的指导意见》（公信安 [2009] 1429 号）等一系列政策文件，对等级保护各项重点工作内容作出了规定。2017 年正式实施的《网络安全法》第二十一条规定，国家实行网络安全等级保护制度，正式确立了网络安全等级保护制度成为网络安全的基本制度。

按照《网络安全法》的要求，网络运营者应当按照网络安全等级保护制度的要求，履行安全保护义务，保障网络免受干扰、破坏或者未经授权的访问，防止网络数据泄露或者被窃取、篡改。国家网络安全等级保护坚持自主定级、自主保护的原则。网络和信息系统的安全保护等级应当根据其在国家安全、经济建设、社会生活中的重要程度，遭到破坏后对国家安全、社会秩序、公共利益以及公民、法人和其他组织的合法权益的危害程度等因素确定。

网络安全等级保护工作主要包括定级、备案、建设整改、等级测评、监督检查五个环节。随着经济社会发展和技术进步，网络安全等级保护制度已进入 2.0 时代。网络安全等级保护制度 2.0 在网络安全等级保护制度 1.0 的基础上，实现了对新技术新应用安全保护对象和安全保护领域的全覆盖，更加突出技术思维和立体防范，注重全方位主动防御、动态防御、整体防护和精准防护，强化“一个中心，三重防护”的安全保护体系，把云计算、物联网、移动互联、工业控制系统、大数据等相关新技术新应用全部纳入保护范畴。

2. 关键信息基础设施安全保护制度

《网络安全法》第三十一条规定，国家对公共通信和信息服务、能源、交通、水利、金融、公共服务、电子政务等重要行业和领域，以及其他一旦遭到破坏、丧失功能或者数据泄露，可能严重危害国家安全、国计民生、公共利益的关键信息基础设施，在网络安全等级保护制度的基础上，实行重点保护。

《关键信息基础设施安全保护条例》第三条规定，在国家网信部门统筹协调下，国务院公安部门负责指导监督关键信息基础设施安全保护工作。国务院电信主管部门和其他有关部门依照《关键信息基础设施安全保护条例》和有关法律、行政法规的规定，在各自职责范围内负责关键信息基础设施安全保护和监督管理工作。省级人民政府有关部门依据各自职责对关键信息基础设施实施安全保护和监督管理。

关键信息基础设施保护工作部门对本行业本领域关键信息基础设施负有安全保护责任。一是制定关键信息基础设施安全规划，明确保护目标、基本要求、工作任务、具体措施。二是建立健全网络安全监测预警制度，及时掌握关键信息基础设施运行状况、安全态势，预警通报网络安全威胁和隐患，指导做好安全防范工作。三是建立健全网络安全事件应急预案，定期组织应急演练。四是指导运营者做好网络安全事件应对处置，并根据需要组织提供技术支持与协助。五是定期组织开展网络安全检查检测，指导监督运营者及时整改安全隐患、完善安全措施。

关键信息基础设施运营者应当在网络安全等级保护的基础上，采取技术保护措施和其他必要措施，应对网络安全事件，防范网络攻击和违法犯罪活动，保障关键信息基础设施安全稳定运行，维护数据的完整性、保密性和可用性。一是建立健全网络安全保护制度和责任制，实行“一把手负责制”，明确运营者主要负责人负总责，保障人、财、物投入。二是设置专门安全管理机构，履行安全保护职责，参与本单位与网络安全和信息化有关的决策，并对机构负责人和关键岗位人员进行安全背景审查。三是对关键信息基础设施每年进行网络安全检测和风险评估，及时整改问题并按要求向保护工作部门报送情况。四是关键信息基础设施发生重大网络安全事件或者发现重大网络安全威胁时，按规定向保护工作部门、公安机关报告。五是优先采购安全可信的网络产品和服务，并与提供者签订安全保密协议；可能影响国家安全的，应当按规定通过安全审查。

3. 数据安全保护制度

《数据安全法》规定了数据处理活动中各相关部门和单位的法律义务。开展数据处理活动应当依照法律、法规的规定，建立健全全流程数据安全管理制度，组织开展数据安全教育培训，采取相应的技术措施和其他必要措施，保障数据安全。利用互联网等信息网络开展数据处理活动，应当在网络安全等级保护制度的基础上，履行上述数据安全保护义务。开展数据处理活动应当加强风险监测：发现数据安全缺陷、漏洞等风险时，应当立即采取补救措施；发生数据安全事件时，应当立即采取处置措施，按照规定及时告知用户并向有关主管部门报告。重要数据的处理者应当明确数据安全负责人和管理机构，落实数据安全保护责任，按照规定定期对自身的数据处理活动开展风险评估，并向有关主管部门报送风险评估报告。

近年来，随着互联网经济的蓬勃发展，国内外陆续出现了多起数据交易违规事件。《数据安全法》对从事数据交易中介服务机构的数据安全保护义务作出了明确规定，要求由数据提供方说明数据来源，中介服务机构应审核交易双方的身份，并留存审核、交易记录。从事数据交易中介服务的机构在进行个人数据的采集、共享、交易、转移等操作前应当明确告知用户，并经用户同意或取得其他合法授权。涉及特定个人权益的数据，应当禁止制作、复制、发布和传播，包括未经个人授权的可直接识别特定个人的身份数据、敏感数据和财产数据。应当确保在共享和流通过程中已经去除个人数据中可直接识别个人身份的标识，禁止在任何情况下擅自公开或向第三方提供带有可识别特定个人身份的个人数据。当然，即使是脱敏信息，也应当保障个人在数据流通过程中享有的选择、获取、更正、退出、删除等权利。

围绕数据出境的数据安全保护义务，《数据安全法》也作出明确规定，要求关键信息基础设施运营者在境内运营中收集和产生的个人信息和重要数据应当在境内存储，确需向境外提供的，应当按照国家网信部门会同国务院有关部门制定的办法进行安全评估。

针对数据安全保护工作，相关部门和重要行业也陆续部署实施了一系列重要行动。《电信和互联网行业提升网络数据安全保护能力专项行动方案》（工信厅网安 [2019] 42 号）要求：一是通过集中开展数据安全合规性评估、专项治理和监督检查，督促基础电信企业和重点互联网企业强化网络数据安全全流程管理，及时整改消除重大数据泄露、滥用等安全隐患；二是基本建立行业网络数据安全保障体系，进一步完善网络数据安全制度标准体系，形成行业网络数据保护目录，制定 15 项以上行业网络数据安全标准规范，贯标试点企业不少于 20 家，基本建成行业网络数据安全管理和技术支撑平台，遴选网络数据安全技术能力创新示范项目不少于 30 个，有效建立基础电信企业和重点互联网企业网络数据安全管理体系。

交通运输部印发的《交通运输领域新型基础设施建设行动方案（2021—2025 年）》要求：严格落实等级保护制度，加强关键信息基础设施保护，强化态势感知能力建设，保障数据共享安全可控；建立健全数据安全保护制度，加强基础设施数据全生命周期管理和分级分类保护，落实数据容灾备份措施；推进商用密码技术应用。

4. 个人信息保护制度

《个人信息保护法》规定，通过自动化决策方式向个人进行信息推送、商业营销，应当提供不针对其个人特征的选项或提供便捷的拒绝方式。敏感个人信息是指一旦泄露或者非法使用，容易导致自然人的人格尊严受到侵害或者人身、财产安全受到危害的个人信息，包括生物识别、宗教信仰、特定身份、医疗健康、金融账户、行踪轨迹等信息，以及不满十四周岁未成年人的个人信息。只有在具有特定的目的和充分的必要性，并采取严格保护措施的情形下，个人信息处理者方可处理敏感个人信息。处理敏感个人信息应当取得个人的单独同意。对违法处理个人信息的应用程序，责令暂停或者终止提供服务。

1.2 网络安全标准

本节主要介绍网络安全相关国家标准和行业标准。

1.2.1 网络安全国家标准

全国信息安全标准化技术委员会（简称“信安标委”）是在信息安全技术专业领域内从事信息安全标准化工作的技术工作组织。信安标委负责组织开展与国内信息安全有关的标准化技术工作，其技术委员会的主要工作范围包括安全技术、安全机制、安全服务、安全管理、安全评估等领域的标准化。信安标委设置了信息安全标准体系与协调工作组（WG1）、密码技术工作组（WG2）、鉴别与授权工作组（WG4）、信息安全评估工作组

（WG5）、通信安全标准工作组（WG6）、信息安全管理工作组（WG7）、大数据安全标准工作组等机构，分别负责相应领域的安全标准化工作。按照信安标委发布的《信息安全国家标准目录》，信息安全国家标准分为基础标准、技术与机制标准、安全管理标准、安全测评标准、产品与服务标准、网络与系统标准、数据安全标准、组织管理标准、新技术新应用安全标准九类。下面对其中部分标准进行简要阐述。

1.《计算机信息系统安全保护等级划分准则》

GB 17859—1999《计算机信息系统安全保护等级划分准则》[1]由公安部提出并归口，国家质量技术监督局于 1999 年发布实施，是一项针对信息安全领域的强制性标准，为我国网络安全等级保护制度的建立和运行奠定了坚实基础。

该标准将计算机信息系统的安全保护功能分为五个等级，分别是用户自主保护级（第一级）、系统审计保护级（第二级）、安全标记保护级（第三级）、结构化保护级（第四级）和访问验证保护级（第五级），从访问控制、安全标记、身份鉴别、客体重用、审计、数据完整性、隐蔽信道分析、可信路径、可信恢复等方面规定了各级别的安全保护能力。该标准为计算机信息系统安全法规的制定和执法部门的监督检查提供了依据，为信息安全产品的研制提供了技术支持，为安全系统的建设和管理提供了技术指导。

2.《信息安全技术 网络安全等级保护定级指南》

GB/T 22240—2020《信息安全技术 网络安全等级保护定级指南》[2]由全国信息安全标准化技术委员会（SAC/TC260）提出并归口，国家质量监督检验检疫总局和国家标准化管理委员会于 2020 年发布实施。该标准用于代替 GB/T 22240—2008《信息安全技术 信息系统安全等级保护定级指南》。

为了配合《网络安全法》的实施，适应云计算、移动互联、物联网、工业控制和大数据等新技术新应用情况下网络安全等级保护工作的开展，该标准从等级保护对象定义、安全保护等级描述及定级流程等方面进行补充、细化和完善，形成新的网络安全等级保护定级指南标准。该标准规定了等级保护对象的定级原理和流程，确立了信息系统、通信网络设施、数据资源三类定级对象，通过确定受侵害客体和客体受侵害程度，从业务信息安全保护等级和系统服务安全保护等级两个维度综合分析，确定定级对象的安全保护等级。

与 GB/T 22240—2008 相比，GB/T 22240—2020 重点修改了等级保护对象、信息系统的定义，增加了通信网络设施、数据资源等术语和定义，增加了云计算平台/系统、物联网、工业控制系统、移动互联系统等新技术新应用的定级对象说明，增加了通信网络设施的定级对象确定方法和特定定级对象的定级说明，修改了定级流程，为新形势下安全保护对象的等级保护定级工作提供了依据。

3.《信息安全技术 网络安全等级保护基本要求》

GB/T 22239—2019《信息安全技术 网络安全等级保护基本要求》[3]由全国信息安全标准化技术委员会（SAC/TC260）提出并归口，国家质量监督检验检疫总局和国家标准化管理委员会于 2019 年发布实施。该标准用于代替 GB/T 22239—2008《信息安全技术 信息系统安全等级保护基本要求》。

为了配合《网络安全法》的实施，适应云计算、移动互联、物联网、工业控制和大数据等新技术新应用情况下网络安全等级保护工作的开展，该标准针对共性安全保护需求提出安全通用要求，针对云计算、移动互联、物联网、工业控制和大数据等新技术新应用领域的个性安全保护需求提出安全扩展要求，形成新的网络安全等级保护基本要求标准。

该标准针对等级保护定级对象，从安全物理环境、安全通信网络、安全区域边界、安全计算环境、安全管理中心、安全管理制度、安全管理机构、安全管理人员、安全建设管理、安全运维管理十个方面定义了各级别的安全通用要求，并针对云计算平台/系统、移动互联系统、物联网、工业控制系统分别提出了安全扩展要求，为新形势下安全保护对象的等级保护建设和整改工作提供了依据。

4.《信息安全技术 网络安全等级保护测评要求》

GB/T 28448—2018《信息安全技术 网络安全等级保护测评要求》[4]由全国信息安全标准化技术委员会（SAC/TC260）提出并归口，国家质量监督检验检疫总局和国家标准化管理委员会于 2018 年发布实施。该标准用于代替 GB/T 28448—2012《信息安全技术 信息系统安全等级保护测评要求》。

等级测评实施的基本方法是针对特定的测评对象，采用相关的测评手段，遵从一定的测评规程，获取需要的证据数据，给出是否达到特定级别安全保护能力的评判。

等级测评包含单项测评和整体测评。单项测评是针对各要求项的测评，支持测评结果的可重复性和可再现性。单项测评由测评指标、测评对象、测评实施和单元判定结果构成。单项测评的每个具体测评实施要求项是与安全控制点下的要求项（测评指标）对应的。在对要求项进行测评时，可能需要使用访谈、核查和测试三种测评方法。测评实施的内容覆盖 GB/T 22239—2019《信息安全技术 网络安全等级保护基本要求》和 GB/T 25070—2019《信息安全技术 网络安全等级保护安全设计技术要求》中所有要求项的测评要求。整体测评在单项测评的基础上对等级保护对象的整体安全保护能力进行判断。对整体安全保护能力，从纵深防护和措施互补两个角度进行评判。

该标准中每个级别的测评要求都包括安全测评通用要求、云计算安全测评扩展要求、移动互联安全测评扩展要求、物联网安全测评扩展要求和工业控制系统安全测评扩展要求五个部分，用于针对不同类型的等级保护对象开展测评工作。

5.《信息安全技术 网络安全等级保护安全设计技术要求》

GB/T 25070—2019《信息安全技术 网络安全等级保护安全设计技术要求》[5]由全国信息安全标准化技术委员会（SAC/TC260）提出并归口，国家质量监督检验检疫总局和国家标准化管理委员会于 2019 年发布实施。该标准用于代替 GB/T 25070—2010《信息安全技术 信息系统等级保护安全设计技术要求》。

该标准规定了第一级到第四级网络安全等级保护对象的安全设计技术要求，用于指导运营使用单位、网络安全企业、网络安全服务机构开展网络安全等级保护安全技术方案的设计和实施，也可作为网络安全职能部门进行监督、检查和指导的依据。

GB/T 25070—2010 在网络安全等级保护工作的开展过程中起到了重要作用，被用于指导各个行业和领域开展网络安全等级保护建设整改等工作，但随着信息技术的发展，GB/T 25070—2010 在适用性、时效性、易用性、可操作性上需要进一步完善。

GB/T 25070—2019 重点修改了以下部分：一是将各级别的安全计算环境设计技术要求调整为通用安全计算环境设计技术要求、云安全计算环境设计技术要求、移动互联安全计算环境设计技术要求、物联网系统安全计算环境设计技术要求和工业控制系统安全计算环境设计技术要求；二是将各级别的安全区域边界设计技术要求调整为通用安全区域边界设计技术要求、云安全区域边界设计技术要求、移动互联安全区域边界设计技术要求、物联网系统安全区域边界设计技术要求和工业控制系统安全区域边界设计技术要求；三是将各级别的安全通信网络设计技术要求调整为通用安全通信网络设计技术要求、云安全通信网络设计技术要求、移动互联安全通信网络设计技术要求、物联网系统安全通信网络设计技术要求和工业控制系统安全通信网络设计技术要求。GB/T 25070—2019 在附录中对第三级系统的可信验证实现机制进行了阐述。

6. 关键信息基础设施安全保护相关标准

为支撑《网络安全法》和《关键信息基础设施安全保护条例》的实施，针对关键信息基础设施安全保护的标准体系于 2017 年开始布局。已经立项或者实施的关键信息基础设施安全保护标准主要包括：

- 《关键信息基础设施网络安全框架》，规定关键信息基础设施网络安全框架，说明构成框架的基本要素及其关系，定义基本的、通用的术语；
- GB/T 39204—2022《信息安全技术 关键信息基础设施安全保护要求》，规定关键信息基础设施网络安全保护在识别认定、安全防护、检测评估、监测预警、主动防御、应急处置等环节的安全要求；
- 《信息安全技术 关键信息基础设施安全控制措施》，作为 GB/T 39204—2022 的配套标准，根据要求提出相应的控制措施，运营者开展网络安全保护工作时可在其中选取适用的控制措施；
- 《信息安全技术 关键信息基础设施安全检查评估指南》，依据 GB/T 39204—2022 的相关要求，明确关键信息基础设施检查评估的目的、流程、内容和结果；
- 《信息安全技术 关键信息基础设施安全保障指标体系》，规定用于评价关键信息基础设施安全保障水平的指标并给出释义，基于检查评估结果、日常安全监测等情况给出评价结果。

7. 数据安全相关标准

针对数据安全保护工作，已经发布的主要技术标准如下。

（1）GB/T 39477—2020《信息安全技术 政务信息共享 数据安全技术要求》[6]

该标准提出了政务信息共享数据安全要求技术框架，规定了政务信息共享过程中共享数据准备、共享数据交换、共享数据使用阶段的数据安全技术要求以及相关基础设施的安全技术要求，适用于指导各级政务信息共享交换平台数据安全体系建设，规范各级政务部门使用政务信息共享交换平台交换非涉及国家秘密政务信息、共享数据时的数据安全保障工作。

（2）GB/T 37973—2019《信息安全技术 大数据安全管理指南》[7]

该标准提出了大数据安全管理基本原则，指导组织开展大数据安全需求分析、数据分类分级、大数据活动和风险评估等安全管理工作，适用于各类组织进行数据安全管理，也可供第三方评估机构参考。

（3）GB/T 37988—2019《信息安全技术 数据安全能力成熟度模型》[8]

该标准规定了组织机构数据安全保障的能力成熟度模型，以数据为中心，重点围绕数据生命周期，从组织建设、制度流程、技术工具和人员能力四个方面进行安全保障，可用于对组织机构的数据安全能力进行评估，也可供组织机构在开展数据安全能力建设时参考。

另外，围绕电信领域数据安全、网上购物服务数据安全、网络音视频服务数据安全、网络支付服务数据安全、网络预约汽车服务数据安全等领域，信安标委也在推动一系列技术标准的研究制定工作。

1.2.2　网络安全行业标准

2020 年 2 月 5 日，金融行业发布了 JR/T 0068—2020《网上银行系统信息安全通用规范》，规定了网上银行系统安全技术要求、安全管理要求和业务运营安全要求，为网上银行系统建设、运营管理及测评提供了依据。2020 年 2 月 13 日，JR/T 0171—2020《个人金融信息保护技术规范》发布，规定了个人金融信息在采集、传输、存储、使用和销毁各个环节的安全防护要求。2020 年 11 月 11 日，JR/T 0071—2020《金融行业网络安全等级保护实施指引》发布，对金融行业落实国家网络安全等级保护制度提出了规范性要求。

2020 年 3 月 24 日，公安行业标准 GA/T 1717—2020《信息安全技术 网络安全事件通报预警》发布。该标准规定了网络安全事件通报预警涉及的术语定义、流程规范及网络安全数据的分类方法、编码方法和标记标签体系，针对内网主机监测产品、异常流量检测和清洗产品、大数据平台安全管理产品、负载均衡产品、高性能网络入侵监测系统产品等安全产品，也提出了相应的安全技术要求。

2020 年 12 月 28 日，密码行业标准 GM/T 0079—2020《可信计算平台直接匿名证明规范》和 GM/T 0082—2020《可信密码模块保护轮廓》发布，规定了可信计算平台和可信密码模块的相关技术性要求。

2020 年 12 月 9 日，电信行业标准 YD/T 3800—2020《电信网和互联网大数据平台安全防护要求》发布实施，对大数据平台的基础设施安全、平台安全、数据安全和安全管理均提出了规范性要求。同时，《电信网和互联网网络安全防护定级备案实施指南》《电信网和互联网数据安全通用要求》发布实施，二者分别规定了电信网和互联网中网络和系统单元定级备案的实施方法和划分准则，以及采集、传输、存储、使用、共享和销毁等数据处理活动及其相关平台系统应遵循的原则和安全保护要求。

能源、广电、水利等重要行业也发布了一系列网络安全相关标准，为本行业开展网络安全保护工作提供了规范。

1.3 网络安全关键技术

对网络安全技术，可以从不同维度出发进行分类：从技术的发展历程出发，可以分为通信安全技术、信息安全技术和信息保障技术；从技术的作用层面出发，可以分为物理安全技术、网络安全技术、系统安全技术、应用安全技术和数据安全技术；从技术的实施效果出发，可以分为防护技术、检测技术、响应技术和恢复技术。

下面从原理和工作机理出发，对各类网络安全技术进行简要阐述。

1.3.1 密码技术

早期的密码技术主要用于提供机密性保护。随着密码技术的发展，其应用已经扩展到针对完整性、真实性和不可否认性等安全属性的保护工作中，成为网络安全领域的核心基础技术。按照克劳德·艾尔伍德·香农（Claude Elwood Shannon）于 1949 年提出的保密通信模型[9]，密码技术使信息的使用者可以仅用密文进行通信和存储，非授权者可能获得密文，但难以通过密文得到明文，密文可由被授权者通过解密恢复成明文，其中最简单的授权是通过安全信道向合法解密者分发密钥。

密钥是用于控制加解密的安全参数。密码算法的安全性建立在密钥保密的基础之上。按照密钥使用方法的不同，密码系统主要分为对称密码和公钥密码（也称为非对称密码）两类。在对称密码系统中，加密者和解密者使用相同的或容易通过相互推导得出的密钥，因此，必须保证密钥分发机制的安全性；在非对称密码系统中，加密者和解密者使用不同的密钥且二者无法通过相互推导得出，在一定程度上降低了密钥分发的难度。

1. 对称密码

对称密码主要分为流密码和分组密码。

流密码也称为序列密码，是指将消息当作连续的符号序列，使用密钥流加密，常用的加密方法是将明文序列和密钥流逐位在有限域上相加。一般使用数字元件或算法产生的密钥流是周期性重复的。为了提高流密码的安全性，应保证密钥流的周期足够长以提高其随机性。

分组密码将明文编码划分成长度为指定比特的组依次处理。加密过程在密钥的作用下将明文分组转换成密文分组，加密过程是非线性的。分组密码的设计普遍采用代换—置换网络（SPN）结构，明文经过多轮的代换和置换处理，安全性得以提升。

对称密码由于运行效率高，常用在实时数据量较大的安全通信、安全存储等场景中。对称密码要求加密者和解密者之间有一个安全的密钥分发通道，这个要求在实际应用中是非常苛刻的。

2. 公钥密码

迪菲（Diffie）和赫尔曼（Hellman）于 1976 年提出了公钥密码思想[10]：加密者和解密者使用不同的密钥，分别称为公钥和私钥，公钥可以公开，但二者之间不易相互推导。加密者使用解密者的公钥进行加密后，只有解密者才能使用自己的私钥对密文进行解密；其他接收者即使得到了密文和解密者的公钥，也无法推导出解密者的私钥，即无法实现密文解密。

基于上述思想，罗纳德・李维斯特（Ron Rivest）、阿迪・萨莫尔（Adi Shamir）、伦纳德・阿德曼（Leonard Adleman）基于整数因子分解的困难问题提出了 RSA 公钥密码[11]，塔希尔・盖莫尔（Taher ElGamal）基于计算离散对数的困难问题提出了 ElGamal 公钥密码，这是两类在国际上得到了广泛应用的公钥密码。公钥密码系统的密钥管理工作相对简单，主要应用于数字签名、密钥分发等场合。

公钥密码系统的特点是其安全性建立在一些著名的计算困难问题基础之上，如大整数分解、离散对数等。目前，全世界的研究人员还没有找到在图灵机模型下高效求解大整数分解和离散对数问题的经典算法。因此，建立在这些计算困难问题基础之上的公钥密码算法普遍被认为是足够安全的。人们相信，仅凭现在的计算机是很难在数十年甚至上百年内破译这些公钥密码算法的。

3. 后量子密码

我们知道，公钥密码的安全性是建立在一些著名的计算困难问题基础之上的，现在的计算机尚无法在有限的时间内求解这些问题。然而，美国科学家 Peter Shor 在 1995 年取得了重大突破，他发明了一种破解算法，从理论上证明了这种算法能够在很短的时间内完成对上述计算困难问题的求解。不过，这种破解算法有一个前提，就是必须使用“大规模的量子计算机”。也就是说，借助量子计算机，攻击者可以高效破解基于大整数分解和离散对数问题的 RSA 和 Diffie-Hellman 等公钥密码。

尽管量子计算机在 1995 年纯属“天方夜谭”，但进入 21 世纪，特别是从 2012 年开始，设计制造量子计算机的关键技术连续取得突破。量子计算机的用途不再局限于破解公钥密码算法，还涉及先进材料、新药设计、基因工程等领域，大幅提升了人类的生活品质，甚至能帮助人类探索宇宙的终极秘密（如量子场论等）。可以预见，在不久的将来（也许是 5～10 年），实用化的量子计算机将被研制出来，而这将给现有的公钥密码系统带来严重冲击。因此，必须尽快找到公钥密码系统的替代方案。

以互联网中广泛使用的 SSL/TLS 安全通信场景为例，通常由通信双方在建立会话时采用公钥密码算法进行密钥交换，从而协商出“一次一密”的会话密钥，然后将该会话密钥作为通信密钥，利用对称密码算法对通信数据进行加解密处理。如果量子计算机研制成功，将对上述密钥协商（交换）阶段使用的公钥密码算法的安全性造成严重影响，给攻击者获得通信的会话密钥，直至破解通信会话内容提供机会。

量子算法对密码系统的冲击是由量子算法相对于经典算法在一些问题上具有一定的加速性（可以理解为量子算法具有高强度的并行计算能力）造成的。然而，量子算法相对于传统算法的加速性并非对所有数学问题都成立。事实上，对于某些问题（如 NP 完全问题，基于格、基于编码和基于多变元方程的数学问题等），量子算法相对于传统算法并没有明显的优势。随着 Shor 算法的出现，国内外密码学家对基于格、基于编码和基于多变元方程的密码方案展开了大量研究，力图设计可以对抗量子计算机的密码算法（统称为后量子密码学）。

上述量子算法对传统密码系统造成的冲击主要是针对公钥密码系统而言的，对称密码系统受到的影响则要小得多。目前针对对称密码系统最高效的 Grover 算法，也只是将密钥的有效长度减少至原来的一半。换句话说，就算量子计算机能够实现，要想破解 256 位密钥的 AES 加密算法，也需要 2^{128} 次量级的计算代价——差不多是 100 万亿亿亿亿次计算。

即使采用我国研制的超级计算机“太湖之光”进行计算，所需时间也达到了万亿年量级。因此，尽管目前的对称密码系统面临量子计算机的冲击，但其安全性仍然可以被信赖。

需要强调的是，近年来，有一些新闻媒体报道称量子信息/量子计算将彻底颠覆现代密码技术和信息安全体系，这种报道是没有科学依据的。现代密码学并不等同于基于大整数分解、离散对数等少数计算困难问题的密码系统，安全信息传输也只是密码学诸多应用中的一个，量子密码不会完全取代传统密码。经过多年的发展，后量子密码学的研究取得了丰硕的成果，相关机构正在开展后量子密码算法的标准化工作。相信在不久的将来，可以有效对抗量子计算的密码算法和密钥交换协议将在我们日常使用的信息系统和网络中出现，更好地保护我们的信息安全。

1.3.2　可信计算

传统的安全技术主要采用漏洞探测、系统加固、攻击检测、病毒检测、攻击流量过滤等方式，当出现新型漏洞或新型攻击方式时，需要及时更新规则库（病毒库、漏洞库）才能实现有效的检测过滤，安全防护措施总体落后于攻击行为。

可信计算（Trusted Computing）技术从新的视角解决网络安全问题，其基本思想是基于安全可信的白名单，采用密码技术对计算机系统的各个部件（组件）进行逐级验证，只有通过验证的部件（组件）才允许运行，以便从源头有效防范计算机系统部件（组件）被入侵和控制后造成的破坏。可信计算基于白名单思想，并不依赖安全设备的规则库，当出现新型攻击或漏洞利用行为时，产生这些行为的部件（组件）无法获得系统白名单的验证，因此，理论上，在不更新规则库的前提下，也能够及时阻断这些攻击行为。可信计算平台通常需要具备模块验证保护、用户管理、唯一标识等功能。

1999 年，IBM、惠普、英特尔、微软等企业联合成立了可信计算平台联盟（Trusted Computing Platform Alliance，TCPA），2003 年改组为可信计算工作组（Trusted Computing Group，TCG）。基于 TCPA 的可信计算基于密码技术，将具有唯一性的密钥模块作为可信计算基（Trusted Computing Base，TCB）嵌入计算机硬件，进而通过可信计算基实施各种验证，包括硬件认证、软件认证、远程认证、加解密数据等，根据验证结果控制计算机的各项操作。

我国提出了可信密码模块（Trusted Cryptography Module，TCM/TSM）的概念，采用自主研发的密码算法，将可信密码模块作为可信根嵌入计算机主板，在芯片、主板、BIOS、操作系统、应用软件之间建立逐级验证的信任链，保证各个部件（组件）安全可信。

目前，可信计算技术已在部分高安全等级的系统中得到应用。随着技术的发展进步和安全保护需求的不断提升，可信计算技术产品将出现在各类常见的计算机系统中，发挥其高效的安全保护作用。

1.3.3 访问控制

在信息系统中，数据、文件、资料、模块、组件、硬件设备等是系统管理的资源，也是系统安全保护的对象。访问控制的核心思想是根据访问者的权限确定其是否对相应资源具有使用权限。使用权限包括读取、修改、新建、删除、执行等。访问者通常称为“主体”，被访问的资源通常称为“客体”。有些实体既可以作为主体，也可以作为客体。例如，软件程序既可以作为主体在运行时访问数据资源和文件资源，也可以作为客体被其他主体读取或修改。

常用的访问控制策略分为自主访问控制和强制访问控制两类。在自主访问控制策略下，每个客体有且仅有一个所有者，由客体的所有者决定其他主体对该客体的访问策略。例如，某个数据文件是由某个用户创建的，该用户就是该数据文件的所有者，负责决定系统中哪些主体可以访问该数据文件，包括以何种方式进行访问（读取、修改、删除等）。

自主访问控制策略可以代理或转交，如果满足相应条件，那么，客体的所有者既可以让其他用户代理客体的权限管理，也可以进行多次客体管理权限的转交。自主访问控制策略的特点是运营和使用方便，但前提是客体的所有者拥有充分的安全意识、一致的安全策略和强度足够的安全能力，能够有效保证自身身份不被冒用。在实际应用中，所有者自身的安全问题造成其身份被冒用，冒用者恶意修改客体的访问控制策略，导致访问控制机制失效的情形较为常见。因此，自主访问控制策略的安全强度有限，尤其无法满足高安全等级的网络信息系统对统一安全管控的需求。

有安全研究人员提出，访问权限由系统统一管理，保证访问授权状态的变化始终处于系统的统一控制下，形成强制访问控制策略。在强制访问控制策略下，每个实体（包括主体和客体）与对应的安全标签绑定。安全标签用于表示实体的安全等级。当某个主体提出对某个客体的访问请求时，系统比较二者的安全标签，如果主体安全标签的等级高于或等于客体安全标签的等级，则允许该访问请求；反之，则拒绝该访问请求。由此可以看出，在强制访问控制策略中，访问控制策略不受主体的影响，而是由系统根据设定的安全标签进行统一控制，从而规避了上述自主访问控制策略存在的安全问题。在高安全等级（安全保护等级第三级及以上）的网络信息系统中，应全部采用强制访问控制策略，通过主客体的安全标签进行访问控制，从而实现统一的访问权限管理和运行。

1.3.4　身份鉴别与认证

访问控制机制是建立在严格的身份鉴别与认证基础之上的。只有准确鉴别主体和客体的身份，才能基于访问控制策略对其访问行为进行控制和管理。常用的身份鉴别与认证技术介绍如下。

静态口令是最传统的身份认证方式。口令一般由一串可输入的数字、字符或者它们的混合组成。口令可以由认证机构颁发给系统用户，也可以由用户自行编制。用户需要在登录时向验证者证明自己掌握了相应的口令。由于认证较为简便，也不需要使用额外的软硬件设备，因此，目前大部分低安全等级的网络应用仍然采用静态口令进行认证，如网站、电子邮箱、论坛等。静态口令的缺点是容易被破解，攻击者通过简单的弱口令猜解或暴力破解即可获取静态口令（越短的口令，安全强度越低），从而获得正常用户的访问权限。静态口令还存在容易遭受窃听、重放攻击等安全缺陷。

动态验证码是静态口令的一种改进机制。静态口令在一定时间内通常不会改变（除非系统强制要求进行定期修改），极易被攻击者破解，于是，动态验证码认证技术被提出，每次用户登录系统或提出访问请求时，由系统动态生成验证码，并通过某种安全通道（如用户持有的动态口令卡）发送给用户，用户输入正确的动态验证码，从而完成验证过程。这样，攻击者无法获取系统通过安全通道发送的数据，也就无法获知系统的动态验证码。动态验证码的主要特点是每次登录或访问时使用的验证码是不同的，这在一定程度上规避了攻击者通过持续猜解或暴力破解获取静态口令的漏洞。

挑战—响应技术是增强身份认证安全性的重要手段。在身份认证场景中，重放攻击是一种典型的安全威胁。攻击者可以截获合法用户通信的全部数据，包括用户传输的身份认证信息，并使用截获的用户身份认证信息冒充用户，实现对系统的访问。挑战—响应技术正是为了防范重放攻击而提出的一种改进机制。用户每次进行身份认证时提交的数据并不是固定的，而是根据验证方发送的挑战消息计算得到的。验证方通过每次向用户发出不同的询问并验证其回应的消息来验证用户身份的真实性。挑战—响应技术在网络服务中得到了广泛应用，数字签名技术就是基于此机制，利用密码算法进行数字签名，从而完成挑战消息的计算的。

数字证书是一种用于标识和验证用户身份的技术。数字证书与用户身份绑定，用户拥有合法的数字证书后，可以进行数字签名和数据加解密等操作，从而实现用户身份认证和数据安全保护。数字证书通常包含所采用密码算法的公钥和私钥。当需要进行身份认证时，验证方动态生成一段挑战消息发送给用户，并要求用户对其进行签名，用户使用数字证书中的私钥对挑战消息进行签名，并将签名结果回传给验证方，验证方使用用户的公钥对签名结果进行解密，验证其是否与之前发送的挑战消息一致，从而完成认证过程。数字证书采用高强度的密码算法和挑战—响应机制，其安全保护能力得到了理论和实际环境的验证，是高安全等级的网络信息系统普遍采用的认证方式。

生物特征鉴别是一种有别于上述网络安全技术的认证方式。生物特征鉴别利用的是人体生物特征的唯一性，如指纹、声纹、虹膜、面部特征等。验证方预先采集用户的生物特征，将其数字化并与对应的用户身份绑定，在验证过程中，验证方重新采集用户的生物特征，如果二者匹配，则通过认证。由于生物特征鉴别技术已广泛应用于金融、电信、交通、电子商务等行业，因此，利用人工智能技术提高生物特征鉴别的准确性和适用性也成为研究和应用的热点。

1.3.5 入侵检测与恶意代码防范

入侵检测是指用于检测损害或者企图损害网络信息系统机密性、完整性或可用性等的行为的一类安全技术。这类技术通过在受保护网络信息系统中部署检测设备（软件），监视受保护网络信息系统的状态和活动，根据采集的数据，采用相应的检测方法发现非授权或者恶意的系统及网络行为，并为防范入侵行为提供支持。入侵检测包括主机检测、网络检测、应用检测等层面，主要采用特征匹配、模式识别、统计分析、行为分析等检测方式。在安全场景中应用广泛的网络流量探针，主要基于入侵检测技术，同时融入了网络行为分析、网络探测、威胁情报比对、病毒监测等一系列其他方面的网络安全技术。

恶意代码（Malicious Code）是指以危害网络信息系统安全为目的的程序。常见的恶意代码包括病毒、蠕虫、后门、木马等，它们以各种方式侵入系统，给系统或网络的正常使用造成危害，如窃取敏感资料、篡改系统数据、恶意占用网络资源以影响系统性能、远程控制系统以实现非法目的等。目前，针对恶意代码的检测技术主要分为静态检测和动态检测两种。静态检测是指预先建立已知恶意代码的特征库，通过软件程序与特征库的比对判断是否存在已知的恶意代码。静态检测面临的问题是需要及时更新特征库，否则无法检测出新的恶意代码。动态检测是指构建模拟运行环境，通过将待检测的代码样本置入模拟环境并运行，观察代码样本在执行过程中的各项操作行为，特别是高敏感度的行为（如网络回连、系统调用、修改系统文件、修改注册表、打开网络端口等），以判断代码样本是否属于恶意代码。动态检测技术不依赖特征库，能够有效发现新型恶意代码。业界围绕动态检测技术已有大量的研究和应用，采用动态沙箱对高级持续性威胁（APT）进行模拟检测已经成为主流技术，相关的运行环境模拟技术、软件行为监测技术、异常行为发现技术、反沙箱应对技术等是研究的热点。

1.3.6　安全审计

安全审计不仅是一类典型的网络安全技术，也是网络安全等级保护相关标准要求第二级及以上系统必须具备的技术措施。安全审计通过对目标对象的操作访问情况进行记录和事后分析，发现并报告安全事件及安全状况，同时将其作为相关安全事件的证据留存，为行为追溯和取证等提供支撑。

安全审计按照目标对象的不同，可以分为系统审计、网络审计、应用审计和数据库审计。系统审计主要由操作系统负责记录，包括系统启动/关机事件、用户登录/退出事件、资源访问事件、账号管理事件、策略更改事件等。网络审计主要由网络审计系统负责记录，包括网络流量、网络会话、网络服务访问的情况等。应用审计通常由应用系统负责记录，包括应用启动/退出/中断事件、应用参数更改情况、应用访问情况等。数据库审计通常由数据库管理系统负责记录，包括数据库启动/关闭、数据库用户登录/退出、表创建/删除、记录添加/删除、索引创建/删除、数据库备份的情况等。审计系统应保持独立运行，不受审计对象和其他外部因素的影响。审计数据应采用安全可靠的方式进行保护，避免未经授权的读取、删除或篡改。

1.4　新型网络空间安全技术

本节介绍一些新型网络空间安全技术。

1.4.1 新型网络安全挑战

大数据、云计算、物联网、工业控制系统、人工智能等新技术和新业态逐步在网络空间普及。这些新技术和新业态在为人们的生产生活带来便利的同时，也引入了多种新型网络安全问题，给现有的网络安全保障体系带来了新挑战。

（1）云计算环境

第一，云计算采用虚拟化技术构建系统的计算存储环境，系统规模可以随应用需求的变化动态调整，网络信息系统的边界不清晰，而传统的安全保护措施通常要求边界清晰，以便实现安全可靠的边界防护。第二，云计算环境依托第三方云服务商对数据进行管理，数据本身的安全和隐私保护问题需要重点研究。第三，云计算环境虽然为用户提供了动态扩展的优势，但也给攻击者提供了扩大攻击资源的便利（攻击者可以利用云计算环境放大攻击效果）。

（2）物联网环境

第一，物联网设备大多应用于实际物理环境，设备所在的物理位置等隐私信息存在泄露风险。第二，物联网设备容易遭受假冒串扰攻击，影响物联网节点的正常通信和协同工作。第三，物联网设备通常由电池供电，能源供给能力弱，而传统的网络安全措施（如高强度加密等）需要耗费大量能源，所以无法直接应用于物联网设备。针对物联网环境的节点安全、网络架构安全、轻量级加解密算法和安全协议等是研究的热点。

（3）大数据环境

第一，大数据平台涉及多源异构数据的汇聚、融合等分析处理工作，数据隐私保护是首要问题，需要解决大数据环境中高速加解密的技术难题。第二，大数据的隐私保护和快速检索需求之间存在矛盾，因此，需要实现高效的大数据密文检索技术，保证在采用高强度数据加密机制后，仍然能够对大数据进行高性能的检索访问。第三，需要实现平台无关的数据安全分享技术，屏蔽大数据平台对数据的非授权访问，使包括大数据平台在内的任何一方在未获得用户授权的情况下都无法解密数据内容。

（4）工业控制系统

工业控制系统以往主要部署在与互联网物理隔离的专用网络中，受到网络安全风险威胁的可能性较低。随着信息技术的发展，越来越多的工业控制系统采用了与互联网进行逻辑连接的部署架构，以提高远程访问和控制的便利性，由此带来了一系列的安全问题（如攻击者通过互联网即可直接对工业控制设备实施攻击），针对工业控制系统的漏洞和专用病毒也层出不穷。工业控制系统一旦遭受攻击，不仅会导致敏感数据泄露和非授权访问等网络安全问题，还可能造成关键设备设施故障，影响社会生产生活，严重时会破坏社会稳定和国家安全。

1.4.2　大数据技术

网络空间安全保障需要综合多层次、多角度、全方位的数据，实现准确的监测发现、事件处置、行为溯源和攻击预警。大数据技术在网络安全领域的应用，为上述目标的达成提供了可能。

网络安全大数据平台可以在同一数据资源体系下对来自不同设备、系统、机构的安全相关数据进行统一的清洗、过滤、验证、归并，对数据服务、数据质量和数据血缘进行管理，在此基础上围绕网络安全目标进行高效的碰撞、关联、补全、拓线，从而更好地实现网络安全大数据的知识融合、知识挖掘和知识拓展。

1.4.3　人工智能技术

近年来，人工智能技术在家居生活、工业制造、智能驾驶、安防等领域得到了广泛应用，大幅提高了生产生活的便利性和效率。人工智能技术具备自主学习能力，能够自动从训练样本中学到相关知识，因此获得了各行业的青睐。在网络安全领域，人工智能技术同样有广阔的发展和应用前景。

网络空间面临攻防双方的实时对抗，新的安全漏洞、攻击手法、攻击工具、防护措施层出不穷，依赖规则库的传统防护措施（如杀毒软件、防火墙、入侵检测系统、入侵防护系统等）在新型攻防场景中将会失效，依靠安全专家人工分析得到规则的做法在效率方面也无法应对新型攻防场景。人工智能技术已经在网络安全领域得到应用，如对网络流量、系统日志、威胁情报数据等进行智能化的机器学习，自动提取与安全有关的模型、规则和分析结果，实现对攻击组织、攻击活动、保护目标、攻防资源等安全要素的精准刻画，从而为零日漏洞探测、未知威胁发现、安全趋势预测、攻击行为溯源等提供可靠的技术支撑。

1.4.4　区块链技术

网络攻击形式复杂多样，攻击后果严重，依靠个人或单一组织的技术力量仅能获得局部的攻击信息，无法构建完整的攻击链，更无法准确有效地预防攻击。网络安全威胁情报共享利用作为一种“以空间换时间”的技术方式，可以及时利用其他网络中产生的高效威胁情报，提高防护方的应对能力，缩短响应时间，从而形成缓解攻防对抗不对称态势的长效机制。

然而，信息共享可能导致隐私信息泄露，网络安全威胁情报共享也不例外。在现实中已经发生因隐私信息泄露导致企业在经济或名誉上有所损失，进而影响企业参与网络安全威胁情报共享积极性的案例。同时，过于严格的隐私保护会给完整攻击链的推理和构建工作造成阻碍，使威胁情报共享的作用无法得到发挥。因此，我们迫切需要一种既能满足隐私保护需求，又能利用威胁情报进行推理分析，从而构建完整攻击链的网络安全威胁情报共享模型。区块链技术的去中心化、账户匿名性、开放性、自治性、不可篡改性及智能合约机制等特点或功能，可以满足网络安全威胁情报共享中的隐私保护、奖励机制、可追溯性及自动预警响应方面的需求[12]。

1.5 小结

本章对网络安全相关概念进行了阐述，介绍了网络安全领域的法律、政策、制度，列举了典型的网络安全国家标准和行业标准，描述了密码技术、可信计算、访问控制等网络安全关键技术的原理和应用场景，并对一些新型网络空间安全技术进行了分析。

第 2 章　网络空间地理学理论

本章在“人—地—网”关系的指导下，描述“网络空间地理学”的概念。本章通过梳理网络空间与地理空间的关联关系，提出网络空间地理学的理论基础和方法体系，并探索和分析支撑网络空间地理学发展的核心技术。

2.1　网络空间地理学概述

按照“理论支撑技术，技术支撑实战”的理念，将地理学、网络安全学科、计算机图形学、大数据技术、人工智能技术等学科和技术有机结合，形成了一个交叉学科——网络空间地理学。网络空间地理学的相关研究，能够支撑研究网络空间智能认知技术、资产测绘技术、画像与定位技术、可视化表达技术、地理图谱构建技术、行为认知和智能挖掘技术等网络安全重要技术，并能够利用重要技术，支撑网络安全威胁情报、侦查打击、安全监管、监测预警、安全防护、应急指挥、事件处置、技术对抗、等级保护、关键信息基础设施安全保护、信息通报、重大活动安保等网络安全业务，大力提升网络安全综合防御能力和技术对抗能力。

2.1.1　网络空间概述

网络空间是一种区别于现实空间的新空间形态，是一个摆脱了实体性存在的虚拟人类社会，是一个数字化、虚拟化、信息化的世界，已经成为人类生产生活的“第二类生存空间”，关系到经济、文化、科研、教育和社会生活的方方面面，成为国家发展的重要基础[13]。

网络空间的概念最早出现在 1984 年出版的美国科幻小说《神经漫游者》（*Neuromancer*）中，作者威廉·吉布森（William Gibson）将其描述为通过计算机设备进入的数据库空间。此后，国内外学者对网络空间的概念进行了研究和阐述。基于不同的应用需求及研究领域，网络空间被赋予了不同的内涵和外延。总的来说，已有定义可概括为三类。

（1）强调网络空间的物质属性

认为网络空间依赖硬件、软件设备等物质基础存在，是互联网（Internet）与万维网（World Wide Web）的近似概念。

（2）强调网络空间的社会属性

认为网络空间是人基于互联网技术与社交行为结合产生的“空间感”，将网络空间看作人在交流和再现的空间中对社会的感知，认为社会性的交互活动比技术内容更能体现网络空间的本质内涵。

（3）强调网络空间中的操作和活动

认为网络空间是创造、储存、调整、交换、共享、提取、使用和消除信息与分散的物质资源的全球动态领域[14]。

从上述定义可以看出，网络空间具有物质属性（软硬件等基础设施）和社会属性（人的交互行为及其操作）。早期的定义从不同的角度强调了网络空间的某种组成要素，但未全面、系统地对网络空间的要素进行概括和描述。随着网络技术的发展，网络空间的内涵和外延不断变化。中国工程院院士方滨兴全面、系统地对网络空间的组成要素进行了概括描述，将其分为载体、信息、主体和操作四类[15]。其中：网络空间载体是指网络空间的软硬件设施，是提供信息通信的系统层面的集合；网络空间信息是指在网络空间中流转的数据内容，包括人类用户及机器用户能够理解、识别和处理的信号状态；网络空间主体是指互联网用户，包括传统互联网中的人类用户，以及未来物联网中的机器和设备用户；网络空间操作是指对信息的创造、存储、改变、使用、传输、展示等活动。“载体”和“信息”在技术层面反映出“赛博（Cyber）”的属性，“主体”和“操作”在社会层面反映出“空间（Space）”的属性，从而形成网络空间。综合以上要素，网络空间可被定义为“构建在信息通信技术基础设施之上的人造空间，用以支撑人们在该空间中开展各类信息通信技术相关的活动”。信息通信技术基础设施包括互联网、电信网、广电网、各种通信系统、各种传播系统、各种计算机系统、各类关键工业设施中的嵌入式处理器和控制器。信息通信技术活动包括人们对信息的创造、保存、改变、传输、使用、展示等操作过程，及其对政治、经济、文化、社会、军事等方面的影响。

近年来，许多学者对网络空间进行了结构性分析。有学者将网络空间划分成物理层、逻辑层和认知层[16]。物理层的内涵是实体的空间位置信息和实体之间的连接关系存在于物理世界，可以直接观察，容易感知。逻辑层是由逻辑拓扑、业务流动和用户操作构成的复杂网络，无法直接观察，必须借助工具才能感知。认知层作为网络空间客观精神的外化，承载着意识形态上层建筑，无法直接观察，只能根据其外在产物推测。可见，不同的网络空间层次包含了网络空间中不同的资源和资源的不同属性，而同一类资源可能跨越不同的网络空间层次。例如，硬件设备既包含位置属性（物理层），又包含设备之间的逻辑拓扑关系（逻辑层）；网络用户既具有位置属性（物理层），包含用户操作（逻辑层），同时具有意识形态（认知层）。

也有学者把网络空间归类为物理层、协议层、逻辑/代码层、内容层和关系层。物理层包含构成计算机的硬件设备。协议层强调不同版本的通信协议，在很大程度上构成了网络空间权力和权威的来源，能够提供用户在网络空间中的关键性身份识别标志。逻辑/代码层是指计算机运行的软件，它构成并限定了用户使用网络的方式和程度。内容层主要包含互联网用户创造的各种内容。关系层突出强调了网络空间传递的内容中所嵌入的制造、交换、传播和共享网络内容的用户之间的社会关系。由此，学者们不仅发现了构成网络空间的物质性和技术性基础，还揭示了网络空间所涵盖的人的关系性要素，从而把网络空间看作一种“虚拟现实”。

还有学者从更加具体的维度解读了这种“关系性”要素，把网络空间看作一个容纳了政治、经济、社会、文化、宗教等众多领域的电子场。

2.1.2　网络空间的地理学特征

网络空间与现实空间既有区别，也有联系。网络空间具有鲜明的地理学特征。与传统地理空间相比，虽然网络空间具有虚拟、瞬时、互动等特性，但地理学的时空关系仍是网络空间不可或缺的关键要素。一方面，网络空间并不欠缺物质性，其信息基础设施和网民都是实体，且通过附加在传统地理空间纹理上获得了地理位置和地域差异；另一方面，网络空间内部存在位置、地方和地域的差异，这主要取决于其中事物与现实物体的映射关系、信息所蕴含的地理属性和对现实空间的真实作用。因此，网络空间具有如下地理学特征。

1. 网络空间物质基础的空间分布具有不均衡性

网络空间的信息基础设施主要包括网络基础设施、服务器、信息转换器和上网工具四部分[17]。其中：网络基础设施决定了网络空间的空间范围和可达性；服务器和信息转换器决定了网络空间的连通性，以及互联网资源的分配、管理与监督；上网工具在很大程度上决定了网民的覆盖程度和规模。网络基础设施是用于构建网络空间的底层基础设施，由骨干网、城域网和局域网通过有线或无线传输方式层层搭建而成。服务器是在网络环境中运行相应的应用软件，为网上用户提供共享信息资源和各种服务的一种高性能计算机。信息转换器是在信息传输过程中负责信号转换和信息组织的设备，主要包括调制解调器、路由器、交换机和中继站。上网工具是网络空间的入口，是跨越现实世界与虚拟网络世界接口的主要途径。

网络空间的信息基础设施是在真实地理空间中构建的。许多学者的研究表明，远程通信服务及互联网资源的供给在地理分布上往往是不均衡的，总是倾向于人口和经济活动聚集的地方。全球网络空间资源分布情况在空间上具有明显的不均衡性。国际电信联盟的全球固定宽带订阅百分比分布图显示，宽带订阅比例在大部分地区高于 20%，但在非洲、南亚和中东的大部分地区低于 5%。

2. 网络空间的信息内容具有明显的地域性

随着移动互联网与社交网络媒体的深度融合，具有定位功能的移动智能设备和软件越来越普及，基于位置服务的应用越来越流行，因此，地理社会网络积累的海量时空社交网络媒体数据极具研究价值。通信方式的变革使地理社会网络迅速发展，如国外的 Twitter、Facebook 及国内的微博、微信、抖音等使互联网虚拟社区与现实真实社会的交互加速。简单地讲，海量社交媒体信息经由用户发布、自由评论和转发等操作产生联系。例如，当用户发布微博时，可以同时发布带有地理位置的信息，这样，通过与社交网络聚合而形成的地理社会网络就成为用户在真实空间中社会关系的反映。

在传统的社会交往中，对个人而言，由于地理的邻近性、社会文化的较强认同感，周边生活、工作的群体往往会成为主要的社会交往对象。对个人所在地域而言亦是如此，本地域的群体成为社会交往对象的概率也高于其他地域。而在网络信息空间中，虽然信息技术压缩了时空距离、扩展了人们社会交往与联系的范围，但与本地域的信息联系强度仍然远远大于与其他地域的信息联系强度，表现出本地域的信息联系在网络信息空间中占据主体地位、地域根植性明显的特征。2020 年的微博用户发展报告显示，不同地区的用户在网络空间发布的信息内容各不相同，每座城市都有独特的标签。

3. 网络空间信息资源的可获得性具有区域差异性

网络节点的实体关系及拓扑连结性在很大程度上依赖于地理空间。网络空间的连结性与频宽分布不平等，具有较强的地域特征。宽带普及率与地理位置密切相关。网络空间信息基础设施分布的不均衡，使信息资源的可获得性具有区域差异。

全球自治系统（Autonomous System，AS）的分布情况具有地理差异性[18]。AS 数量越多，网络空间建设就越完善，网络就越发达。尽管中国大陆与美国和巴西的面积相差不大，但巴西拥有的 AS 数量多于中国大陆，美国拥有的 AS 数量远多于中国大陆；中国大陆的面积是印度的 3 倍，但中国大陆拥有的 AS 数量少于印度；中国大陆的面积远大于日本，但中国大陆拥有的 AS 数量与日本相差不大[19]；俄罗斯的面积是美国的 2 倍，但俄罗斯拥有的 AS 数量远少于美国；苏丹的面积比英国和日本都大，但苏丹拥有的 AS 数量远少于英国和日本。

一个 AS 通过供应商到客户（Provider to Customer，PC）关系能够到达的 AS 数量就是该 AS 所管辖的 AS 数量。按照每个 AS 所管辖的 AS 数量对全球 AS 进行排名，将其中 20 个国家（地区）按照排名分层，如图 2-1 所示。可以看出：第一层是全球核心骨干网，分布在美国、瑞典、德国和意大利；第二层距离骨干网最近，分布在英国、新加坡、巴西和俄罗斯；印度、瑞士、日本和中国大陆处于第三层；苏丹、叙利亚、古巴和博茨瓦纳处于第六层。

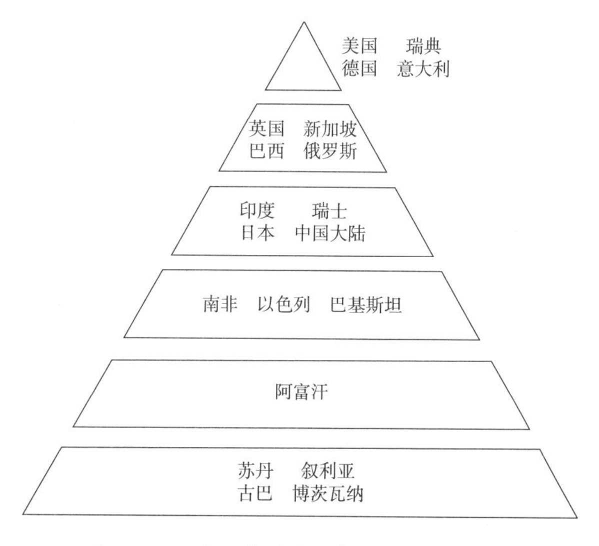

图 2-1　20 个国家（地区）的 AS 数量排名

IP 地址数量排名前五位的国家（地区）如表 2-1 所示。可以看出：美国有丰富的 IP 地址资源，IP 地址数量约 15.84 亿个，占全球 42 亿个 IP 地址的 36.88%；中国大陆的 IP 地址数量约 3.4 亿个，占全球总量的 8.00%，排名第二；在已使用 IP 地址的数量方面，美国最多，中国大陆次之，日本紧随其后。

表 2-1　IP 地址数量排名前五位国家（地区）的 IP 地址数量及其分配使用情况

序号	国家（地区）	IP 地址数量	占全球 IP 地址数量比例	已使用 IP 地址数量（比例）	已路由未使用 IP 地址数量（比例）	未路由 IP 地址数量（比例）
1	美国	1583771669 个	36.88%	333502672 个（21.06%）	676202253 个（42.51%）	577066774 个（36.43%）
2	中国大陆	343575896 个	8.00%	141706541 个（41.24%）	158374775 个（46.10%）	4349458 个（12.66%）
3	日本	207970135 个	4.84%	85803117 个（41.26%）	87688131 个（42.16%）	34478887 个（16.58%）
4	德国	126856213 个	2.95%	59061678 个（46.56%）	60017096 个（47.31%）	7777439 个（6.13%）
5	英国	1233695819 个	2.88%	47398176 个（38.32%）	36163193 个（29.24%）	40134450 个（32.45%）

4. 网络空间的行为主体具有明显的地域特征

网络空间是人类借助互联网媒介在整合多种信息与通信技术（ICTs）的基础上构建的新型活动空间，人类可通过计算机或手机等途径登录并以化身形态生存其中[20]。网络空间的行为主体对应于现实世界中的人类个体。借助相关工具，人类得以进入网络虚拟地理环境，获得真实感受并完成信息交流。我国网民构成了全球最大的数字社会，我国网民的总体规模已占全球网民的 20%左右[21]。第 50 次《中国互联网络发展状况统计报告》显示，截至 2022 年 6 月，我国网民规模为 10.51 亿，网民使用手机上网的比例达 99.6%。

社交网络空间中的个体在物理空间中都对应于特定的地理位置。因此，人作为网络空间的行为主体，具有明显的地域特征。根据腾讯大数据发布的我国网民地理分布图可知，我国网民以“胡焕庸线”为界，大多分布在东南部，西北部地区网民较少。

5. 网络空间与现实空间具有密切的关联性和互动性，网络空间和网络信息流受现实空间多种要素影响

网络空间与现实空间具有密切的关联性和互动性，实体的地理空间与虚拟的网络空间

具有一定程度的联系和相互影响，信息基础设施在空间上的不均衡分布和地理区位等因素影响了网络空间的网络体系、空间格局和可达性等。网络空间的信息流分布格局与地理距离和经济社会发展水平密切相关[22]。有研究发现，网络信息空间的极化不对称格局与实体空间的地理距离和经济社会发展水平等外部因素之间存在密切的关联性。具体来说，城市对外的网络信息不对称度与其经济社会发展水平具有相对一致性，经济社会发展水平越高，其在网络空间中的影响能力就相对越强。此外，城市之间的网络信息不对称程度与它们之间的地理距离和经济社会发展水平差距密切相关。经济社会发展水平差距对城市之间网络信息不对称程度的影响随着地理距离的增加呈现出衰减性；而在一定地理距离范围内，城市之间的经济社会发展水平差距越大，它们之间的网络信息不对称程度就越高。

（1）城市规划方面

传统城市规划的一个重要依据是“城市可达性”，即空间距离上的可达性。而进入信息社会，“城市可达性”的概念需要被重新定义。带宽的束缚在很大程度上取代了距离的限制，城市的各种联系更多地发生在无形的网络之中，人们的活动从对传统交通设施的依赖转向对网络的依赖。

近些年的研究发现，美国 10%～20%的交通量转化为电信通勤（Telecommuting）、远程办公（Teleworking）、远程购物（Teleshopping）、远程会议（Teleconferencing）和电子公文交换（Electric Document Exchange），每日减少约 600 万辆次通勤车辆，每年减少约 30 亿次购物旅行、1300 万次公务出行和 6 亿英里的卡车及航空运输里程。由网络联系的城市空间显著缩小了城市中不同地段的区位差异，交通成本成为相对次要的区位因素，准确、快捷的信息网络取代了物质交通网络的主体地位。高速、大容量的信息联系方式有可能消除空间接近与隔离的优势和障碍，超越地域空间限制的城市正成为可能。

在信息社会，城市辐射作用是通过信息高速公路传递的。城市在城市体系中的地位，不再仅由空间地域的位置和便捷程度决定，而在很大程度上受信息网络基础设施的影响。因此，许多城市积极为自己“连线”，以获得在全球市场中的竞争优势地位，这也使以高技术基础设施为基础的“信息”城市或“软”城市逐步形成。例如，东京在日本政府发展信息技术和远程通信技术政策的鼓励下，已成为太平洋沿岸的通信中心[23]。全球经济网络的控制性节点位于商务产业和研究开发活动最发达的城市。城市信息基础设施是这些城市参与全球竞争的重要条件。

（2）交通方面

网络空间中的通信技术对改善环境是相当有利的。从通过交通手段传输信息转向电信通信，可以节省能源、降低噪声、减少道路建设、降低城市污染。环境学家 Jonathan Dorrit 甚至把通信和计算机技术的这项功能称为一种“可持续手段”[24]。

远程通信带来的能源节省引发了人们对远程通信和交通之间替代关系的关注。远程通信对交通的替代最初体现在与工作有关的通勤方面。远程通信被视为解决城市环境拥挤问题和中心区远距离通勤问题的有效方法。另外，信息网络上的电子流有可能替代在公路、铁路、航空网络上的客货运输与交通。然而，美国的一项调查报告显示，远程通勤带来的能源节省量仅占消耗量的 1%～3%，同时强调了电信通勤可能产生的一些反弹趋势，包括户内的额外能源消耗、向高适宜度地区迁居、通勤总量增加、对道路空间的潜在需求增加。尽管电信通勤快速增长，但城市内部和城市之间的交通问题并没有缓解的趋势。因此，二者的关系并非简单的替代关系，其相互作用是复杂的。通信技术可能在三个方面导致交通的增长：远程通信技术（如计算机网络订票系统、航空控制系统、电子数据交换系统等）可以大幅提高交通网络的运行效率，降低交通成本；人们可以通过网络以极低的价格获得信息，扩大“知觉空间”，从而产生更多的出行需求；移动电话、移动计算机可以把消耗在交通堵塞上的“死时间”变成“活时间”，人们可以方便地维持家庭、工作上的联系，克服交通拥堵造成的障碍。

总的来说，各种形式的通信量总体呈增长趋势，远程通信尽管在一定程度和范围内可以替代交通，但由于作用的相互性，二者的关系在某种程度上是互补的、相互促进的。

（3）经济方面

城市经济的流动性驱动了当今网络空间的迅速发展。在全球化背景下，城市经济越来越依赖信息流、服务流、“符号”产品流（如传媒、广告、文化产业、电子娱乐业等）。与偏远的乡村相比，城市（尤其是大城市）拥有完善的基础设施和服务设施。社会的不稳定性和经济全球化，使信用、创新和互惠利益的重要性日益突出，而它们往往以面对面的交流为基础，因此，面对面的交流不会消失，“相互可见”仍会是经济行为的一部分。信息获取途径的增加、获取速度的提高，实际上扩大了人们的视野，增加了面对面交流及出行的需求。

（4）虚拟社会方面

网络作为一种技术性工具，代表了先进的生产力，体现了人类的智慧和能力。以互联网技术平台为依托，“现实的人”的社会性参与使网络空间得以形成和发展。流动的信息和信息的流动是网络空间存在和发展的基本样态，而作为符号的信息所承载的正是人与人之间现实的社会关系，具有明显的价值和意义属性。基于这种属性，网络空间作为人的社会实践活动的产物，其产生进一步扩展了人的实践场域，丰富了人的实践方式，改变了人的思维方式和行为习惯，成为现代人生活的新形式、新样态。

综上所述，无论是产生、内容还是实际影响，网络空间都展示了明确的社会性特征，社会性才是网络空间的根本属性。可以说，网络空间是伴随网络技术的发展而产生的新型社会性空间形态，是社会空间在信息技术背景下的进一步延伸和拓展。

2.1.3 网络空间与现实空间的关联关系

网络空间与地理空间的划分，是人类认知客观世界的需要。事实上，这两类空间是密切关联、相互影响的，是客观世界的两个方面，二者的依赖关系是相当明显的。人们在地理空间中的活动、城市在地理空间上的扩展都与信息网络密切相关，而网络空间得以存在的物质基础就是现实空间[25]。Batty 在其虚拟地理学研究中较为详细地阐述了网络空间所依附的真实地理属性，并明确指出了计算机网络中的网络拓扑结构、信息流通所处客观空间和环境离不开真实地理空间[26]。真实地理空间与网络空间相辅相成、不可分离，真实地理空间是网络空间的载体，网络空间是真实地理空间的又一平行拓展。

研究网络空间，离不开对地理空间的研究。单一空间的研究必须与跨空间、跨层次的协同研究融合。例如，每个在网上注册的网络角色，都与地理空间中的一个或多个实体角色相对应；逻辑网络与地理空间的映射，以关键信息基础设施的地理位置信息为纽带建立关联。从认知网络空间的纵向过程看，跨空间的综合研究是未来的必然趋势，主要包括跨空间协同感知、跨空间实体匹配与映射、跨空间多源信息融合、跨空间行为关联等。

（1）跨空间协同感知

网络空间与地理空间共同组成了人类生存发展的复杂环境系统，对系统内各子系统（各组成部分）关键要素状态的监测是进行系统性研究的前提和基础。地理环境要素数据可以通过 3S（卫星遥感、地理信息系统、全球导航卫星系统）技术采集。

3S 技术是空间技术、传感器技术、卫星定位与导航技术和计算机技术、通信技术相结合的，多学科高度集成的，对空间信息进行采集、处理、管理、分析、表达、传播和应用的现代信息技术的总称。物理网络设备、网络站点信息、网络流量信息、用户信息、内容信息等，可以通过网络空间测绘等手段进行探测和监测。通过多种空间感知手段的协同，可以获得同一时刻不同物理位置和逻辑位置的多种要素的状态信息，为实现对研究对象的准确、全面的认识奠定基础。

（2）跨空间实体匹配与映射

同一实体在不同空间中的表现形式不同。实体匹配是指将在网络空间中识别到的物理实体或用户实体与现实地理空间中的实体进行匹配与映射。跨空间的实体匹配与映射主要用于解决在不同空间中同一实体的甄别问题。实体匹配方法包括基于位置的匹配方法（空间位置相同）、基于拓扑结构的匹配方法（网络拓扑结构相近）和基于内容的匹配方法（信息内容相似）。通过实体辨识与匹配，建立多个空间之间的联系，实现对同一实体的全面认知[22]。

（3）跨空间多源信息融合

现实地理空间中的对地观测系统（卫星、无人机等）传感器与网络空间中的传感器面向不同空间进行要素的状态检测时，所获取的数据在语义、格式、内容等方面存在较大差异，因此，需要建立一定的规则实现不同空间数据的融合，从而得到网络对象或现实空间实体的全面、综合的特征信息。

（4）跨空间行为关联

一个行为主体在现实空间中的行为特征与其在网络空间中的行为特征，往往在时间、空间或主题上存在关联。实现跨空间的行为关联是准确认知各类行为特征的重要途径，也是网络空间地理学研究的主要内容。

网络空间地图是一种将网络空间测绘数据（网络实体定位结果、网络拓扑分析数据、网络画像数据等）与地理空间信息数据进行叠加、融合，经可视化处理在屏幕上显示的地图，可以很好地显示网络空间与现实空间的对应关系[27]。网络空间地图的主要表现内容包括网络实体资源的地理分布展示、网络实体资源间的拓扑关联展示、带有地理标记的网络数据（如微博、微信等数据）的密度分布等系列展示、网络虚拟资源与对照实体资源的概率映射分布等。网络空间地图可以提供地图服务、辅助指挥决策、开展模拟仿真、进行态势感知、方便网络管理等，在企业生产、工业管理、科研教育、安全等多个领域发挥作用。网络空间地图与地理空间紧密关联的关系：一方面，体现在网络测绘结果与地理空间信息数据的叠加、融合上；另一方面，体现在网络空间地图绘制是在地图学和地理空间分析原理及方法上的延续和迁移、网络空间地图可以补充和丰富原有地图学成果上。与传统地图的不同之处在于，网络空间地图是地理空间信息数据与网络资源要素的叠加或融合，是保留了地理位置属性的网络测绘结果的可视化展示，突出表现了网络测绘要素的位置、属性和关联等信息。例如，在对网络实体定位结果进行可视化展示方面，与地理空间实体的不同之处在于，网络空间定位结果通常是区域型的，数据形式通常为中心点经纬度坐标加缓冲区半径，定位结果依附于网络实体，且随着时间变化其分布常发生跳变。

2.2　网络空间地理学的理论基础

本节主要介绍网络空间地理学的基本概念及其内涵与发展。

2.2.1　网络空间地理学的基本概念

网络空间是一种新的空间形态，其所具有的虚拟、瞬时和互动特性是变革性的，明显区别于以实体、距离和边界定义的传统地理空间。这使得一直以空间为重要着眼点的地理学，不得不在传统的以地表事物的空间差异及分布的研究范畴之外，将网络空间本身及其与地理空间的融合问题的研究提上日程。20 世纪末，伴随互联网的诞生，《地理终结》（*The End of Geography*）[28]和《消失的距离》（*The Death of Distance*）[29]等文章在国际上引发热议，专家们纷纷探讨网络空间的诞生对地理空间信息科学研究产生的冲击和挑战。

尽管网络空间依附于地理空间，但网络空间的虚拟、动态等特点决定了二者存在差异，这也是引起较多学者争议的原因之一。一种观点认为，与地理空间相比，网络空间的时空关系发生了根本性改变，传统地理学的理论和技术发生了重大变革，其重要性降低了。此观点的出发点是，网络空间的信息本质及网络通信导致的时空压缩，使网络空间成为一个与人类生产生活相关联的、无地域疆界的新的活动空间。在这个空间里，人们能够突破时空限制并相互影响。因此，这样的网络空间地理学与传统地理学大相径庭[30]。另一种观点认为，与传统地理空间相比，虽然网络空间具有虚拟、瞬时、互动等特性，但地理学的时空关系仍是网络空间不可或缺的关键要素。第一，网络空间的连结性与频宽分布是不平等的，具有较强的地域特征；第二，当网络上传输的信息被认为与地理空间脱离时，很多信息所蕴含的地理属性却是网络数据挖掘与应用的关键；第三，网络空间的基础设施是在真实地理空间中构建的，网络节点的实体关系及拓扑连结性在很大程度上依赖于地理空间。因此，网络空间的发展离不开地理学理论与技术的支撑[31]。

虽然网络空间所具有的拓扑性、多维性和虚拟性使其明显区别于传统地理空间，但是传输信息的物理媒介、相关的辅助设施是必须依托现实地理空间存在的，加上现实地理空间对社会、文化、经济等方面的真实影响，网络空间不可能完全脱离传统地理空间的辐射范围。同时，网络空间并没有消灭其他决定地理位置的因素，地理位置并没有变得无关紧要。因此，学者们逐渐达成共识，认为网络空间并没有导致“地理学的终结”，其作为一种新的空间与事物，为地理学研究提供了新的对象与思维。基于此，地理学和网络领域的研究人员开始聚焦网络与地理的关联和融合，网络空间地理学的概念产生了[32]。

网络空间是信息社会背景下表现出来的新空间，是基于信息与通信技术对信息流系统的整合而形成的，具体可定义为“地理距离下的现实空间”与“计算机网络下的虚拟空间（数字空间）”融合后衍生出的一种全新的空间表现形态，在这种空间中可以实现全球范围内的信息有效流动并消除距离障碍[33]。作为地理学研究的新领域，网络空间地理学是对网络空间及网民社会进行研究的地理学分支，利用从传统地理学之内及之外演化而来的空间观点对网络空间中的事物和现象进行研究，在对自然地理学进行延伸、归纳以及对部分原理进行否定的基础上构建用于描述网络空间的理论框架，并在此基础上研究对其进行可视化及实体化的方法。

网络空间地理学的研究对象是网络空间。网络空间是一种随着网络的出现而形成的空间事物的新型组织形式，打破了时间和空间的联系方式，是一个突破了传统地理障碍的新型活动空间。网络空间本身受地理环境中各种因素的影响，如信息发射源位置、信息产生背景（信息的产生经常受外部社会、经济、文化等因素的影响）、信息接收者和传播媒介等，仍不能超出传统地理空间的辐射。与传统地理学的研究对象相比，网络空间地理学的研究对象是具有时域、空域、频域和能域的高维空间，信息以光速运动，不存在地理空间中的物理约束力（如重力、距离等），由无数个迅速膨胀或萎缩的空间组成。由于网络空间不是一个欧氏空间，所以，网络空间地理学需要重新定义距离、尺度、区域等相关基本概念[34]。

（1）距离

地理空间属于欧氏空间，由三维笛卡儿坐标系表示，通过距离或间隔来刻画空间属性，传统地图在描述地理空间时一般采用这种空间形式。网络空间属于无界非欧空间，三维坐标已无法完全表示内部信息的具体位置，信息与信息之间的空间关系也不能用传统数学模型来表示。总之，空间特性的不同，使地理空间中的三维坐标系不再适用于网络空间，因此，不能直接使用传统的数学方法对网络空间建模。这给网络空间地理学的数学基础带来了新的挑战，需要寻找新的建模方法。

（2）尺度

随着距离被重新界定，尺度问题在信息社会也发生了重大变化。在传统地理学中，对尺度有两种代表性看法：一是把尺度当作一种确实存在的、真实的物质性的东西，认为尺度是政治变革、经济活动和（或）社会进程的产物；二是把尺度当作一种表达人们对世界的理解的方式。网络空间主要通过四种途径改变传统的尺度概念：一是尺度范围扩大到全球，地方空间演变为流动空间；二是尺度标准化中要考虑信息要素的重要性；三是原有的以有形的物质流和交通线路确立的尺度联系，在增加了无形的信息流和信息基础设施之后，联系体系被重构；四是到场和媒介是人类认识世界的两种主要方式，而作为媒介的网络空间通过提供非到场环境改变了人们原有认知世界的尺度。

（3）相似性

1970 年，美国地理学家在“地理学第一定律”中提到，“所有事物都是相关的，距离近的事物比距离远的事物相关性更强”，为地理空间相关的普遍性提供了原理性基础。而网络空间打破了距离的限制，为人类提供了一个冲破地理空间束缚的机会，距离的远近已无法描述事物之间相关性的强弱程度，需要寻找一种新的测量尺度来界定事物之间的相关性。

（4）区域

区域是指根据某个指标或某几个特定指标的结合，在地球表层划分出的具有一定范围的连续不分离的单位。区域分异是指地球表层不同地域的相互分化及由此产生的差异。网络空间通过其外部性构建的物质改变了区域的内涵，促进了新的区域分异生成。第一，信息基础设施和信息要素成为区域内涵与结构分析的新内容。第二，居民向网民转变的规模和深度改变了社会经济行为模式。第三，政府的政策取向和正在孕育的互联网企业的种类与数量直接决定了区域信息化发展水平。

（5）内容

地理空间中的内容大部分是客观实体，具有一定的形体，比较稳定，易于理解，在制图时，只需将相应的实体抽象表达成一定的地图符号。而在网络地图中，除了构成网络空间的物理部分具有相应的地理坐标和形体，内部流动的信息有很大一部分是虚拟的、持续变化的、不断膨胀的，信息真假难辨。如何将这些虚拟信息抽象化并兼顾可变性，然后符号化——都不同于地理空间中的物体建模。

2.2.2 网络空间地理学的内涵与发展

网络空间地理学包含物理基础设施、信息流动、新型网络空间中的社区人口统计，以及对这些新型数字空间的感知及可视化研究等一系列地理现象。网络空间地理学不仅是研究人员进行的学术研究，也是在实践人员、网民及研究人员之间进行的合作，在综合各种观点及经验的基础上，形成对我们所处的空间及社会的共识。网络空间地理学的研究具有两个方面的特点[35]：一是将地理空间由现实空间时代带入半现实半虚拟的地理网络空间新时代，拓展了地理空间的内涵；二是网络空间在很大程度上超越了现实空间的地理性质，促进了地理学家对传统地理理论的校验和对新理论的探究。下面分别从网络空间地理学的理论基础、研究内容和发展进程三个方面，对网络空间地理学的内涵与发展进行阐述。

1. 网络空间地理学的理论基础

作为网络空间和地理空间结合的产物，网络空间地理学的理论基础包括人—地关系和人—地—网关系。

（1）人—地关系理论

人—地关系地域系统是由地理环境和人类活动两个子系统交错构成的复杂的、开放的巨系统，是以地球表层一定地域为基础的人—地关系系统，也是人与地在特定地域相互联系、相互作用而形成的一种动态结构[36]。

人—地关系地域系统的“地域”是地球表层的一部分。在人—地关系中：“人”具有主观能动性，可以主动认识、利用并改造地理环境；“地”是人类赖以生存的物质基础和空间载体，地理环境制约着人类社会经济活动的深度、广度和速度。人—地关系地域系统研究旨在探求系统内各要素的相互作用及系统的整体行为与调控机理，这就需要从空间结构、时间过程、组织序变、整体效应、协同互补等方面去认识和寻求全球的、全国的或区域的人—地关系系统的整体优化、综合平衡及有效调控的机理，研究的核心范畴是通过人类活动与自然环境的相互作用关系，探究人—地交互作用的区域分异特征、系统性与可调控性。人—地系统是地球上最高级别的系统，人—地关系协调是实现可持续发展的前提条件。人—地关系地域系统是综合研究地理格局形成与演变规律的理论基石[37-38]。

（2）人—地—网关系理论

真实地理空间与虚拟网络空间是相辅相成、密不可分的两个存在本体，地理空间是网络空间的载体，网络空间是地理空间的扩展。随着技术的进步和人们思想观念的改变，两种空间之间的界限将逐渐模糊，出现“你中有我、我中有你”的局面[39]。网络空间与地理空间的相互作用与融合，对人—地关系产生了系统性影响，逐渐塑造出“人—地—网”的新型纽带关系[40]。

与地理空间相比，网络空间虽然具有虚拟、动态跳跃、瞬时易变等特性，但在地理空间信息科学中，时空关系仍然是网络空间的核心要素。网络空间中的信息转发、传递和存储等离不开分布在地理空间中的网络实体，包括铺设的光缆网线、用于登录的基础设施等。组成网络空间的基础物理拓扑结构（如节点、网线）客观存在于地理空间中，因此，网络空间的发展依然与地理空间紧密关联。网络空间地理学的核心命题是人—地—网关系。随着网络实体定位技术的发展和完善，网络虚拟画像与地理人员画像的紧密度不断提升，网络空间和地理空间不再绝对独立，而是相互兼容甚至有机融合，人类可以在这两个空间中形成映射并随意切换[41]。

2. 网络空间地理学的研究内容

网络空间地理学的研究内容介绍如下[33,42-43]。

（1）构建网络空间—现实空间的映射关系，重新定义地理学中关于距离、尺度及区域的概念

网络空间与地理空间，既有联系，又有区别。网络空间是与地理空间完全不同的一个多维的超空间。在这个空间中，没有界限、无法判断方向，以光速的形式运行、没有距离，各种信息之间的联系很难再用地理空间中的关系来描述，因此，需要寻找新的理论方法和技术手段。虽然现实世界与网络空间之间有许多差异，但我们仍然能在地理学概念中找出许多联系。地理空间是人类生存的客观世界，网络空间是人类实践活动的结果，网络空间无法离开地理空间而单独存在，地理空间是网络空间的客观载体。

（2）处理复杂的空间互动模式及过程

信息社会的显著特征是不同尺度的位置与空间（包括从私人住地到公共场所及全球空间）之间的互动关系。例如，信息化社会的问题涉及个人日常行为、局部社区事件、城市文化及环境，以及全球经济与政治变化之间的互动关系。应用网络空间地理学有助于处理

这种复杂的空间互动模式及过程，可应用于信息化社会中空间问题的决策与规划。

（3）探索网络空间及信息传播技术对文化、政治及经济关系的影响

通过对生活在多尺度的、真实的网络社区中的网民的行为进行分析，可以了解网民如何在网络空间中以分布与合作的方式去发现和解决空间问题，进而针对网民的行为提出应对策略与办法。就像人们的活动对自然环境的改变一样，网民的行为也会改变网络空间的形式——人们会污染地球的环境，网民也会破坏或污染网络空间的某些部分。因此，网络空间中人与环境的相互关系，以及怎样有效地管理和保护信息资源，也是网络空间地理学研究的重要内容。

（4）构建网络空间可视化表达的语言、模型、方法体系

网络空间可视化能够基于一定的标准，在二维和三维环境中以多种方式（图形、视频、文本等）对基础地理环境、空间环境、空间实体、空间态势信息等进行直观的显示，把不可见现象转变为可见现象，从而使许多抽象的、难以理解的原理和规律变得容易理解。网络空间信息主要包括空间位置信息和空间关系信息。在三维空间中，空间对象之间的关系极其复杂。因此，构建网络空间可视化表达的语言、模型、方法体系，需要充分运用地理学、信息技术、大数据、人工智能等诸多学科领域的知识。

（5）进行网络空间制图研究

网络空间地理学的另一个研究重点是网络空间—地理空间的定量测定及制图。空间制图是地理学重要的表达方法，也是可视化理解网络空间的主要途径。将地图表示方法应用于描述和认知网络空间，对全面掌握网络空间特性及其相关要素分布特征、推动国民经济发展和保障国家安全具有重要的理论意义和价值。网络空间的外部基础设施，特别是网络基础设施，无论是有线连接的还是无线连接的，不通过地图演示很难发现其空间分布规律。因此，如何改进制图方法从而绘制更多的网络空间地图是认知网络空间地理属性的关键。

3. 网络空间地理学的发展

地理学对网络空间的兴趣源于其对空间和距离的关注，特别是长期以来对信息与通信技术时空压缩作用的持续性研究。《地理终结》[29]和《消失的距离》[28]的讨论，给网络空间地理学研究指出了新的方向。

1）网络空间与地理空间关系的研究

最初，专家和学者的讨论集中在网络空间或网络空间与地理空间的关系上。Starrs[44]

强调，网络空间提供了一个供地理学家认识信息怎样对空间产生影响，以及信息如何变成真实地点的新领域。

网络空间无疑具有地理学含义，但其性质和程度存在争议。一种观点认为，空间关系正在发生根本性改变，地理学正在被重新定位（它的重要性降低了）。此观点的出发点是互联网通信导致的时空压缩及网络空间的信息本质。例如，Morley[45]认为网络空间为人类提供了一个新的“无空间和无地域”的社会空间，在这里人们能够相遇并相互影响，这样的虚拟地理学与传统地理学几乎没有相似性。另一种观点认为，虽然网络空间对时空关系有重大影响，但地理学和时间仍值得一提。其原因在于[31]：网络空间的连结性与频宽是不平等分布的；当网络信息流动可以被认为与地理空间脱离时，很多信息却具有地方属性；网络空间是依赖地理空间中的基础线路设施建构的，这些线路对实体关系及连结性有很大影响。

Batty[26]的虚拟地理研究较好地揭示了网络空间的地理属性。他指出，计算机节点与计算机网络中的空间及场所是由真实场所、计算机空间、网络空间及网络场所形成的循环发展关系。地方/空间（Place/Space）是传统的地理学领域，Place 利用传统方法并进行概念化，形成了 Space；计算机空间（Cspace）是存在于计算机中的一种抽象空间；网络空间（Cyberspace）是计算机空间经由计算机信息网络而形成的新的抽象空间；网络地方（Cyberplace）体现了网络空间中的基础建设对传统地理空间中的基础建设的影响。Bakis[32]认为，信息社会的新地理学研究包含现实地理空间和虚拟网络空间两种形式，在一些传统地理因素作用减弱的同时，一些新的因素出现了。在地理学重构的初期，谈论其重要性下降还是上升为时尚早。“地理空间”和“网络空间”交织，处在一种融合过程中。这一地理学现实称为“地理网络空间”（Geocyberspace），用于描述在全球网络服务基础上地理学空间的新形式。

国内的一些专家和学者在网络空间地理学的理论研究方面进行了回顾与创新，在空间作用及空间结构等方面进行了具体的探讨。在理论创新方面，张捷等[41]、汪明峰等[46]、甄峰[47]针对网络信息空间及其空间结构的研究进行了分析。张楠楠和顾朝林在宏观上对地理网络空间的整体特征进行了描述，并把信息网络影响下的城市空间定义为一种相互依存的复合式空间[25]。甄峰[47]将信息时代的新空间形态地理网络空间定义为实体空间、虚体空间和灰体空间并存的三元共生空间，在空间相互作用方面，对信息时代区域发展的战略进行了规划。刘卫东以中国互联网为研究对象，分析了决定中国互联网用户省际空间分布的主要因素，并预见互联网不会抹去地理学存在的意义[48]。姚士谋等在城市研究方面对从信息网络到城市群区内数码城市的建立问题进行了探讨[49]。

2）网络空间资源测绘

随着网络空间地理学理论研究的逐步成熟，网络实体定位手段的不断丰富，网络定位结果精度的快速提升，以及网络画像技术的飞速发展，从网络空间到社会空间映射进而与地理空间关联的紧密度不断提高，以网络实体资源探测定位和虚拟资源关联画像为核心形成的网络空间资源测绘得到了网络信息和测绘科学领域学者的共同关注。

周杨等[50]提出了网络空间测绘的概念，认为网络空间测绘是指以网络空间为对象，以计算机科学、网络科学、测绘科学和信息科学为基础，以网络探测、网络分析、实体定位、地理测绘和地理信息系统为主要技术，通过探测、采集、处理、分析和展示等手段，获得网络空间实体资源和虚拟资源在网络空间的位置、属性和拓扑结构，并将其映射至地理空间，以地图或其他可视化形式绘制出其坐标、拓扑、周边环境等信息，展现相关态势，并据此进行空间分析与应用的理论与技术。

齐云菲等[14]对网络空间测绘相关基本概念进行了解读和分析，从不同层面的应用案例出发，总结了网络空间测绘技术的应用场景及其意义。

郭莉等[13]提出了网络空间资源测绘的技术体系模型。网络空间资源测绘体系是一个探测（Detecting）、分析（Analyzing）、绘制（Visualizing）、应用（Applying）的循环过程（DAVA Loop）：首先，对各种网络空间资源进行协同探测，获取探测数据，对这些数据进行融合分析和多域映射，形成网络空间资源知识库；在此基础上，通过多域叠加和综合绘制构建网络空间资源全息地图；最后，根据不同的场景目标按需应用这一全息地图，通过迭代演进使测绘能力不断提升。

陈庆等[51]系统地阐述了网络空间测绘的应用，总结了网络空间测绘的应用场景，主要包括网络安全应用领域、数字化管理应用领域、测绘定义网络领域。网络安全应用是测绘应用的起点。数字化管理应用是指在城市、产业及社会个人全面数字化变革的背景下，为其提供基于测绘的丰富管理场景。测绘定义网络基于“端”与“网”测绘的融合，实现了丰富的联网资源调度和自组织网络业务场景。在总结网络空间测绘应用领域的基础上，他们认为，网络空间测绘的应用整体上处于起步阶段，甚至是起步阶段的初级阶段。同时，他们对应用中出现的问题提出了建议：首先，要扩展网络空间测绘能力的应用边界；其次，要建设面向典型业务的网络空间全息测绘地图；最后，要提升网络空间测绘应用的速度和测绘维度。

3）网络空间地图绘制

近年来，随着网络空间测绘资源技术的成熟，网络空间测绘资源数据的表达成为网络空间地理学研究的热点之一，即绘制网络空间地图。

网络空间地图是指将网络空间测绘数据（网络实体定位结果、网络拓扑分析数据、网络画像数据等）与地理空间信息数据进行叠加、融合，经可视化处理后在屏幕上显示的地图。网络空间地图是在网络态势感知基础上概括总结的成果。同时，基于网络空间地图，可以进行一系列分析工作，从而更好地认知网络态势。不同于传统或一般的网络态势图和态势表达系统，网络空间地图的建立目的是解决伴随多种网络定位手段的进步而衍生出来的新问题。网络空间地图能够较好地将网络空间和地理空间结合起来，其实质是结合了网络资源或网络测绘结果所具有的不可舍弃或亟须聚焦的地理属性。

在对网络空间地图的相关研究中，李响等[42]首先对网络空间地图相关概念的内涵及其发展演变进行了总结分析，并在此基础上按照网络空间及其要素的空间相关程度，对网络空间制图方法进行了划分。张龙等[27]给出了与地理空间紧关联的网络空间地图模型及组成要素，将网络空间地图框架分成六个主要部分，分别是网络空间资源数据的获取、组织、表达、分析、表现和应用。数据获取的方式或数据源主要包括传统测绘、数据库查询、网络定位、网络拓扑探测、网络画像和网络挖掘、采集等，是进行网络空间地图绘制的前提。数据组织主要包括时空数据模型、资源图谱和视觉内容选择，是进行网络空间地图绘制的基础。数据表达主要包括符号化和可视策略两部分，是进行网络空间地图绘制的核心。基于网络空间地图的数据表达，可以开展资源空间分布统计、拓扑链路分析、节点辅助校正和信息挖掘等多种分析工作。网络空间地图的主要表现内容包括网络实体资源的地理分布展示、网络实体资源之间的拓扑关联展示、带有地理标记的网络数据（如微博、微信等）密度分布等系列展示、网络虚拟资源与对照实体资源的概率映射分布等。

尽管对网络空间的探索处在起步阶段，但也处在一个网络空间“大发现”时代。因此，将地图这一有效探索和认知地理空间的工具引入网络空间，有助于我们全面认识、刻画及深入理解网络空间。网络空间是一种新的空间形态，网络空间制图的需求应用将进一步延伸地图学原有的理论内涵，打破一些固有制图规则。同时，一大批非主流的制图方法和面向非空间网络要素的空间化手段，也将拓展地图学研究的广度。

4）网络空间地理学发展的总结与展望

网络空间地理学与传统地理学在很多方面截然不同，其中以时空概念转换和人—地关系重构表现最为明显。传统地理学对空间、区域、位置和距离高度关注的研究惯性，在一定程度上限制了地理学研究人员思维的转变。对网络空间这个新领域的兴趣，地理学界也远不如社会学界高。从地理学界已取得的研究成果看，在地理网络空间的相关理论、方法和实证研究方面取得了一定的进展，研究领域涉及网络空间的外部、内部和作用层面，但仍以传统地理学思维下的外部层面研究居多，缺少新的网络思维成果。同时，研究者背景以城市、经济、电信地理为主，研究工作侧重于网络空间资源测绘与网络空间地图绘制，对社会、文化、行为、政治地理领域的研究有待加强。

互联网和网络空间对人类社会的影响刚刚开始，其产生的变革性作用将比我们想象的深远。这就要求地理学界进一步从外部、内部和作用层面加强网络空间地理学研究，积极促进地理学思维“现实—半现实半虚拟”的转变，进而重构地理学理论框架，深化和拓展地理学的内涵与外延。

（1）网络空间的外部层面——互联网研究

互联网是网络空间赖以存在的基础设施，其研究关注提供技术和基础设施的物质视角（这也是窥视网络空间的重要视角之一）。在网络空间研究前期，可以不用过多探究网络空间的内涵特征，从外部形态开展相对成熟的基础性研究将更为有益。研究切入点包括：全球信息网络的形态和结构、城市节点体系与区域差异；作为电信服务提供主体的电信运营商，如我国各大电信运营商的信息网络建设、互联互通和服务政策等；网络使用者形态，包括区域归属、经济收入、数量、文化素质、年龄与职业构成等；大型跨国公司，探讨互联网对企业管理组织和分散布局的作用。

（2）网络空间的内部层面——空间特征与网站/虚拟社区研究

网络空间的空间特征研究对象包括网络空间构成要素、类型划分、表现形式、作用形态、信息类型、时空特征等。此外，化身人及虚拟环境研究也很重要。研究切入点包括：从网站内部特征视角，研究如何表现虚拟社区的构成组织和维度特征；从网站外部特征视角，主要探讨网站的区位、网站的分布意义及网站使用者和拥有者的互动关系；传统的社区联系是依托血缘和地缘关系确立的，而新的虚拟社区是通过互联网上的在线交流建立的，强调由参与和交流产生的社区归属感。

（3）网络空间的作用层面——与传统地理空间的相互作用研究

网络空间的作用层面研究从四个方面展开。一是网络空间与地理空间在空间特征上的异同性研究。前者是信息空间，后者是物质空间，故其时空概念迥异。二是地理空间对网络空间的支撑性研究。网络空间的存在需要网络基础设施和人的物质支撑，且网络空间在一定程度上是对地理空间的复制与发展。三是网络空间对地理空间的作用研究。网络空间主要通过对化身人的真实作用，影响真实人的地理空间行为决策。四是网络空间与地理空间融合后的地理网络空间研究，包括其外在表现流空间，以及信息城市、电子社区、企业、人等。

2.3　网络空间地理学的关键问题与方法论

本节主要介绍网络空间地理学的关键问题与方法论。

2.3.1　网络空间地理学的方法体系

网络空间地理学的方法体系是网络空间地理学研究手段的集合，包括网络空间要素信息获取、网络空间可视化分析与表达、网络空间地理图谱构建、网络空间行为认知等。

1. 网络空间要素信息获取

网络空间要素是网络空间地理学的主要研究对象，是正确认识和理解、有效控制和管理网络空间的前提，也是网络空间地理图谱构建、网络空间可视化分析与表达、网络空间行为智能认知的数据基础。网络空间要素的获取集成了网络资源探测、网络拓扑分析、实体定位等技术手段，从多个维度对网络空间进行多尺度、多层次的要素、行为和关系的感知，获得网络空间中的虚拟资源和实体资源在网络空间和地理空间中的属性[18]，涉及海量多源异构数据的采集与融合。

根据网络空间的性质和特点，网络空间要素信息获取主要分为地理环境要素获取和网络环境要素获取两部分。

（1）地理环境要素获取

地理环境是人类生存和社会发展的基础，是物质、能量、信息的数量及行为在地理范畴中的广延性存在形式，也是网络空间要素所依附的客观物质载体。虽然网络空间具有瞬时性、多变性，在很大程度上突破了传统地理空间中距离、边界和时空关系的限制，但是，用于支撑网络空间运行发展的信息基础设施和网络空间的行为主体及其活动都无法脱离地理环境而单独存在。网络空间中的网络拓扑结构、信息流通所处客观空间和环境离不开地理空间。

地理环境要素主要由两部分构成：一是地球表面自然形态所包含的自然地理要素，如地貌、水文、气象、土壤、植被等；二是人类在生产活动中通过改造自然界形成的社会经济要素，如政治、经济、文化、人口、交通等。地理环境要素信息获取就是利用各类传感器设备感知地理空间实体或现象的空间特征和属性特征，并将其以地理空间数据的形式存储在计算机中的过程。地理空间数据按照来源，可以分为地图数据、遥感数据、文本资料、统计资料、实测数据、多媒体数据。其中：地图数据是主要的数据源，不仅包含实体的类别和属性，还包含实体间的空间关系；遥感数据是重要的数据源，是一种大面积的、动态的、近实时的数据源，是地理空间数据更新的重要手段。

（2）网络环境要素获取

网络环境要素获取，即通过软硬件技术的结合产生和收集网络资源数据。网络资源是网络空间“载体”“信息”“主体”“操作”的总和。获取网络资源的基本属性、应用属性和扩展属性，可以全面掌握网络空间的基本特性及其分布特征，为网络空间治理、网络安全风险防御提供数据前提，为网络安全态势感知提取提供素材，为网络安全态势理解和预测打下数据基础。

网络环境要素按照资源类型主要分为实体资源和虚拟资源两类。实体资源是真实存在于实际地理空间中的，具有典型的地理分布特性，分为硬件和软件。硬件就是能连接网络的设备，是动态变化的，如服务器、路由交换设备、物联网设备、终端设备、区块链等；软件就是以硬件为载体以求达到某种目的的一系列代码，如操作系统、中间件、数据库、安全软件等。实体资源的获取工作主要包括实体资源属性信息的获取、地理位置的识别及与其他实体资源的关联拓扑关系的获取等。虚拟资源的产生和传播依赖实体资源。虚拟资源主要是由虚拟人（如各种社交账号等）和虚拟内容（如网页信息、聊天记录、视频等）构成的，其获取工作主要是对目标账号及内容信息的获取。

2. 网络空间可视化分析与表达

网络空间可视化以网络空间地图的形式全面展示网络信息，实现网络空间的具象化与数字化，为决策者提供直观的、有价值的信息，以降低决策的不确定性。

国内外已经开展的网络空间可视化研究集中在物理网络层和逻辑网络层，以文本、图表等方式进行查询和显示，侧重于网络设备的描述和定位、网络运行数据的统计分析等，忽略了网络空间与地理空间的映射关系，无法直观表现网络空间信息的多维特性，可视化效果与应用需求存在较大差距。然而，地理学完善的系统理论和成熟的思想，可以为网络空间可视化表达提供参考和依据。地理学的核心研究内容是人—地关系，而随着网络信息化的迅猛发展，地理空间的限制被打破，逐渐形成了“人—地—网”新型纽带关系，从而将地理学的理论方法引入网络空间，以地理空间可视化为参考，为绘制网络空间地图、实现网络空间可视化提供了新的方法和思路[52]。

地理空间可视化研究经过长时间的发展和积累，地理空间的要素、关系、表现形式等都有了较为成熟的理论和技术体系[53-54]。针对网络空间的特点，网络空间可视化表达要想在借鉴地理空间可视化表达技术的基础上实现网络空间要素、关系、事件的可视化，就需要在以下方面取得突破。

（1）网络空间基础要素和关系的定义

由于网络空间具有虚拟性、瞬时性和互动性等特性，所以，如何借鉴地理空间中要素和关系的定义实现对网络空间要素和拓扑关系的可视化表达，是需要解决的首要问题。

网络空间基础要素需要分层定义，不同层涉及的要素不同，如：物理层的地址、设备、端口、介质等；逻辑层的 IP 地址、AS 域号、域名、网关等；认知层的管理者、责任者、服务主体等。不同于地理空间的相交、相离和包含等空间关系及邻近度分析、叠加分析和网络分析等空间分析[55]，网络空间要素之间的关系主要由一种通过节点形成的网络拓扑结构来表示。

（2）网络空间“坐标”体系的构建

从地理学视角探究网络空间可视化，需要基于网络空间构建虚拟网络环境的时空基准。参考地理空间坐标系统，提供用于确定地理空间实体位置的参照基准，所有要素都被定位到指定的地理空间参照系统中。基于网络空间要素的唯一化标签，将网络空间要素定位在网络空间的“坐标”体系中，在该“坐标”体系中建立要素之间的关系并进行表达和分析。

（3）地理空间—网络空间数据的融合与映射

地理空间—网络空间数据的融合与映射，目的在于打破地理空间和网络空间之间的壁垒，实现两个空间的一体化表达。在确定了要素及坐标体系的前提下，网络空间的表达可以通过一种“网络地图”（网络图谱、多维联动展示等）的形式展示[40]。

建立两个空间“坐标”体系之间的关系是搭建地理空间和网络空间之间的桥梁、实现网络空间与地理空间一体化实时动态可视化表达的途径。因此，需要建立网络空间与地理空间中的时空基准建立与维持、时空坐标系转换、时空动态语义和时空演化模型等[40]，实现网络空间和地理空间之间的映射。

3. 网络空间地理图谱构建

地图是描绘客观世界、表达地理知识和进行空间分析的工具。网络空间地理图谱是网络空间知识域的映射地图，是反映地理环境和现象的分类图集。网络空间地理图谱是知识图谱在地理学上的拓展，是网络数据和地理数据结合的产物，综合反映了网络空间—现实空间对象及不同对象之间的关系，具有网络空间与地理空间的类似特点。通过融合多源地理空间信息和网络空间信息，绘制网络空间地理图谱，关联网络空间—现实空间，描述网络空间资源及其物质载体，挖掘、分析、构建、绘制和显示知识及它们之间的联系，是认知网络空间、维护网络安全的必要途径，为海量、异构、动态的地理空间和网络空间大数据表达、组织、管理及利用提供了更有效的方式。

网络空间地理图谱构建主要包括要素上图、关系建立、图谱构建三部分。

（1）要素上图

根据网络空间层次结构，网络空间地理图谱包含的要素可以分为地理环境层、网络环境层、行为主体层、业务环境层，从要素上图的角度可以归纳为地理要素上图和网络要素上图。

地理要素上图是指将通过无人机、遥感等技术获取的空间数据转换成符号并在地图上展示。地理要素主要包括交通、居民点、行政边界等基础地理信息，以及公共场所、重点单位、关键信息基础设施的空间位置和属性等。地理要素在统一的时空表达框架中，融合关联社会经济、政治、文化要素，为网络空间地理图谱的构建提供本底信息。

网络要素上图是指通过网络空间测绘技术对网络空间的各类资源及其属性进行探测、融合分析、绘制和定位[13]，在 IP 层、路由器层、POP 层、AS 层分别进行展示，根据网络资源地理位置信息对网络空间和地理空间的相关属性进行映射，按照一定的标准将这些属性上图，从而实时、直观地反映当前网络空间资源各属性的状态和发展趋势[18]。网络要素上图为网络空间地理图谱的构建提供本底信息和基础信息。

（2）关系建立

关系建立是指建立地理要素之间、网络要素之间、地理要素与网络要素之间的关系和逻辑拓扑，并基于已上图要素及其关系挖掘内在规律。

在地理空间中，地理实体一般不是独立存在的，其互相之间存在密切的联系，这种互相联系的特性就是关系。针对地理实体独特的空间特征，在构建网络空间地理图谱时，主要考虑实体之间的空间关系、时间关系和概念关系[56]。空间关系在地理信息系统的空间分析、数据推理、信息查询等方面起着重要作用。时间是地学现象的基本维度，地理实体之间的时间关系是指时间维度的时序关系。概念关系也称为语义关系，是关联地理实体和其他信息的重要链接，在地理信息采集和服务中占据重要地位。

网络要素之间主要通过拓扑建立联系。网络要素与地理要素之间通过网络拓扑空间化，将网络关系映射到地图上。参考地理空间的空间对象，将网络拓扑中的节点根据类型、等级抽象成多尺度的空间对象，以实际物理位置映射到地理空间，自动关联网络拓扑图的属性数据与地理空间数据，实现对网络要素和地理要素的空间、时间、属性数据的统一管理与维护。网络拓扑空间化融合了网络空间要素的地理空间信息，考虑网络安全事件发生的时空背景，全面、直观地展示和分析网络空间的多维特性。

（3）图谱构建

网络空间地理图谱是基于海量网络安全大数据和人工智能技术构建的，即通过融合多源地理空间信息和网络空间信息，结合地图本底信息，对网络空间数据进行知识图谱的构建。知识图谱本质上就是通过采集不同类型的原始数据，提取属性、关系、实体等关键信息，建立实体与实体之间的关系。通过去重等数据融合工作，并经过质量评估，最终建立安全大数据知识图谱。

网络空间地理图谱描述了网络空间资源及其物质载体，挖掘、分析、构建、绘制和显示知识及它们之间的联系，为海量、异构、动态的地理空间和网络空间大数据表达、组织、管理及利用提供更有效的方式[57]。

4. 网络空间行为认知

网络空间行为认知是指在网络空间地理图谱的支撑下，结合大数据、机器学习等方法，突破网络空间图谱推理、威胁情报智能挖掘、实体信息智能补全等技术，形成与之呼应的智能认知方法体系，实现对网络空间安全行为的智能认知，主要包括网络空间环境智能认知、网络空间现象智能认知、网络空间行为智能认知。

（1）网络空间环境智能认知方法体系

网络空间环境智能认知以地理环境认知为基础，构建网络空间环境智能认知方法体系，集成网络资源探测技术、实体定位技术等，从多个维度对网络空间环境进行实时检测分析，自动获取网络空间虚拟资源与实体资源在网络空间和地理空间的属性，包括物理域的实体、逻辑域的通信与网络协议、社会域的信息和行为等，为网络空间地理图谱的构建提供要素支撑。

（2）网络空间现象智能认知方法体系

网络空间现象智能认知集成了网络探测和拓扑分析技术，分析网络资源属性，形成内容丰富的网络实体连接拓扑结构，实现不同级别、不同粒度的网络拓扑关系智能认知；集成了网络拓扑空间化、二三维一体化网络地理数据关联等技术，智能识别多尺度地理空间和网络空间的实体连接和关联关系。

（3）网络空间行为智能认知方法体系

网络空间行为智能认知主要集成了模式识别方法、人工智能技术、大数据技术等，从行为主体、客体和影响等维度对复杂、动态的网络安全事件进行划分，智能分析网络安全事件发生的驱动因素及内部机理，实现网络安全事件的态势感知和预警预报，并在网络空间地图上进行画像和过程展示。

2.3.2 网络空间地理学的关键技术

如图 2-2 所示，网络空间地理学融合了网络空间安全、人工智能、地理信息科学等多个学科，涵盖了网络空间地理环境要素生成技术、网络拓扑空间化与可视化技术、网络空间地理图谱构建技术、基于网络空间地理图谱的网络安全行为智能认知技术等。

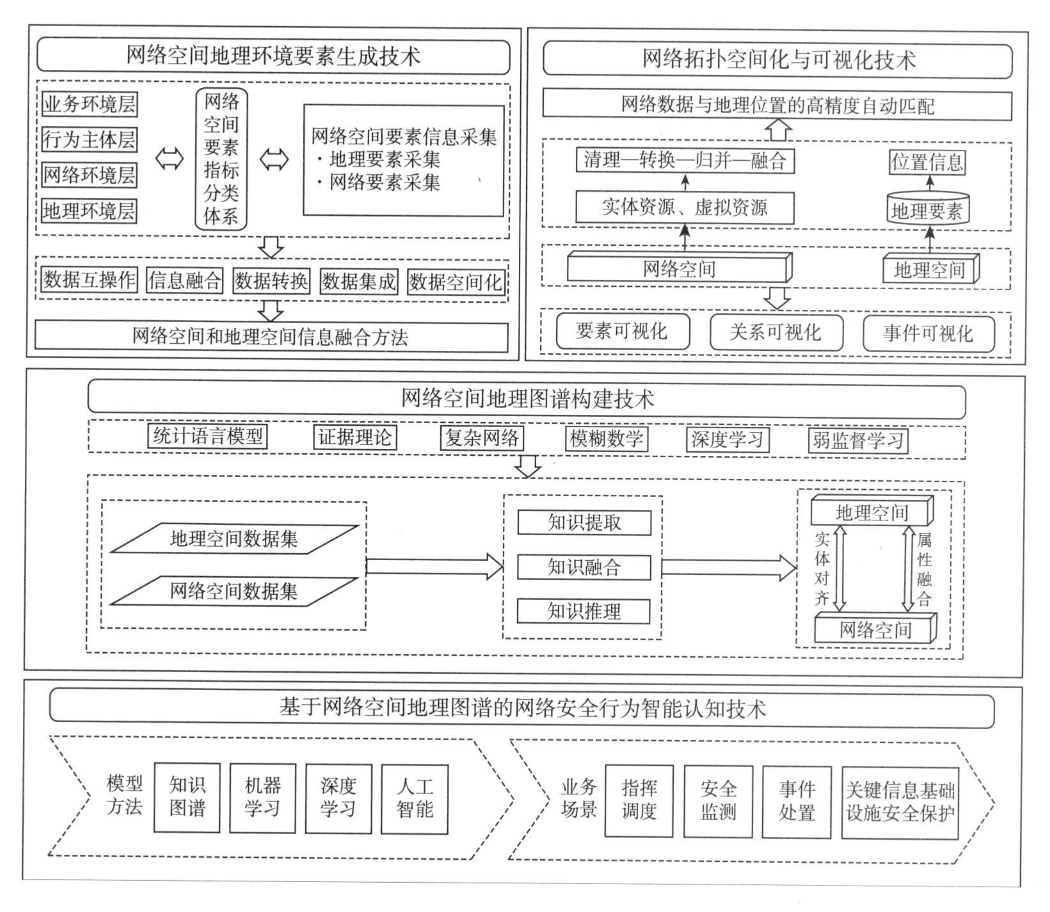

图 2-2-　网络空间地理学关键技术

1. 网络空间地理环境要素生成技术

网络空间地理环境要素生成技术在“人—地—网”纽带关系理论的指导下，对网络空间的理论基础和方法进行梳理，分析网络空间和地理空间要素的类型、层次、时空基准、表达标准、尺度问题，建立完整的网络空间要素指标体系，通过整合、处理、分析等手段采集网络空间虚拟资源与实体资源在网络空间和地理空间的属性，并将网络空间数据映射至地理空间，构建多尺度下的网络空间和地理空间信息映射与融合方案，实现虚拟地理环境中网络空间要素信息的获取。

（1）网络空间要素指标分类体系建立

地理要素是地图的主体内容，不同的地理要素通过组合和叠加呈现出不同的地理空间形态。根据不同的应用需求，地理空间中围绕人—地关系理论构建了不同的地理要素分类体系和标准。网络空间虽然具有地理学含义的空间性，但其具有的虚拟、瞬时和互动特性明显区别于传统的地理空间。网络空间也需要通过不同要素的组合实现网络空间可视化。如何对网络空间的物质、社会和地理属性进行具体分解，建立完整的网络空间层次模型，是网络空间可视化表达与智能认知的基础，也是难点。

网络空间地理学的提出为网络空间要素刻画提供了新的视角和思路。网络空间的迅速发展将地理学传统的人—地关系拓展成新型的人—地—网关系。如图 2-3 所示，在“人—地—网”纽带关系理论的指导下，借鉴地理要素分类标准，结合网络安全管理需求，可以将网络空间自下而上划分成地理环境层、网络环境层、行为主体层和业务环境层，以构建完整的网络空间要素分类体系，更好地服务于网络资产管理、网络地图绘制。

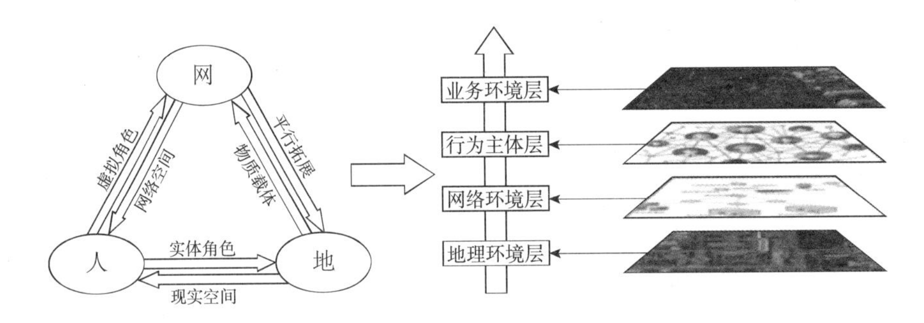

图 2-3　网络空间要素指标分类体系研究思路

（2）网络空间要素信息采集

根据网络空间要素指标分类体系分层采集网络空间要素信息，总的来说可分成地理要素和网络要素两类。

常用的地理要素获取渠道包括实地测绘、地图数字化、遥感影像、摄影测量、激光雷达采集、统计资料等。在采集地理要素时；应当充分利用自然资源部门的基础测绘成果，建立部门之间的协调和合作机制，加强数据共享，降低数据采集成本，同时，有效结合无人机三维倾斜摄影技术、建筑信息建模（BIM）技术、三维 GIS 技术，将三维实景模型与建筑信息模型放置在一个系统中，实现宏观环境中的微观信息集成与应用，将环境信息和建筑信息统一，实现室外与室内连续贯通，从而全面呈现和还原网络空间要素所处的客观物质环境。

网络要素主要采用网络空间资源测绘技术采集。随着网络定位手段的不断丰富和精度的不断提高，网络空间资源测绘已成为网络空间要素数据采集的主要手段。网络空间资源测绘集成了网络资源探测、网络拓扑分析、实体定位等手段，从多个维度对网络空间要素进行实时检测和分析，以获得网络空间虚拟资源与实体资源在网络空间和地理空间中的属性，包括物理域的实体、逻辑域的通信和使用的网络协议、社会域的信息和行为等[28]。

网络空间资源测绘技术已相对成熟。2016 年，科技部部署实施了国家重点研发计划项目“网络空间资源测绘技术”等。公安部第一研究所设计研发了“网络资产测绘分析系统——网探 D01”等，为全面发现网络资产、快速应对突发安全事件、掌握未知隐患和资产安全态势、建立全面高效的网络资产安全检测体系提供了有力保障。

（3）多尺度下的网络空间和地理空间信息融合与集成

网络空间—地理空间要素融合是指以网络资源探测、网络拓扑分析、实体定位和地理信息系统为技术核心，将网络空间数据映射至地理空间，找出空间、信息与人类行为的内在关联，重新定义地理学中的距离、尺度、区域等基本概念。

网络空间要素通过地理编码、地址匹配、空间插值等方法被赋予地理信息。地理编码是指根据地址模型和编码规则解析由自然语言描述的地址文本，然后与地址参考数据库匹配，从而建立地址信息与空间坐标关联关系的过程。地址匹配是指通过一定的匹配策略在地名库中查找待匹配的地址串所对应的地理坐标及标准地址的过程，是地理编码的核心。地址匹配的关键是地址参考数据库、地址匹配算法和地址匹配量化。空间插值是指在已知空间采样点数据的情况下，按照某种方式逼近已知空间数据并得出区域范围内其他任意点或任意分区的估计值。空间插值算法包括克立金（Kriging）插值法、多层曲面叠加法、分形插值法等。

2. 网络拓扑空间化与可视化技术

根据网络空间和地理空间要素的对应关系，将网络空间的实体资源要素和虚拟资源要素投影到地理空间，建立网络空间和地理空间的多尺度拓扑关联，从而建立网络空间拓扑结构。在此基础上，采用网络空间—地理空间动态交互可视化方法，以直观、动态、可交互的方式呈现关联关系和网络拓扑结构，从而构建网络拓扑空间化动态交互可视化工具。网络空间可视化表达技术包括网络空间要素可视化表达、网络空间关系可视化描述、网络空间事件可视化分析。

（1）网络空间要素可视化表达

网络空间要素可视化表达是网络空间可视化表达的基础。在“人—地”网纽带关系的背景下，将网络空间的物质属性、社会属性、地理属性分类，将网络空间拓展到地理空间。以地理空间可视化为基础，融合网络安全事件和网络空间资产数据，将地理空间中的网络地理实体抽象成多尺度的空间对象，以文本时间序列可视化、动态统计数据可视化等方式全面展示和描述网络空间资源的分布和属性，实现网络空间—地理空间要素的可视化表达。

（2）网络空间关系可视化描述

网络空间关系可视化描述在网络空间要素可视化表达的基础上实现了网络空间关系的可视化。网络空间关系主要包括网络要素之间的关系、网络空间与地理空间之间的关系，网络空间关系可视化就是实现这两种关系的可视化描述。

网络要素之间的关系可视化是以网络拓扑结构的形式表达的。通过网络探测技术和拓扑分析技术，分解网络资源属性，建立不同级别、不同粒度的网络实体连接拓扑结构，实现内容丰富的三维地理拓扑和二维逻辑拓扑的网络拓扑可视化。

网络空间与地理空间之间的关系可视化，重点是实现两个空间的动态交互。结合网络空间要素可视化，以网络拓扑分析、实体定位、测绘和地理信息技术为基础，研究多尺度地理空间和网络空间的实体连接和关系识别，探索空间、信息与人类行为的内在关联，实现地理空间与网络空间的多尺度、多维度、动态可视化。

（3）网络空间事件可视化分析

网络空间事件可视化分析以具有地理信息特征的海量网络事件为基础，借鉴地理学空间分析方法与技术，通过资源化整合，将虚拟、动态的网络安全事件转化为网络安全事件信息资源，对网络安全事件进行特征分析、关联分析的可视化展示，实现网络安全事件的态势感知和预警预报，并以空间图、网络图等网络空间地图的形式集中表达网络安全事件分析的全过程，对网络空间事件的研判、推理和处置进行全生命周期的场景展示。

3. 网络空间地理图谱构建技术

网络空间地理图谱构建技术基于海量网络安全大数据和知识图谱构建技术，结合地图本底信息，对网络空间数据进行知识图谱的构建（如图 2-4 所示）。在网络知识图谱的基础上，融合相关地理信息，挖掘深层的规律和信息，以二维和三维地图为基础，将网络空间资产资源、安全态势、案事件、威胁情报等要素在网络空间地理图谱上进行综合可视化展示。

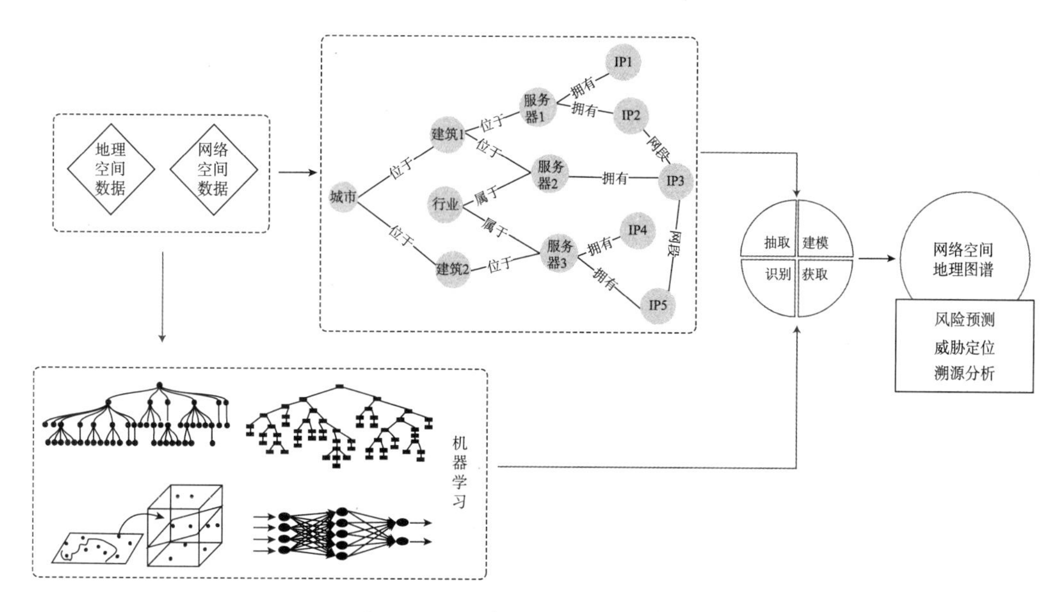

图 2-4　网络空间地理图谱构建技术

网络空间地理图谱采用自底向上的构建技术，其构建过程如图 2-5 所示。

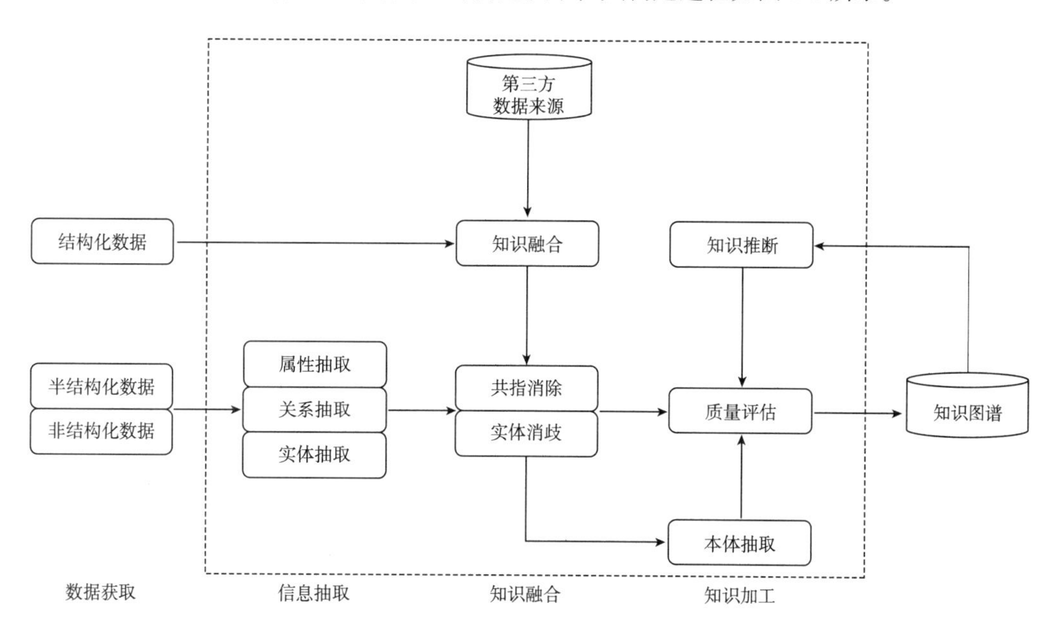

图 2-5　网络空间地理图谱的构建过程

（1）信息抽取

信息抽取是一种自动抽取网络空间实体、关系及实体属性等信息的技术。网络空间地理图谱中的常见实体包括实体、设备、人等。实体之间的关系，如：设备与人，包括使用关系、操作关系等；节点与节点，包括连接关系、供应关系、竞争关系等。结合网络空间资产相关知识应用需求，在实体属性词识别抽取的基础上，构建实体与属性之间的关系。关系抽取采用基于正则表达式和自定义词典的模板进行，将抽取的属性与知识图谱中的实体关联起来。

信息抽取主要从结构化、半结构化、非结构化三类数据中抽取信息。针对结构化数据，通过建立数据库中的概念与知识图谱中的本体的映射关系，以及基于规则的推理，实现从数据库中自动抽取实体、属性及其关系。针对半结构化数据，通过建立相应的模板抽取器实现知识抽取，重点需要解决非同源数据的实体融合问题，如将网页或 XML 文档中的数据重新组织成图数据的形式。针对非结构化数据，主要利用已有知识图谱中的知识，通过远程监督的方式构建训练集，并利用深度学习方法得到抽取器，利用抽取器对文本中的知识进行抽取。

（2）知识融合

通过知识抽取，我们实现了从非结构化和半结构化数据中获取实体、关系及属性的目标。然而，这些结果中可能包含大量的冗余信息和错误信息，数据之间的关系也是扁平的，缺乏层次性和逻辑性。因此，有必要对其进行清理和整合。

知识融合是指将不同数据中不同标识实体的语义关联到同一实体，实现对同名、多名、缩写等多种实体语义的消歧和共指消解。知识融合包括模式层（概念层）和实体层的融合。概念层的融合主要是基于本体库的本体知识扩展。实体层的融合主要使用实体链接技术实现。

（3）知识推理

知识推理是网络空间地理图谱构建的重要手段和关键环节。通过知识推理，可以建立网络空间在地理空间上新的关系，从而为网络安全工作分析和挖掘更为丰富的信息。

知识推理可以分为基于符号的推理和基于统计的推理。基于符号的推理是指利用相关规则，从已有实体关系中推理出新的实体关系，并对知识图谱进行逻辑冲突检测。基于统计的推理是指利用机器学习方法，通过统计规律从知识图谱中学习新的实体关系，主要包括实体关系学习方法、类型推理方法和模式归纳方法。如果知识库足够大、知识网络足够丰富，就可以从中推理出隐含的关系和知识。

（4）知识更新

网络空间具有瞬时变化的特点，因此，所建立的知识库不是一成不变的，而是经常随时间的变化而变化的。因为地理实体、关系和属性值都会发生变化，所以需要建立知识库的动态感知和更新机制。通过基于结构化的信息数据文件更新、周期性更新、基于新闻热搜词更新等方法，可以对网络空间地理图谱进行全量更新和增量更新。

（5）知识存储

知识图谱主要有两种存储方式，一种是基于资源描述框架（RDF）的存储，另一种是基于图数据库的存储。

基于 RDF 的存储是通过关系数据库实现的，主要用于存储简单的知识图谱。知识图谱的结构复杂，图数据库在关联查询的效率上比传统的关系数据库高出许多（尤其是在进行多维度的关联查询时）。此外，基于图的存储在设计上非常灵活，通常只需要进行局部改动，就可以使用 Neo4j 图数据库存储网络空间知识图谱。

4. 基于网络空间地理图谱的网络安全行为智能认知技术

基于网络空间地理图谱的网络安全行为智能认知技术主要包括网络空间地理图谱智能分析技术和网络空间—地理空间智能分析技术。前者研究在耦合网络空间和地理空间中构建网络空间地理图谱的表示学习方法；后者重点研究网络空间实体的特征表示和识别方法，以实现网络空间地理图谱的事理推理、关键节点分析、智能预警等核心应用。

1）基于图深度学习方法的网络空间地理图谱智能分析

基于图深度学习方法的网络空间地理图谱智能分析主要包括网络空间实体识别和网络空间安全智能预警。

（1）网络空间实体识别

网络空间地理图谱智能分析的首要任务是识别网络空间中的实体节点，这是智能分析中事理推理、关键节点定位等的基础。图深度学习是网络空间实体识别的一种有效方法：对网络空间地理图谱的原始数据进行收集、加工、处理、整合，并将数据模型化，然后基于深度学习模型提取网络空间地理图谱中有价值的信息。为了充分发挥各维度特征的作用，研究人员将深度学习理论引入实体识别，利用感知机和卷积神经网络进行识别。

（2）网络空间安全智能预警

可疑数据人工排查方法存在片面性。发挥计算机处理大数据的能力，采用多源数据融合技术，将网络空间地理图谱中不同维度的驱动要素整合到统一的时空基准上，采用深度学习方法，通过网络的自学习能力构建网络空间安全智能预测模型，并基于该模型模拟网络行为过程，对网络风险行为进行预测预警，就可以为网络空间安全智能管控工作提供有力的支撑。

2）基于图卷积网络的网络空间—地理空间智能分析

基于图卷积网络的网络空间—地理空间智能分析主要包括网络空间—地理空间要素的特征表示、网络空间—地理空间映射关系的补充、网络空间中异常结构的发现、网络空间中安全事件的预警。

（1）网络空间—地理空间要素的特征表示

网络空间的数据要素涉及多源异构数据，其关系是多尺度、多层次的，甚至是虚拟的、动态变化的，既包括网络节点、路由器、转换器等基础设备，也包括在基础设备上进行通信互联的数字化行为和活动。网络空间和地理空间是相互映射、存在关联的。利用图卷积网络，通过多个图卷积层的堆叠计算，就可以得到要素丰富的特征表示。采用关系图卷积网络，可以将特定关系的变换矩阵引入图卷积网络。根据关系的类型和方向引入基函数分解和块分解两种正则化方法，即可融合不同种类网络空间要素的关系信息。

（2）网络空间—地理空间映射关系的补充

网络空间和地理空间是紧密相关的。由于网络空间具有复杂性、虚拟性、动态性，地理空间具有多层次性、多源性，网络空间和地理空间之间存在异构性等特性，所以，建立网络空间到地理空间的映射是一项具有挑战性的任务。图卷积网络可以将网络空间—地理空间拓扑结构中不完整的映射关系补充完整。多图卷积神经网络可以通过构建多个图来捕捉异构空间之间的关系，如网络空间中实体资源和虚拟资源之间的关系、地理空间中距离和历史之间的关系以及网络空间和地理空间之间的关系等。

（3）网络空间中异常结构的发现

网络空间被拓扑化后，每个节点有自己的属性编码，不同节点之间有关系编码。选取一部分节点和这些节点之间的连接关系，就相当于选定了一个结构，通过对这个结构进行度量分析，即可探查网络空间中所有的相似结构。一个可行的应用是：如果已经掌握某些威胁行为的组织结构，就可以通过相似的结构发现可能存在的异常结构，从而实现网络空间中威胁行为的智能分析和评判，为网络行为安全监测提供支持。

（4）网络空间中安全事件的预警

网络空间中有海量的可以作为研究基础的安全事件。通过分析安全事件的节点、结构、行为、时序的特征，可以对安全事件建模。发挥图卷积网络在处理多层次复杂关系上的优势，将现有的多源数据和关系进行整合，同时加入时序信息，通过神经网络强大的学习能力，构建安全事件预警模型，预测可能出现的风险行为，就可以帮助分析人员发现风险事件，为网络安全防护工作提供支持。

2.4　网络空间地理学理论支撑核心技术研究

网络空间地理学在传统地理学的基础上，融合网络、大数据、人工智能等学科，将地理学的研究内容从现实空间延伸至虚拟网络空间，集中探讨网络空间和地理空间的映射关系，为网络信息感知、风险评估和事件响应提供了新的模式。网络空间地理学旨在“从实战提出需求构建基础理论与依据，以理论为指导突破关键技术，以技术为支撑指挥实战”，构建一个完整的“理论—技术—实战”的网络空间地理图谱知识体系。

网络空间地理学在传统“人—地”作用机制的基础上，探索“人—网”和“地—网”之间的作用机制，提出了“人—地—网”新型作用机制。在“人—地—网”纽带关系理论的指导下，将地理学图层理论延伸到网络空间，结合网络安全管理的实际需求，建立完整的网络空间层次模型，将网络空间自下而上划分成地理环境层、网络环境层、行为主体层和业务环境层，构建了完整的网络空间要素分类体系，打破了网络空间与地理空间的数据壁垒，为网络空间地理环境要素生成技术研究提供支撑，为网络资产管理、网络地图绘制提供本底信息和前提。

网络空间地理学利用地理学的研究经验，分析网络空间要素类型、层次、时空基准、表达标准、尺度问题，构建网络空间和地理空间的映射关系，提出了网络空间的可视化表述方法。在理论的指导下，以地理空间可视化为样本，在地理空间中可视化展示网络空间拓扑结构，借鉴地理学的图层构建技术，绘制不同层级、不同尺度的网络空间地图，从而支撑网络空间要素、关系、事件的可视化表达技术研究，提升网络空间监测预警能力，为网络信息感知、风险评估和事件响应提供新的模式。

同时，网络空间地理学实现了地理信息理论与机器学习、知识图谱等的结合，可以指导网络空间地理图谱构建和智能分析关键技术研究，挖掘、分析、构建、绘制、显示网络空间资源及网络安全事件，应用于网络攻击实时监控、网络安全事件追踪溯源、网络安全态势感知、网络安全指挥调度等典型业务场景，为网络安全防护提供高水平的智能化、自动化、可视化作战方式。

在网络空间地理学理论的指导下，我们可以从国家网络安全战略和网络安全综合防控体系建设的实际需求出发，为网络空间地理图谱构建核心技术研究提供支撑，为网络安全挂图作战提供理论和技术支撑，从而提升网络资源优化管理能力、网络安全保障能力和智慧化应急决策能力。

2.5 小结

本章主要论述了网络空间地理学的相关理论。首先给出了网络空间的定义，并在此基础上讨论了网络空间的地理学特征及其与现实空间的对应关系；接着探讨了网络空间地理学的基本概念及其内涵与发展，总结了网络空间地理学的方法体系与关键技术；最后以“理论支撑技术，技术支撑实战”的思想，阐述了如何将上述理论和技术应用于网络安全实战工作。

第 3 章　网络空间测绘

网络空间测绘是指通过网络空间探测、数据挖掘、数据清洗、算法分析等方式，获取网络空间中终端、设备和基础设施等网络战略资源的地理信息、网络信息、社会信息，并通过网络空间可视化技术将获取的信息以地理地图或逻辑图的形式绘制出来，从而实时反映网络空间中各项资源的基础信息情况和发展变化态势。本章首先介绍网络空间测绘技术的发展与演变，然后论述网络空间测绘技术是如何支撑网络空间知识图谱的，最后通过互联网测绘、专网测绘、城市网络测绘相关案例，详细说明网络空间测绘中各项技术的应用方法。

3.1　网络空间测绘概述

本节简要介绍网络空间测绘的相关概念及发展情况。

3.1.1　网络空间的演变与发展

1969 年，在美国国防部的资助下，位于加州大学洛杉矶分校、斯坦福研究院、加州大学圣芭芭拉分校和犹他大学的四台主要计算机被连接起来，组成了互联网的前身阿帕网（ARPAnet）。由此，ARPAnet 成为现代计算机网络诞生的标志。1983 年，美国国防部将 ARPAnet 划分成军事网络和民用网络。同时，局域网和广域网的产生和蓬勃发展，对互联网起到了重要的推动作用，其中最令人瞩目的是美国国家科学基金会（National Science Foundation，NSF）设立的 NSFNet。NSF 在美国建立了按地域划分的计算机广域网，并将这些地域网络和超级计算机中心互联。NSFNet 于 1990 年 6 月彻底取代 ARPAnet，成为 Internet 的主干网，并逐渐扩展，最终发展成今天的互联网。

“互联网+”的概念在第十三届全国人民代表大会第二次会议的《政府工作报告》中首

次被提出，依托云计算、大数据、人工智能、物联网、移动互联等新一代信息技术的创新发展，不仅把网络应用于传统行业，更将互联网延伸到无人机、无人车、智能穿戴设备、移动支付等领域。“互联网+”深刻改变了我们的生产、工作、生活方式，它利用互联网的优势，从优化生产要素、更新业务体系、重构商业模式等方面升级和重塑传统行业，帮助传统行业抓住新时代的新发展机遇，以产业升级提升生产力，实现社会财富的增加。

“万物互联（Internet of Everything，IoE）”是伴随通联全球的“物联网”出现的。根据GSMA的预测，到2025年，全球接入5G网络并实现互联的设备将达到250亿台。通过网络这个纽带，万物互联可以在人们的日常生活中创造更多的可能性。具体而言，就是通过各种网络技术及射频识别器、红外感应器、全球定位系统、激光扫描器等信息传感设备，按照约定协议将包括人、机、物在内的所有能够被独立标识的物端（包括所有实体和虚拟的物理对象及终端设备）无处不在地按照需求连接起来，进行信息传输和协同交互，以实现对物端的智能化信息感知、识别、定位、跟踪、监控和管理，构建所有物端之间具有类人化知识学习、分析处理、自动决策和行为控制能力的智能化服务环境。

“数字孪生（Digital Twin）”也称作数字映射、数字镜像，是充分利用物理模型、传感器更新、运行历史等数据，集成多学科、多物理量、多尺度、多概率的仿真，在网络空间中完成映射，从而反映相应的实体装备的全生命周期过程。进入21世纪，美国和德国都提出将“信息—物理系统（Cyber-Physical System，CPS）”作为先进制造业的核心支撑技术。CPS的目标就是实现物理世界和信息世界的交互融合，通过大数据分析、人工智能等新一代信息技术在虚拟世界的仿真分析和预测，以最优的结果驱动物理世界的运行。数字孪生的本质就是信息世界对物理世界的等价映射，因此，它很好地诠释了CPS。数字孪生已在产品设计、产品制造、医学分析、工程建设等领域得到了推广和应用。

3.1.2 网络空间测绘技术的提出与兴起

网络空间资源测绘的概念在1997年前后被提出，主要对网络空间中的各类资源及其属性进行探测、分析和绘制。网络空间测绘技术是随着网络技术的发展逐渐形成的，是随着网络应用领域的拓展不断丰富和完善的。网络空间测绘技术与网络空间安全的应用联系紧密，其技术和应用体系大多与网络安全应用息息相关。

1997年，Fyodor发表了文章*Nmap: The Art of Port Scanning*，并发布了Nmap的第一个版本，标志着网络资产探测技术应用的开始。1999年，以美国为首的“北约”发动了科索沃战争。在这场高科技战争中，美军投入了最早的网络测绘力量对战场进行战争毁伤评估。为了验证战争中军事打击对网络的摧毁程度及战后网络恢复状况，美国贝尔实验室的 Steven Branigan 和 Bill Cheswick 对 1999 年 3 月至 1999 年 7 月 8 日期间南斯拉夫的网络拓扑进行了测绘分析。这是网络空间探测技术在军事对抗中的重要应用，直接推动了网络空间测绘技术的发展。2002 年，出现了利用谷歌（Google）搜索引擎进行入侵的攻击手段 Google Hacking，标志着网络空间测绘技术已经被应用于网络攻防实战。在 2009 年的 DEFCON 黑客大会上，约翰·马瑟利（John Matherly）发布了一款名为“Shodan”的搜索引擎，可以搜索互联网上的联网设备。Shodan 被称作“互联网上最可怕的搜索引擎”，是全球最早出现的网络空间资产测绘产品。网络空间资产测绘目前经历了三个发展阶段。

（1）第一阶段（IP 地址+设备）：资产可查阶段

第一阶段的网络空间资产测绘通过 IP 地址探测开放的端口及端口的指纹信息。通过指纹信息，不仅可以判断硬件类型、厂商、品牌、型号等，还可以判断操作系统、服务、应用及版本。由此，我们可以了解 IP 地址所对应的硬件属性和业务属性。同时，通过扫描 IP 地址的指纹信息，并与网络中公开的漏洞库进行碰撞，就可以确定 IP 地址所对应的资产存在的漏洞和风险。通过对整个网络空间的探测，就可以实现风险预警。

（2）第二阶段（IP 地址+设备+位置）：资产定位阶段

第二阶段的网络空间资产测绘可以梳理资产的地理属性、网络属性和通联属性。地理属性是指网络资产的行政区划（国家、省、市、区县、街区）及经纬度等位置信息，通过某些 IP 地址还可以定位具体的建筑物，从而确定其具体的使用者。网络属性和通联属性是指网络资产所在单位的类型、行业、重要性、应用场景等。

（3）第三阶段（IP 地址+设备+位置+变化）：资产操作识别阶段

第三阶段的网络空间资产测绘可以识别网络的变化情况。利用网络资产的监控能力，动态监测网络是否被劫持、是否断网，从而检测到全球互联网的任何波动，对资产操作实现动态识别。

3.2　网络资产测绘支撑图谱构建

随着互联网技术和应用模式的迅猛发展，网络空间资产测绘技术趋于成熟，利用资产测绘技术实现网络空间知识图谱构建成为可能。如何根据网络空间领域知识的特点，结合知识图谱可以丰富、直观地表达知识的特性，有效地组织和表达网络空间的相关知识，支持构建网络空间知识图谱，是学术界和产业界需要持续探索的问题。

近年来，围绕网络空间知识图谱构建已初步形成一套方法论，主要包括网络空间知识图谱模型及知识图谱要素定义、网络空间知识体系刻画及知识图谱建模、网络空间基础数据自动化清洗及知识图谱自动化构建三部分。

3.2.1 网络空间知识图谱模型及知识图谱要素定义

网络空间知识图谱模型对网络空间中的资产、风险、脆弱性、威胁、状态、动向数据进行收集和清洗，然后将其加工成适合进行网络空间知识图谱模型构建的结构化数据。这些数据经过运算，将关键数据沉淀下来，形成网络空间各类相关信息在属性方面的知识。基于这些知识及历史知识图谱，就能生成当前状态下的网络空间知识图谱模型。总体上，网络空间知识图谱模型构建过程如图 3-1 所示。

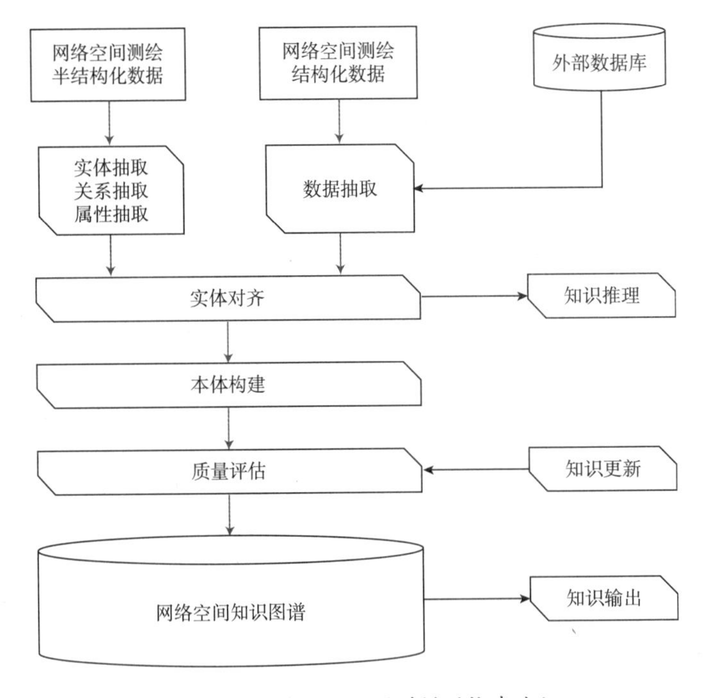

图 3-1 网络空间知识图谱模型构建过程

1. 网络空间资产知识要素定义

网络空间资产是指在计算机（或通信）网络中使用的各种设备，主要包括网络设备（如路由器、交换机等）、安全设备（如防火墙、IDS、IPS、WAF、网闸等）、计算设备（如个人计算机、服务器、智能手机等）、传感控制设备（如传感器、控制器等）。基于这些资产设备的属性特征及指纹信息形成的知识就是资产知识。网络空间资产的价值来自资产在信息安全三要素（机密性、完整性和可用性）上的等级赋值。图 3-2 为构建网络空间资产知识模型流程示例。

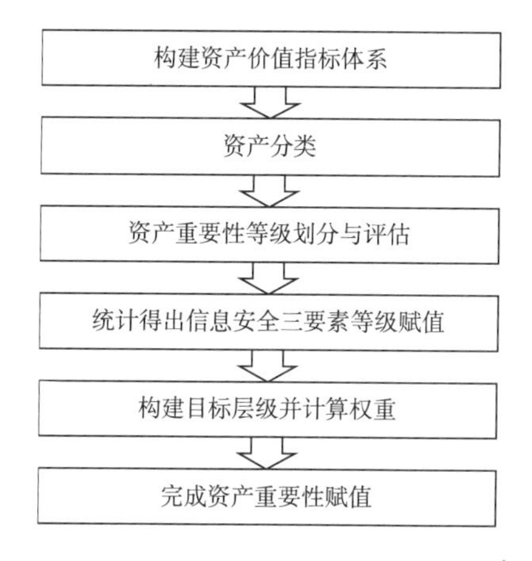

图 3-2　构建网络空间资产知识模型流程示例

2. 网络空间风险知识要素定义

同类网络空间资产中会出现或面临一些安全事件。网络空间风险知识主要是指系统基于已知的安全风险形成的知识。该类知识主要包括安全事件描述、安全事件分类、信息安全特征等。网络空间风险知识模型示例如图 3-3 所示。

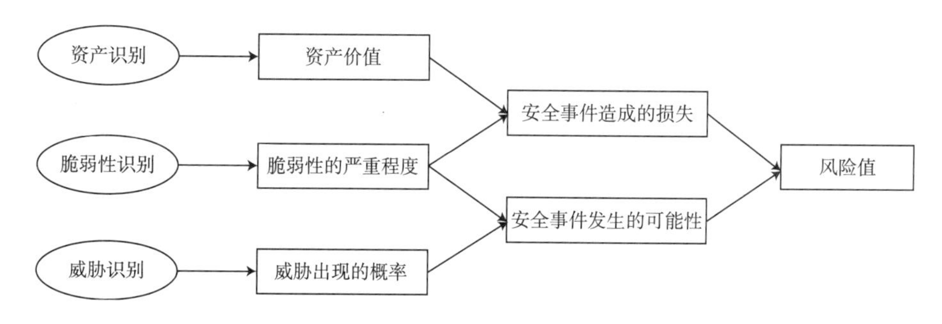

图 3-3　网络空间风险知识模型示例

3. 网络空间脆弱性知识要素定义

在网络空间资产中存在系统、资产、业务、应用方面的漏洞及逻辑层面的脆弱性信息。网络空间脆弱性知识主要是指系统基于相应漏洞及脆弱性信息形成的知识。该类知识主要包括脆弱性（或漏洞）内容描述、脆弱性特征、脆弱性造成的危害等内容。

4. 网络空间威胁知识要素定义

在网络空间中存在已被发现的及潜在的威胁行为。网络空间威胁知识主要是指由系统形成的基于威胁行为的知识。该类知识主要包括威胁事件描述、威胁访问时间、威胁访问行为特征、威胁访问源、威胁访问目标等。图 3-4 为网络空间威胁知识模型示例。

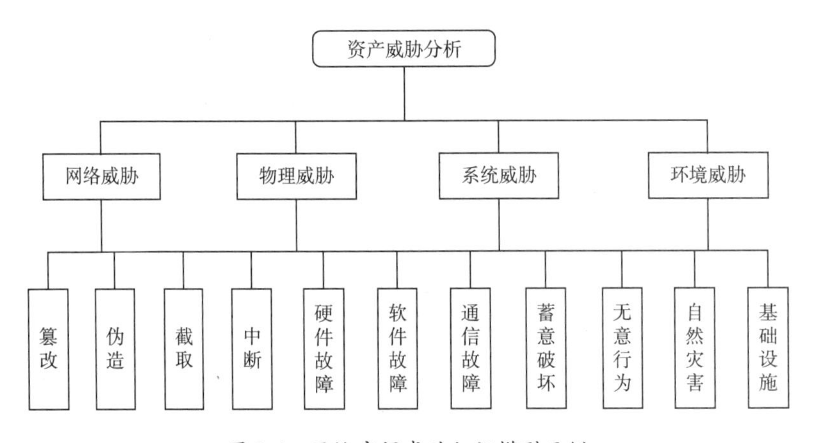

图 3-4 网络空间威胁知识模型示例

5. 网络空间状态知识要素定义

在网络空间中，资产会表现出一些状态信息。网络空间状态知识主要是指系统基于各项资产在不同网络空间环境中所表现出来的状态的集合形成的知识。该类知识主要包括资产类别、所处网络空间环境、资产状态集等。

6. 网络空间动向知识要素定义

在网络空间中，资产会发生网络访问行为。网络空间动向知识主要是指系统基于对资产发生网络访问行为的动态特征形成的知识。该类知识主要包括访问行为特征、访问行为属性（发起、被动）、入方向访问特征、出方向访问特征、访问源及访问目标资产属性等。

3.2.2 网络空间知识体系刻画及知识图谱建模

网络空间知识图谱技术框架如图3-5所示，包括知识融合、知识存储、知识计算、知识应用等能力模块，支持对非结构化数据、半结构化数据和结构化数据的抽取、识别、分析、融合、存储、推理、计算等。

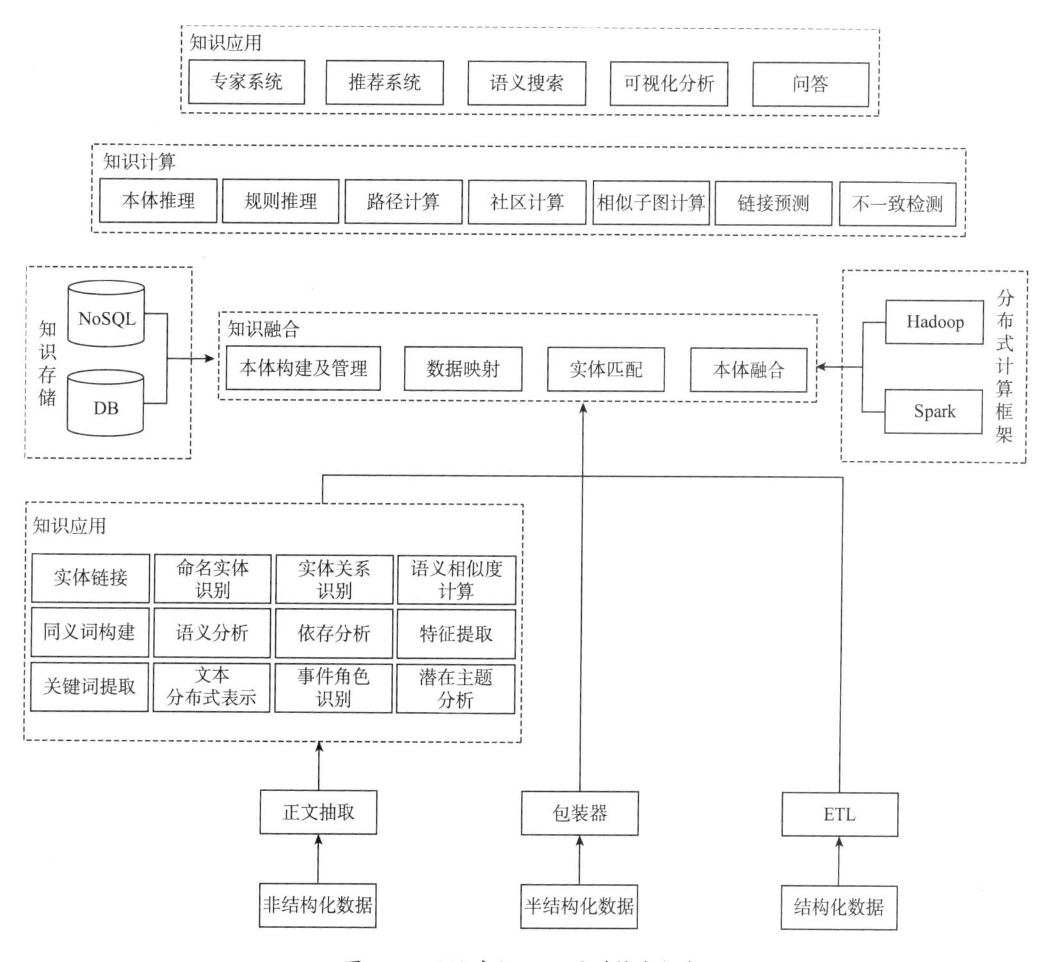

图3-5 网络空间知识图谱技术框架

围绕网络空间知识体系刻画及知识图谱建模，可以采用概念建模、规则知识建模、事件知识建模、时空知识建模等方法实现。

1. 概念建模方法

构建网络空间知识图谱，可以采用结构化概念建模、面向对象概念建模、本体概念建模三种概念建模方法。

（1）结构化概念建模

结构化概念建模根据“自顶向下、逐步细化、模块化设计”的思想，将整个系统功能划分成一系列能够实现独立功能且可相互调用的模块，用模块结构关系表示系统模型。

（2）面向对象概念建模

面向对象概念建模使用类、对象、继承和消息机制进行概念建模，在分析阶段通过类或对象的认定，确定类之间或对象之间的关系，然后对属性、所提供方法和所需要方法进行描述，并按照它们之间的关系进行组织，得到类结构，从而建立概念模型。

（3）本体概念建模

本体概念建模通过对静态的领域本体和动态的任务本体两部分进行分析描述，并结合对用户需求的分析，获得语义层面的概念模型，然后借助本体描述语言及建模工具将概念化的实体和过程用图形表示出来，形成具体的功能模型。本体作为共享概念形式化建模工具，可以增强系统模型的语义表达能力，从而更好地消除语义差异，实现不同系统之间的知识共享和互操作，是未来建模技术的发展方向和趋势。

2. 规则知识建模方法

规则知识建模的规则由规则头和规则主体构成，这使规则知识建模具有很强的语义表达能力，能够表达知识图谱的大部分语义定理，包括属性的近义定理、逆向定理及属性链定理等。还可以采用规则增强方法，首先从知识图谱中挖掘规则，然后通过规则推理器的推理得出新的事实，最后将新的事实添加到原有学习模型中，使原有模型通过训练间接得到属性链定理，从而使模型具有定理预测能力。

3. 事件知识建模方法

事件知识建模是由事件知识作为事件本体的建模方法，将时间类和事件类之间的关系（包括分类关系、组成关系、并发关系、因果关系、伴随关系等）作为事件本体的子属性进行构建，将时间类动作要素属性、状态要素属性、语言表现要素属性作为数据要素属性的子属性。在事件本体中，下层事件类使用类演绎方法与对应的上层事件类关联。下层事件类中的时间要素、地点要素、对象要素通过属性抽象方法与对应的上层概念关联。

事件是指在特定时间和地点发生的、由一些角色参与的、能够表现出一些动作特征的事情。事件本体是一种面向事件的知识表示方法，事件本体模型的构建是事件本体理论及其技术研究的基础，是研究基于事件的本体融合、语义搜索、时间演化等的前期工作。采用事件知识建模方法描述一个完整的事件，不仅可以表达事件的动作、时间、对象、地点等要素，而且具有丰富的语义内涵，更符合人类的认知规律。传统本体采用静态概念表示事件，很难为事件添加时空信息。由传统本体表示的事件，相互之间的关系非常复杂，容易形成网球问题。而事件知识建模不仅包含事件的对象、动作、地点等相关知识，还包含状态断言、语言表现等动态特征知识。

4. 时空知识建模方法

时空知识建模方法面向一定的应用目的，根据对客观世界的认识，以数字数据的形式建立对客观世界的模拟系统。对客观世界的模拟要尽可能接近其本来面目，但客观世界纷繁复杂，千变万化，我们没有办法也没有必要对其进行完全真实的模拟。可以从应用的角度出发，对客观世界及相关事物进行一定范围及深度的模拟，同时，考虑到数据模型是对客观世界数字化形式的模拟，必须注意模型在计算机上的有效实现。

时空知识模型能够对现实世界的数据进行客观抽象和形式描述。时空数据的特点包括数据类型多、数据结构复杂、数据量大。时空数据有复杂的来源和种类，如栅格数据、矢量数据，以及遥感数据、野外实测数据、数字化数据等，数据类型从单一的格式化数据扩展成多介质、非格式化的多个类型。空间数据的拓扑结构复杂，关系有序，不定长，并且由于时间维度的加入，因时间的流逝而形成的历史数据积累下来，也形成了海量的数据。时空数据的这些特性丰富了数据库的内容，使时空数据库具有了动态性和全面性。

3.2.3　网络空间基础数据自动化清洗及知识图谱自动化构建

网络空间知识图谱需要基于海量数据进行清洗、抽取、运算和构建，因此，针对网络空间数据清洗和知识图谱构建的自动化工作就显得至关重要。在处理方法上，可以通过对网络空间基础数据开展自动化清洗、对知识图谱概念实例进行自动化识别与分类、对知识图谱实例属性及关系进行自动化抽取、对事件及事件关系知识和时空知识开展自动化抽取、对知识规则进行自动化挖掘等方法，实现基础数据和知识图谱的自动化清洗及构建。

1. 网络空间基础数据自动清洗

针对构建网络空间知识图谱所需的扫描日志、探测数据、网管信息等原始数据，其清洗工作涉及预处理、校验、清洗工具、归档等关键部分。预处理存在于数据挖掘过程的初始阶段。通过预处理，可以过滤数据的缺失项，进行简单的格式判断，并清除一些共性问题，为后续的清洗工作带来便利并提高效率。在确定清洗方法时，需要根据业务需求及标准数据格式有针对性地进行方案设计，完成算法编程和算法集成，并提供便捷的用户界面。如图 3-6 所示是数据清洗流程示例。

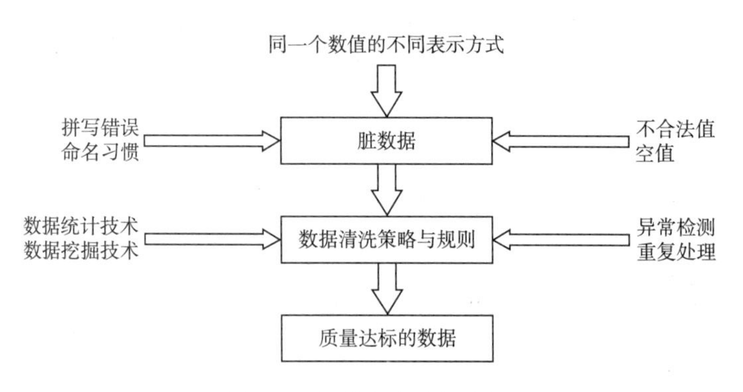

图 3-6 数据清洗流程示例

清洗工具的使用大幅提高了清洗效率。完成数据清洗工作后，为了进一步优化清洗方案或者还原数据，可以将新旧数据源归档。在数据清洗工作中，检测数据的冗余性和异常性是重要任务，可以采用模式识别、聚类、粗糙集理论等实现。

（1）数据缺失值处理

数据缺失值处理主要通过概率统计理论中的平均值法、最大值法、最小值法或其他概率估计方式得到缺失值。

（2）数据错误值检测

数据错误值检测采用了统计学中的偏差分析、回归等理论，用于识别数据中存在的错误值。

（3）重复记录检测及消除

传统的数据重复记录清洗操作是通过对比相同字段的属性值是否相等实现的。而在决策系统表中，通过比较条件属性值和决策属性值来判定是否存在冗余，然后进行合并或者清除操作。

（4）数据不一致性检测及消除

在数据不一致性检测及消除方面，处理方法与重复数据记录清洗类似，在决策信息表中也可以通过在条件属性值相同的情况下是否会得出不同的决策属性值来判断（如果得出不同的决策属性值，则表示当前数据不一致）。

2. 网络空间知识图谱概念实例自动识别与分类

对于网络空间知识图谱概念实例自动识别与分类，可以采用有监督算法进行本体实例分类，利用本体中的概念对训练样本进行标记，以减少训练样本的歧义，提高特定领域本体实例分类的准确度。

在信息处理、自然语言处理、机器学习等领域，有监督算法得到了广泛应用。不过，采用有监督算法进行本体的自动扩充，需要一批已经利用本体中的概念完成标注的训练语料，而标注训练语料需要花费较高的代价。此外，有监督算法的可移植性较差，针对不同的应用领域，需要使用不同的标注语料进行训练。

应用无监督算法进行本体的自动扩充，不需要使用标注语料进行训练，而需要通过对语料的综合分析发现其中的规律。聚类就是无监督算法的典型应用。无监督算法虽然不需要使用标注语料进行训练，但需要反复学习语料，多次调整模型的参数或者已经建立的规则，以获得理想的结果，因此，学习周期较长，识别精确度相对差一些。

有监督算法和无监督算法各有优势和不足，应根据需要灵活选择。

3. 网络空间知识图谱实例属性及关系自动抽取

基于机器学习的关系抽取过程可以分为学习过程和预测过程，样本可以分为训练样本和测试样本。在学习过程中使用训练样本学习到关系抽取模型。在预测过程中主要对测试样本的实现关系进行预测和抽取。基于机器学习的关系抽取包括以下环节。

（1）预处理

在关系抽取过程中，获取的语料数据格式千差万别。例如，在特定实体的关系抽取任务中，需要查找与实体有关的网页及文档，数据可能是新闻语料，也可能是 XML 数据或 Web 数据，因此，需要去除其中用于标记的网络标签，将语料文本清洗成可以直接进行抽取的纯文本。

（2）文本分析

文本分析是指对文本的表示及其特征的选取。文本分析通过从文本中抽取多层次特征并对其进行量化来表示文本信息，将文本从无结构的原始文本转换成结构化的、可以被计算机识别和处理的数据。

（3）关系表达

关系模式是对实体关系的语义表达。关系模式实现了对各层次关系特征的筛选和融合，能够对关系进行精准、精炼的表达，因此，所选择的关系表达方式直接决定了关系抽取的效果。常用的关系表达方式有基于特征向量的关系表达和基于结构特征的关系表达。

（4）关系抽取模型

常用的关系抽取模型主要是基于关系表达的分类模型。关系抽取模型通过预定义目标关系类型，训练基于各种分类原理的分类器，实现对测试文本的关系预测。可以采用多种抽取算法相结合的方式进行关系抽取。

4. 事件及事件关系自动抽取

为了从文本中抽取事件，需要识别事件描述句（将与事件描述无关的句子过滤掉），然后从事件描述句中抽取事件角色。

在实际应用中，可以采用启发式算法过滤非事件描述句。其基本思想是：在训练语料（标注了事件描述句和事件角色）中统计事件描述句所包含的词的出现频率，根据频率识别与事件描述有关的特征词；对于待识别的句子，根据其中特征词的出现情况确定该句子是否为事件描述句。如图 3-7 所示为事件识别的执行过程。

5. 知识规则自动挖掘

对于知识规则自动挖掘，可以采用如 CARMA 算法这样的适用于多源数据快速计算的算法。CARMA 算法的流程如图 3-8 所示。

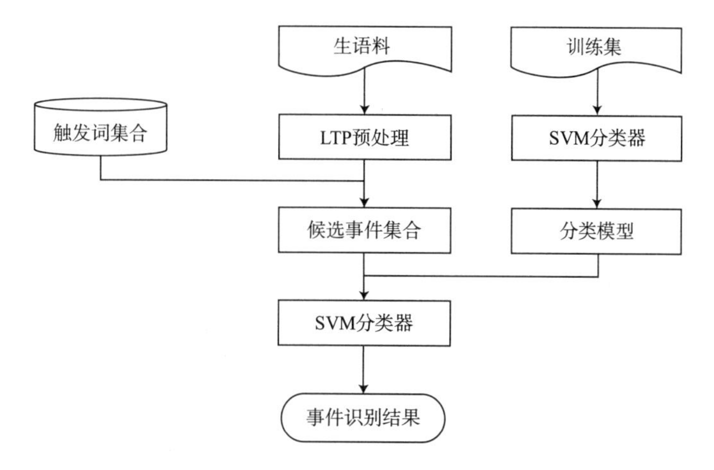

图 3-7　事件识别的执行过程

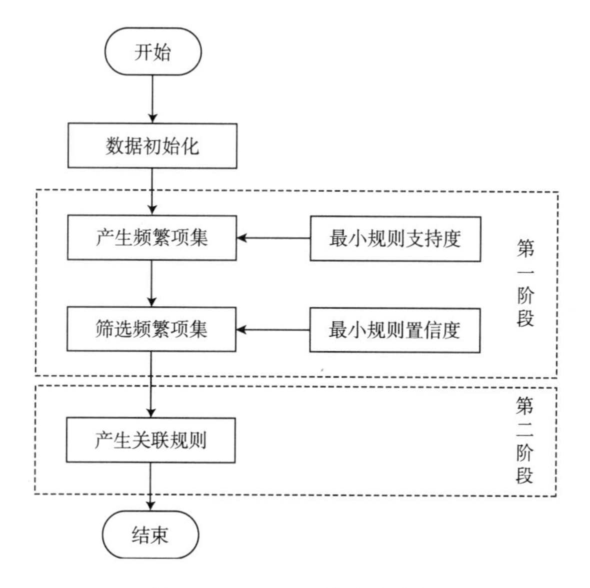

图 3-8　CARMA 算法的流程

6. 时空知识自动抽取

对于网络空间知识图谱模型所需的时空知识，可以采用时空信息抽取算法框架进行自动化抽取，如算法 3-1 所示。

算法 3-1 时空信息抽取算法

step1：输入句子 $S_{\text{time\_site}}\{wt_1,\cdots,wt_m\}$

①若句子中包含一个时间和一个地点，则转到 step2

②若句子中包含多个时间和多个地点，则转到 step4

③若句子中只包含地点，则转到 step5

④若句子不包含时间和地点，则执行 step1

step2：执行规则 1，输出时空对 $\{wt_{\text{time}},wt_{\text{site}}\}$。若规则 1 所需条件不满足，则转到 step3

step3：执行规则 4，输出时空对 $\{wt_{\text{time}},wt_{\text{site}}\}$，否则执行规则 2

step4：执行规则 3，输出时空对 $\{wt_{\text{time}},wt_{\text{site}}\}$

step5：执行规则 5，输出时空对 $\{wt_{\text{time}},wt_{\text{site}}\}$

step6：若文本结束，则算法终止；否则转到 step1

综上所述，网络空间知识图谱是一种包含海量网络空间测绘、风险、脆弱性、威胁等数据信息的动态知识库。在知识图谱及知识库的构建方面，需要充分考虑网络空间中关键知识要素、体系和模型的合理刻画与构建，并通过自动化的方式实现对海量数据的运算。

3.3 互联网测绘技术与方法

本节介绍常用的互联网测绘技术与方法。

3.3.1 互联网资产指纹库的构建与更新

互联网资产指纹就是数字资产的“身份证”，在不考虑现有标识符（如 IP 地址、MAC 地址）的情况下是互联网资产的唯一身份标识。从网络协议的角度看，互联网资产指纹主要包含 TCP/IP 协议指纹和应用层协议指纹。

1. TCP/IP 协议指纹

（1）IP 协议指纹

向目标设备发送各种 IP 探测报文，分析返回报文中各字段的取值，从而得出整体变化规律。这样就可以区分不同操作系统的 IP 指纹特征，实现操作系统识别，从而推断目标设备属性。常用的 IP 协议指纹有生存时间（TTL）指纹、不分片位（DF）指纹、服务类型（ToS）指纹、分片控制指纹等。

（2）ICMP 协议指纹

向目标主机发送特定的 ICMP 报文，根据收到的响应报文或者错误报告识别目标主机操作系统，进而推断网络设备类型。

（3）TCP 协议指纹

向目标设备发送各种 TCP 报文段，分析目标设备返回的 TCP 报文头部字段的值，提取网络设备的指纹特征以识别目标主机操作系统，进而推断网络设备类型。

2. 应用层协议指纹

HTTP 是最常见的应用层服务协议之一，不同网络设备返回的 HTTP 响应报文不同，可以从指纹中识别设备类型和型号等信息。向目标设备发送 HTTP 请求报文，根据响应，可以得到服务标识指纹、头部字段指纹、文件特征指纹、处理方式指纹等。

（1）服务标识指纹

当用户连接网络时，网络设备的反馈数据中通常包含厂商、设备类型、型号、服务版本等信息。根据 Banner 实际返回的位置，可以将服务标识指纹分为头部字段 Banner 指纹和 HTML 页面 Banner 指纹。在文件传输协议（FTP）和远程终端协议（Telnet 协议）中，也存在 Banner 指纹数据。利用服务标识指纹能够高效、精确地识别网络设备，尤其是物联网设备的多种信息。

（2）头部字段指纹

每个 HTTP 响应报文都包含一个表示请求处理的状态码（如 200、404 等）及相关的原因短语，不同 Web 服务器的状态码原因短语可能不同（如表 3-1 所示）。例如，针对 404 错误码，Apache 返回的是“not found”，IIS 5.0 返回的是“object not found”。所以，状态码原因短语也可以作为一种识别服务软件或设备的方法。

表 3-1 Web 服务器 HTTP 响应包头部字段

Apache 1.3.23	IIS 5.0	Netscape Enterprise 4.1
Data	Server	Server
Server	Content-location	Data
Last-modified	Date	Content-type
Etag	Content-type	Last-modified
Accept-ranges	Accept-ranges	Accept-ranges
Content-length	Last-modified	Content-length

续表

Apache 1.3.23	IIS 5.0	Netscape Enterprise 4.1
Connection	Etag	Connection
Content-type	Content-length	—

（3）文件特征指纹

根据返回文件的差异，有时也能识别网络设备的厂商、类型和型号。例如，返回的Web文件能够反映设备信息，包含终端Web界面布局和功能。同一类型不同版本网络设备的Web页面往往有一定的相似性，不同类型网络设备的Web界面则差别较大。

（4）处理方式指纹

Web服务器对正常的、符合标准的HTTP请求的处理方式基本相同。由于RFC并没有对如何处理特殊请求进行规定，所以服务开发者会按照自己的方式进行相关处理，导致对同一请求产生了不同的处理方式。因此，根据特殊的请求处理方式也可以进行指纹识别。例如，HTTP 1.0和HTTP 1.1中定义的delete方法能够删除服务器中的指定资源，这对Web服务器来说是十分危险的。对于delete请求，Apache 1.3.23会返回状态码405及原因短语“method not allowed”，IIS 5.0会返回状态码403及原因短语“forbidden”。

向目标设备发送多个异常请求是存在一定风险的。有些安全设备或软件会将异常请求判定为攻击行为，从而触发安全警报，甚至对探测方进行封堵或者反制，而这可能造成设备缓冲区溢出，形成拒绝服务，影响设备正常运行。因此，探测请求应尽可能与正常请求相似，尽量不使用特殊/畸形请求，以避免对网络设备的正常运行造成影响或者被安全防护措施封堵。

随着IPv6技术的普及，物联网、智能终端、工业互联网等将迎来爆发期，网络空间的规模将越来越大、结构将越来越复杂，传统的网络空间资产探测与拓扑结构分析技术将面临新的挑战。物联网体系结构复杂，海量的智能终端设备没有统一的技术标准，网络层、应用层存在不同的网络协议和体系结构，因此，传统的网络资产识别所依赖的资产指纹将无法满足物联网设备识别的需要。对于配置了传感器的物联网设备，通常利用其传感器的相关特征进行识别。对于互联网上没有配置传感器的物联网设备，采用人工标记和机器学习相结合的方法进行识别，通过人工标记提取物联网设备指纹作为数据判定基础，从而有效提高指纹准确性和设备识别覆盖程度。

3.3.2 互联网资产的识别与管理

互联网资产测绘需要对全球约 42 亿个 IP 地址持续进行资产测绘，通过主动探测形成基础资产信息库，并通过目标特征快速从基础资产信息库中找到需要关注的资产，掌握其详情及实时变化情况。资产探测包括基础探测、IPv6 地址预测、数字证书探测分析、资产协议深度探测、域名服务探测等工作。

1. 基础探测

网络资产基础探测通过各种主动探测技术，对整个互联网进行端口扫描、响应提取、服务与指纹识别、Web 应用识别、漏洞检测，以发现目标网络中存在的资产并实时更新资产信息，包括但不限于开放的端口、开放的服务、协议、主机名、操作系统类型、设备类型、厂商、所承载的应用及漏洞信息等。

1）资产测绘

资产测绘是指对目标资产进行枚举探索，通过构建探测包，根据返回结果进行指纹判断，生成资产探测信息数据，根据图像对比形成图像信息数据，并分别进行存储。

资产基础扫描主要包括以下步骤。

第一步，端口监测。如果端口开放，则进行后续操作。

第二步，检测端口是否支持 TLS。如果支持 TLS（发送“tls client hello”，会返回“tls server hello”），就在随后发送数据包的流程中增加建立 SSL 连接的 Socket 发包过程（以便 HTTPS 获取数据），然后提取 TLS 握手信息和证书信息。

第三步，发送数据包（协议的查询报文）。为了避免发送多余的数据包造成扫描速度下降，要为每个数据包设置一个默认端口，发包顺序根据用户传入的端口参数确定。发包后提取响应 Banner，对 Banner 进行协议（服务）指纹识别。

第四步，协议识别成功，进行组件指纹识别。指纹和产品的关系是多对一的，指纹匹配成功后，将产品所关联的类型、业务层级提取出来，生成特征字段。

第五步，进行深度信息提取（类似于 Nmap 的 nse 脚本）。根据识别出来的信息，进行有针对性的深度数据提取，然后将识别信息和深度信息提取结果输出。

2）资产特征聚类机器学习

通过扫描探测得到的海量资产信息中存在信息冗余、关联性差等问题，需要引入数据挖掘技术（如聚类算法）对信息进行处理，从而实现指纹提取和资产识别。指纹相同的资产往往在报文的结构和内容上具有高相似度。将大量 Banner 响应信息中具有高相似度的信息整合，对于人工提取资产指纹是很有意义的，在一定程度上甚至可以实现自动化的资产指纹提取。资产指纹提取流程如图 3-9 所示。

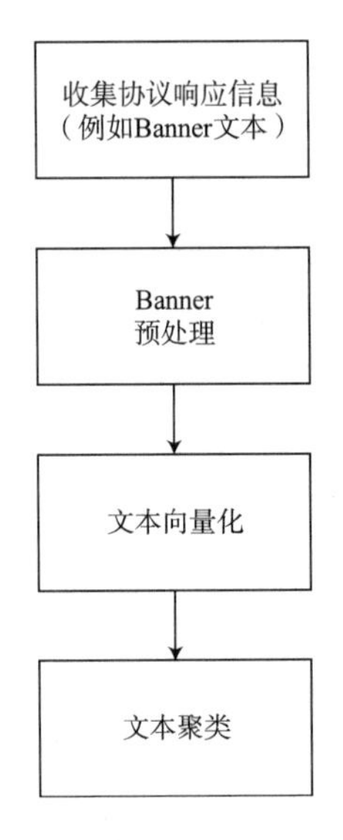

图 3-9　资产指纹提取流程

在对资产应用算法之前，要对收集的报文信息进行向量化处理，然后通过对报文中必要的属性及标签内容等有效信息进行提取，实现文本数据向量化，最后通过数据降维技术将向量化的文本降维，降维之后的向量则作为聚类算法的输入进行聚类。可以选择的资产特征数据类型如下。

- 基础三元组："IP 地址+端口+服务"三元组是资产的唯一标识符。
- 负载大小：网页响应文件的大小和散列值。
- 协议特征：资产开放服务的协议特征。可以分别提取协议的正常特征和异常特征。
- 内容字符多模匹配：可以通过网页中的关键字进行初步提取和分析，根据内容文本在语义上的关键字等多种模型，结合其他检测方法确认是否含有新的文本特征。例如，提取的资产标题文本为"D-LINK SYSTEMS, INC. | WIRELESS ROUTER | HOME"。
- 页面代码模板特征：HTML 文档的基本组成元素是文本、标签和组件，文本是在网页上显示的信息，标签是页面内容的控制符。用户看到的网页是浏览器对 HTML 文档进行半结构化渲染的结果。可以利用浏览器程序接口将 HTML 源码解析成树形结构，即 HTML DOM 树，为在视觉上分析网页提供基础。由于 HTML 文档各部分在文件中的出现顺序和显示顺序相同，且大多数标签之间存在一一对应关系，所以，对其解析得到的树形结构能准确地描述整个网页的结构特征。

- PCRE 正则匹配：正则表达式（Regular Expression）描述了一种字符串匹配模式，可用于检查一个字符串是否含有某种子串，或者对符合某个条件的字符串进行提取和替换。

聚类算法的种类很多，主要包括基于距离的 K-means 聚类算法、基于层次划分的 Hierarchical Agglomeration 聚类算法、基于密度的 EM 聚类算法、DBSCAN 算法等，近些年又发展出了 FINCH 等高效的聚类算法。其中，K-means 算法和 DBSCAN 算法在时间开销和聚类效果方面有一定优势。

（1）K-means 算法

K-means 算法基于距离计算的朴素聚类思想，可被视为优先级累加。K-means 算法采用距离作为相似性指标，以发现给定数据集中的 K 个类。每个类的中心根据类中所有值的平均值计算得到，每个类都用聚类中心来描述。对于一个给定的包含 n 个 d 维数据点的数据集 X，以及类别 K，以欧氏距离为相似度指标，聚类目标是使各类别的聚类平方和最小，即最小化

$$J = \sum_{k=1}^{k} \sum_{i=1}^{n} ||x_i - u_k||^2$$

结合最小二乘法和拉格朗日原理，聚类中心为对应类别中各数据点的平均值。同时，为了使算法收敛，在迭代过程中应尽可能使最终的聚类中心不变。

K-means 算法的基本步骤和思路，如算法 3-2 所示。

算法 3-2　K-means 算法

step1：选取数据空间中的 K 个对象作为初始中心，每个对象代表一个聚类中心

step2：对于样本中的数据对象，根据它们与这些聚类中心的欧氏距离，按距离最近的原则将它们分配到距离它们最近的聚类中心（最相似）所对应的类别

step3：更新聚类中心，将每个类别中所有对象所对应的均值作为该类别的聚类中心，计算目标函数值

step4：判断聚类中心和目标函数值是否发生改变。若没有发生改变，则输出结果；若发生改变，则返回 step2

（2）ISODATA 算法

K-means 算法通常适用于分类数目已知的聚类，而 ISODATA 算法的流程（如图 3-10 所示）更加灵活。从算法的角度，ISODATA 算法与 K-means 算法相似，聚类中心都是通过样本均值的迭代运算确定的。当然，ISODATA 算法添加了一些试探步骤，并可以构成人机交互结构，使其能利用中间结果所取得的经验更好地进行分类。

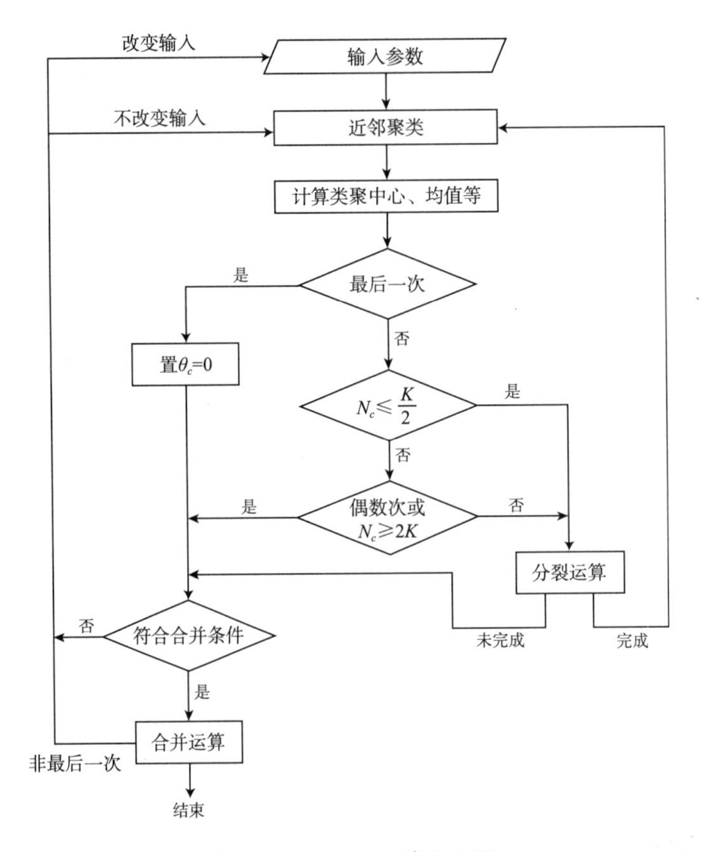

图 3-10　ISODATA 算法流程

ISODATA 算法的基本步骤和思路，如算法 3-3 所示。

算法 3-3　ISODATA 算法

step1：输入初始值。可以选择不同的参数指标，也可以在迭代过程中手动修改，从而将 N 个模式样本按指标分配到各聚类中心

step2：计算各类别中诸样本的距离指标函数

step3～step5：按要求对前一次获得的聚类集进行分裂和合并处理（step4 为分裂处理，step5 为合并处理），从而获得

新的聚类中心
step6：重新进行迭代运算，计算各项指标，判断聚类结果是否符合要求。经过多次迭代，若结果收敛，则运算结束

（3）DBSCAN 算法

DBSCAN 算法是一种基于密度计算的聚类算法，可视为匹配分值的累加。DBSCAN 算法对簇的定义很简单，由密度可达关系导出的最大密度相连的样本集合就是最终聚类的一个簇。DBSCAN 算法的簇里可以有一个或多个核心点。如果只有一个核心点，则簇里其他非核心点样本都在这个核心点的 Eps 邻域中；如果有多个核心点，则簇里的任意核心点的 Eps 邻域中一定有一个其他簇的核心点，否则，这两个核心点无法实现密度可达。这些核心点的 Eps 邻域里所有样本的集合组成了一个 DBSCAN 聚类簇。

DBSCAN 算法的输入包括数据集、邻域半径 Eps、邻域数据对象数目阈值 MinPts，输出为密度联通簇，其处理流程如算法 3-4 所示。

算法 3-4　DBSCAN 算法

step1：从数据集中任意选取一个数据对象点 p
step2：如果对于参数 Eps 和 MinPts，所选取的数据对象点 p 为核心点，则找出所有从 p 密度可达的数据对象点，组成一个簇
step3：如果选取的数据对象点 p 是边缘点，则选取另一个数据对象点
step4：重复 step2 和 step3，直到所有点被处理

针对海量信息，由于 K-means 算法的运行效率较高，所以，可以先利用 K-means 算法进行第一次聚类，再利用 DBSCAN 算法对文本聚类的结果进行第二次聚类。由于第一次聚类得到的每个簇的大小相对于原始数据已经小了很多，而且第二次聚类能够获得噪声更少的聚类效果，所以，能够实现聚类效果的进一步细分、提升。

2. IPv6 地址预测

1）缩小扫描空间

（1）基于抽样的地址扫描

根据地址分布的特点，可以考虑 IPv6 地址均匀分布与非均匀分布两种情况。通过为 IPv6 地址扫描建立合理的数学模型，对影响其效率的各个因素进行分析，可以找出针对不同网络环境的最佳扫描策略。因为 IPv6 网络提供了巨大的地址空间，所以活动主机地址的分布通常是不均匀的，此时如果还使用随机地址扫描模型（Random Address Scanning,

RAS），就无法达到理想的扫描效率。

为了解决这个问题，可以使用抽样地址扫描模型（Sample Address Scanning，SAS），引入统计学方法，采用整群抽样的思想，将大地址空间划分成若干大小相等的区域，然后对每个区域进行抽样，利用得到的结果对各区域含有活动主机的概率进行预测分析和排序，找出活动主机相对较多的区域，以便合理分配扫描资源，优先对这些区域进行扫描，有效地提高扫描效率。对非均匀分布的 IPv6 地址进行扫描，SAS 的扫描时间比 RAS 少约 80%。

（2）挖掘地址特征扫描

虽然 IPv6 地址空间巨大，但地址分配是有规律的。RFC 3587 等文档描述了 IPv6 地址的结构和分配方法，研究人员可利用这些文档分析 IPv6 地址的结构特征以缩小扫描空间。采用多个数据集对 IPv6 地址进行分析，通过定量地址统计可以发现，70%以上的主机使用无状态自动配置（Stateless Address Autoconfiguration，SLAAC）地址类型和内嵌 IPv4 地址类型，70%的路由器使用低位地址类型，这不仅使 IPv6 网络中的主机扫描范围大幅缩小，还给 IPv6 网络扫描提供了重要参考。

2）IPv6 活跃地址推断

对原始 IPv6 地址集中的地址数据，可以采用汉明距离进行关联性分析。通过对集合中的地址进行计算，得到地址两两之间的汉明距离，从中挖掘特定地址空间范围内可分配的 IPv6 地址的数量及已知活跃的 IPv6 地址的数量，并选择活跃密度最大的地址空间范围进行探测。

根据数据挖掘关联规则的定义，将 IPv6 地址关联规则初步定义为符合 IPv6 地址特征的地址集中不同的有效 IPv6 地址之间的关联关系。IPv6 地址关联规则就是找到 IPv6 地址之间的关联关系，得到相应的关联规则。关联规则的核心思想就是将 128 位地址中的后 64 位接口标识符中的每个比特位（bit）当作一个实验项，为其设置一个阈值，以发现项与项及多项之间的潜在关联规则，从而发现 IPv6 地址中频繁出现的某些模式。通过找到地址之间的关联规则，达到缩小 IPv6 地址扫描空间的目的。

3）地址建模分析和生成算法

地址建模分析和生成算法主要包括三类。

第一类是基于地址结构的生成算法 Entropy/IP。IPv6 地址里的每一个字符相当于 4bit

（半字节）。以半字节为粒度对所有 IPv6 的种子地址进行统计分析，计算每半字节的熵，就可以画出 IPv6 地址空间以半字节为粒度的熵分布折线图。有了这个折线图，就可以将熵相近的半字节划入一个段，对每一段的取值进行统计分析，最后得到概率分布模型。基于该模型，可以进一步生成 IPv6 地址。

第二类是基于密度的智能地址生成算法 6Gen。把 IPv6 当作一个高维向量，把所有的种子地址在高维向量空间中标记出来，在密度大的区域里生成 IPv6 地址，可以提高扫描命中率。

第三类是基于密度反馈模型的生成算法 6Tree。其基本思想是在整个地址生成过程中采取反馈机制，生成一部分 IPv6 地址后马上进行探测，根据探测结果给算法提供反馈。在此之前，需要构建一个 IPv6 地址空间树，把树的叶子节点添加到优先队列里，在扫描时每次取出一个叶子节点，在叶子节点内部生成 IPv6 地址，优先扫描命中率比较高的节点，每次扫描完成后更新地址空间树，并更新优先队列。

4）IPv6 探测节点部署

通过租用 IPv6 节点的方式实现全球范围内 IPv6 主机的部署，并装载 IPv6 主机活跃性探测和路径测量工具，可以形成 IPv6 网络的基础探测能力。此外，部分城市的运营商基站已经开通了 IPv6 网络接入功能，通过采购流量卡并开放热点等方式，可以将一些部署在 IPv4 网络中的主机添加到 IPv6 网络中，协助进行 IPv6 网络探测。

3. 数字证书探测分析

1）证书探测

证书探测技术主要用于获取 pop3_110、smtp_25、smtp_465、imap_993、imap_143、pop3_995、imap_993、ftps_990、submission_587、nntps_563 等端口的数字证书的详细信息。证书的参数主要包括证书的获取时间（timestamp）、版本（version）、序列号（serial_number）、签名算法（signature_algorithm.name）、签名散列算法（signature_algorithm.oid）、公钥算法及密钥长度、颁发者（issuer_dn）、使用者（subject_dn）、使用者密钥标识符（extensions.subject_key_id）、授权密钥标识符（extensions.authority_key_id）、有效期开始时间（validity.start）。

证书探测技术可实现对特定端口的证书格式解析，并基于解析结果进行异常检测与线索挖掘。对典型 APT 事件的分析结果表明，我国遭受的 APT 攻击普遍采用 SSL 隧道加密通信，相应的通信端口只有在激活后才会打开，使用数小时后数据传输结束时对应的端口就会关闭，每次通信过程中使用的证书也不一样，其工作时间基本固定在当地的常规工作时间，SSL 隧道中的协议为 HTTPS 等。结合时间规律、证书特性、证书相似性等方面的分析，可以发现存在异常的网络设备。

2）证书分析

（1）异常检测的主要识别方式

异常检测的主要识别方式包括：通过统计分析找出异常证书；根据已知安全事件中攻击者使用的证书，找出相同及相似的证书，实现证书相似性比对；通过特定端口 SSL 隧道内的未知协议、正常协议聚类和时间差分析方法发现异常；发现持续活动的固定设备 IP 地址端口的非正常（规律性）开放；对指定类型的设备进行全端口扫描，统计异常（包括协议异常）开放端口；对设备的固定 IP 地址，发现特定端口具备多个证书，从而识别洋葱路由器（Tor）；通过证书白名单、黑名单机制进行识别。

（2）处理方式设计

可以通过统计 443 端口的异常开放情况（如某个 IP 地址的 443 端口、993 端口每小时扫描 1 次且连续扫描 7 天）来判断其是否为规律性开放。也可以对证书进行详细解析，使用 Spark 对解析出来的协议字段和相关字段进行分组统计，找出相似证书或未知协议。

4. 资产协议深度探测

1）资产协议深度识别

除了服务标识、头部字段顺序和语法特征，资产协议深度识别还包括以下类型。

（1）定向请求识别

例如，HTTP 协议要将 favicon.ico 提取出来，有时需要单独发送请求，以获取 ico 图片数据。

（2）多次请求深度识别

例如，针对工业控制领域的 PCWorX 协议，通过多次请求实现深度识别，示例如下。

```
init_coms = bytes.fromhex("0101001a0000000078800003000c494245544830314e305f4d00")
s = socket.socket(socket_mod, socket.SOCK_STREAM)
s.connect((ip, port))
s.sendall(init_coms)
response = s.recv(4096)
```

```
# pcworx has a session ID that is generated by the PLC
# This will pull the SID so we can communicate further to the PLC
sid = response[17]
init_comms2 = struct.pack("11sB10s", bytes.fromhex("0105001600010000788000"), sid,
                         bytes.fromhex("00000006000402950000"))
s.sendall(init_comms2)
response = s.recv(4096)
# TODO: verify this
# this is the request that will pull all the information from the PLC
req_info = struct.pack("11sB2s", bytes.fromhex("0106000e00020000000000"), sid,
                      bytes.fromhex("0400"))
s.sendall(req_info)
response = s.recv(4096)
```

（3）特定协议深度解析

传统方式发送单个数据包，然后使用正则表达式提取特定协议的版本等信息。不过，由于一些协议的内容无法通过正则表达式提取，所以需要进行协议深度解析，从而获取更丰富的内容。

（4）URL 特征识别

URL 可以划分成不同的层次结构，其表现出来的特征也不尽相同。为了更好地分析 URL 的语言特征，首先要根据 URL 的结构选取检测域，然后分析资产在检测域上的语言特征，最后引入词素和敏感词来量化语言特征的差异。URL 中的主机域名需要在域名注册商处注册，并遵循域名命名规则。注册者通常会遵循人类使用自然语言的习惯来设置主机域名。子域名可以由域名使用者设置，不受命名规则约束。为了方便用户访问，合法的子域名往往也会遵循人类使用自然语言的习惯。在通常情况下，子域名和网页内容具有关联性。为了方便用户快速了解网页主题，子域名使用缩写的频率会大幅降低。

2）资产协议深度探测的机器学习算法

（1）图像特征的机器学习算法

通过 RDP、Webcam、VNC 等协议可以直接提取图像内容信息。通过引入机器学习算法对图像内容信息进行分析，可以提取其深度特征。

图像文字识别是指对文本资料的图像进行分析、识别、处理（如图 3-11 所示）。获取文字及版面信息的过程，就是对图像中的文字进行识别，并以文本的形式返回。对于文字检测任务，可以引入图像检测方法，框选图像中的文本区域。常用的图像检测算法有 Faster R-CNN、FCN 等。

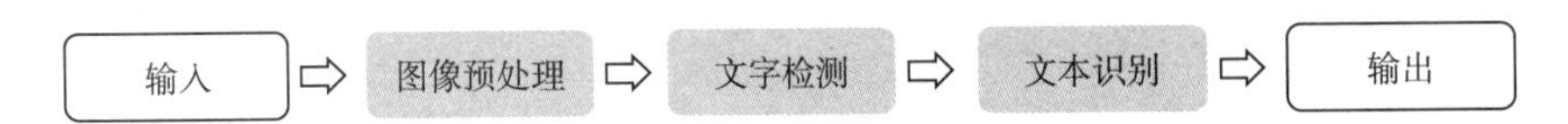

图 3-11 图像文字识别流程

图像人脸识别算法包括主成分分析（PCA）和线性判别分析（LDA）。使用 PCA 或 LDA 算法进行人脸识别的流程相似，步骤大致如下。

第一步，读取人脸图片数据库中的图像及标签，并对其进行灰度化处理（可以同时进行直方图均衡等操作）。

第二步，将读取的二维图像数据信息转换成一维向量，然后按列组合成原始矩阵。

第三步，对原始矩阵进行归一化处理，并使用 PCA 或 LDA 算法对原始矩阵进行特征分析与降维。

第四步，读取待识别的图像，将其转换成与训练集相同的向量表示。遍历训练集，找到与待识别图像的差值小于阈值（或差值最小）的图像，也就是识别结果。

图像场景识别是指通过图像判断图像场景所处的地点类型，是一种常见的图像理解任务。在标注数据足够的情况下，场景识别可以归为图像分类的一种，因此，直接利用已有的成熟网络架构（如 ResNet）就可以实现较高精度的图像场景识别。

（2）URL 特征的机器学习算法

基于机器学习的 URL 检测技术直接利用 URL 对网站进行检测，大致流程是首先选择网站 URL 特征向量生成训练数据，然后进行训练，构建分类器模型，最后应用分类器对 URL 进行分类。其中，选取特征和构建分类器是关键。

Garera 等人分析了网站 URL 的结构，利用回归滤波器（Logistic Regression Filter）对 URL 进行分类，针对钓鱼网站得出了 4 种 URL 结构，特征集合由页面特征、域名特征、类型特征、单词特征等 18 个特征构成。

Ma 等人分析了可疑 URL 的词汇（Lexical Features）和主机属性（Host-Based Features），采用词袋模型（Bag-of-Words）表示特征，考虑主机名长度、URL 长度、URL 中的点号数等，对每个词汇符号采用词袋模型建立一个二值特征。考虑到批量学习（Batch Learning）和在线学习（Online Learning）的性能要求，Ma 等人分析了朴素贝叶斯（Naive Bayes）、支持向量机（SVM）和回归滤波（Logistic Regression）的分类性能，并研究了在线学习中感知机（Perceptron）、随机梯度下降回归滤波（Logistic Regression with Stochastic Gradient

Descent）、被动贪婪算法（Passive-Aggressive Algorithm）和秘密权证算法（Confidence-Weighted Algorithm）的分类性能。

3）工业控制设备深度探测

（1）工业控制系统资产指纹深度识别

在工业控制系统中，设备与设备、设备与软件的数据交互和传输大量使用了行业专有通信协议，如 IEC101/104、DNP3、Modbus 等。大量 PLC 也使用私有通信协议来传输数据，如西门子的 S7 系列 PLC 使用 S7 私有协议、三菱的 Q 系列 PLC 使用 MELSEC 以太网协议。将工业控制协议特定功能码的数据报文封装并发送到目标 IP 地址，对目标 IP 地址返回的数据报文进行判断与解析，根据解析内容即可得到设备的详细信息，如被探测设备的厂商信息、模块信息、版本信息等。

Modbus 协议的工作流程，如图 3-12 所示。

（2）工业控制系统软硬件的指纹挖掘与测试技术

基于私有协议的工业控制系统软硬件的指纹识别是公认的技术难点。在没有工业控制设备厂商配合的情况下，一般很难找到可以详细识别设备特征的报文。常见的解决思路是使用基于神经网络与模糊学习的自学习算法，结合工业控制系统仿真测试环境，通过发送大量的快速测试包，不断摸索工业控制协议的报文结构，智能定位其中可能存在的报文特征，最终获得指纹信息。

工业控制系统软硬件指纹挖掘与测试技术方案，如图 3-13 所示。

对于采用公开协议进行通信的工业控制系统软硬件设备（如工业控制器、仪器仪表、SCADA 组态软件、工业数据库等），可以通过研究设备厂商提供的协议栈、分析协议中的功能字节来确定用于识别设备的通信报文，并基于报文构建指纹特征。对于采用私有协议的工业控制系统软硬件设备，则需要通过搭建仿真测试环境，采集通信报文并分析各种操作指令下的报文模式，通过模糊测试、神经网络等智能化自学习手段，逆向找出其中独有的通信报文。

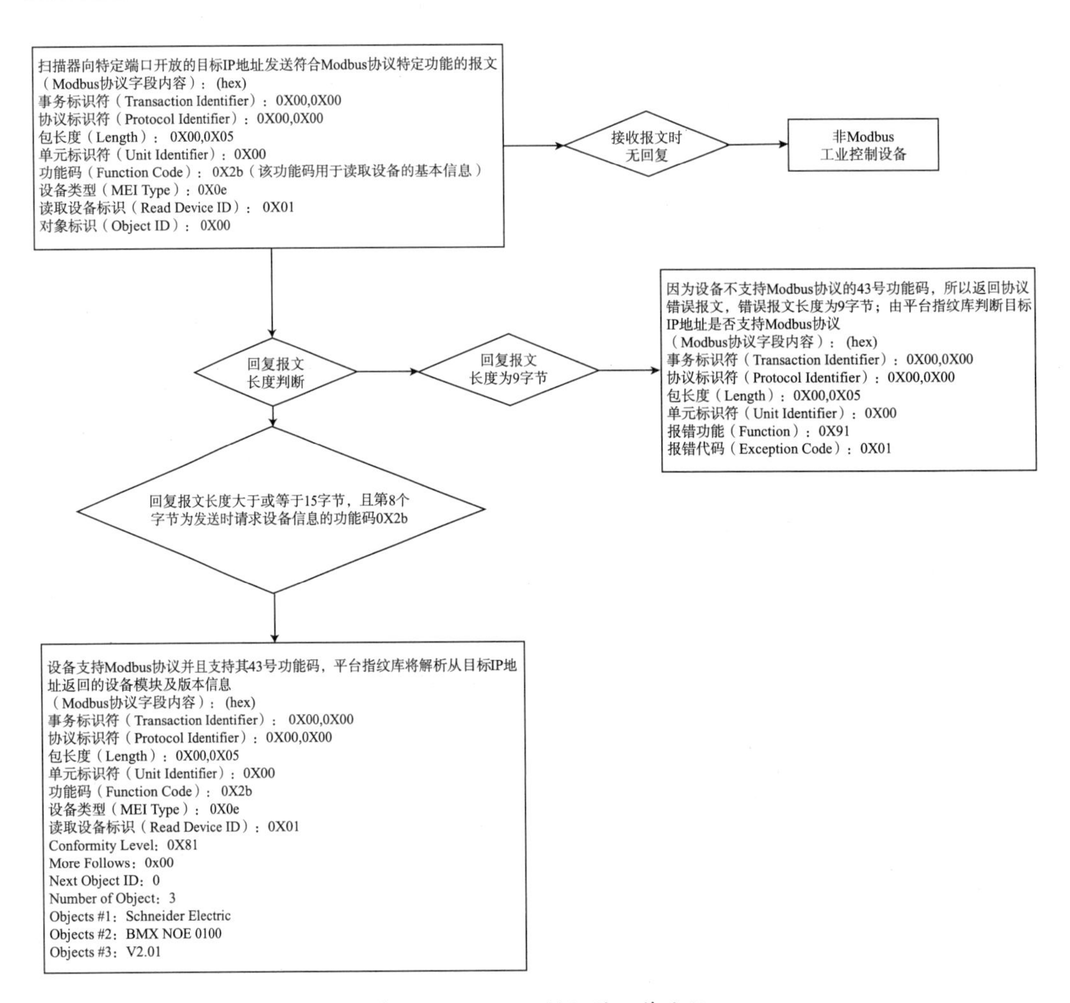

图 3-12　Modbus 协议的工作流程

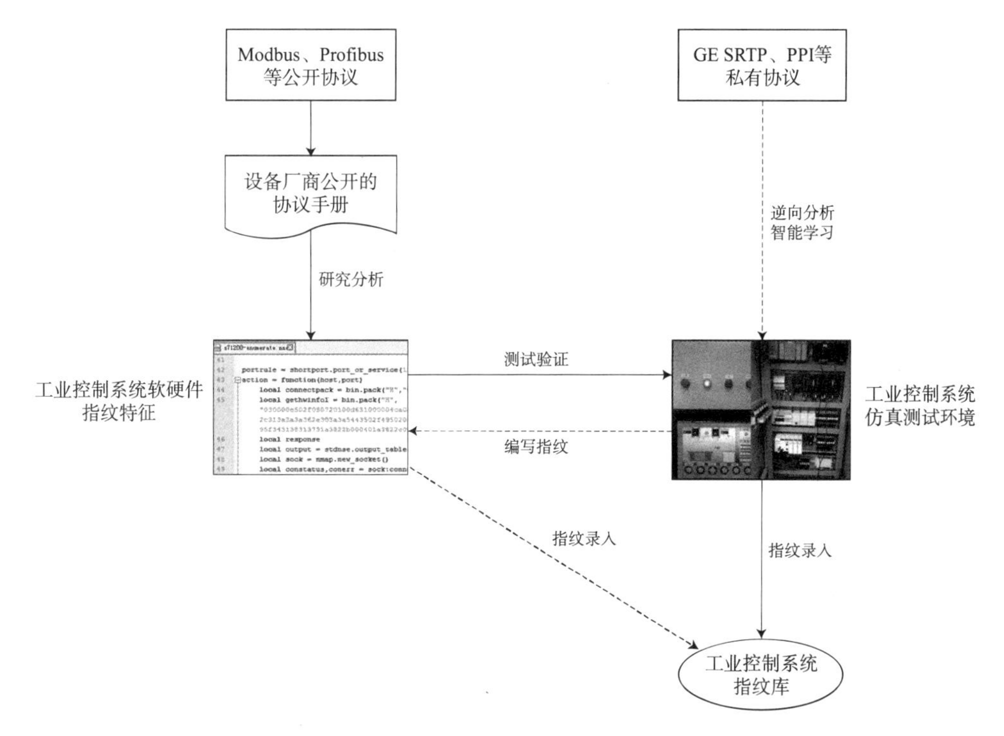

图 3-13　工业控制系统软硬件指纹挖掘与测试技术方案

5. 域名服务探测

DNS 是 Internet 正常运行的重要支撑。DNS 主要存在三个方面的漏洞。一是 DNS 协议本身的漏洞。由于 DNS 协议在设计之初没有考虑网络环境的巨大变化，所以，通过其传送的各类数据没有经过加密和认证，而这导致 DNS 容易遭受攻击。二是 DNS 服务器软件的实现存在漏洞。作为应用最为广泛的 DNS 软件，BIND 的漏洞和缺陷给 DNS 带来了严重的安全威胁。三是人为配置和部署造成的漏洞。DNS 在设计之初并没有考虑由人为操作或配置错误带来的安全隐患。由于管理员缺乏相关的专业知识，难以规范、正确地配置分布式 DNS，且缺少有效的配置管理工具，DNS 中往往存在大量配置失误（如 SOA 记录配置不一致等）和部署失误（导致严重的单点失效问题）。

在对域名服务进行探测时，需要重点针对系统的单点失效及 SOA、NS、MX 等主要资源记录的配置问题进行探测，及时发现 DNS 配置及部署中的漏洞或缺陷。传统的查询和测量方法大多采用 nslookup 和 dig 等工具手动进行，主要存在以下缺点。

- 在 DNS 查询过程中需要进行大量的人机交互。例如，在对不同的资源记录进行查询时，必须输入不同的查询命令。

- 每次操作只能针对一个域名进行，执行效率较低，不能处理以文件形式给出的目标域名列表。
- 没有对结果进行进一步处理。例如，进行 NS 记录的查询，一般只能得到权威 DNS 服务器的域名，无法同时得到其所对应的 IP 地址。
- 结果无法自动保存以供事后详细分析。

除了以上传统查询和测量方法的不足，使用较广泛的检测工具 DNS Report 也只能对 DNS 的资源记录配置进行检测，而无法检测服务器的单点失效问题。

（1）DNS 配置探测

DNS 探测系统通过主动扫描探测的方式获取全球网络空间中 DNS 服务器的状态、相互关系及部署现状，形成了包含地理分布信息的 DNS 服务器分布状况数据，其主要任务包括：根据权威服务器对各种 DNS 查询请求的应答状况，分析其配置情况和潜在安全威胁；测量开放的 DNS 递归服务器与根域和顶级域之间的延迟，探索其对外提供服务的性能；对权威服务器的选择算法进行研究，发现导致其性能下降的原因，从而及时了解目标 DNS 服务器的情况，获取目标 DNS 服务器的各类安全信息。

DNS 配置探测可以通过构建特定的 DNS 请求获取目标 DNS 服务器的配置信息，并将这些配置信息与预先制定的 DNS 服务器资源记录配置规范进行对比，以判断 DNS 服务器的配置是否合理。整个 DNS 依靠 NS 类型的资源记录将 DNS 层次结构连接在一起，形成一个有机整体。NS 记录用于指定该域由哪个 DNS 服务器进行解析，可以向其子域的名字服务器查询其父名字服务器。每个域必须在其父域中包含至少一条 NS 记录。针对 NS 资源记录的探测内容包括 NS 记录是否一致、NS 记录的数量、NS 所对应的 CNAME 记录、NS 所对应的 IP 地址的合理性等。

（2）DNS 分布探测

DNS 分布探测的主要任务是对目标域名空间中的权威 DNS 服务器进行地理定位，并发现访问它的路由。DNS 分布探测包括权威 DNS 服务器定位和访问权威 DNS 服务器的网络路径探测。

DNS 服务器定位是指根据 NS 记录中通过探测得到的目标域名空间权威 DNS 服务器的 IP 地址对其进行地理定位。DNS 服务器路径探测是指探测出从探测主机到目标 DNS 服务器的网络路径，其实质就是向目标 IP 地址发送一系列特殊的 UDP 数据包，这些 UDP 数据包会使网络中的路由器或目标主机返回一系列 ICMP 报文。然后，解析所有返回的 ICMP 报文，从中获取 IP 数据包头部的源 IP 地址字段。

（3）DNS 单点失效探测

为了提高 DNS 的可用性和鲁棒性，很多域名空间部署了多个权威 DNS 服务器来提供解析服务。然而，很多的区域服务器被部署在容易产生单点故障的地方，如多个服务器被部署在同一子网内或者具有相同的接入路由，一旦这部分网络发生故障或者受到攻击，就会导致整个区域的域名解析失效，严重损害 DNS 的可用性。为此，DNS 标准规范规定，一个区域内至少要配置 3 台权威 DNS 服务器，并且要真正做到分布式部署。不过，受技术水平、管理维护能力和运营成本等多种因素的制约，很多区域的权威 DNS 服务器的部署远没有达到这一基本要求，存在单点失效的风险。

分析 DNS 服务器定位探测结果，可以获得目标区域内权威 DNS 服务器的数量及 IP 地址信息。比较 DNS 服务器路径探测结果，可以获得目标区域内所有权威 DNS 服务器的访问路径，从而判断它们是否在同一子网中。DNS 服务器单点失效探测的主要任务是综合上述分析结果，判断 DNS 服务器是否存在单点失效风险。

3.3.3 互联网资产耦合分析方法

仅对单一数据源进行简单的分析，是无法覆盖不断扩大的网络空间资源对象和复杂的数据类型，得到精准、详细的网络空间测绘地图的。需要采用数据融合技术，对多源信息进行综合处理，实现对网络空间资源及其属性的精准刻画。

网络空间是虚拟数字空间与实体物理空间的融合体，因此，网络资产信息也表现出多维属性，体现为数字网络属性、地理空间属性、社会关系属性等。

传统数据融合旨在通过模式映射和副本检测的方式，使用相同的模式把多个数据集存储到数据库中（这些来自不同数据集的数据描述了相同的特征）。然而，对于网络空间资产数据，不同探测手段产生的多个数据集隐含了与某些资产的相关性。例如，两个网络节点之间的数据流量信息与两个节点属于同一企业组织的社会关系存在很高的相关性。对来自不同数据源的数据进行融合，不能简单地通过模式映像和副本检测实现，而需要采用不同的方法从每个数据集中提取信息，把从不同数据集中提取的信息有机整合在一起，从而感知资产的有效信息。

1. 网络空间资产耦合分析

1）相关概念

耦合性（Coupling）也称作耦合度，是软件工程中的一个基本概念，是对模块之间关联程度的度量。耦合性的强弱取决于模块之间接口的复杂性、调用模块的方式及通过界面传送数据的多少。模块之间的耦合性是指模块之间的依赖关系，包括控制关系、调用关系、数据传递关系。模块之间的联系越多，模块的耦合性就越强，但同时表明模块的独立性越差。

2）常见耦合类型

在分析网络空间资产的拓扑、依赖及交互关系时，也可以借用软件工程中的耦合分析方法。基于知识图谱的直观可视化分析，可以方便地定位资产之间的耦合关系。常见的耦合类型如下。

（1）公共耦合

若一组模块访问同一公共数据环境，则它们之间的耦合称为公共耦合（Common Coupling）。公共数据环境可以是全局数据结构、共享的通信区、内存的公共覆盖区等。对网络空间资产来说，位于同一网络环境、属于同一企业组织，都会形成公共耦合关系。表现在知识图谱上，如果相关资产在社会关系层通过同一企业组织节点连接，或者在网络空间层通过同一交换节点连接，表现出典型的汇聚关系，那么相关资产存在公共耦合关系。公共耦合关系对于研究资产的层次体系结构具有重要意义。

（2）外部耦合

若一组模块访问同一全局变量而不是同一全局数据结构，且不通过参数表传递该全局变量的信息，则称为外部耦合（External Coupling）。对网络空间资产来说，如果两个实体的安全策略属性一致，或者两个企业组织的威胁情报来源属性一致，则可视为资产之间存在外部耦合。对于网络空间资产的知识图谱，通过映射两幅图的指定属性节点进行知识图谱分析，可以提取资产之间的外部耦合关系。外部耦合对分析由资产漏洞造成的影响有积极意义。

（3）控制耦合

如果一个模块通过传送开关、标志、名字等控制信息，明显控制着选择另一个模块的功能，就是控制耦合（Control Coupling）。对于网络资产，如果一个资产可以通过交互控制另一个资产的功能和运行，则可视为资产之间存在控制耦合。典型的控制耦合关系是服务器与客户端之间的关系。对于网络资产的知识图谱，通过寻找节点之间的控制关系，可以很快定位资产之间的依赖关系。无论是对网络攻击还是防御，这种关系的定位都具有重要意义。

（4）数据耦合

若一个模块访问另一个模块时，彼此之间是通过数据参数（而不是控制参数、公共数据结构或外部变量）交换输入或输出信息的，则称这种耦合为数据耦合（Data Coupling）。对于网络空间资产来说，如果相互之间存在输入输出关系，则称它们之间存在数据耦合关系。典型的数据耦合关系是应用服务器和数据库服务器之间的关系，以及网络设备与安全分析设备（网络设备通过镜像分光将流量镜像到安全分析设备上）之间的关系。在知识图谱中，通过寻找节点之间的输入输出关系，可以定位资产之间的数据耦合关系。这种数据耦合关系的定位，对网络安全防护方案（如数据防泄露，即 DLP）的设计具有重要意义。

3）实现

图数据结构很好地表达了数据之间的关联性。关联性计算是大数据计算的核心。通过数据的关联性，可以从包含大量噪声的海量数据中抽取有用的信息。

知识图谱是一种典型的图计算技术。图计算技术解决了传统计算模式下关联查询效率低、成本高的问题，并且具有丰富、高效和敏捷的数据分析能力。许多成熟的图数据库可以支撑图计算。

针对资产测绘对象信息知识图谱，可以采用图数据库（如图 3-14 所示）Neo4j 实现知识存储。Neo4j 底层以图的方式把用户定义的节点和关系存储起来。通过这种方式，可以从某个节点开始，通过节点之间的关系快速找出两个节点的联系。在图中会记录节点和关系，关系可以用来关联两个节点，节点和关系都可以有自己的属性，可以赋予节点多个标签（类别）。

Neo4j 使用 Cypher 语言对图形数据进行查询。Cypher 是描述性的图形查询语言，语法简单，功能强大。由于 Neo4j 在图形数据库家族中处于绝对领先地位，有巨大的用户基数，所以 Cypher 成为图形查询语言事实上的标准。基于 Cypher 查询，可以实现高效的知识图谱耦合分析、网络空间资产测绘地图中各种关系的查询和检索。

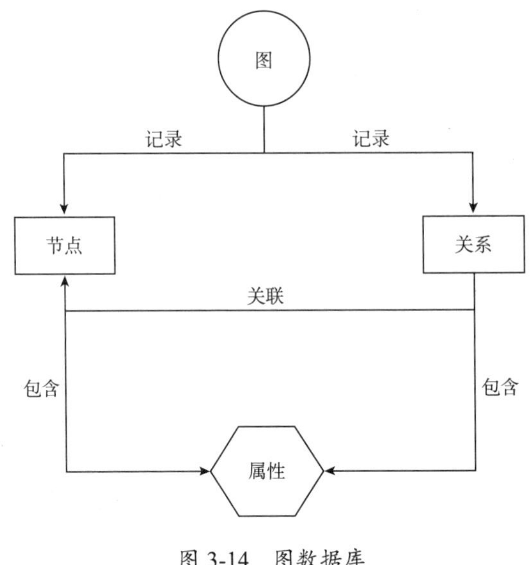

图 3-14 图数据库

2. 数据融合的关键技术

数据融合主要是针对各类可用数据形式化表达的信息融合，数据关联质量与效果的优劣与系统对融合结果的处理关系密切。因此，如何利用各类网络空间资源独有的数据特征和资源之间的关系进行数据的交叉验证和关联映射，成为实现资源精准分析的关键。

（1）基于多类型资源融合的交叉验证

对网络空间不同类型的资源属性进行交叉验证，可以实现资源特定维度属性的填充，并发现数据之间不一致的问题。

在实体资源交叉验证方面，可以利用多种信息源（如 Web 服务器地标信息、互联网机构主页、黄页等）挖掘实体设备地标，综合各类信息源对地标的可信度进行评估。在实体和虚拟资源交叉验证方面，可以利用实体资源定位技术，获取实体设备 IP 地址的对应地理位置。同时，从流量或文本等数据源中挖掘对该实体进行操作的虚拟用户的位置，可以实现实体资源和虚拟用户位置的一致性验证。在虚拟资源交叉验证方面，可以通过分析异常用户对虚拟服务、虚拟内容的访问行为，实现对异常服务、异常内容的发现。同时，通过异常服务和异常内容的用户访问日志，可以发现新的异常用户。总的来说，这是一个迭代分析、协同训练的过程。

（2）基于多源数据融合的关联映射

网络空间资源的隐匿性使其具有“人物多身份、服务多镜像、内容多副本”的特点，通过对不同数据源的网络空间资源的多维属性、关系和行为特征进行融合分析，能够实现多源数据中同一资源对象的关联映射。

在人物身份识别方面，可以利用虚拟用户关系网络结构、用户属性和用户行为特征，分别学习用户的嵌入表示和网络的嵌入表示，实现跨网络多账号用户之间的关联映射，将虚拟用户映射到社会空间，以识别用户的真实身份。在同源服务识别方面，利用基于视觉信息的网页分割算法来确定网页的语义结构，一个节点代表一个语义块，每个语义块都有一个 DOC 值描述其内部内容的关联性，然后对网站进行分块，利用向量相似度度量（EMD）进行网页相似度检测，将具有相似主页的网站当作同源网站。在相似内容检测方面，通过计算词级、短语级、句子级的嵌入表示，在嵌入向量空间内计算文本之间的相似度，从语义层面解决各层的文本相似性检测问题，然后将两幅图片当作一幅双通道图像，采用 Siamese 网络为两幅图片的特征向量构建相似度损失函数并进行训练，从而判断任意两幅图像是否匹配。

3.4　专网测绘技术与方法

本节介绍专网测绘的技术与方法。

3.4.1　专网资产的要素采集

国家重要行业专网的资产一旦受到网络攻击，遭到破坏、丧失功能或发生数据泄露，将严重危害国家安全、国计民生、公共利益。对重要行业的网络资产进行测绘，可以为网络安全防控提供数据支撑，使网络安全防控工作有的放矢，因此，对重要行业网络安全防控体系建设具有重要意义。

以电力专网为例，业务涉及的资产类别较多，采集、监测、配电自动化、巡检等终端持续入网，设备类别包括办公计算机、数控终端、云终端、打印机、IP 电话、考勤机、门禁、刷卡机、自助缴费终端、营业厅视频监控终端、充电桩、专变采集终端、生产移动作业终端、配电终端、变电站视频监控终端、营销现场作业终端等。电力专网资产要素识别包括资产识别、行为识别、威胁情报匹配等维度。

（1）资产识别

资产识别的方法包括端口指纹无状态扫描与高效自动化识别、电力系统 Web 服务指纹识别等。端口指纹无状态扫描包括 TCP 全连接扫描、TCP SYN 扫描、TCP ACK 扫描、隐秘扫描、UDP ICMP 扫描等，能够发现并识别 DTU/DCU、OLT/ONU 等多种设备，设备信息包括 IP 地址、MAC 地址、设备类型、设备型号、操作系统、所在安全域、所属部门等。电力系统 Web 服务指纹识别用于获取电力系统 Web 应用网站的组件，即通过发送 HTTP 请求到目标系统，分析响应数据包，提取指纹特征，然后与 Web 系统库中的组件指纹进行匹配，将匹配成功的模板所对应的网站组件作为最终的指纹识别结果。

（2）行为识别

以能源行业为例，国家电网公司的网络具有规模庞大、节点众多的特点，采用传统的攻击图生成方法将面临状态空间爆炸、全面遍历困难、入侵路径全路径溯源难以实现等问题。针对电力大数据的特点，引入深度学习、迁移学习等人工智能方法，结合基于 SSAE 的非线性系统故障诊断、基于高斯核的 SVM 故障分类等技术，设计合理的并行算法以实现全路径攻击图、攻击路径、攻击手法的自动化提取、分析和构建，获得数据的关联性特征，为故障检测、APT 攻击诊断、安全态势预测等场景建立数据挖掘算法模型，形成电力资源画像，自动识别电力专网中的风险行为，提高电网运行的安全性。

（3）威胁情报匹配

在电力专网环境中，影响网络安全的要素众多，网络威胁表现多样，网络节点数量庞大，网络结构复杂，网络攻击行为呈现分布化、规模化和复杂化趋势。因此，应在海量安全监测数据的基础上，进一步结合人工智能、未知威胁挖掘及第三方威胁情报研究成果，形成多源电力专网资产要素数据与威胁情报数据的融合、汇聚、分析能力，建立专网安全威胁情报知识图谱作为对专网资产要素智能化精准识别的有力补充。

3.4.2 专网资产深度采集、分析与治理

下面讨论专网资产的深度采集、分析与治理。

1. 专网资产测绘

专网资产测绘技术基于 IPv4/IPv6 网络探测识别模型、重点目标深度探测模型和专业软件探测识别模型，通过各类探测引擎实现基础探测能力，针对各类目标载荷，通过定义

标准规范提高兼容性和可扩展性，在大型网络资产测绘场景中具备持续稳定的运营能力。根据专网的实际情况，探测引擎节点可以动态按需部署，根据配合度和需求实现不同粒度的网络目标信息探测工作。专网资产测绘技术框架如图 3-15 所示。

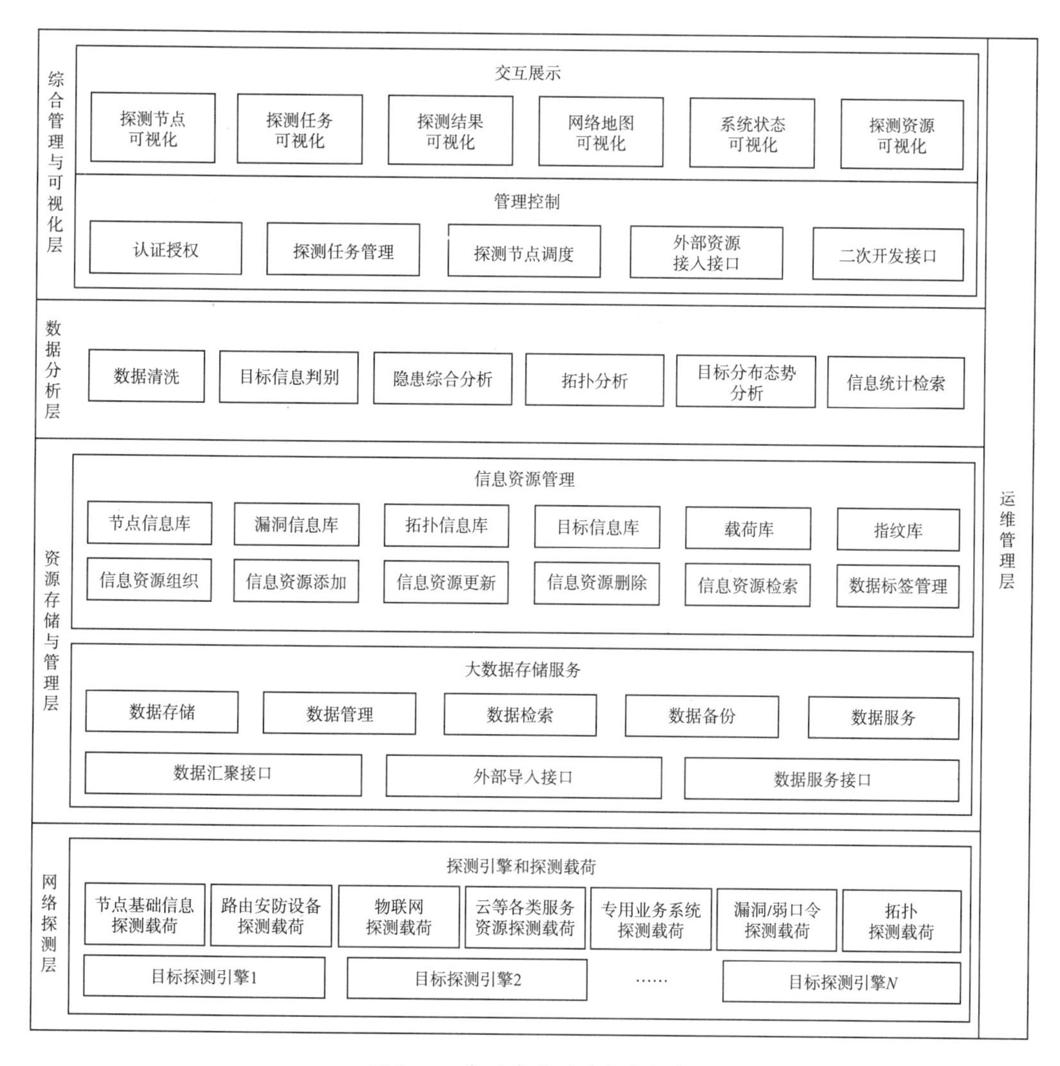

图 3-15　专网资产测绘技术框架

（1）网络探测层

网络探测层由网络空间探测基础平台、探测引擎和探测载荷组成，用于实现网络空间各类数据的探测和获取。探测引擎由一个分布式矩阵组成，上层加载各类探测载荷，可以实现基础信息探测和漏洞/脆弱性扫描等功能。探测引擎可以部署在物理设备上，也可以以虚拟机的形式部署在云平台上。

（2）资源存储与管理层

资源存储与管理层由大数据存储服务平台和信息资源管理组件组成。大数据存储服务平台负责提供海量多源异构数据的汇聚、存储、管理、查询、检索、备份及数据服务等功能，具有数据汇聚接口、外部导入接口和数据服务接口，支持采集和分析结果的汇聚、第三方数据接入、数据检索和数据推送。信息资源管理组件负责对探测信息和资源进行组织、添加、更新、删除、检索、标签管理等，包括对探测载荷、指纹等各类资源进行管理，以及对目标信息、漏洞信息、拓扑信息、IP 地址基本信息等各类探测结果进行管理，应具备良好的可扩展性。

（3）数据分析层

数据分析层主要用于实现探测结果的融合分析，即综合利用已有探测结果进行分析和判断，提高探测和识别的准确率，主要功能包括数据清洗、目标信息判别、隐患综合分析、拓扑分析、目标分布态势分析等。

（4）综合管理与可视化层

综合管理与可视化层用于实现全量网络资产运营的统一管理、可视化展示和对外交互功能，由管理控制组件和交互展示组件组成。管理控制组件负责整个系统的管理控制，包括认证授权、探测任务管理、探测节点调度及一系列外部程序和数据接口等。交互展示组件负责对数据进行可视化展示，根据全量资产测绘需求进行组织和绘制，包括对探测节点、探测资源、探测结果、网络地图、系统状态等进行交互式展示，支持可视化的网络场景应用。

（5）运维管理层

运维管理层负责上述各层功能的运维管理，实现从设备到系统的状态监测，支持日常备份、升级、系统异常发现、故障发现、故障处置等工作。

2. 专网资产信息分析与治理

（1）资产跟踪

网络地址池始终处于动态变化中，已经暴露的资产并不能体现真实暴露资产的规模，且过时的资产标签会混淆网络攻击溯源结果。由于网络资产和地址的对应存在不确定性，所以，在每一轮扫描结果中都可能存在第一次被发现的资产设备类型。可以使用聚类算法将这些资产划分成不同的簇，利用专家知识从每个类簇中提取资产指纹信息，以支撑后续的威胁发现与分析工作。

对资产变化情况的标记，可以通过资产 Banner 信息比对实现。Banner 是目标设备发送给访问者的响应通告信息，其中可能会包含一些用于标识身份的敏感内容，如软件开发商、软件名称、服务类型、版本号等。将某网络地址最新一轮资产的 Banner 信息与该网络地址最近一轮对应资产的 Banner 信息进行字符串匹配，计算两段 Banner 字符串的编辑距离，通过距离大小判断相似度，一旦二者的相似度小于阈值，则认为该网络地址所对应的资产未发生变化。在具体实现时，可以先使用 Simhash 算法将高维特征向量降维，再比较距离。相同资产的 Banner 信息在多轮扫描中有可能发生局部改变（如时间项、动态序列号等），散列值的相似度可以反映输入内容的相似度。

Simhash 是一种用于网页去重的敏感散列算法。该算法将单个文本转换成固定长度的特征字，通过比较两个特征字之间的距离是否小于指定阈值来判断两个文本是否相似（如图 3-16 所示）。

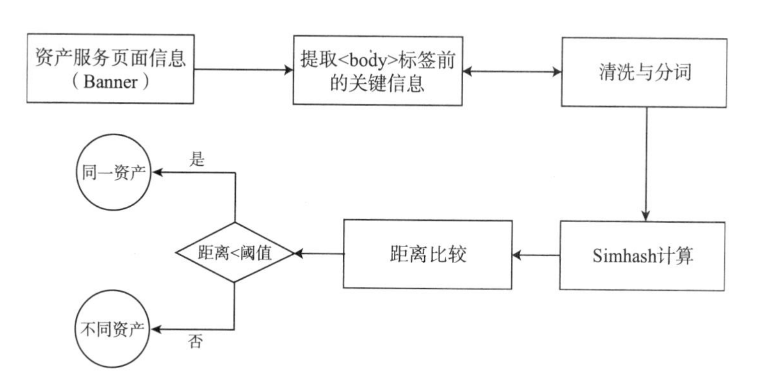

图 3-16　基于 Simhash 算法的资产变化识别流程

（2）资产变化标记

应为每一轮扫描得到的暴露资产添加变化标记。

资产变化情况分为四种。new 代表该网络地址从未在历史扫描中出现，暂将其代表的资产视为新增资产。changed 代表该网络地址曾在历史扫描中出现，利用前面介绍的方法可以判断其对应资产和前一次发现时相比发生了改变。unchanged 代表该网络地址曾在历史扫描中出现，利用前面介绍的方法可以判断其对应资产和前一次发现时相比未发生改变。stable 表示一旦某网络地址资产变化标记为“unchanged”的次数大于设定的阈值，就将其标记为“stable”，表示在较长的时间内该网络地址资产未发生变化，并为每种协议维护一个 stable 库。资产状态的转换关系，如图 3-17 所示。

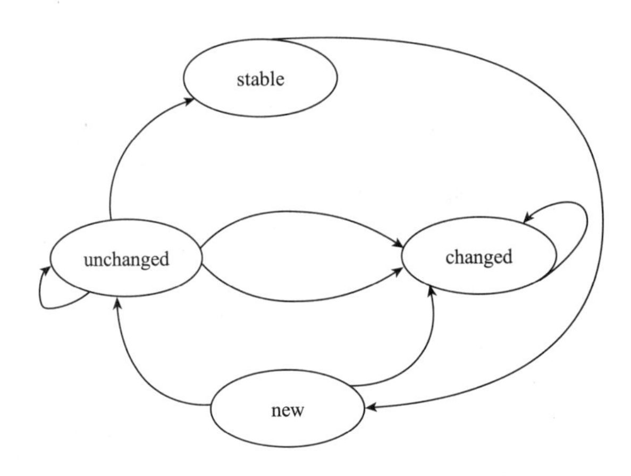

图 3-17 资产状态转换关系

通过资产变化标记可以提高威胁溯源的准确性，一旦有分析人员追踪到某个网络地址，资产变化标记就能帮助他判断该地址的对应资产在指定时间区间内是否发生过变化。若发生过变化，分析人员就可以根据目标资产网络地址变化的集合重新溯源。此外，通过多次资产变化统计，可以优化地址扫描策略。例如，某网络地址一旦被标记为“stable”，那么在之后的扫描中将排除该地址，从而节约扫描带宽和扫描节点投入。

（3）新资产发现

在收集到的大量 Banner 响应信息中，相同类别的资产往往在响应报文的结构和内容上具有很高的语义相似性，不同类别的资产则差别较大。在扫描中变化情况为“new”和“changed”的资产，很可能属于之前从未出现过的资产类别。将这些 Banner 信息进行相似性整合，对新出现的资产类别进行标注，就可以描绘网络空间资产新增态势。

3.4.3 专网资产知识图谱构建

下面讨论专网资产知识图谱的构建。

1. 专网资产安全情报知识图谱构建

针对专网资产的安全情报知识图谱构建框架（如图 3-18 所示）对分散的安全知识进行整合，能够实现安全情报聚合分析和应用场景扩展等目标。其构建过程如下。

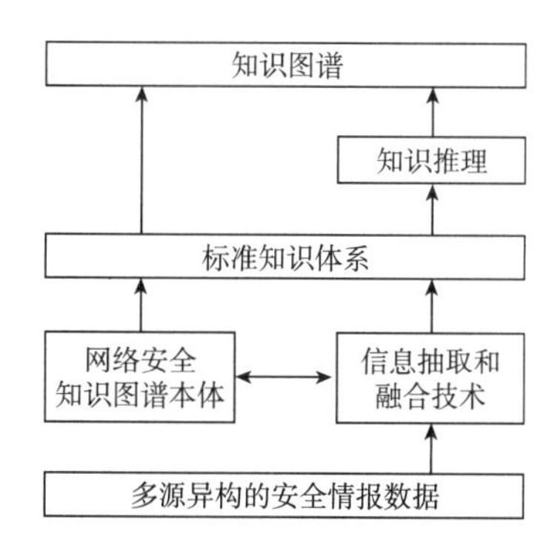

图 3-18　专网资产安全情报知识图谱构建框架

（1）信息抽取

信息抽取包括实体抽取、关系抽取和属性抽取。

（2）知识融合

知识融合用于实现多源异构信息在形式层面与内容层面的融合，包括实体链接、本体工程、质量评估等内容。

（3）知识加工与应用

知识加工与应用能够实现知识的后端处理，包括知识存储、知识表示和知识推理。

通过以上过程，可以将分散在多处以不同形式表示的信息关联融合，形成统一表示的知识结构并进行推理，以挖掘潜在的（未知）知识，实现智能化分析。

2. 专网资产安全配置知识图谱构建

专网资产安全配置知识图谱构建框架如图 3-19 所示。

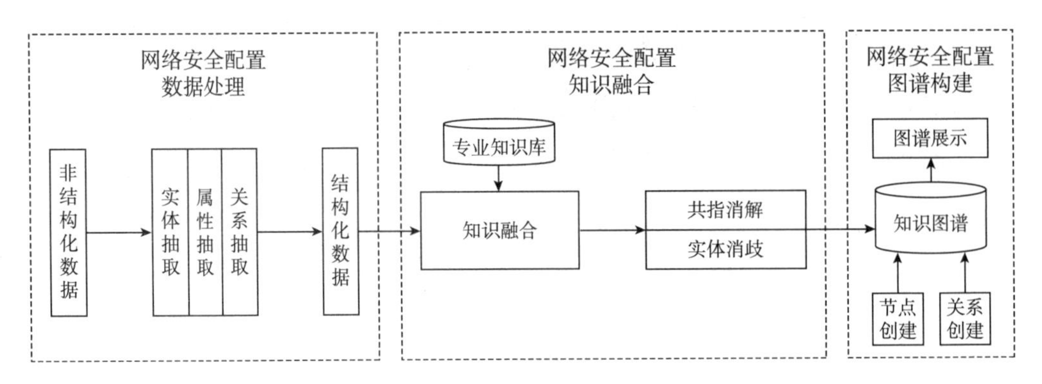

图 3-19　专网资产安全配置知识图谱构建框架

利用知识图谱擅长处理大量复杂、相互连接、低结构化数据的优势，可以构建专网资产安全配置知识图谱，实现对网络安全配置多源知识的整合存储、关联查询及可视化分析，帮助管理人员快速、高效地完成配置任务，支撑行业挂图作战。专网资产安全配置知识图谱的构建主要包括以下工作。

（1）网络安全配置数据处理

对与网络安全配置有关的数据进行知识抽取，获取结构化数据。

（2）网络安全配置知识融合

根据专业知识库，进行各类数据知识的融合处理。

（3）网络安全配置图谱构建

通过节点创建和关系创建，实现安全配置知识图谱的数据逻辑展示。其中：节点创建是指在知识图谱中创建节点，包含网络名称、设备名称、设备能力等；关系创建是指根据已创建的实体节点建立相应的关系。在建立实体关系的过程中，需要明确头节点、尾节点及连接关系。

3. 专网资产指纹知识图谱构建

（1）专网资产指纹数据标准和目标实体标签生成技术

使用针对探测数据的跨层关联分析方法，可以对专网资产目标属性进行拓展分析，利用目标的 IP 地址信息形成目标属性知识图谱，并基于该知识图谱分析被管理的网络拓扑、网络边界、网络脆弱点，为专网资产目标管理提供量化依据。其中，资产指纹数据标准建立和目标实体标签生成是该领域的核心和关键工作。

如图 3-20 所示，专网资产目标实体通过 IP 地址进行标识。实体的属性一般分为两个维度：一个维度是资产指纹信息，包括操作系统版本、中间件、语言、开发套件等信息；另一个维度是漏洞信息，包括开放的端口、开放的服务、服务的相关程序和漏洞、漏洞的组织形式等信息。基于已定义的完整实体属性，开展对专网资产目标的扫描分析工作，调用不同的功能模块完成业务编排和 IP 地址属性描述，同时在知识图谱中利用实体之间的连接关系表达网络拓扑。

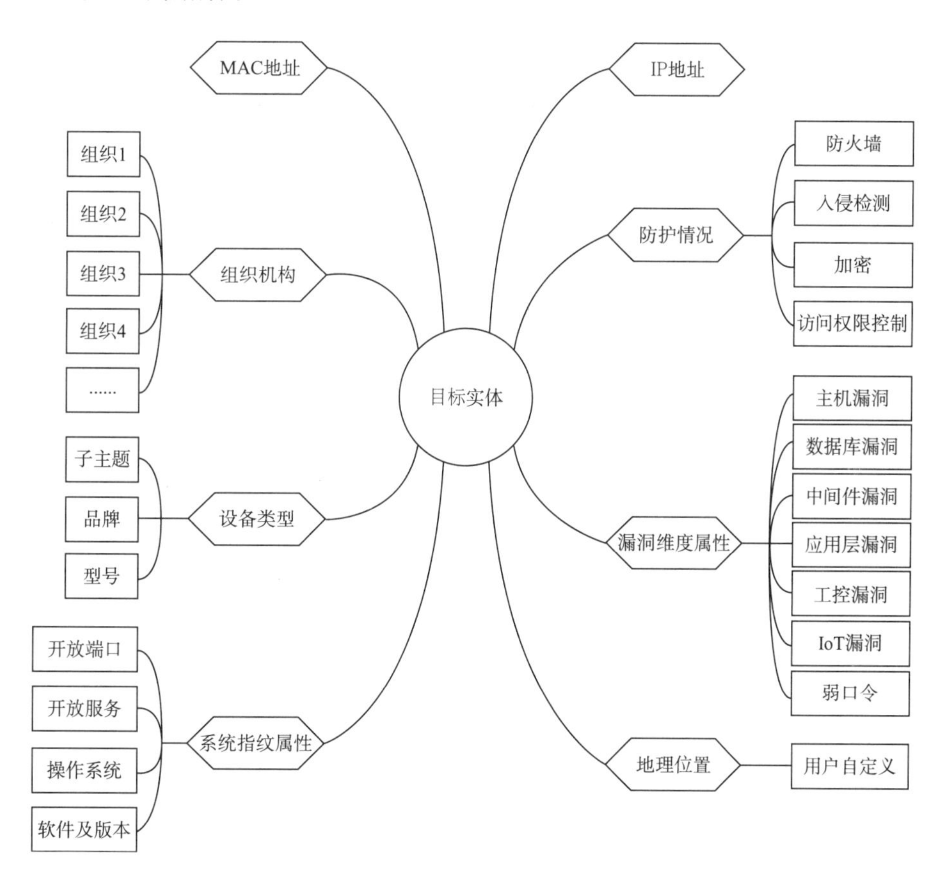

图 3-20　专网资产目标实体属性描述

（2）专网资产目标数据分析与挖掘技术

专网资产目标数据从底层到顶层依次是地域位置层、网络路由层、设备系统层、虚拟身份层、目标信息层。地域位置层的核心实体是地理单元。网络路由层的核心实体是网络 IP 地址等网络位置及相关设备。设备系统层的核心实体是入网硬件设备及系统。虚拟身份层的核心实体是IP地址等虚拟身份。目标信息层的核心实体是目标的真实隶属信息。

网络环境目标探测将产生大量的目标指纹、目标行为等元数据。研究针对专网资产的网络目标元数据分析挖掘技术和行为分析技术，推进层次化的探测数据计算模式的构建和优化，可以进一步减小探测深度，降低对被探测目标的影响，实现针对专网资产目标的实时监测和告警，并获得网络安全预警能力。

3.5 城市网络测绘技术与方法

下面讨论城市网络测绘的技术与方法。

3.5.1 城域网资产深度测绘技术

随着“互联网+”“智慧+”陆续落地，高度信息化已成为很多城市的关键基因，网络空间也成为人们生活另一种形式的延续。可以说，网络空间安全与人们的生活息息相关。网络空间测绘技术作为网络安全基础技术之一，已广泛应用于各行各业。

1. 能源行业

能源行业作为城市级工业基础重地，担负了城市可持续运转的重要职能，常见的细分领域包括电力、煤炭、石油、天然气、水利、新能源等。随着信息化应用及数字化转型浪潮的不断推进，能源行业的工业自动化技术趋于成熟。

能源行业作为关键信息基础设施的“前沿阵地”，已成为网络攻击的重点目标。“震网”病毒、Havex、Black Energy等针对能源行业工业控制系统的网络安全事件层出不穷。因此，针对能源行业开展网络空间测绘工作，将成为保障能源行业网络安全的前提。

（1）开展资产信息测绘，将工业网络纳入网络安全管理范畴

通过资产扫描等技术方式，主动发现工业网络中的各类资产信息和网络通信协议，重点筛查入网设备信息及开放的服务和端口信息，以发现隐匿资产。通过二次确认及排查，重点监管暴露面的服务内容及端口信息，建立长效安全监测机制。

（2）开展工业控制系统安全漏洞检测，修复安全隐患

通过漏洞检测技术，及时发现工业控制设备的漏洞隐患。针对工业控制系统的特殊运

行机制，重点解决设备使用周期长、补丁兼容性低、补丁发布周期长、安全漏洞难以及时修复等现实问题。针对能源行业的工业控制设备、专有协议、上位机、下位机等，需要更全面、更广泛的网络空间识别能力，因此，针对专有协议和专有设备的网络测绘识别技术将发挥重要作用。

2. 交通运输行业

交通运输行业包括铁路、公路、水运、航空等运输部门。交通运输网络的完善和服务水平的提高，推动了经济运行效率的提升，降低了物流成本，带动了汽车、船舶、冶金、物流、电子商务、旅游、房地产等相关产业的发展，创造了大量就业岗位。智能交通系统将电子传感技术、信息技术、通信技术、网络技术、控制技术及计算技术等有效集成，运用于交通管理体系，建立了实时、准确、高效的综合交通管理系统。

网络空间测绘技术是智能交通系统得以应用的基础和前提。利用网络空间测绘技术，可以对大量智能交通设备进行识别，从而催生一批新服务和新模式，提高城市交通管理与服务水平。例如，对摄像头进行统一资产管理，结合自动检查、监控点位等手段，可以对视频专网进行充分管理。再如，对城市车辆、交通信号灯、道路承载能力进行有效识别，可以协助有关部门快速发出指令，进行现场干预指挥，避免发生恶性拥堵。

网络空间资产测绘技术通过对各核心交通元素的识别、分析、联通，可以为实现交通元素的彼此协调、优化配置和高效使用提供坚实的基础，提高已有交通设施的运行效率，形成人、车和交通高效协同的环境。智能交通系统主要有移动通信、宽带网、RFID、传感器、云计算等新一代信息技术作为支撑。

3. 医疗行业

医疗信息化经过多年发展，已涵盖医疗管理的各个方面，包括医疗文档数据中心、医疗电子病历系统、医疗支持系统、医院运行管理系统（门诊收费系统、住院收费系统、药品管理系统、财产管理系统）等。医疗信息化平台将原本分散的病人和医疗信息数据整合，实现了医院各科室之间、各医院之间信息的互联互通，最大限度地方便病人就医、方便一线医护人员工作、方便各类管理人员进行分析决策。由于系统划分细致，系统集成度相对较高，所以，需要实现对上述系统的全面、高效管理。

网络空间测绘技术基于多云环境、云边协同计算的成熟技术应用，实现了区域网络测绘和地图编制。可以将全量资产、业务、组件、应用端口通过可视化方式呈现在区域地图上，帮助管理员直观地了解区域网络资产的情况。同时，通过监控应用数据，对相关资产和业务进行可用性、安全性方面的持续监测，从而快速发现异常业务风险，为确保医疗服务的持续稳定运行提供支持。针对医疗行业中的 HIS/RIS 设备、PACS 设备，以及这些设备使用的 HL7、DICOMI 等协议，需要解决其网络空间测绘问题。

4. 通信行业

随着信息技术的发展，运营商的业务范围迅速扩展，各类暴露在互联网上的业务平台、管理系统、服务器、网络设备数量庞大且结构复杂，导致这些资产的管理工作越来越困难，同时产生了大量无主资产和僵尸资产，给运营商带来了极大的安全隐患。如何快速、全面地发现这些资产，并有针对性地进行安全检查和漏洞修补，是运营商面临的重要问题之一。

网络空间测绘技术通过多维度的自主资产挖掘、资产管理、漏洞风险关联等核心功能，以及全量关键字搜索等方式，快速对某类、某型号、某规则的设备进行精准扫描，并使用内置的高精度地理位置信息，为运营商发现和处置未知资产提供了可能。运营商可以通过互联网资产测绘和专网资产测绘的互联互通，实现精确的资产管理，以快速评估资产风险。网络设备、移动终端和运营商大力推动的物联网卡为各类智能终端设备的接入提供了便利，如何对这些智能终端设备实现快速、精准的网络空间测绘是亟待解决的技术问题。

3.5.2 城域网资产数据汇集、存储及检索技术

资产数据除了基本的 IP 地址和端口信息，还包括 IP 地址定位库、URL 地址、域名信息、证书信息、DNS 记录、Passive DNS、icon 图标、漏洞情报等。工业互联网、物联网、5G 通信、IPv6 等信息环境的拓展，大量智能终端、网络设备和软件应用等计算对象的出现，以及现实世界与网络世界的融合，进一步激发了网络资产数据的爆炸式增长。对城域网而言，其网络范围内的资产数量庞大，数据的存储和检索具备典型的大数据特征，在网络资产管理和资产数据应用过程中，也会面对快速检索、关联分析、深度挖掘等需求。因此，针对城域网资产数据的汇集、存储、检索等业务需求，需要建立大数据平台，重点包括数据汇聚、数据存储和管理、数据分析检索、数据应用、数据备份等。

1. 数据汇聚

数据汇聚使用的主要技术工具如下。

（1）Flume

Flume 是一种分布式数据收集、聚集和移动工具，通常用于从其他系统中搜集数据（如 Web 服务器产生的日志），然后将日志写入 Hadoop 的 HDFS。

（2）Logstash

Logstash 是一个开源的服务器端数据处理管道，能够同时从多个来源采集数据、转换数据，然后将数据发送到存储库中。

（3）Sqoop

Sqoop 可用于将关系型数据库（如 MySQL、Oracle）和 Hadoop（如 HDFS、Hive、HBase）中的数据相互转移。

（4）Storm

Storm 是一个开源的分布式实时计算系统，可以简单、可靠地处理大量数据流，用于实时分析、在线机器学习、持续计算、分布式 RPC、ETL 等场景。Storm 支持水平扩展，容错性高，部署和运维便捷。

（5）Kafka

Kafka 是一个基于发布/订阅的分布式消息系统，可以同时提供离线处理和实时处理环境，以及将数据实时备份到另一个数据中心的能力。

2. 数据存储和管理

数据存储和管理使用的主要技术工具如下。

（1）Ceph

Ceph 根据场景分为对象存储、块设备存储和文件存储。与其他分布式存储技术相比，Ceph 的优势在于不仅提供了存储功能，还充分利用了存储节点的计算能力。同时，由于采用了 Crush、Hash 等算法，Ceph 不存在传统的单点故障问题，而且，随着数据规模的扩大，其性能不会下降。

（2）HDFS

HDFS（Hadoop Distributed File System）是一个适合运行在通用硬件上的分布式文件存储系统。HDFS 是一个高容错的系统，能提供高吞吐量的数据访问，非常适合在大规模数据集上使用。

（3）MapReduce

MapReduce 是 Hadoop 的查询引擎，用于大规模数据集的并行计算，映射（Map）和归约（Reduce）是它的主要思想。使用 MapReduce，编程人员可以在不掌握分布式并行编程方法的情况下使自己的程序运行在分布式系统中。

（4）Zookeeper

Zookeeper 是一个分布式应用程序协调服务，可以提供数据同步服务，主要功能有配置管理、名字服务、分布式锁和集群管理。

3. 数据分析检索

数据分析检索使用的主要技术工具如下。

（1）Hive

Hive 是一个构建在 Hadoop 上的数据仓库框架。Hive 的设计目标是帮助精通 SQL 技术但 Java 编程能力相对不足的分析师对 Hadoop 中的大规模数据进行查询。

（2）Impala

Impala 是对 Hive 的补充，可以实现高效的 SQL 查询。通过 Impala，可以实现“SQL on Hadoop”，从而进行大数据实时查询和分析。Hive 适用于长时间的批处理查询分析。Impala 适用于实时交互式 SQL 查询。在进行数据分析时，可以先使用 Hive 进行数据转换处理，待 Hive 处理完成，再使用 Impala 上的数据集进行快速的数据分析。

（3）Spark

Spark 具有 Hadoop 和 MapReduce 的特点，将 Job 中间输出结果保存在内存中，以避免从 HDFS 中读取数据。Spark 启用了内存分布数据集，除了能够提供交互式查询，还可以优化迭代工作负载。

（4）HBase

HBase 是一个面向列的分布式开源数据库，被认为是对 HDFS 的封装，在本质上是 NoSQL 数据库。HBase 是一种 Key/Value 系统，克服了 HDFS 在随机读写方面的缺点。和 Hadoop 一样，HBase 主要依靠横向扩展，通过增加服务器来扩展计算和存储能力。

（5）Phoenix

Phoenix 是一种 Java 中间件，可以帮助工程师像使用 JDBC 访问关系型数据库一样访问 NoSQL 数据库 HBase。

（6）Yarn

Yarn 是一种 Hadoop 资源管理器，可以为上层应用提供统一的资源管理和调度机制。

（7）MySQL

MySQL 是一个关系型数据库管理系统。MySQL 使用的 SQL 语言是访问数据库的常用标准化语言。

（8）Elasticsearch

Elasticsearch 是一个开源的全文搜索引擎，基于 Lucene 的搜索服务器构建，用于快速储存、搜索和分析海量数据。

4. 数据应用

数据应用通常提供多种数据接口，列举如下。

（1）RESTful

RESTful 是一种网络应用程序的设计风格和开发方式。RESTful 基于 HTTP，可以使用 XML 或 JSON 格式定义。移动互联网厂商将 RESTful 作为业务接口，用于实现第三方调用网络资源的功能。

（2）Thrift

Thrift 是一种接口描述语言和二进制通信协议，用于定义和创建跨语言的服务，通过代码生成引擎联合软件栈创建不同程度的、无缝的跨平台高效服务。

（3）自定义 API

自定义 API 支持使用 JDBC 类数据库访问接口，通过 SQL 语言访问数据。

（4）报表设计工具

报表设计工具（如即席分析工具、敏捷可视化分析工具等）在语义数据集的基础上采用系统预置的多种图表模板，通过拖曳操作实现便捷、灵活的图表设计，通过创建多样、生动、交互的数据图表实现数据的可视化。

5. 数据备份

在线数据通常采用多副本的存储方式，包括结构化数据库的索引数据和全文数据库的索引数据等，以保证在一台或多台服务器宕机的情况下存储的数据不丢失、业务不中断，性能优于传统的基于 RAID 的冗余保护方式，确保了数据存储的可靠性。

在进行多副本备份时，需要为数据存储系统部署容灾系统，使用独立的服务器和交换机，确保当意外事件发生时可以快速切换数据源，保证数据万无一失。

3.5.3 城域网资产知识图谱构建

随着全球数字化转型浪潮的到来，智慧城市建设在国内蓬勃开展。智慧城市的城市网络安全防控体系，需要在数据、技术和管理上具备强有力的抓手。知识图谱的出现为一系列问题的解决提供了有利条件。构建静态和动态特征模型知识图谱，结合地图映射、网络地图可视化、系统状态可视化、探测资源可视化等技术，可以为城市网络安全防控体系提供核心技术支撑。

1. 静态和动态特征模型知识图谱

构建静态和动态特征模型知识图谱，需要相应网络空间知识图谱的本体支撑。本体是关于某个实体概念体系的明确规范的说明。知识图谱对知识数据的描述和定义称作知识体系（Schema）或者本体。

本体是重要的知识库，知识图谱的本体 O_{KG} 包括对象的类型 $T(E)$、属性的类型 $T(F)$、关系的类型 $T(R)$，具体表示为

$$O_{\mathrm{KG}}=\{T(E),T(F),T(R)\}$$

设计网络空间知识图谱模型的本体，有以下三种思路。

（1）单层单领域思路

单层单领域思路把网络空间知识图谱当作一个简单的垂直领域知识图谱进行设计。这种设计思路虽然涵盖了网络空间资产中各细分领域的本体，能比较方便地对网络空间资产宏观数据进行分析和管理，但无法简单、快捷地从整体转到局部。另外，在单层单领域知识图谱构建初期，需要对网络空间资产各细分领域的本体有全面的了解，才能规划出比较完备的知识图谱，但这种方式难度很大。

（2）单层多领域思路

单层多领域思路在单层单领域思路的基础上，尝试解决区分各细分领域知识图谱的问

题，即解决在主本体中快速区分子本体的问题。尽管可以通过为子本体增加边界属性来记录其所属的范围，但细分领域的业务内容实际上会发生变化，即本体的内容和范围会发生变化。另外，不同的细分领域存在公共元素（如资产）。如果这些公共元素在子本体中分别被维护，那么，当切换到主本体时，就会面临是否需要融合、如何融合的问题。因此，单层多领域思路的应用存在变更困难、冗余过大、子本体与主本体融合困难等问题。

（3）多层多领域思路

多层多领域思路分别设计子本体，将子本体叠加，形成完整的主本体。例如，针对网络空间设计网络空间资产子本体，针对地理空间设计地理空间子本体，将两个子本体叠加，进行去重和消歧，就可以形成一个主本体。这种思路采用动态本体技术，不需要在一开始就设计出完善的主本体，而是在设计好总体架构后逐步实现子本体的叠加和完善。

网络空间资产知识图谱建设的核心问题是构建以网络资产为核心的本体，同时构建网络空间、物理空间、社会关系、虚拟身份等领域的子本体，形成多领域多模态的知识图谱结构，实现网络空间资产知识图谱的应用生态。

2. 关联映射可视化技术

1）地图映射技术

地图映射技术的主要目的是利用探测层提供的相关数据，将网络实体资源映射到地理空间，将网络虚拟资源映射到社会空间。实体资源向地理空间映射技术主要包括地标挖掘与采集技术、目标网络结构分析技术、网络实体定位技术等。虚拟资源向社会空间映射技术主要包括虚拟人画像技术和虚拟社区发现技术等。地图映射技术框架如图 3-21 所示。

2）网络地图可视化技术

网络空间虽然具有地理学含义的空间性，但明显有别于以实体、距离和边界定义的传统地理空间。根据网络空间及其要素的空间相关性对制图方法进行分类，可以分成空间强相关的网络空间制图方法、空间弱相关的网络空间制图方法和非空间相关的网络空间制图方法（具体方法将在第 8 章详细介绍）。

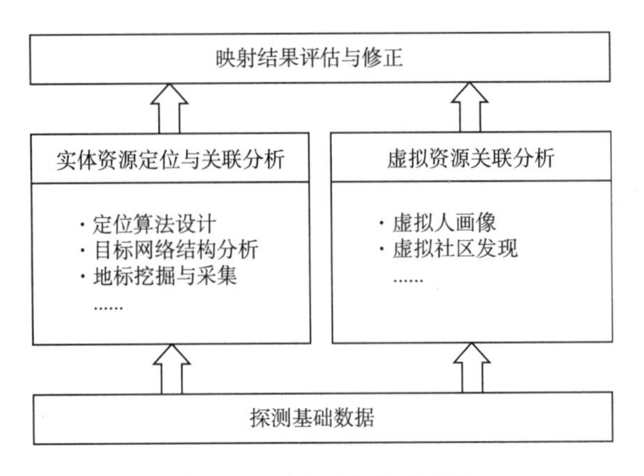

图 3-21　地图映射技术框架

3）系统状态可视化技术

系统运行状态可视化技术已经发展多年，但与系统运行涉及的其他技术相比，系统运行状态可视化技术的研究进展缓慢。在未来，需要着重对以下问题进行深入研究。

（1）颜色运用

颜色是系统运行状态可视化研究的基础方面。应制定针对系统运行状态可视化这一特定问题的颜色显示规范并配以技术培训和推广。

（2）3D 显示应用

3D 显示是系统运行状态可视化研究的重要方面。现有的 3D 显示应用研究停留在浅层次 3D 显示上，其应用潜力没有得到充分发挥。

（3）交互手段

在人机交互手段方面，现有的研究仅限于键盘和鼠标等传统输入设备，新型输入技术（如数据手套、视觉追踪和语音技术等）的应用还未涉及。

（4）综合运用

系统运行状态可视化研究是一个典型的多学科交叉问题，仅从信息系统显示的角度进行研究是远远不够的，还应充分借鉴认知理论和人机系统工程学等人文与自然学科领域的知识。

4）探测资源可视化技术

探测资源可视化技术是依托于现代自动化运维和编排调度技术发展起来的，尚处于探索阶段。通过深入研究探测资源可视化技术，不仅可以实现对探测资源的属性信息及运行状态的监控，还可以根据探测资源的分布和工作忙闲程度进行任务编排和调度，从而实现自动化编排和调度。

3. 支撑城市网络安全防控体系

网络空间测绘技术涉及海量的数据信息，可以为智慧城市的构建提供强有力的支撑。

随着城市中互联网在线业务变得越来越复杂，B/S 架构成为互联网在线业务的主流形式，围绕 B/S 架构的各种开源应用、程序和组件越来越丰富。然而，各类安全问题也随之暴露：全球范围内的通用漏洞爆发式增长，针对通用组件的攻击将成为未来很长一段时间的常见问题；众多政企门户网站或重要业务系统被植入后门，且长时间未被察觉；恶意攻击工业控制系统、特定业务组件和基础设施的手段层出不穷，给国民经济发展、社会稳定和国家安全带来了严峻挑战。因此，应有效保护包括互联网、电信网、广电网、物联网、工控网、在线社交网络、计算系统、通信系统、控制系统在内的各种通信系统及其承载的数据不受损害。

网络空间测绘技术在防范网络攻击及其引发的政治安全、经济安全、文化安全、国防安全问题的过程中起关键作用。通过网络空间测绘技术构建的安全的城市大数据知识图谱，与传统信息平台相比，具有可定位、可视化、可实时监测的特点。同时，将城市信息图谱平台精确落实到空间地块，可以从表层到深层实现对城市各系统、各单元的全面、综合的信息表达与联动分析。通过大数据采集、网络空间测绘等方法，可以形成包含建筑单体、用地地块、道路标线、街区单元、地形地貌的三维城市空间数据库，进而构建城市多源大数据全信息复合数据库（涵盖城市绿化系统、市政系统、微气候系统、产业系统、交通系统和意象系统）。在此基础上，将通过网络空间测绘得到的形态数据库与复合数据库进行空间耦合，形成基于统一空间坐标系的城市空间大数据信息图谱的基础模型，根据城市规划、城市设计与管理的需要，进行多对象的大数据组合与相关性分析，可以获得多源数据融合特征，进而对规划和设计的科学决策进行优化。

城域网资产知识图谱可以有效支撑网络安全挂图作战和城市网络安全防控体系的运行，为城市的公共空间、关键信息基础设施、重点保护单位和支柱行业保驾护航。

3.6 小结

本章概括介绍了网络空间测绘相关技术及网络资产测绘技术（用于构建网络空间知识图谱），并分别针对互联网、专网和城市网络详细阐述了测绘技术与方法。

第4章　网络空间大数据汇聚与治理

围绕网络安全保护平台核心数据资源进行数据的汇聚、集成与治理，应从数据资源分类分级、数据资源目录编制、元数据和数据标准定义等方面入手，规范网络空间安全大数据。在此基础上，借助主流的数据采集汇聚与集成、数据预处理、数据管理、数据开发和数据服务技术手段，搭建一整套契合网络安全保护业务需求的数据治理框架，为数据挖掘奠定基础，为开展网络安全保护业务工作和挂图作战提供直接的数据支撑。

4.1　数据资源目录与管理

本节对数据资源的分类分级、目录编制、目录管理与服务进行详细的讨论。

4.1.1　数据资源分类分级

数据是网络安全保护平台的重要资源，是网络安全相关客观事实经过获取、存储和表达得到的结果，是被记录下来的可以被鉴别的符号，是信息的表现形式和载体。网络空间大数据的汇聚与治理紧紧围绕网络安全保护平台的各类数据展开，平台上的数据既是平台的重要资产，也是平台运转必不可少的资源，简称数据资源。

要想做好数据的汇聚与治理工作，厘清数据资源分类是非常重要的。在实际操作中，可以按照一定的原则和方法，根据应用场景、数据来源、共享属性、开放属性等特征或属性，对多源异构数据进行区分和归类，构建数据资源分类体系，以便更好地管理和使用数据。同时，需要考虑数据的敏感程度和数据遭篡改、破坏、泄露或非法利用后对受侵害客体的影响程度，对不同类别的网络安全保护数据资源进行定级，为数据的开放共享及安全访问策略的制定奠定基础。

1. 数据资源分类

数据资源分类应坚持科学性、稳定性、实用性、适用性原则，采用线分类法、面分类法及两种方法相结合的混合分类法进行数据资源的梳理、区分和归类。

1）线分类法

线分类法也称为层次分类法。该方法将需要分类的对象（被划分的事物或概念）以其所选择的若干属性或特征，按最稳定的本质属性分层，并按自顶向下的顺序排列，逐级展开，形成分类体系。在这个分类体系中，同位类的类目之间存在并列关系且不重复、不交叉；下位类与上位类之间存在隶属关系。在线分类体系中：一个类目相对于由它直接划分出来的下一级类目而言称为上位类；由上位类直接划分出来的下一级类目，相对于上位类而言称为下位类；由一个类目直接划分出来的下一级类目，彼此称为同位类。例如，在网络安全基础资源分类中，木马病毒和漏洞分属两个同位类，SQL 注入漏洞、缓冲区溢出漏洞则同属漏洞类的下位类。

2）面分类法

面分类法又称为平行分类法，是指将选定的分类对象的若干个标志视为若个干面，将每个面划分成相互独立的若干个类目，排列成由若干个面构成的平行分类体系。使用面分类法分类时所选的标志，相互之间没有隶属关系，每个标志层面都包含一组类目。

（1）网络安全要素面

进行网络安全保护数据资源分类，需要全面梳理网络空间要素所对应的数据资源，涵盖网络空间涉及的人、物、地、事、关系。因此，网络安全保护数据资源目录梳理的第一面是**网络安全要素面**。其中：“人”既包括自然人，也包括网络空间中与自然人有关的虚拟主体，如攻击者、攻击组织等；“物”是指网络安全相关基础设施、工具等，如网站、系统、后门、攻击工具等；“地”除了通常所说的地点、场所，还需要考虑网络空间虚拟场所，如论坛、聊天室等；“事”主要是指网络安全相关活动和行为，如攻击活动、安全测评等；“关系”是指上述要素之间相互作用产生的关联，如攻击者与攻击工具之间的利用关系、攻击者与网站之间的攻击与被攻击关系等。

（2）数据资源形态面

随着信息技术的发展，数据资源表达呈现出很多形态，如二进制、类、关系型数据、图数据、文档等。这是网络安全保护数据资源目录梳理的第二面，即**数据资源形态面**。根据网络安全保护工作的实际情况，数据资源形态主要包括：结构化信息数据，即使用不同类型的字符（数字、文本等）对目标对象进行描述的信息；关系语义数据，即使用三元组、多元组、图数据标识的关系信息数据；行为活动数据，即描述在网络空间中什么时间、什么地点、产生了哪些活动或行为，特别是安全保护相关活动或行为；图片影像数据，展示网络空间要素某个瞬间的状态，或者某段时间信息的转化或演变；文档资料数据，即网络安全保护相关表格、文字资料等文档类信息。

（3）网络空间行为活动特征面

网络空间中既有大量静态信息，也有瞬息万变的行为和活动。由不同目的或利益驱动的攻击破坏活动在某种程度上推动了网络安全保护体系的建立与发展。因此，网络安全保护数据资源目录梳理不可或缺的第三面是**网络空间行为活动特征面**。根据网络安全保护工作的实际情况，需要关注的网络空间行为活动包括：网络基本行为活动，即日常在网络空间中发生的访问、用户登录、发帖、通信等行为，是与网络安全有关的网络空间普通行为活动；网络安全行为活动，即在网络空间中发生的与攻击破坏有关的行为活动，如病毒制作、后门上传等；网络实名行为活动，即主体以自然人实名形式在网络空间中留存的行为活动；网络非实名行为活动，即主体以非实名形式在网络空间中留存的行为活动。

（4）平台技术层次面

做好网络安全保护平台建设，需要从数据采集、基础库建设、业务系统研发等方面出发，进行架构设计和数据梳理。在此过程中，需要针对各种技术工作梳理相关数据资源。因此，网络安全保护数据资源目录梳理的第四面就是**平台技术层次面**。平台技术层次面的数据资源主要包括：原始数据，即平台利用各种技术手段采集或汇聚的数据，是平台的输入数据；基础数据，即在平台建设过程中因开展网络安全保护工作而积累的基础数据；业务数据，即在网络安全保护业务开展过程中处理、使用、产生的业务相关数据；资源数据，即根据平台数据的生产、使用需要，对原始数据进行加工而形成的各类用于支撑分析和计算的数据。此外，可以充分利用各种主题对上述数据进行抽象，形成面向不同保护工作的主题数据。

3）混合分类法

可以综合采用面分类法和线分类法进行网络安全保护数据资源分类梳理，要尽量做到分类清晰、局部无交叉，以构建网络安全保护数据资源目录体系（如图 4-1 所示）。

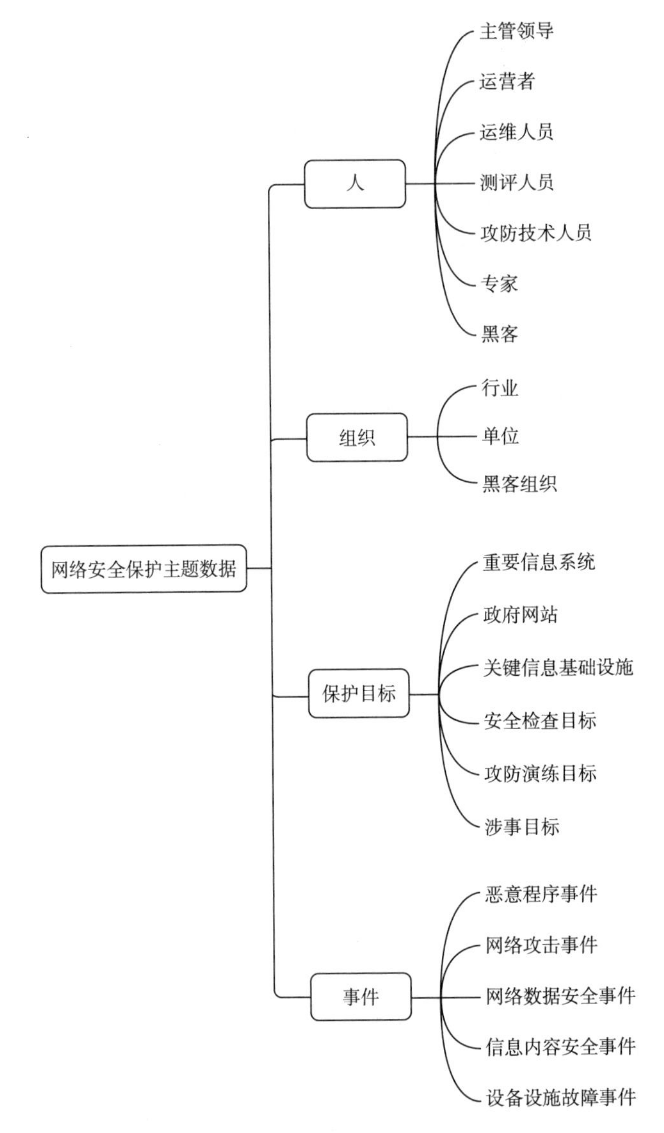

图 4-1　混合分类法示例

例如，对于经过汇聚、集成、分析处理的网络安全相关数据，可以根据主题归类。再如，可以按照线分类法将网络安全保护主题数据分为“人”“保护目标”“组织”“事件”。对“人”，可以根据其从事的业务工作、在网络安全攻防对抗过程中担负的角色，分为专家、运营人员、安全服务人员、安全测评人员、黑客等类型。在对“人”进行分类时，使用的不是严格的线分类法，而是从角色面给出的分类标识。同样，对“保护目标”可以采用关联业务标志面将其进一步分为重要信息系统、关键信息基础设施、攻防演练目标、安全检查目标、涉事目标等类型。

2. 数据资源分级

数据资源分级应充分考虑数据资源对国家安全、社会稳定和公民安全的重要程度，以及数据是否涉及国家秘密、工作秘密、用户隐私等敏感信息，还应考虑不同敏感程度的数据资源在遭到破坏后对国家安全、社会秩序、公共利益及公民、法人和其他组织的合法权益（受侵害客体）的危害程度。在一般情况下，可以根据敏感程度将数据资源分为公开数据、一般敏感数据、高度敏感数据和极度敏感数据；数据资源遭破坏后的危害程度，可以分为无影响、轻微影响、中度影响和严重影响。

在网络安全保护平台的设计过程中，可以综合考虑数据资源分类分级因素，确定数据资源的访问控制级别，同时设置一定的分级调整策略，在业务需要时调整不同数据资源的访问控制级别，做好数据授权访问工作。由于网络安全保护工作的特殊性，在被保护目标的安全等级、业务敏感度较高的情况下，可进一步强化核心敏感数据资源的分级，根据数据元素（数据元）的敏感级别控制对数据资源的访问，即将访问控制粒度细化至数据资源的字段，以防止越权访问。在这种情况下，数据资源的级别不应低于其最敏感字段的级别，当级别不够时，可以先采用数据脱敏手段将敏感的数据资源脱敏，降级至可以访问的级别，再提供访问服务。

4.1.2 数据资源目录编制

在网络安全保护平台建设过程中，海量的数据处理、数据使用及数据共享交换很大程度上依赖数据库或其他存储载体所记录数据的准确性、可靠性、可控制性和可校验性。数据的提供者和使用者对数据的含义和表达有共同的理解，是正确、恰当使用与解释数据的前提。要促使平台用户达成这样一种对数据的共识，需要定义数据的若干特性或者属性。这些用于定义数据特征的数据统称为元数据，即定义和描述其他数据的数据。元数据的种类很多，在大数据处理领域，数据资源目录编制过程中最重要的是数据元、数据资源目录、数据集。

在对网络安全保护平台数据资源分类进行充分梳理的基础上进行数据资源目录的编制，可以确保平台建设过程中对数据资源的标准化、统一化管理。在一定程度上，这是对海量网络安全保护数据资源的标准化，需要完成的工作包括数据元梳理与定义、数据资源分类树建立和数据集元数据定义。通过这三项工作可以形成平台的数据元规范、数据资源目录体系和数据集规范。

1. 元数据及元数据分类

元数据是指关于数据的数据，即任何用于帮助网络电子资源识别、描述和定位的数据，在网络数据资源的组织与管理中起着重要作用。在元数据被当作描述信息内容对象的工具时，称为狭义元数据；在元数据被当作基本信息组织方法时，称为广义元数据。广义元数据为信息系统各个层次的内容提供规范的定义、描述、交换和解析机制，为数据的整合分布及异构系统之间的互操作提供服务。

不同的元数据往往有不同的描述对象、描述目的和描述角度，因此形成了多种元数据标准。相关研究领域通常将元数据分为管理型元数据、描述型元数据、保存型元数据、技术型元数据、使用型元数据。管理型元数据是指用于管理信息资源的元数据；描述型元数据是指用于描述或者识别信息资源的元数据；保存型元数据是指与信息资源保存管理有关的元数据；技术型元数据是指与数据相关组件的运行有关的元数据；使用型元数据是指与信息资源使用水平和使用类型有关的元数据。一套实用的网络安全保护元数据标准，不必涵盖对资源的全部描述，而要根据实际需要，有重点地对资源进行描述。

根据数据管理成熟度的不同，广义元数据一般分为信息内容格式元数据、内容对象元数据（狭义元数据）、资源集合元数据、管理与服务机制元数据、过程与系统元数据、宏元数据。网络安全保护数据资源的元数据，主要涉及信息内容格式元数据、内容对象元数据、资源集合元数据。

都柏林核心元数据是各领域普遍认可的信息描述标准，包含 3 类，共 15 个元素，分别是：资源内容描述类，包括题名（Title）、主题（Subject）、描述（Description）、来源（Source）、语种（Language）、关联（Relation）、覆盖范围（Coverage）；知识产权描述类，包括创建者（Creator）、出版者（Publisher）、其他责任者（Contributor）、权限（Right）；外部属性描述类，包括日期（Date）、类型（Type）、格式（Format）、标识符（Identifier）。

2. 数据元及数据元规范

数据元是指由定义、标识、表示、值域等一系列属性描述的数据单元，是由具有某些共同特点的数据抽象而成的基本属性模型，在特定的语义环境中被认为是不可再分的最小数据单元。例如，手机号码就是一个数据元，其类型为字符串，值为 1**********。为了构建统一、稳定的数据资源体系，在编制数据资源目录的过程中，需要梳理并定义数据元规范，以数据建模法描述数据元及其属性，提供公共词汇用于信息的交换和共享，减少数据重复和数据冗余，从而最大限度地降低数据处理和存储开销，提升数据完整性。

通过数据元规范可以明确定义数据元分类与分类编码、数据类型、数据格式、数据元间关系、数据元属性、数据元管理规程及具体的数据元列表。数据元的分类是根据网络安全保护业务领域进行的，并逐类定义通用数据元和扩展数据元，前者定义不涉及业务的通用数据元，后者定义因业务分类不同而产生的扩展信息，数据元编码可以根据分类情况设计。数据类型一般包括字符型、数字型、日期型、日期时间型、布尔型、二进制型等，可以根据需要扩展。数据格式一般通过某种格式声明规则约定描述数据格式的形式，组合使用字母字符、数字字符、长度范围、日期时间格式等精准地描述数据格式。数据元之间的关系通常分为派生关系、组成关系、替代关系、连用关系等。用于描述数据元的属性一般包括中文名称、内部标识符、中文全拼、英文名称、定义、语境、对象类次、特性词、表示词、数据类型、数据格式、计量单位、值域、关系、备注、版本等。对于可以确定值域的数据元，应为其提供统一的取值列表。所有值域表也可以定义为标准文件。数据元管理规程用于规范数据元管理流程，明确管理的角色和职责，参与角色一般包括数据元提交机构和数据元管理机构。数据元管理机构设置注册员、技术评审组、审批人，共同管理数据元的新增、更新、废止等流程。

3. 数据资源目录

数据资源目录又称为数据资产目录，通过对数据资产良好的组织，为平台用户带来直观的体验，方便用户高效、便捷地查询和检索数据。

数据资源目录的设计可分为两步。

第一步，采用资源分类的概念进行现有数据资源的有效描述和组织。数据资源分类对应于网络安全保护数据在某条线、某个组合面上按照某种特性划分的类别。一个类目确定后，其成员都要先继承集合类目属性，再使用数据资源的一种或一组特性继续进行分类组合，直至将所有的集合类目划分清楚。在类目划分初期，操作相对简单。随着类目的细化，操作也越来越复杂。另外，固定的分类体系难以满足按指标划分数据资源集的需求，需要综合使用线分类法和面分类法完成数据资源类目的划分和目录的设计。

第二步，通过标签类目定义进行数据资源的组合，为数据资源共享交换和各项数据服务建立逻辑视图，以更加灵活的方式满足数据应用需求和业务应用需求。标签对数据集分类的要求并不严格，其特点是数据资源集的成员具有特定的属性，如均与某业务流程相关或者均刻画某类数据对象。通过标签，可以将数据元按照数据资源属性、数据使用需求关联组合，使统一资源从不同的角度提供数据服务成为可能。尽管这样得到的数据资源目录所对应的数据集合难以形成层次清晰的资源体系，但比较适合在特定应用环境中使用。

4. 数据集元数据

数据资源集简称数据集，一般用于描述任意物理对象的数字化资源集合、原生数字对象的集合。基于网络安全保护数据资源组织的需要，可以将由数据资源对象组成的集合作为一个整体进行描述。这种按照一定内在联系组成的信息资源体系或资源对象集合，就是数据资源集。**数据集元数据**是广义元数据的一种。由资源对象组成的资源集合及对其管理、组织体系进行描述的数据称为数据集元数据。元数据大致分为两种，一种是描述型元数据，另一种是功能型元数据。描述型元数据是静态的信息描述元素集，其中的元素以一定结构组织起来，以便对元数据进行管理和搜索。在普遍意义上，数据集元数据主要指静态描述型元数据。功能型元数据以一种计算机可以自动处理的框架的形式定义各类元素的内容、语法、语义表达方式及各类对象之间的关系，不是传统意义上的元数据，而是元数据功能的实现（一般借助元数据功能组件实现）。

网络安全保护平台数据集元数据可以综合采用都柏林核心元数据定义网络安全保护数据集的一般描述信息，包括对资源内容、知识产权和外部属性的描述。同时，考虑平台长期运行的需要，可以借鉴开放档案信息系统（OAIS）中部分描述网络安全保护数据集长期保存的内容，以便留存、存储和交换数据资源。由此形成的数据集元数据由内容信息和保存描述信息组成。内容信息是信息保存的主要目标，由基本数据对象和指定用户群能够理解的数据对象的相关表征信息组成。保存描述信息是指与内容信息保存有关的信息，它不仅使内容信息能够被清楚地识别，还使信息的生成环境能够被理解。

4.1.3 数据资源目录管理与服务

目录服务是指网络系统将分布在各地的资源信息集中管理，为用户提供统一的资源清单，一般通过通用的访问协议获取相关信息，如 DNS、LDAP。数据目录服务是指以服务系统的形式，基于平台数据资源、平台数据资源目录，面向业务应用、平台用户提供目录管理、目录检索等功能，通常由编目组件、目录管理组件、数据共享组件、目录传输组件、目录服务组件组成。

编目组件根据网络安全保护平台数据资源的内容及特征实现元数据赋值，从而构建数据资源目录，一般包括目录抽取、数据管理服务、权限验证等功能。目录管理组件实现了对目录内容和目录服务的运行管理，包括目录注册、目录信息整合、目录数据管理、目录发现、安全验证等功能。共享信息组件基于平台与外部共享交换数据资源，提供数据共享目录访问服务。目录传输组件实现了目录信息在平台内外的传输、交换，包括目录信息加密、目录信息交换、目录信息同步、目录信息注册等。目录服务组件基于数据资源内容，面向不同类型的用户提供目录内容检索查询等服务，包括目录服务接口、目录内容查询功能。通过这些目录管理与服务功能，能够完成数据资源目录体系构建过程中的信息准备、元数据编目、元数据注册、目录管理、目录发布等任务。

目录管理与服务组件可以为用户提供平台数据资源地图；辅以图形化手段，能够让用户直观地掌握和了解平台数据资源情况，从数据来源、数据类型、保护业务等视角查看、访问、使用数据资源目录；通过便捷的检索查询，展示数据资源目录所对应的数据资源的情况，帮助用户理解和使用数据。

4.2　数据治理与功能框架

本节介绍数据治理的定义及其功能框架。

4.2.1　数据治理定义

随着信息化程度的不断提高，数据资源成为战略资产，有效的数据治理成为数据资产形成的必要条件。由于重点和视角不同，业界对数据治理的定义尚未形成统一标准。中国电子工业标准化技术协会信息技术服务分会提出，数据治理是指在数据产生价值的过程中，治理团队对其做出的评价、指导、控制行为。国际数据管理协会认为，数据管理（Data Management，DM）是规划、控制和提供数据及信息资产的一组业务职能，包括开发、执行和监督有关数据的计划、政策、项目、流程、方法和程序，从而控制、保护、交付和提高数据资产的价值。国际信息系统审计协会认为，数据治理是一个由关系和过程构成的体制，用于指导和控制企业通过平衡信息技术与过程的风险、增加价值来确保实现自身目标。数据治理研究所认为，数据治理是针对数据信息相关过程的决策权和职责体系，数据治理过程遵循“在什么时间和什么情况下、用什么方式、由谁、对哪些数据、采取哪些行动”

的方式。IBM 认为，数据治理涉及以企业资产的形式对数据进行优化、保护和利用的决策权利，包括对组织内的人员、流程、技术和策略的编排，以便从企业数据中获取最优价值。Oracle 认为，数据治理是用于指定决策权和问责的框架，以规范企业在估值、创建、存储、使用、归档及删除数据和信息时的行为。

上述数据治理的定义因适用场景的不同而存在差异。然而，对数据治理的定义及相关框架的构建，推动了数据治理体系的发展，呈现聚焦的趋势并逐步走向成熟。大数据治理的内涵至少包括三个方面：数据治理的对象是数据，数据存储形态、组织方式的不同是数据体系发展阶段的不同造成的；数据治理离不开数据的管理策略，主要包括数据治理的组织、数据质量、数据生命周期管理、数据操作、数据安全等内容；数据治理不是一蹴而就的，需要持续治理，可以概括为数据治理策略、实施、检查、改进的循环。

4.2.2 数据治理功能框架

网络安全保护数据治理作为一项围绕网络安全保护开展的数据治理活动，需要从数据和安全两个视角，重点考虑数据标准、数据质量、数据安全，进行数据治理功能框架的搭建（如图 4-2 所示）。数据治理功能框架包含元数据管理、数据标准与质量、数据汇聚集成、主数据开发、数据资源目录、数据安全等方面的内容。

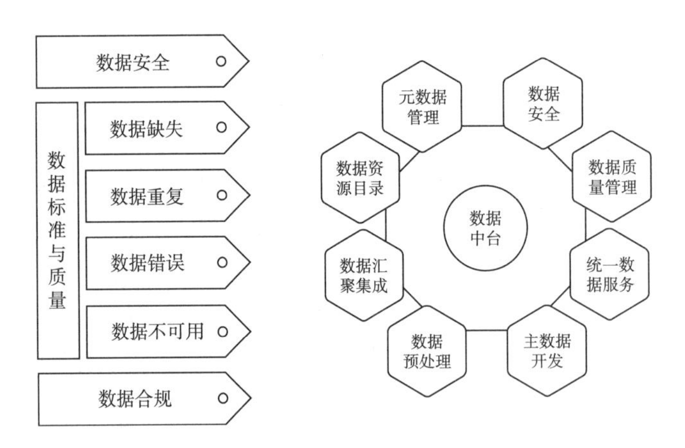

图 4-2 网络安全保护数据治理功能框架示例

元数据管理组件用于汇总平台系统数据属性信息，帮助网络安全保护业务用户获得更好的数据洞察力，通过元数据之间的关系等，挖掘隐藏在数据资源中的价值。

数据标准组件为分散在各系统中的数据提供命名、定义、类型、赋值规则等方面的统一基准，并通过标准评估确保数据的一致性、规范性，从源头确保数据的正确性及质量。数据预处理通常用于实现数据标准化。

数据质量组件可以有效识别各类数据质量问题，实现数据监管，形成数据质量管理体系，监控并揭示数据质量问题，提供问题明细查询和质量改进建议，降低数据管理成本。

数据汇聚集成组件可以对数据进行清洗、转换、整合、模型管理等处理工作，既可用于问题数据的修正，也可为数据应用提供可靠的数据模型。

主数据开发组件是数据治理的焦点与核心，用于对主数据进行有效的管理、应用和服务封装，以创建并维护内部共享数据的单一视图、统一网络安全保护数据实体的定义、简化和改进应用的使用流程、提高业务的响应速度。

数据资源目录汇集了平台上所有能够产生价值的数据资源，为用户提供资产视图，以帮助用户快速了解数据资源全貌，发现不良资产，同时，为管理员提供决策依据，提升数据资产的价值。

数据安全组件提供数据加密、脱敏、模糊化处理、账号监控等数据安全策略，为数据使用过程提供适当的认证、授权、访问和审计等措施。

数据共享交换组件用于实现平台内外部系统之间数据或者文件的传输和共享，提高信息资源的利用率，完成数据的收集、集中、处理、分发、加载、传输，构建统一的数据及文件传输交换机制。

数据生命周期管理组件负责管理数据从生产到消亡的整个过程，支持数据自动归档，能够全面监控并规范数据的生命过程。

4.3　数据采集与集成

本节讨论数据的采集与集成方法。

4.3.1　数据采集

网络安全保护数据采集是指使用一系列技术手段或工具方法获取网络安全威胁攻击数据，为网络安全保护平台建设提供大数据支撑。

1. 数据采集内容

网络安全保护平台采集的数据主要包括网络基础信息、网络资产信息、网络流量、日志数据、样本文件、网络安全知识数据、威胁情报、人员信息、管理信息等（详见 5.1.1 节）。

2. 数据采集方式

网络安全数据采集方式包括主动式采集、被动式采集、数据共享交换及其他方式。

（1）主动式采集

主动式采集也称作交互式采集，是指通过与网络上正在执行的工作任务进行交互操作的方式采集网络数据，如通过控制台或者网络接口登录网络设备以采集设备信息、通过扫描网络端口确定当前状态等。在通过各类网络和安全设备主动采集数据时，设备需要连接至目标网络环境，采集过程会对设备和网络环境造成一定的影响。常见的主动式采集方法包括漏洞扫描、端口扫描、网络爬虫、以 SNMP/Telnet/SSH 方式交互获取管理数据。

（2）被动式采集

被动式采集是指通过布点或传感器在网络重要部位、节点被动获得网络流量、协议或者符合某种规则的数据。被动式采集通常不发出第二层（数据链路层）或更高层的数据，所以几乎不会影响网络的正常运行。常见的被动式采集方法包括流量协议采集、通过数据接收接口/服务采集。采集流量后，可以使用协议解析技术、特征匹配技术或其他分析技术，采集不同维度的网络安全保护数据。

（3）数据共享交换

数据共享交换是指基于事先约定的共享交换机制，以数据接口服务、FTP、API 调用等形式实现数据的获取和使用。常用的共享交换方法包括威胁情报共享、业务应用系统 API 调用、FTP/SFTP 共享交换。

（4）其他方式

可以通过管理等手段搜集整理网络安全保护相关数据，如系统备案信息、安全管理制度等。

网络安全保护数据采集应综合使用以上方式，尽可能全面地搜集整理网络安全数据，为网络安全保护工作的开展提供支撑。

3. 采集点部署

在众多网络安全保护数据采集方式中，使用主动式采集大多要根据业务开展需要开发或购置相应的系统或工具，并由专业的采集人员进行操作。各种工具因采集内容不同，部署方式、部署位置也有差异。数据共享交换的重点在于前期的协商，所采取的技术手段可以为高效、快速地完成共享与交换提供帮助。被动式采集是网络安全保护平台建设的重点，在选取采集点时，需要预览网络环境全局，本着重复、不遗漏的原则规划部署，主要考虑在网络出入口、局域网关键交换节点、区域边界、无线网络接入点、重点保护目标或重要资产附近及重要业务系统邻近位置部署采集点，以实现对保护目标所在网络区域的监测覆盖。

4.3.2 数据集成

数据集成是指在不对原应用系统做任何改变的情况下，对不同系统中不同形式的数据进行采集、转换和存储的数据整合过程。

随着网络安全被提升至国家战略层面，网络安全保护工作需要整合已有的和在建的网络安全相关业务系统数据，更好地体现数据的价值。网络安全保护数据集成的目的是运用一定的技术手段，将终端防护、网络防护、边界防护、安全管理中心及因各种保护工作开展需要而建立的业务系统的数据按一定规则组成一个整体，使网络安全保护平台的系统或者用户能够有效地对数据进行访问。

1. 网络安全保护平台数据集成重点解决的问题

网络安全保护平台数据集成需要重点解决以下问题。

（1）异构性

异构性问题是网络安全保护数据集成过程中需要解决的首要问题，可分为两个方面。一方面是系统异构性，即因业务需要而建设的网络安全保护相关系统或购置的网络安全保护产品的异构性。由于系统异构性给数据的统一应用造成了一定的困难，所以，需要将数据集成并转换成标准数据。另一方面是存储模式异构性。主流的存储模式包括关系模式、对象模式、对象关系模式和文档模式。尽管同为关系模式，但可能因采用的底层关系数据库不同而存在数据类型的差异，给数据统一调用造成了困难。

（2）完整性

确保完整性是网络安全保护数据集成的目标之一。因网络安全保护目标不同，网络安全防护产品、系统在运行过程中产生的数据可能存在目标字段缺失、数值丢失、数据间约束关系未建立等影响数据完整性的问题，需要在数据集成过程中解决。

（3）应用性能

良好的数据应用性能是保障网络安全保护平台正常运转的必要条件。因为数据集成可以不考虑数据来源、数据存储位置及数据所支撑的业务应用，而平台集成的数据保护功能在使用时容易导致应用的访问性能下降等问题，所以，在数据集成过程中应采用不同的集成策略、集成方式来避免这些问题。

（4）语义表达不一致

语义表达不一致是网络安全大数据平台多源异构数据不可避免的问题，包括简单的名字语义不一致、结构语义冲突等。语义不一致会导致数据集成结果冗余，进而干扰数据的处理、发布和交换。如何避免语义不一致是数据集成过程中需要解决的重要问题。

（5）权限问题

通过网络安全保护数据集成，可以有效解决访问权限受限问题。与其他大数据平台一样，由于集成的数据可能属于不同的部门，所以，在访问异构数据源时，需要保障数据源的权限不被侵犯，实现对数据源访问权限的隔离和控制。这是数据集成过程中的难点。

2. 网络安全保护平台的数据集成模式

常用的网络安全保护平台的数据集成模式如下。

（1）批量集成

批量集成也称为离线集成，是指定时读取数据源中的数据并将其写入网络安全保护平台指定的存储位置。由于数据是离线传输的，所以，批量集成可以很好地支持数据转换，具有较强的数据处理能力。开源和商业化的数据集成工具大多配置了批量集成功能，在网络安全保护平台建设过程中可以借鉴这些功能。

（2）数据复制同步

数据复制同步也称为实时同步，需要捕获数据源的数据变化，将变化的数据实时写入网络安全保护平台指定的存储位置。由于需要实时写入，所以在传输过程中可以不支持数据转换等数据处理功能。

（3）流集成

流集成是指从消息中间件中不断提取消息流数据，将其写入网络安全保护平台指定的存储位置，主要对接 Kafka、Flume 或者 Spark、Flink 等消息中间件。

（4）数据虚拟化

数据虚拟化是指使用 API 获取数据，通过业务逻辑运算直接产生结果，并将其写入网络安全保护平台指定的存储位置或者被数据应用消费。

4.4　数据预处理

数据预处理包括数据清洗、数据转换、数据关联、数据比对、数据标识。

4.4.1　数据清洗

由于数据来源庞杂，海量的原始数据中存在许多不完整、不一致甚至有缺失、重复、异常的数据，将原始数据直接导入数据库会大幅降低数据质量，影响基于数据进行的各类分析工作的效率，甚至可能导致分析结果出现偏差，因此，进行数据清洗尤为重要。在数据清洗过程中，需要使用数据挖掘、预定义的清理规则或语义识别等技术，将原始数据转换成符合期望的格式，以满足数据质量要求。

在对数据进行清洗处理时，需要使用大量的策略和规则，并使其适用于不同类型的数据清洗任务。数据清洗操作可分为对结构化数据的清洗处理和对非结构化数据的清洗处理。由于数据量较大，数据类型较多，前端业务对实时性的要求较高，所以，数据处理模块提供了基于流的数据格式实时转换功能。

（1）结构化数据清洗

结构化数据清洗是指遵从数据标准，根据不同的去重规则和方法对数据进行去重判定，去除重复、冗余的数据。也可以根据过滤规则，使用流式 SQL 语句和表达式对数据进行重新组合和二次加工。结构化数据清洗可分为冗余信息过滤、敏感信息过滤、数据去重和格式清洗等，在具体实现上可分为全量清洗、增量清洗，根据实时性需要可分为实时清洗、非实时清洗，清洗过程可细分为过滤、去重、校验、格式转换。

（2）非结构化数据清洗

非结构化数据清洗主要针对文本、XML 等数据，通过同一时间窗口比对、MD5 值比对、人工智能等技术方法进行数据去重。文本数据去重主要通过计算文本数据的 MD5 值实现。也有研究人员采用自然语言处理技术，通过分词、语料标注、字典构建、关键字识别等技术，根据相应的非结构化数据的特点进行数据建模，利用机器学习和数据挖掘方法进行数据去重。

（3）数据过滤

数据过滤主要采取样本分析和内容过滤等方式，对垃圾信息进行辨别和分割。可以通过协议过滤、字段过滤、标准过滤、智能过滤等实现数据的去伪存真。垃圾信息过滤主要通过样本分析和内容过滤等方法实现。以垃圾邮件过滤为例：对导入的垃圾邮件样本进行训练，获取可靠的数据模型，对实时接入的邮件数据进行模式匹配，若相似度达到阈值，则判定为垃圾邮件；也可以根据接入数据预设字段的范围和空置率来判定，若接入的邮件数据不满足要求，则判定为垃圾邮件。针对不合格的数据，可以根据数据过滤规则，对必填项为空的无价值数据进行过滤，以减轻下游服务器的负载。针对低价值的数据，可以基于价值密度，根据数据处理策略进行过滤。

（4）数据实时去重

在结构化数据中，相同属性列中值相同的记录会被认定为重复的数据记录。通过判断记录键属性值在指定时间窗口内是否相等，可以检测记录是否重复，被判定为重复的记录会被合并成一条记录。数据去重需要根据不同的需求定义不同的合并、清除规则。例如，在处理来自分光设备的数据时，对由设备抖动导致的重复数据进行实时去重。

（5）数据全局去重

针对那些不经常变化，重复存储既浪费存储资源、又耗费计算资源的数据，需要进行非实时的全局去重，以保证全局只有一份有效数据。

4.4.2 数据转换

清洗后的数据，还需要进行数据一致性转换，使不同业务系统中类型相同的数据统一。数据转换主要从数据粒度、数据格式、数据编码等方面进行处理。在数据交换过程中，系统通过数据转换和元数据封装功能，实现被交换数据的全生命周期统一监控和管理。

数据转换操作包括字符串操作、字符串拆分、字段值去重、字符串替换、常量化、剪切、唯一行、合并、排序、列拆分、值映射、扁平化、改变序列、行转列、合并连接、增量识别等。

4.4.3 数据关联

数据的多源性导致不同来源数据之间的关系是离散的，因此，需要对这些离散关系进行匹配或连接。通过数据融合，可以根据要素将数据资源（如人员信息、事件要素信息、各业务应用系统相关数据、各类社会资源数据等）分类，实现对数据资源内部逻辑关系的梳理与整合。

原始数据的数据关联可以在提取过程中完成。数据关联主要包括对数据字典、属性及相关含义的关联，如单位代码和单位名称关联、手机号和属地关联、区号和行政辖区关联、事件代码和事件信息关联等。

根据数据关联情况，重点考虑身份关联关系的生成，如同一网民的真实身份、上网账号、网络身份、硬件特征、生物特征等的关联，不同网民的同类网络身份的关联，硬件特征码与上网账号的关联，移动终端与移动 App 的关联，等等。

4.4.4 数据比对

数据比对包括结构化比对、关键字比对等，可以满足线索发现、通报预警等业务需要。在数据预处理过程中，数据比对通常用于对数据进行查重、筛选和补充，将输入数据与已有数据进行比对和关联。针对结构化数据，主要通过数据库查询、关键字索引实现比对。数据比对除了在各种应用场景中作为数据查询与识别的方式，还在数据管理方面用于比对后数据的存储、建模、标识管理，不仅可以完善数据关系、丰富数据资源库，也可以优化比对引擎、与数据应用形成良好的循环。常见的数据比对方式如下。

（1）结构化比对

结构化比对通过对线索（如网络身份、身份证件号码）的比对，在海量日志数据中发现与线索有关的信息。结构化比对支持对数据中心下发的标准线索文件格式进行识别、解析，为解析后的规则建立索引并进行存储，具有良好的可扩展性及故障恢复能力。结构化比对除了支持网络身份、身份证件号码等类型线索的比对，还支持字典类线索和 IP 地址范围线索的比对。

（2）非结构化比对

非结构化比对是指在海量的非结构化数据中通过人工智能等技术进行内容识别和提取。例如，关键字比对可以通过对关键字及关键字组合的智能比对，在海量的全文数据中发现与关键字有关的信息。

（3）融合比对

融合比对同时支持对结构化数据和非结构化数据的比对，以实时发现海量数据和文本中的相关信息。

4.4.5 数据标识

数据标识是指对数据和数据集进行某一特性、特征的识别和认定。对数据进行标识，可以增加数据维度，拓展数据属性，实现数据抽象。数据标识流程主要是指围绕标识建立一套包括标识的定义、执行、流程管理及可视化等功能的系统。

数据标识依托资源库和知识库，标识数据的语言、区域、位置、业务等属性，为上层应用提供支撑。数据标识分为通用标识和业务标识。通用标识是数据的特定含义的显性表示，通常由数据自身定义或者根据预处理关联、比对结果等确定。业务标识根据不同的知识库形成具有明确业务含义的标签，用于对数据进行业务标识，为业务资源库的形成及模型分析提供支持。

数据标识支持离线标识和在线标识。离线标识由离线处理引擎实现，采用离线批处理方式进行规则处理，生成并保存标签值。离线处理引擎支持结构化数据和非结构化数据的处理。在线标识由实时处理引擎实现。实时处理引擎接收流数据或消息数据，对数据进行实时规则处理，生成并保存标签值。实时规则处理支持对数据源自身的规则处理。

4.5 数据管理

数据管理包括数据质量管理、数据标签管理、数据血缘管理。

4.5.1　数据质量管理

数据质量管理是指对数据从计划、获取、存储、共享、维护、应用到消亡的生命周期内每个阶段可能出现的各类数据质量问题进行识别、度量、监控、预警等一系列管理活动，并通过改善和提高组织的管理水平使数据质量获得进一步提高。数据质量管理不是一时的数据治理手段，而是一个循环管理过程，其终极目标是通过可靠的数据，提升数据在使用中的价值。

通常从六个维度衡量数据质量：一是完整性，是指数据在创建、传递过程中没有缺失和遗漏，包括实体完整、属性完整、记录完整、字段值完整四个方面（这是衡量数据质量的基础指标）；二是及时性，是指及时记录和传递相关数据，满足网络安全保护业务对信息获取的时间要求，包括数据的采集、接入、抽取、分析、展现等；三是准确性，是指真实、准确地记录原始数据，无虚假数据集信息，能够反映网络安全保护的真实情况；四是一致性，是指遵循统一的标准来记录和传递数据及信息，主要体现在数据记录符合规范、数据符合逻辑上；五是唯一性，是指同一数据只能有唯一的标识符；六是有效性，是指数据的值、格式和展现形式符合数据定义和业务定义的要求。

1. 数据质量管理过程

数据质量管理过程采用我们熟知的“计划—实施—检查—行动”过程模型，具体如下。

（1）计划与识别阶段

在计划与识别阶段，需要制定数据质量现状评估计划和度量数据质量的关键指标，包括定义业务对数据质量的需求、识别数据质量的关键维度、定义保障数据质量的关键业务规则、评估已知的数据问题（包括确定问题的代价和影响、评估用于处理问题的可选方案）。

（2）实施阶段

实施阶段的主要任务是实施度量和提升数据质量，包括确定数据质量评价指标，建立数据质量评估模型，对数据进行评估和测量，识别出现的数据质量问题并通过数据分析找到发生数据质量问题的重灾区，确定影响数据质量的关键因素。

（3）监控和检查阶段

监控和检查阶段的主要任务是监控和度量根据业务预期定义的数据质量水平。在该阶段，根据已定义的业务规则对数据质量水平进行动态监控。只要数据质量在可接受的范围内，流程就是受控的，数据质量水平就可以满足业务的需要。如果数据质量不在可接受的范围内，则需要通知数据管理专员，以便在下一阶段采取行动。

（4）改进提升阶段

改进提升阶段的任务是执行用于解决数据质量问题的行动方案，消除数据质量问题或者尽可能降低数据质量问题带来的影响。当出现新的数据、接入新的数据集时，可以启动新一轮数据质量管理过程。

2. 数据质量核验规则

与网络安全保护有关的多源异构数据，在实际汇聚集成的过程中不可避免地存在信息缺失、数据重复、长度不足、精度不足、越界、逻辑错误、延迟加载等问题。大数据质量管理需要针对不同的数据质量问题，为不同的对象设置相应的质量核验规则，包括核验对象、核验策略、核验指标等。其中：核验对象用于描述质量核验规则所作用的数据资源；核验策略用于描述质量核验规则所使用的策略，包括核验内容、核验范围、核验数据的抽样规则等；核验指标用于描述质量核验策略的对应指标。

常见的数据质量核验规则大致分为数据元质量规则、组合数据元质量规则、数据记录质量规则、跨数据集质量规则，如表 4-1 所示。

表 4-1 数据质量核验规则

规则分类	质量特性	规则类型	类型描述
数据元质量规则	完整性	不可为空	不允许或者在某种条件下不允许出现空值
	有效性	语法约束	取值满足特定的语法规范
	有效性	格式规范	取值满足格式规范
	有效性	长度约束	取值满足长度规范
	有效性	值域约束	取值满足值域规范
组合数据元质量规则	完整性	应为空	在某种条件下不能有值
	一致性	等值一致约束	两个数据元取值相等或者在经过某种计算后相等
	一致性	逻辑关系约束	两个或以上数据元作为同一实体的属性，满足某种逻辑关系（如大于或小于）
	及时性	入库及时性	数据元指定的时间不能晚于或早于入库时间
数据记录质量规则	唯一性	记录唯一性	记录不重复
	一致性	层级结构一致性	存在层级结构的记录的属性，同层级的属性结构一致

续表

规则分类	质量特性	规则类型	类型描述
跨数据集质量规则	一致性	对外关联约束	当外部引用数据集中必须存在某数据记录时，当前数据集的部分操作会受约束
	一致性	跨数据集等值约束	A 数据集某属性值与 B 数据集一个或多个属性值之间存在公式计算结果相等的约束
	一致性	跨数据集逻辑一致约束	A 数据集某属性值与 B 数据集一个或多个属性值之间存在关系逻辑的约束

3. 数据质量管理组件功能框架

为实现网络安全保护业务数据质量管理目标，需要在网络安全保护平台的数据中台部分，依托元数据标准规范，融合数据质量管理组件，动态调整数据质量核验规则，执行数据质量核验任务，从而分析和发现数据质量问题并持续改进，确保网络安全保护相关数据能够支持网络安全保护平台的运转。

数据质量管理组件功能框架如图 4-3 所示，包括质量规则管理、质量执行引擎、质量任务调度、质量分析与处理、质量管理支撑等功能。

4.5.2 数据标签管理

标签是指从原始数据加工而来的，能够直接为业务所用并产生业务价值的数据载体。本质上，标签也是一种数据（或者映射/指向数据），是对物理层数据信息的业务化封装，是数据资源的一种组织形式。从粒度的角度，标签往往被映射为某对象实体的属性，既可能是固有属性，也可能是动态属性。根据加工方式的不同，标签可以分为基础类标签、统计类标签和算法类标签。

1. 标签类目体系相关概念

类目体系是指对某类事务的分类、架构、组织方法，通常用树状结构来组织。标签类目体系是指将业务所需标签以类目体系的方式进行梳理所形成的目录结构。在大型平台或信息系统建设过程中，标签类目体系一般会被分拆成后台类目体系和前台类目体系。后台类目体系面向数据资源管理维护人员，是平台数据资源的全集，结构相对稳定，按照统一的分类方式进行挂载、查看和管理。前台类目体系根据业务场景需要，将标签按照场景组织成新类目，相对多变，但不影响后台标签的稳定性。

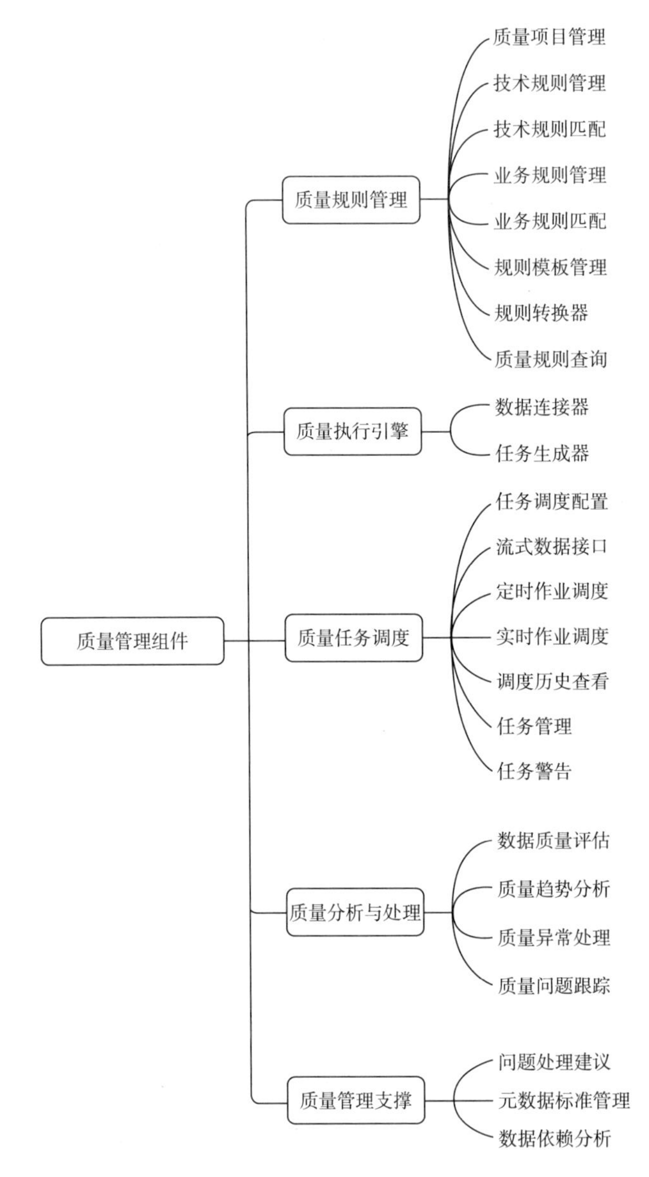

图 4-3 数据质量管理组件功能框架

在标签类目体系方法论中，标签类目体系以树的方式组织，各层级与不同的数据粒度对应。通常对象对应于根目录，多种表对应于多级目录，数据元/字段对应于标签，属性/字段值对应于标签值。例如，用户对象对应于根目录，用户基本信息（表）对应于类目，职业（字段/数据元）对应于标签，教师（字段值/数据元值）对应于标签值。

标签的分类有许多维度，按照时效性可以将标签分为静态标签和动态标签。静态标签是指不会随用户行为变化而变化的标签，一般以定性的形式描述对象要素。动态标签是指随时间及用户行为变化的标签，一般通过定量的方式描述对象要素，如用户活跃度。按照数据的提取维度，可以将标签分为事实标签、模型标签和预测标签，分别对应于对象要素分析的不同阶段。按照标注方式的不同，可以将标签分为人工标注标签、机器标注标签。按照标签添加角色的不同，可以将标签分为系统标签和用户标签。

2. 标签类目体系构建过程

网络安全保护标签类目体系，可以参照大数据平台常用的标签类目体系构建过程，考虑网络安全保护关注的要素和业务场景进行构建。如图 4-4 所示，标签类目体系构建过程包括识别对象（网络安全保护相关要素）、同一对象数据打通、数据化的事物表达、构建数据类目体系、构建标签类目体系，最终确定前后台标签类目体系。

图 4-4　标签类目体系构建过程

（1）识别网络安全保护相关对象

可以将网络安全保护领域的所有事物作为对象要素，大致分为“人”“物”“地”“事”“关系”。其中：“人”包括自然人、防御者、攻击者；“物”包括各类需要保护的设施、攻击工具、防护与监测设备、网络空间资源等；“地”包括地理位置、部位等；“事”包括威胁攻击事件、网络连接行为、网络访问行为等；“关系”是指上述要素之间的关系。应根据重要部门和企业的业务特点，有效识别具有其自身特色的“人”和“保护对象”，其他要素的识别可以参照网络安全领域相关系统设计过程进行梳理。

（2）同一对象数据打通

完成对象识别后，将对象数据打通。打通过程一方面通过标识符进行，如保护目标的备案号、人的身份证号、物理设备的 MAC 地址，可用于不同数据集之间数据的打通与链接；另一方面通过网络安全事件可能的逻辑进行，如通过网络设备指纹、IP 地址使用者与使用记录逻辑将使用者与某威胁攻击行为进行关联。

在标签类目设计过程中可以进行第一类数据的打通，第二类的数据打通可以在后续数据分析中实现。在将对象数据打通的过程中，可以根据实际情况将用于数据打通的标识符进一步细分，如用于数据打通的ID可以细分成强身份属性ID、设备相关ID、注册账号ID、临时记录ID，从而确定不同的数据打通逻辑及逻辑成立的条件。

（3）数据化的事物表达

在从对象出发进行数据打通的基础上，系统性地向下梳理对象的全维度属性和属性值。通过对对象实例的解析，并参考现实业务中的语义解析，进行数据库表和数据集的映射，形成对对象的数据化表达。通过“对象—属性—属性值”的数据映射方式，将对象转化成结构数据，为后续的类目构建工作奠定基础。

（4）构建数据类目体系

数据化的事物表达基本可以确定表达对象需要的存储数据。在此基础上，将关联数据集的元数据进行整合、分类，可逐一构建网络安全保护相关对象或要素的数据分类体系。对象或要素可按照数据属性分类进行数据分类体系的构建。业务流程可按照业务归属、业务存储库、业务表进行分类。

（5）构建标签类目体系

在数据类目体系的基础上，通过梳理业务场景需求，确定网络安全要素、网络安全要素间关系的子集，在此基础上构建网络安全保护场景相关要素的标签类目体系（如图 4-5 所示）。

以网络安全保护对象的安全监测场景为例：聚焦与人有关的要素，可按照基本属性、行为关系、专业特长、意识、偏好等进行标签分类；聚焦行业、单位元素，可按照基本属性、业务特征、安全脆弱性、主从关系、被动关系、安全评估等进行标签分类；聚焦保护目标，可按照基本属性、功能效用、利用弱点、行为关系、用途评估等进行数据分类；对于关注的行为事件，可按照事件分类特征、攻击源头的特性、攻击目标的特性、攻击方法和技巧的特性等进行数据分类。通过多个业务场景的驱动，使相对固定的标签分类与后台分类标签类目对应，使在场景中动态确定的标签分类与前台分类标签类目对应。

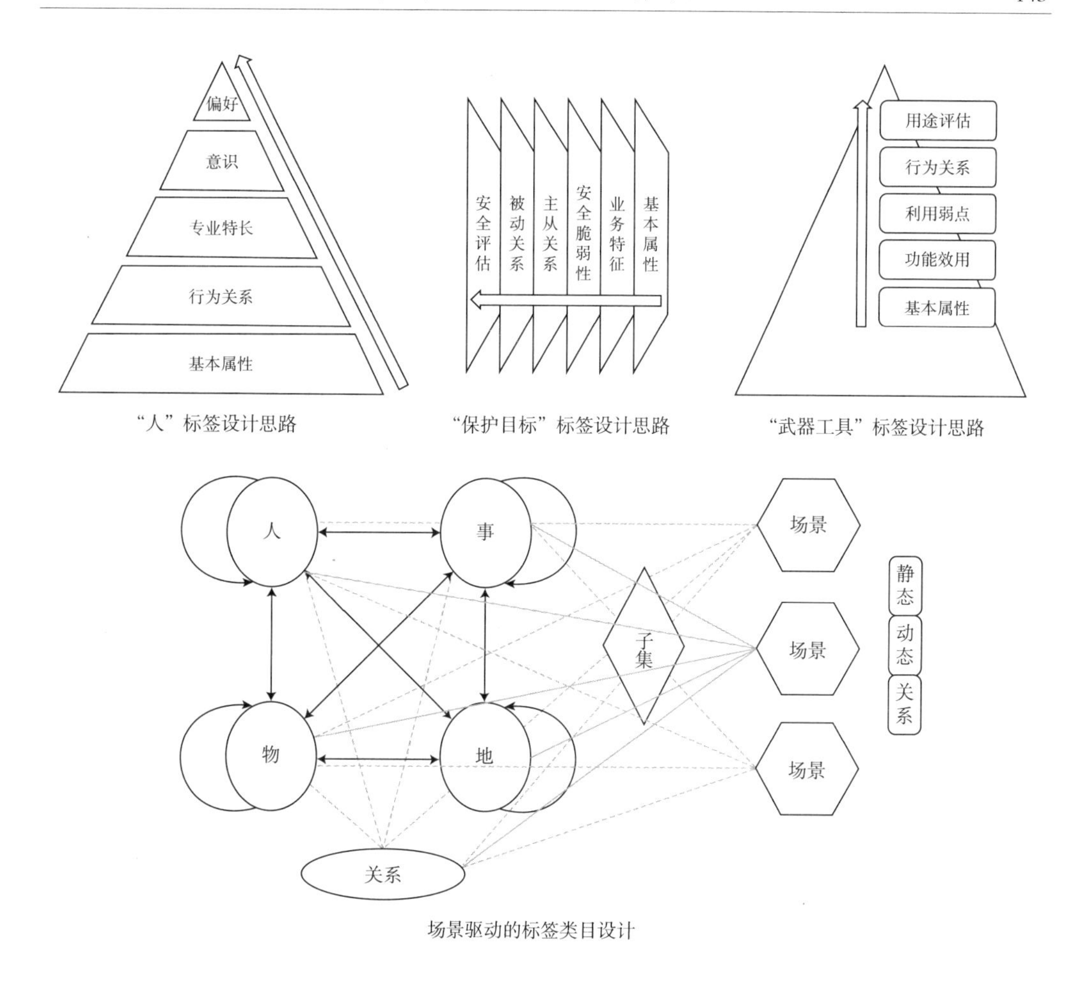

图 4-5　标签类目体系构建示例

3. 标签类目管理组件功能框架

和其他大数据平台一样，网络安全保护平台的数据中台通过配置标签类目管理组件，实现对标签类目体系的管理、标注、查询和应用。如图 4-6 所示为标签类目管理组件功能框架，包括：标签类目管理，管理标签类目树；标签标注，支持人工标注和机器标注两种模式；标签查询，以关键字、条件的形式对标签树进行检索查询；标签应用，包括标签数据检索、目标画像、标签模型。此外，在标签类目体系运转过程中，需要专业运维人员定期进行标签逻辑的梳理，持续优化标签类目。

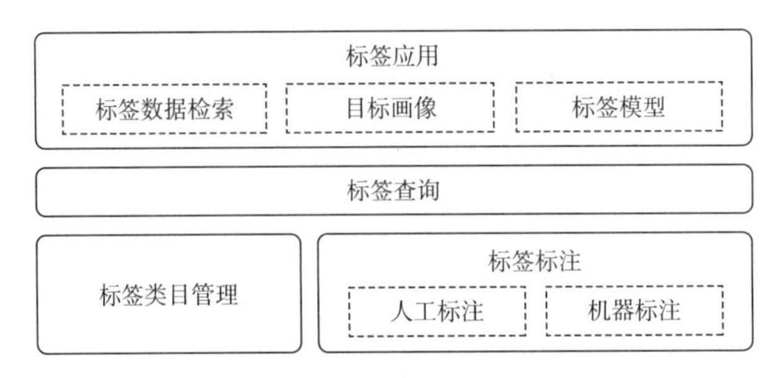

图 4-6 标签类目管理组件功能框架

4.5.3 数据血缘管理

网络安全保护平台集成了安全监测数据、防护数据、威胁情报、基础数据、业务数据，通过各类数据的融合整合、转变转换、流转交换、加工生产，形成新的数据。在数据从接入、集成，到流转、交换、生产、加工、使用，直至最终消亡的生命周期中，彼此之间会形成一种关系。借鉴人类社会关系的表达，在大数据领域称其为数据血缘关系，即以历史事实的方式记录数据的来源和处理过程。数据血缘的特性包括：归属性，即特定的数据属于特定的组织或个人；多源性，即一个数据可能有多个来源，一个数据可以由多个数据加工而成，加工过程也可以有多个；可追溯性，即数据血缘关系贯穿数据生命周期，体现了数据从产生到消亡的整个过程，具备可追溯性；层次性，即数据血缘关系具有层次性，不同粒度的描述信息属于不同的层次，如数据表血缘、数据字段血缘分别属于不同层次的血缘关系描述。数据血缘管理主要通过数据关联关系分层定义、数据血缘分析、数据可视化等手段分析并展示数据之间的关系，从而便捷、高效地管理、处理和使用数据。

1. 数据血缘关系层级

数据血缘关系层级如图 4-7 所示。

图 4-7（a）为存储在数据库中的结构化数据血缘关系的层次结构，是典型的数据血缘关系层次结构。一般来说，数据属于某个组织或个人，即数据有所有者。数据在所有者之间流转、融合，并在所有者之间通过数据关联形成关系。这是数据血缘关系的一种，在层次结构中处于顶层，表明了数据的提供者和需求者。数据库、数据表和字段是数据的存储结构。在数据生命周期中会形成诸如数据库、数据表和字段之间的血缘关系，可对应展示不同层级的血缘关系。

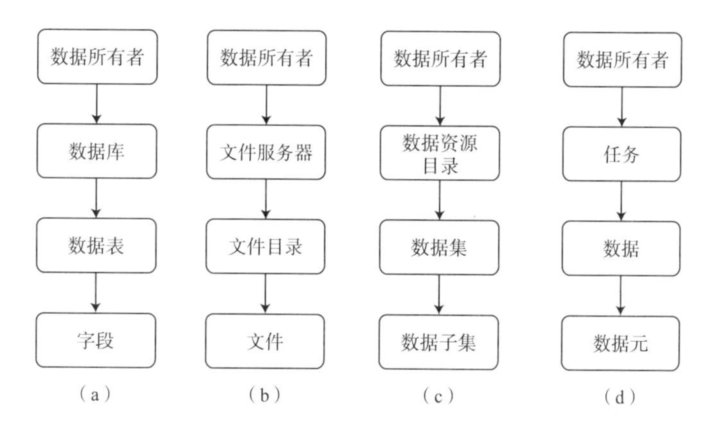

图 4-7　数据血缘关系层级

由于存储结构决定了数据血缘关系的层次结构，所以，不同类型的数据血缘关系层次结构存在差别。图 4-7（b）为文件型数据血缘关系的层次结构，分为数据所有者、文件服务器、文件目录和文件。

图 4-7（c）为数据资源目录驱动下的数据血缘关系层次结构，分为数据所有者、数据资源目录、数据集、数据子集。

图 4-7（d）为综合平台系统之后形成的数据血缘关系层次结构，分为数据所有者、任务、数据、数据元。

2. 数据血缘关系信息获取

数据血缘关系信息获取包括两部分。一部分是获取数据所对应的标识符。可以在接入时通过数据资源目录元数据、数据元代码分别获取数据集、数据字段的标识符，并将其作为数据血缘追踪的目标。另一部分是获取数据处理过程中的血缘传递与变化情况。很多开源大数据框架（如 MapReduce、Hive）内置了相关实现类，可以参照相应的技术文档来调用类，实现数据血缘传递关系的留存，为后续的数据血缘分析和影响分析奠定基础。

还有一种数据血缘关系源自数据元素或者数据集元数据。可以在数据资源目录及数据标准定义过程中定义这种关系，后续由主数据继承元数据的关系。

3. 数据血缘分析与影响分析

数据血缘分析与影响分析是指对数据上下游的来龙去脉进行分析，需要解答数据来自哪里、上游表和上游字段有哪些、下游表和下游字段有哪些、上下游任务和任务依赖有哪些、数据变动会造成哪些影响等问题。数据血缘分析具有数据来源跟踪、数据影响分析、任务依赖分析和报表影响分析等功能，通过对数据标识符的跟踪，可以实现信息留存，通过对留存的信息进行分析，可以输出分析结果。

4. 数据血缘关系图

数据血缘关系图是由信息节点、规则节点和数据流转线路共同组成的有向图。

信息节点用于表示数据的所有者和数据层次信息或终端信息，根据表达含义的不同，可以分为主节点、数据流入节点和数据流出节点。主节点在一幅图或者一个视图中一般只有一个，用于描述当前某个血缘层级关注的血缘关系实体。数据流入节点可以有多个，是主节点的父节点，表示数据来源。数据流出节点也可以有多个，表示数据的去向，其中有一种特殊的流出节点，即终端节点，表示数据不再流转。

规则节点用于表示数据加工、处理的操作规则，可以用不同形态的节点来标识不同类型的规则。常见的规则节点包括清洗规则节点、转换规则节点和归档销毁规则节点。清洗规则节点用于表示数据流转过程中的筛选标准，如不能是空值、符合某种格式等。转换规则节点用于表示数据流转过程中发生的变化、变换，如截取数据的前四位、公式转换等。归档销毁规则节点用于表示数据生命周期结束时的归档和销毁操作。

数据流转线路表示数据的流转路径，按照箭头指向流转，如从数据流入节点流向主节点、从主节点向数据流出节点扩散。数据流转线路需要展示三个维度的信息，分别是流转方向、更新量级和更新频次。通常更新量级越大，流转线路的线段越粗；更新频率越高，流转线路的线段越长。

在网络安全保护平台建设过程中，可以借助 2D、3D 等可视化手段及图形交互操作技术对数据血缘图进行展示，以便用户进行数据的溯源、价值评估、质量评估、销毁和归档判定。

4.6 数据开发

在数据资源目录的管理和约束下，可以借助数据汇聚集成的手段，将海量的数据资源整合到网络安全保护平台中。如何对数据进行有效的处理、计算，直至将数据加工成有价值的信息或者可供业务调用的数据，是数据开发面临的主要任务。

结合主流的网络安全大数据处理手段，考虑网络安全保护业务的需要，数据资源开发可分为离线开发、实时计算和算法开发三部分，其中：离线开发主要包括离线数据的加工、发布、运维管理，以及数据分析、数据探索、在线查询、即席分析等；实时计算涉及数据的实时接入和计算，主要针对的是标准化、便捷化流数据的加工处理过程；算法开发主要通过算法模型训练、可视化建模等手段实现数据价值的深度挖掘。通过数据资源开发，可以对网络安全保护大数据的存储和计算能力进行封装，方便用户更好地保护大数据。

4.6.1　离线开发

网络安全保护数据汇聚至网络安全保护平台后，需要进行进一步的加工处理。一般来说，60%以上的场景需要使用离线批处理能力。这类似于构建一条网络安全保护数据生产线，通过各个数据加工环节和数据处理模型，使采集和汇聚的威胁攻击原始数据形成有价值的数据并提供给业务使用。离线开发封装了网络安全保护大数据相关技术，如数据加工、数据分析、在线查询、即席分析等，同时整合了任务调度、发布、监控等环节，让网络安全保护平台的用户和业务模块可以通过接口进行访问，而无须关注底层硬件的逻辑。

离线开发适用于数据处理吞吐量大、延时长、人机交互少的场景。网络安全保护平台中存储的海量监测告警日志、安全防护日志、威胁情报的预处理，以及历史数据的分析和挖掘，都涉及批量计算。分布式计算中的批量计算技术能够解决互联网数据迁移和处理时间过长的问题（可以借助 MapReduce、Hive、Spark 等计算框架或类似的商业化框架进行处理）。离线开发的核心功能如下。

（1）作业调度

在数据开发过程中，为了实现当前组件的运行，经常需要配置上下游依赖组件。一个组件的运行实际上对应于一幅由多个作业组成的有向无环图，其中包括每个作业的策略和开始调度的时间等信息。

（2）基线控制

在离线开发过程中，作业具有数据处理量大、执行时间长等特点，需要通过统一管理执行时间、优先级、告警策略等引入基线策略和告警机制，从而及时发现数据加工过程中出现的问题，保障数据加工按时完成。

（3）异构存储

网络安全保护设备设施及应用场景的不同，使网络安全保护数据存储引擎具有多元化的特点，难以采用单一的技术来处理。在离线开发过程中，需要针对每一类、每一种存储引擎开发相应的组件，以调取和存储数据。

（4）代码校验

在离线开发过程中，需要通过语法校验、规则校验等，对输入的 SQL 语句、类 SQL 语句、脚本等进行校验，以避免在调度过程中引发异常。

4.6.2 实时计算

网络安全保护工作中的监测、响应、处置对实时性有一定的要求，需要通过实时的数据集成和高效的计算来确保当事件、异常、应用被触发时发起计算任务。例如，网络流量监测日志、流量告警日志、防护设备告警日志的实时处理等数据加工处理工作具有较强的时效性。主流的计算框架有 Flink、Spark Streaming 等。

在网络安全保护平台中，常见的实时计算场景如下。

（1）实时数据流集成

实时流量监测日志、防护设备实时告警日志通过多个数据通道进行集成，并在此基础上进行实时的清洗、归并、结构化处理。

（2）流式报表

针对网络安全保护平台的实时监测业务，在实时采集和加工流数据的过程中，可以通过流式报表监测展现网络安全态势、网络安全事件、网络安全异常、设备设施故障等指标，为网络安全运营提供直接的支持。

（3）监测预警

对网络内部的系统和用户行为实时进行监测和分析，实时输出关于威胁、事件、行为、异常的告警信息。

4.6.3 算法开发

在海量网络安全保护数据挖掘任务中，数据处理难度大、业务处理要求高、烟囱式模型分散、模型服务整合难、基础设施分散、特征工程提取存在壁垒等问题难以解决，传统的数据挖掘方法显得力不从心，因此，需要使用能够支持多环境、多集群、多形态的模型算法开发组件，为网络安全保护平台的数据挖掘提供保障。

在算法开发过程中，需要将离线模型训练、机器学习、在线查询、即席分析融为一体，通过多源接入、集中开发、一站式构建实现人工智能和大数据应用的落地。算法开发通常基于主流计算框架进行，如 TensorFlow、PyTorch、MXNet、XGBoost、LightGBM、Spark，并集成主流的统计分析、特征工程、CTR/NLP、图计算、知识图谱、AutoML 组件库。通过构建开发组件，为算法模型构建过程中需要完成的数据准备、预测学习、模型管理、模型服务管理等工作提供一站式管理环境，以便开发人员积累数据开发经验，实现对网络安全保护数据的挖掘。算法开发的核心技术如下。

（1）可视化建模

可视化建模面向算法工程师和网络安全保护数据分析人员，通过可拖曳的可视化交互方式进行算法实验的编排，支持数据处理、模型训练、效果评估，通常包括：拖曳式模型流程定义，提供所见即所得的交互式体验；丰富的算法组件，提供数据处理、模型训练、模型评估等的设计和调试功能；模型流程调度，支持以细粒度调度周期进行模型调度实验；告警通知，在模型训练过程中通过多种形式将训练结果告知开发人员；多角色协同，便于在算法开发和使用过程中协同多个用户角色，实现整体分析功能。

（2）可编程建模

可编程建模通过集成算法开发环境和主流算法框架，为高级专业人员提供可编程的建模组件，支持在线脚本编写、交互式代码运行、以多种文件形式输出、API 方式的算法调用，支持 Scala、Python、R、Shell 等脚本语言，还支持跨语言的数据共享与隔离、服务资源隔离等。

（3）数据接入管理

在算法开发过程中，需要管理和整合多源异构的网络安全保护数据，同时支持对数据进行标注和可视化探查，以确保数据的可用性。在数据接入方面，支持本地上传、文件系统数据上传、消息中间件数据接入、数据源接入。数据标注提供人工标注数据接口。数据探查可以帮助用户对数据内容进行预览并了解数据的特点。

（4）核心算法组件

核心算法组件包括数据接入、数据预处理、特征工程、统计分析、机器学习、深度学习、文本分析、网络分析等。数据预处理组件包括随机采样、加权采样、分层采样、拆分、联合、归一化、标准化、缺失值填充、类型转换等。特征工程组件包括主成分分析、特征尺度变换、特征离散等。统计分析组件包括直方图、协方差、相关系数矩阵、正态加盐、皮尔森系数等。机器学习组件包括分类算法、回归算法、聚类算法等。深度学习组件集成了 TensorFlow 等深度学习框架。文本分析组件包括文本转换、词频统计、分词处理、关键字抽取等。网络分析组件包括最大连通子图、标签传播分类等。

4.7　统一数据服务

统一数据服务作为数据中台实现网络安全保护数据资源服务化的核心能力，是连接网络安全保护业务和数据的纽带与桥梁。统一数据服务通过接口的方式对数据进行封装和开放，能够快速、灵活地满足网络安全保护业务的需求。

数据资源是数据中台的核心。数据中台用户可以是平台的实际用户，可以是平台上的业务应用，还可以是依赖平台的或平台集成的工具组件。这些实际用户和虚拟用户在数据中台中充当两种角色，一种是数据服务的生产方，另一种是数据服务的调用方。数据服务的生产方需要做到“配置即开发”，即通过数据源配置、数据加速配置、接口形态与访问方式配置、测试环境配置完成数据服务的构建。统一数据服务模块会根据配置清单，完成数据服务接口的自动化部署。数据服务的调用方在数据中台申请服务调用权限后，通过鉴别机制的验证，实现对数据服务的调用和访问，达到“配置即开发”的目的，从而提升数据服务效率。

统一数据服务需要面向数据服务的生命周期进行管理与配置，并在平台基础设施的支持下，通过数据加速、服务编排、服务调度、服务熔断降级等机制，保障自身的高速、稳定运行。

4.7.1　数据服务分类

根据数据与计算逻辑封装方式的不同，网络安全保护数据服务可分为三类。

（1）网络安全保护基础数据服务

网络安全保护基础数据服务基于数据资源目录指向的不同存储位置的数据资源，通过定义查询方式实现对网络安全保护数据资源的获取和组合调用。

（2）网络安全保护标签数据服务

网络安全保护标签数据服务在网络安全保护标签类目体系的基础上，通过定义配置方式实现基于标签的统一查询、分析、计算，为用户提供便捷的查询和检索服务。

（3）算法模型服务

算法模型服务通过定义或引入算法模型的形式构建在线 API，授权用户通过 API 调用数据，实现对模型输出数据的使用，通常用于个性化推荐、智能挖掘等场景。

根据数据服务形态的不同，可以将数据查询服务分为：简单点查，支持快速数据访问，数据服务 API 可通过模板自动配置；复杂灵活查询，即用户通过查询接口自动组合搭配若干嵌套查询条件，可查询若干简单字段或聚合字段；融合 API 查询，通过串行或并行的方式组合多个原子 API，以一个 API 服务的形式实现对数据资源的复杂查询。

4.7.2 数据应用服务

根据数据应用场景的不同，网络安全保护数据服务可分为三类。

（1）查询服务

查询服务通过输入特定的查询条件，返回该条件下的数据。查询服务通过 API 或者辅助应用界面的形式提供服务，一般支持对查询标识、过滤项、查询结果、服务形式的配置，在网络安全保护平台中主要用于数据资源集、数据分析结果的在线查询和条件过滤。查询服务的应用场景或呈现方式包括但不限于：

- 画像服务，根据输入的关键字进行保护目标画像、恶意 IP 地址画像、恶意域名画像、攻击组织画像、事件场景重构等，可以在内存数据库、列式数据库的支持下实现快速的查询与响应；
- 查询检索服务，提供灵活、高效的搜索引擎，支持通过模糊匹配、规则匹配、用户意图推测等能力快速检索用户需要的内容。

（2）分析服务

分析服务借助分析组件的大数据分析能力对数据进行高效的关联分析，分析结果以API的形式供上层应用调用。通过分析服务，可以对网络安全保护数据进行任意维度的分析和挖掘，帮助数据分析人员快速了解网络安全的状况和网络威胁情报的价值。分析服务通常支持多源数据接入、高性能的即席查询和多维数据分析，并可基于对API等访问形式的设置，灵活对接业务系统；通过内置的高速计算引擎，实现亿级数据的毫秒级分析和计算，缩短用户的等待时间。分析服务的常见应用场景如下。

- 交互式数据分析：在网络安全保护平台的运营过程中，具有一定网络安全专业知识的专家用户，在围绕事件线索、威胁情报进行分析拓线和开展威胁事件研判时，需要通过等待时间相对较短的“查询—响应—研判—再查询”循环，获得满意的分析结果。
- 相似度分析：在网络安全保护业务中，通常需要对不同时间发生的事件进行多维度比对，并对攻击组织是否相同以及攻击活动是否使用了相同的工具、手段、策略等进行研判。
- 定制分析：在网络安全保护业务中，通常需要源源不断地为不同的业务模块提供符合要求的数据，如通报处置模块需要使用聚合后的事件数据、态势感知模块需要使用经过分析计算的态势数据等。

数据分析服务通常需要在线建模工具的支持，如SQL代码编辑器、拖曳式的模型串连工具等。

（3）推荐服务

推荐服务按照约定的格式提供网络安全历史日志行为数据、实时监测防护数据、网络安全威胁情报数据，生成相应的推荐API，为上层应用提供支撑。例如，面向等级保护业务，推荐与等级保护目标有关的历史数据、实时防护数据；面向通报处置业务，推荐需要处置的威胁事件；面向网络安全运营专家，提供威胁情报线索；面向特定事件专题分析任务，推荐关联攻击组织的信息；面向事件分析研判专家，推荐勒索病毒的影响范围信息；等等。

推荐服务可以根据多维度的关联和偏好进行分析，借助模型对面向业务和用户的定制数据进行训练，实现对推荐服务的优化。

4.7.3　服务生命周期管理

统一数据服务为网络安全保护数据中台上所有的 API 服务提供完整的生命周期管理功能，包括服务创建、服务授权与访问控制、服务运行监控、服务更新升级、服务注销等。

（1）服务创建

创建服务的前提是明确服务的场景需求是服务于网络安全态势统计、威胁情报挖掘还是多维画像的。明确场景需求后，选取相应的服务组件进行服务底层逻辑的创建和部署。在创建过程中，如果单一服务不能满足场景的需求，则需要进行服务编排。服务被创建后，可以在网络安全保护平台上看到服务的运行状态、运行日志、相关信息等。

（2）服务授权与访问控制

服务被创建后，只有服务的创建者有权直接使用该服务，其他用户需要通过授权才能访问或使用该服务。为了确保数据服务安全，一般使用平台鉴权机制对用户的身份进行鉴别。另外，可以通过黑白名单来限制或授权用户访问。对于高敏感度的服务，建议引入审批机制，审批通过后方可使用。

（3）服务运行监控

服务经过创建、部署、授权，可以在网络安全保护平台内部运行。通过布点的方式对服务的运行情况进行实时监测，记录服务运行时长、历史出错频率等，可以确保当服务运行出现异常时运营人员能够及时处置，减少因故障造成的损失。

（4）服务更新升级

为了确保数据服务的效能，需要根据服务的运行情况进行服务的升级迭代。在一般情况下，服务升级包括模型组件升级、数据异常升级、环境扩容升级等。

（5）服务注销

对于长期不使用的数据服务，应引入相应机制，提醒运营人员终止服务并注销下线。

4.7.4　统一数据服务功能框架

统一数据服务功能框架如图 4-8 所示。

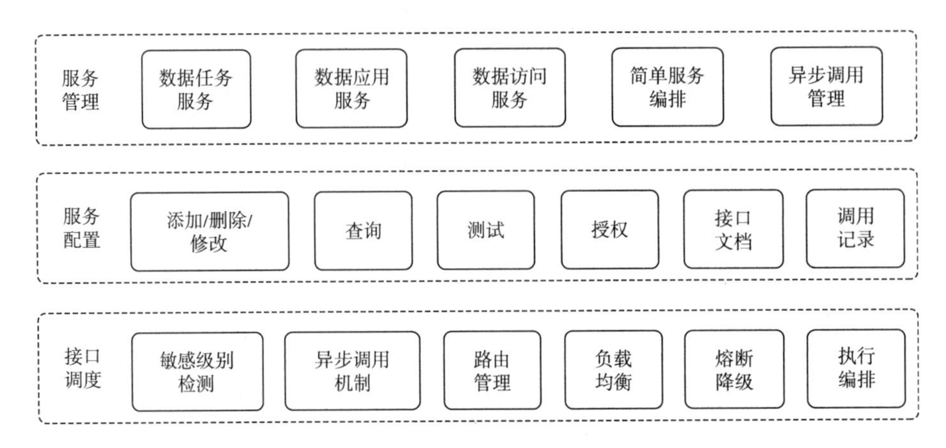

图 4-8 统一数据服务功能框架

数据服务配置流程如图 4-9 所示。底层为数据注册和应用注册，可以实现数据资源和业务应用在数据中台的注册。中间的接口层包括自动生成接口、模型定义接口和第三方接口。经过接口服务编排、应用服务授权和数据应用服务，实现统一数据服务功能，面向业务应用提供数据资源访问能力。

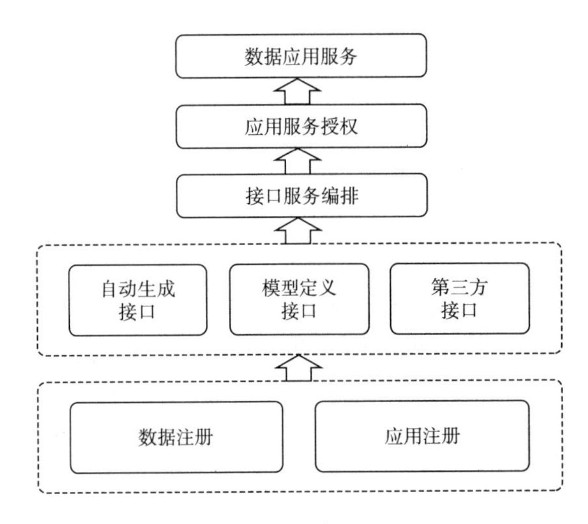

图 4-9 数据服务配置流程

4.8　小结

本章对网络安全保护平台的建设基础，即网络空间大数据汇聚与治理工作，进行了详细的阐述：首先介绍了数据资源目录的建立和管理，给出了数据治理功能框架；然后分别描述了数据采集与集成、数据预处理、数据管理、数据开发的相关概念和技术方法；最后对数据中台的统一数据服务进行了说明。

第 5 章　网络威胁信息采集汇聚

本章重点阐述网络威胁信息采集汇聚的关键技术，针对威胁信息的来源、类型、采集渠道和方法进行说明，介绍如何通过威胁信息汇聚支撑态势感知、攻击溯源、目标画像等网络安全保护工作，从数据融合、数据治理、数据挖掘三个维度对威胁信息的分析挖掘技术进行详细描述，最后对威胁信息共享交换过程中的安全问题、框架标准和解决方案进行分析。

5.1　网络威胁信息采集技术

威胁情报是网络空间安全领域典型的威胁信息。自威胁情报的概念被提出，有很多机构和研究人员对其进行了阐述。不过，目前业界对威胁情报还没有统一的定义。Gartner 公司给出的定义是[58]：威胁情报是关于 IT 或信息资产所面临的现有或潜在威胁的循证知识，包括情境、机制、指标、推论与可行建议，这些知识可为威胁响应提供决策依据。Forrester 公司认为：威胁情报是指对内部和外部威胁源的动机、意图和能力的详细叙述，可以帮助企业和组织快速了解敌对方对自己的威胁信息，从而帮助提升威胁防范、攻击检测与响应、事后攻击溯源等能力。SANS 研究院给出的定义是：威胁情报是针对安全威胁/威胁者利用恶意软件、漏洞和危害指标收集的用于评估和应用的数据集。i SIGHT 认为：威胁情报是关于已经收集、分析和分发的，针对攻击者及其动机、目的和手段的，用于帮助所有级别的安全人员和业务员工保护其企业核心资产的知识。

网络威胁信息既包含与威胁直接相关的情报类信息，也包含与威胁间接相关的基础类信息和知识类信息，如网络资产、网络拓扑、应用服务、组织机构、人员、IP 地址库、流量、日志、地理位置信息等。这些信息可以与威胁情报进行有效的碰撞、比对、关联和拓线，是网络安全智慧大脑开展智能分析推理的重要参考，也是实现网络安全挂图作战的基础。下面详细介绍网络威胁信息采集技术，包括网络威胁信息来源、网络威胁情报类型、采集渠道、采集方法，并简要介绍一些新型网络威胁监测发现技术。

5.1.1 网络威胁信息来源

网络安全数据多种多样，相关的采集技术也各有侧重。由于网络安全问题涉及网络架构、协议、流量、服务器、终端、操作系统、应用系统、数据库、人员、管理机制、安全措施等多方面因素，所以，业界还没有形成统一的技术分类方法。下面分析网络安全的数据类型，以此作为数据分类的参考依据。

- 网络基础信息：包括网络拓扑结构、接入方式、带宽、协议类型、分区分域情况等。
- 网络资产信息：包括网络中各类网络设备、计算设备、安全设备的资产信息，如路由器、防火墙、服务器 IP 地址、域名、品牌型号、操作系统类型和版本、数据库系统和版本、配置策略、应用服务等。
- 网络流量：包括通过分光、交换机镜像端口或其他辅助设备提取的网络传输流量，如原始数据包、经过还原的应用协议记录。
- 日志数据：包括设备中操作系统、数据库、应用系统、安全系统所产生并记录的各类安全相关日志，如系统登录日志、数据库访问日志、Web 访问日志等。
- 样本文件：从网络流量、电子邮件协议、文件传输协议中提取的文档或软件代码文件，其中可能包含对目标系统进行植入、远程控制、数据窃取的恶意代码。样本文件可用于分析和提取恶意代码的特征、操作行为和关联的攻击方信息。
- 网络安全知识数据：包括网络安全漏洞库、病毒库、资产库等基础知识数据，通常由第三方服务机构提供，用于进行数据的关联比对。
- 威胁情报：由第三方提供的网络安全威胁情报，如公开发布的漏洞隐患数据、恶意 IP 地址/域名信息、恶意样本信息等。
- 人员信息：包括系统管理人员、运维人员和用户的相关信息，如人员登录系统的用户名、访问权限等。
- 管理信息：包括系统的安全保障策略、访问控制策略（规则）、认证方式、权限管理策略、安全审计策略、安全管理制度等。

- 地理信息：包括行政区划、多级地图数据、单位位置信息、设备设施位置信息、IP 地址定位信息等。
- 其他参考信息：包括从媒体、网站、论坛上获取的网络安全相关信息，如突发的勒索病毒、突发的网络攻击等。

5.1.2 威胁情报类型

在网络威胁信息中，威胁情报是与网络空间安全直接相关的数据，也是支撑网络安全保护和挂图作战的核心数据。网络威胁情报具体包括设备、设施、软件、系统、应用、网络等各类保护对象的安全漏洞及隐患，病毒、木马、蠕虫等恶意程序，以及网络中由扫描、探测、攻击、渗透引发的安全告警信息。威胁情报的分类方法多种多样，下面简要介绍三种具有代表性的分类方法[59]。

1. 基于使用对象的分类方法

Chismon 等人[60]根据威胁情使用对象的不同，将其分成战略情报、运营情报、战术情报、技术情报四类。战略情报主要面向高层管理人员，包括大环境或大背景下的攻击来源、攻击危害、攻击者使用的资源与能力等宏观信息，主要是关于攻击趋势、财务影响及可能影响高层决策的信息。运营情报是指组织即将遭受的攻击的相关信息，供高级安全人员（如安全经理、事件响应团队的负责人）使用。战术情报主要面向安全分析人员和安全响应人员，即战术、技术和程序（TTP），是关于威胁参与者如何进行攻击的信息，能够帮助安全响应人员针对当前情况采取相应的防御战术。技术情报是指安全人员或安全设备可以直接操作或读取的情报，如具体的远程控制域名、恶意 IP 地址、恶意样本散列值等。

2. 基于应用场景的分类方法

基于不同的应用场景，可以将威胁情报分成归属情报、检测情报、指向情报、预测情报四类。归属情报用于根据行为证据指向特定攻击者，解答威胁行为人是“谁”的问题。检测情报用于识别在主机和网络上观察到的安全事件，解答威胁行为是“什么”的问题。指向情报帮助预测哪些用户、设施或者网络实体可能成为定向攻击的目标，解答威胁行为针对“谁”的问题。预测情报通过行为模式预测威胁事件发生的可能性，解答威胁行为接下来会“怎样”的问题，与态势感知密切相关。

3. 基于数据类型与价值密度的分类方法

基于数据类型与价值密度，可以将威胁情报分成情报数据、情报信息、情报知识三类。情报数据包括样本、IP 指纹、域名解析记录、Whois 信息、数字证书等，特点是数量巨大、更新频率相对较低。情报信息包括样本、IP 地址、域名、URL、邮箱等网络资源的黑白类信誉及 C&C 远程控制信息，特点是在系统对其进行分析研判后具有较强的时效性。情报知识包括安全事件报告、攻击手法 TTP、黑客组织画像等，特点是数据量少、价值高，主要表现为非结构化数据，是通过人工分析挖掘生成的。

5.1.3　网络威胁信息采集渠道

网络威胁信息的主要采集渠道如下。

1. 实时采集

通过在网络、主机、数据库或应用系统中部署采集系统，可以实时进行数据获取和格式解析，提取其中与网络威胁有关的内容。以流量采集为例，通过在网络出口或关键网络区域直接分光，或者在交换机镜像端口部署网络流量探针设备，可以实时从网络中捕获数据包，按照网络协议逐层进行解析，形成不同协议的会话内容（其中包含各类网络访问和操作行为的流量数据），作为攻击识别、行为分析的基础数据。

2. 主动探测

利用主动探测系统发送探测内容，可以对网络中的主机、服务器、应用系统、网络拓扑进行探测，获取相关的系统信息和安全信息，如服务器操作系统的类型和版本、数据库的类型和版本、网站发布系统的类型和版本、网站域名注册信息、电子邮件服务器的类型和版本、社交媒体账号信息、主机 IP 地址、服务器的安全漏洞和隐患、网络信息系统管理维护人员的信息、已存在的弱口令/账号等。

3. 规则提取

规则提取是指通过预先设置的规则，从已有的数据池中提取需要的网络威胁数据。规则通常与已知的攻击特征和恶意代码特征对应，或者与特定的操作行为和敏感信息对应。规则提取的前提是通过实时采集、探测或数据汇聚等手段，形成包含威胁信息的数据池。规则通常由安全专家根据网络攻防经验设置，其特点是准确性高但更新速度慢。同时，由于所提取的数据并非实时数据，所以，规则提取不适合在需要进行实时响应和攻防对抗的场景中使用。

4. 数据共享

数据共享是指通过数据查询、数据订阅、数据推送等方式，在两个或多个机构之间实现网络威胁数据的共享。数据共享也是主流的威胁信息采集渠道之一。例如，网络信息系统的运营使用单位可以通过订阅安全厂商的威胁情报服务，实时获取漏洞、病毒、恶意 IP 地址、恶意域名、样本散列值等威胁数据，并与系统中部署的安全设备联动，使安全设备能够及时更新自身规则。对关键信息基础设施运营者来说，还可以通过与国家网络安全监管机构的数据共享获取国家层面的威胁情报数据，从而进一步提高网络攻防能力，更好地应对境内外组织化、规模化的网络攻击行为。

5. 开源情报

在传统的情报分析工作中，情报的来源主要是秘密情报。随着现代通信技术的发展，特别是互联网的出现和网络时代的到来，开源情报的影响力迅速扩大——从“一战”前的人员情报、“二战”期间的信号情报、“冷战”期间的图像情报，发展到如今的开源情报，并以网络情报为主要特征。

开源情报是指从公众媒体上收集和挖掘的情报。公众媒体包括报纸/刊物、电视、互联网等。与开源情报相对应，开源情报研究是指对通过公开或半公开途径获取的资料和信息进行综合分析与研究，是情报研究的重要组成部分。由于开源情报研究具有全面性、系统性，所以其价值往往高于秘密情报研究。

（1）开源情报研究面临的挑战

开源情报的获取与研究已经得到了各国情报人员的重视。《简氏防务》周刊 2000 年 8 月载文称，“在‘冷战’时期，情报中有约 85%来自政府部门。如今，由于世界各国政府的进一步开放及信息技术的不断发展，这个数字是 90%～95%”。开源情报大部分来自公开的报纸、杂志和网络，小部分来自不保密的内部资料、政府报告及领导人的讲话。随着信息时代的到来，开源情报研究面临以下挑战。

第一，互联网数据（内容）量不断膨胀，现有开源信息提取分析技术亟待变革。互联网内容的爆炸性增长，使利用信息提取技术和数据挖掘技术采集情报变得越来越重要。然而，现有的技术存在以下问题：一是现有的信息提取技术主要依赖网络爬虫等搜索技术和工具，导致互联网信息的利用程度和挖掘效率低下；二是互联网上有大量的非结构化内容，如何将其采集、转换成结构化数据并进行存储和处理是一大挑战；三是现有的数据采集工具或网络爬虫对采用了 AJAX 技术的内容的适应能力有限，导致了传统搜索引擎查找范围的缩小。

第二，掌握开源情报成为了解动态变化的网络社会态势及社会形势变化情况的钥匙。网络已经成为人们生存和生活的另一个空间，一个开放、复杂、巨大、海量的信息源。更重要的是，在网络中，各类群体很容易形成，其动向变化快、难预测，其组织形式广泛、深入、不可预测，这些特征使对网络社会态势的精准把握变得必要且必需。开源情报是进行社会态势分析的基础。如果能掌握开源情报，就很有可能精确地把握社会态势。

第三，研究开源情报及网络社会的状态和趋势，成为为国家安全和社会安全管理者及时提供有效信息、为相关政策的制定提供科学基础的必要途径和手段。互联网的出现和网络社会的形成，改变了人们的许多观念。例如，在传统意义上，动乱主要是由街头的违法人群引起的，而现在，因为通过网络发表危害国家安全和社会稳定信息的成本代价极低但影响范围极广，所以造成的破坏非常严重。因此，全面、准确、及时地了解网络社会的状态，已成为国家安全和社会和谐发展的重要保障，对开源情报进行系统性的获取和分析则是其中重要的环节。

（2）互联网时代开源情报的特点

尽管开源情报研究面临诸多挑战，但它仍具有支出少、风险低、收效大的优势。通过对开源信息进行反复提炼和加工，可以得到质量非常高的情报，这有助于掌握重大战略动向，为决策提供支撑。互联网时代的开源情报具有以下特点。

一是开源情报内容全面、系统，能够显示趋势和规律的变化。

二是开源情报资料获取方便，一般通过订阅、购买、索取、交换、查询、检索、下载等公开、合法的途径或方法就可以得到。

三是开源情报内容广泛。互联网上的信息在时间和空间上分布广泛，涵盖了不同历史时期、不同国家和地区的静态信息和动态信息，涉及政治、经济、军事、科学技术、文化教育、人文地理、自然气候等多个专业领域。

四是开源情报实用性强。开源情报中往往隐藏着具有重大价值的情报，通过将多种来源的开源情报融合关联，能够产生更精准、更具有指导意义的内容。

五是开源情报研究方式灵活，不仅专业机构可以进行，普通的机构和企事业单位也可以进行。各个机构之间可以及时沟通，以便了解新的分析方法，学习他人的成功经验。

六是开源情报搜集方式和手段多样，除了传统的智能搜索引擎、敏感词过滤等单向被动接收方式，还有双向互动交流方式，如利用论坛、聊天室、直播间、社交网络等渠道进行搜集。

七是开源情报处理越来越自动化。互联网信息量爆炸式的增长，使传统的依赖人工处理情报源的方式不再适用，信息的采集、存储和处理越来越依赖自动化工具。

开源情报具有深远和广泛的影响，并将改变国家安全的概念、内涵及相关保障措施。利用开源情报和社会计算手段，开展网络化社会状态与趋势的动态分析，对保障国家安全、社会安全、经济安全和个人安全而言，都是一项极其重要且具有基础性、战略性和前瞻性的研究工作。这项研究工作对促进知识经济环境下新兴产业的发展也至关重要，事关国家的核心竞争力。

互联网上有关网络空间安全的开源情报内容丰富，各类安全机构、组织、厂商、技术人员会在互联网上有意或无意地发布多种安全相关信息，如新型漏洞及其利用方法、安全补丁和加固方法、网络病毒爆发情况、黑客组织和 APT 组织的动向、网络攻击预警信息等。这些信息既是重要的网络威胁数据来源，也是进行网络安全大数据分析和网络攻防实战对抗的第一手技术资料，为重大网络威胁的监测感知、处置应对、跟踪溯源、预测预警等提供了有效的支撑。

5.1.4 网络威胁信息采集方法

网络威胁信息多种多样，所利用的采集方法也有区别。根据网络威胁信息来源的不同，信息采集涉及的关键技术主要包括流量检测、行为分析、网络探测三大类，每个大类还可细分成若干小类。

网络威胁信息采集方法将在 6.2.1 节详细介绍。

5.1.5 新型网络威胁监测发现技术

下面介绍一些新型网络威胁监测发现技术。

1. 智能流量检测技术

无论是深度流检测还是深度包检测，采用的检测模型都是基于模式匹配或统计分析的。从网络攻击活动的发展趋势看，越来越多的攻击活动通过加密流量来实施（如网站普遍用 HTTPS 代替 HTTP）。同时，攻击者为了躲避检测系统，倾向于利用零日漏洞渗透高价值目标，或者利用各类变种、变形的木马病毒实现入侵和远程控制，而基于模式匹配和简单统计分析的检测方法无法应对此类攻击态势的转变，很多高危攻击活动无法被实时发现，导致关键信息基础设施或重要信息系统因遭受恶意入侵造成重大损失。

近年来，以神经网络为代表的人工智能技术在经济社会的各个领域得到了广泛应用。由于具备自学习和迭代更新的特点，人工智能技术突破了传统技术的局限，能够从数据样本中学习并获取隐含的知识，甚至已经在某些领域超越了人脑的分析能力。

人工智能技术同样适用于网络安全领域的流量检测工作[61]。从早期的数理统计、数据挖掘，到现在的深度学习、强化学习，基于人工智能的流量检测已经在一定程度上具备了实用性。由于攻击活动在本质上与正常的网络活动存在显著差异，所以，如果能将攻击检测问题转换成基于流量数据的行为模型和推理问题，那么，即使攻击活动的具体行为方式发生较大变化，也仍有可能利用神经网络的泛化能力发现新型攻击活动或病毒变种。人工智能技术的进步，为流量检测工作创造了新价值，突破了以往必须依靠更新特征库才能实现检测能力提升的限制，摆脱了长期被动的局面。

基于人工智能的流量检测技术发展势头迅猛。思科公司提出了加密流量分析（ETA）技术，针对加密流量 TLS 建立有监督机器学习模型，利用连接的初始数据包、数据包长度和时间顺序，以及数据包有效载荷的字节分布等参数，通过机器学习得到包含攻击行为的加密流量的特征，实现对加密流量的攻击检测。国内知名安全厂商也提出了基于人工智能的攻击检测技术，在一定程度上解决了加密流量检测和未知威胁检测难题。

2. 用户及实体行为分析技术

用户及实体行为分析（UEBA）技术[62]是网络安全领域进行异常发现的重要技术。无论是网络空间安全态势感知、用户上网行为管理，还是数据防泄露，异常发现都是不可或缺的重要能力。UEBA 利用大数据相关技术，通过多源采集的人员信息，从人员的岗位、管理归属、访问权限、访问轨迹、可疑操作等方面进行综合画像，掌控人员行为规律，并将其作为判断是否存在异常行为（包括攻击行为）或者是否造成数据泄露的依据。

UEBA 已经采用各类人工智能技术（如神经网络算法），将不同来源的用户行为相关数据作为训练样本，利用人工智能算法的自学习能力和泛化能力建立用户行为模型或框架，并将其作为异常判断的参考框架，以期提高针对用户行为的建模能力和动态适应能力。

3. APT 攻击检测技术

APT（Advanced Persistent Threat）攻击即高级持续性威胁攻击，是指具备高级技术水平和丰富攻击资源的攻击组织对特定目标对象开展的持续性攻击活动。这种攻击活动具有极强的隐蔽性和针对性，一般运用受感染的介质、供应链和社会工程学等手段实施，有时会使用尚未公布的零日漏洞和专门开发的工具实施，对目标系统具有较强的破坏力且很难进行有效防范，是关键信息基础设施和重要信息系统面临的最为严重的网络威胁类型。与传统网络攻击相比，APT 攻击的检测难度主要表现在以下方面。

一是攻击方法先进。APT 攻击者能适应防护方的安全监测能力，不断更换和改进攻击方法，多利用零日漏洞和新型攻击手法，具有较强的躲避能力，传统的基于特征匹配的检测技术难以有效发现 APT 攻击。

二是攻击过程隐蔽。APT 攻击者通过长周期的慢速攻击成功控制目标系统后，在正常数据流量的掩护下与外部远程控制端进行通信，且通信过程一般通过安全加密通道进行，使防护方难以发现其中的异常通信过程。

三是危害持续时间长。APT 攻击者一旦进入目标系统，就会长期驻留，并基于已控制的主机实现横向转移和信息收集，扩大攻击范围，使防护方难以全面清除其影响。

针对 APT 攻击的主流检测方法是利用动态沙箱，通过拦截软件样本产生的系统调用来监视程序的行为，根据用户定义的策略来控制和限制程序对计算机资源的使用，从而判断软件样本是否存在威胁。然而，APT 攻击组织自身具备较强的网络攻防技术能力，其开发的软件样本能够在某种程度上有效对抗沙箱。例如，通过采集沙箱系统的指纹（CPU 时序检查、注册表查验等）、延迟和计时执行软件代码，检测目标系统中是否存在人工互动（检查鼠标移动情况、点击情况、键盘敲击情况等），由此判断软件样本的运行环境是真实的计算机系统还是虚拟的沙箱系统；一旦判断为沙箱系统，软件样本可以立即停止运行以躲避检测。围绕沙箱逃逸和反逃逸技术的研究是网络安全领域的热点之一，也是掌控网络攻防主动权的关键，国内外诸多研究机构和安全厂商都致力于这项工作。

4. 蜜罐/蜜网技术

蜜罐（Honeypot）技术本质上是一种对攻击方进行欺骗的技术，通过布置一些作为诱饵的主机、网络服务或者信息，诱使攻击方对它们实施攻击，从而帮助防护方对攻击行为进行捕获和分析，了解攻击方使用的工具与方法，推测攻击意图和动机，了解自身面对的安全威胁，并通过技术和管理手段增强实际系统的安全防护能力。

蜜网（Honeynet）是一系列通过网络连接在一起的蜜罐系统，可以模拟大规模的网络信息系统和网络连接（不同的蜜罐系统模拟不同的主机或系统组件），从而提高蜜罐系统的仿真程度。

蜜罐/蜜网系统的技术难点主要表现在以下方面。

一是自身安全能力。蜜罐/蜜网系统是高危系统，由于部署在攻击者可以直接访问的区域，且系统中的漏洞/隐患并非完全可知，所以，攻击者一旦成功入侵并完全控制蜜罐/蜜网系统，就有可能将其作为跳板，通过横向渗透或病毒释放入侵网络中的其他真实系统。此时，蜜罐/蜜网系统不仅没有起到安全保护作用，反而成为攻击者的帮凶。因此，蜜罐/蜜网系统自身必须具备极强的安全保护能力，能够有效抵御攻击者的提权操作，并能够迅速实现系统隔离，以避免出现网络威胁扩散的情况。

二是仿真度。蜜罐/蜜网系统必须尽量提高自身的仿真度，从网络层、主机层、数据层、应用层等方面构建真实系统的“假象”，在其中呈现真实的网络拓扑、路由和交换设备、安全设备、IP 地址、MAC 地址、操作系统、数据库管理系统、数据记录、用户账号、管理员账号、系统日志、审计记录等信息，并保持定期更新和用户交互操作，避免引起攻击者的怀疑。

三是记录和分析能力。蜜罐/蜜网系统应能够对攻击者实施的一系列行为进行完整、准确的记录，有效保护记录内容（包括但不限于攻击者产生的网络流量、系统日志、主机和应用访问记录、数据库读写记录、上传/下载文件记录、程序执行记录、配置和策略修改记录、网络回连记录等）不被篡改，并对这些记录信息进行回传和综合分析，从而提取攻击行为特征，并将其作为判断攻击意图和趋势的重要依据。

5.2 网络威胁信息汇聚技术

网络威胁信息汇聚是指将多源异构的网络威胁数据收集、汇总、聚合，形成统一的威胁数据资源，供大数据平台进行分析处理。由于网络安全涉及网络和信息系统的多个方面，所以，需要将各个层面、各个维度、各个位置的网络安全数据信息汇总，才能形成完整的攻击链、证据链或威胁线索信息。

5.2.1 汇聚目标

网络威胁信息汇聚的目标是支撑网络安全监测发现、态势感知、事件处置、溯源分析、目标画像等业务。

1. 网络安全态势感知

要想掌握网络安全态势，就要了解网络中的保护目标、脆弱性、攻击活动、病毒感染、活跃的攻击组织等信息，并对其相互间的关联性和整体态势进行分析研判。这些信息的来源不同，如保护目标和脆弱性信息来自资产测绘系统或漏洞扫描系统，攻击活动和病毒感染信息来自入侵检测系统和病毒监测系统，攻击组织信息来自安全机构或厂商发布的安全分析报告。需要将不同来源的威胁信息汇聚到网络安全大数据平台上，利用平台的数据处理和分析能力实现威胁信息的关联融合，从而分析研判当前网络空间和保护目标所面临的安全态势。

2. 网络攻击溯源分析

网络操作行为采用 IP 地址、域名、邮箱、账号等作为逻辑标识。这些标识信息本身并没有与物理位置绑定，部分信息可以人工修改或替换。对网络攻击行为而言，攻击者可以通过网络跳转实现对自身标识、位置和身份的隐藏。因此，在现有 IP 架构的互联网中实现对网络攻击的准确溯源，仍然面临较大的技术挑战。

网络空间地理学针对这一挑战，尝试在网络空间原有逻辑标识的基础上增加与物理空间的映射关系，以期实现对网络操作行为的准确定位。为了支撑网络攻击溯源分析，必然要汇聚来自网络空间的信息（如 IP 地址、账号、系统日志等）和来自物理空间的信息（如网络设备的物理地址、IP 地址的定位信息等），在空间映射关系和行为关联关系的基础上，从被攻击目标监测发现的网络行为信息入手，对攻击链的各个环节进行转换、映射、关联，逐步得到完整的攻击链，从而确定发起攻击的设备设施及其物理位置，最终推断出实施攻击的人员或组织。

3. 重点目标画像

为了实现网络空间安全的主动防御和动态防御，需要及时对网络中的重点目标（包括重点保护目标、网络资源目标和攻击组织）进行全面的刻画和分析。对重点保护目标，需要实时刻画其资产情况、网络拓扑、脆弱性、高危风险、遭受攻击的情况等。对重点攻击组织，需要实时刻画其历史攻击行为、攻击轨迹、拥有的攻击资源、掌握的高危漏洞及可能的攻击动向等。因此，需要将不同来源的网络威胁信息汇聚（包括资产测绘结果、漏洞扫描结果、渗透测试结果、当前攻击告警、历史攻击记录、攻击样本、攻击工具和平台、攻击组织分析结果等），以实现各类信息之间的交叉验证、补全、关联和拓线，为重点目标画像工作提供支撑。

5.2.2 汇聚方式

可以通过国际互联网、移动互联网、物联网、工业互联网、电子政务网、部门或企业专网、线下渠道汇聚网络威胁信息，主要的汇聚方式介绍如下。

1. 数据回传

数据回传是指网络隔离系统、防护系统、监测系统、探测系统、审计系统等安全设备向管理中心回传有关网络威胁的信息，如通过探测发现的网络资产和脆弱性信息、通过监测发现的网络攻击行为和恶意代码、被防护系统阻断的恶意访问请求、被审计系统记录的异常访问行为等。

2. 数据报送

数据报送是指依据相关报送制度，由下级单位/部门向上级单位/部门或者由单位向网络安全监管部门报送有关网络威胁的信息。例如，某中央企业的省级分公司向中央企业报送本省网络信息系统近期遭受的网络攻击，该中央企业作为国家关键信息基础设施运营单位向公安部报送近期自身网络中出现的安全问题等。

3. 数据服务

数据服务是指相关安全机构或厂商根据购买方的需求，向其提供网络威胁信息，如近期出现的重大网络攻击事件、勒索病毒、高危安全漏洞等。

数据服务可以通过订阅、推送等形式提供，通常与安全机构或厂商的安全产品配套使用。部分网络威胁信息（如恶意 IP 地址、恶意域名、恶意样本的散列值等）可直接用于安全产品的更新，以提高安全产品对新型攻击方式和新型漏洞的感知能力。

4. 威胁情报交换

威胁情报交换通常在不同的安全机构/厂商之间进行，主要包括攻击活动、漏洞、恶意样本、攻击组织的情况等。由于各个安全机构/厂商的监测范围和分析能力不同，所以，通过威胁情报交换，可以扩充数据资源、扩大数据的覆盖范围、提高数据的准确率、帮助开展分析研判。

5. 系统/平台对接

系统/平台对接是一种综合性的威胁信息汇聚方式，通常在两个或多个具备一定网络安全资源和能力的单位之间进行。各对接方有自己的网络安全管理中心或大数据平台，具备一定的数据治理和分析能力。

通过系统/平台的对接，能够实时共享网络安全数据，实现跨系统、跨平台的数据补全和关联分析，为深入分析新型漏洞和新型攻击方式、预警预测高危攻击行为、主动防范大规模网络病毒、快速处置重大网络安全事件等工作提供有力支撑。

5.2.3 汇聚技术

在开展网络威胁信息汇聚工作时，需要满足安全性要求，包括数据源和汇聚方的身份认证、数据传输安全、数据存储安全、恶意代码防范、隐私保护等，采用的技术手段如下。

1. 双因子认证

双因子认证是指在威胁信息提供方和汇聚方之间使用两个或两个以上的安全因子进行身份认证，而不是仅采用简单的账号/口令认证机制。较为成熟的认证机制有动态校验码、数字签名、U-Key、生物特征识别等。

基于双因子认证进行提供方和汇聚方的身份认证，既可以保证威胁信息的真实性和可靠性，也可以避免因威胁信息被无关方获取而造成安全相关敏感信息外泄。

2. 信道加密

网络威胁信息包含敏感的安全数据，如被攻击的单位和系统、IP 地址、存在漏洞的 URL、攻击手法、病毒样本等。在进行数据汇聚时，必须保证传输过程的安全性。通常采用专线或虚拟专用网络（VPN）的方式进行传输。

VPN 采用高强度的加密算法，对通过 VPN 通道传输的数据进行全程加密保护和完整性校验，以确保所传输的数据不会被无关方截获或篡改。

3. 单向导入

部分单位的网络安全大数据平台布设在与互联网物理隔离的专网内。在这种场景中，从互联网端获取的网络威胁信息需要通过可靠的技术手段导入专网，同时，应保证不会将专网内的敏感数据泄露到互联网上。主流的技术手段是通过单向网闸（光闸）将分别部署在互联网侧和专网侧的独立主机隔离，使系统之间不存在可通信的物理连接、逻辑连接、信息传输协议及根据信息传输协议进行的信息交换，只存在以数据文件形式进行的无协议摆渡。因此，网闸可以从逻辑上隔离、阻断对专网具有潜在攻击性的网络连接，使外部攻击者无法直接攻击、入侵、破坏内部专网。

4. 攻击行为/病毒检测

攻击行为/病毒检测是指在网络威胁信息的汇聚侧部署入侵检测系统和病毒检测系统，对从汇聚侧进入的所有数据进行深度解析和过滤，检查其中是否包含攻击行为或恶意代码，从而及时发现并阻断可能存在的网络威胁，避免由于信息汇聚给网络安全管理中心或大数据平台造成新的风险。

5. 日志审计

日志审计是指在网络威胁信息的汇聚侧部署审计系统，对所有通过汇聚侧进行的数据交互和操作行为的日志进行审计，记录威胁信息的汇聚过程，评判操作行为的合法性。

5.3　网络威胁信息分析挖掘技术

对网络威胁信息进行融合、治理和分析挖掘，从中提炼开展网络安全保护工作所需的实战化数据和指导性信息，是网络威胁信息分析挖掘的核心目标。网络威胁信息分析挖掘涉及网络威胁信息融合、网络威胁信息治理、网络威胁信息挖掘等一系列关键技术。

5.3.1 网络威胁信息融合

网络威胁信息融合的基本原理是充分利用多个网络威胁传感器资源，通过对多传感器及其观测信息的合理支配和使用，根据某种规则把多传感器在空间和时间上可冗余或互补的信息组合起来，获得对被测对象的一致解释。

网络威胁信息主要通过网络中的各类安全设备、安全子系统、安全数据信息源（如防火墙、入侵检测系统、认证系统、流量探针、系统日志、外部威胁情报信息）获取，采用资产探测技术可以感知全网资产及拓扑关系。多源异构数据可以采用 XML 或其他本体描述语言进行描述和存储。对上述威胁信息进行过滤、关联和集成，可以形成统一的表示架构。这种架构适合在获得安全决策、解释威胁信息、达到安全保护目标、实现网络安全管理和控制等方面使用。

5.3.2 网络威胁信息治理

网络威胁信息来源广泛、数量庞大、价值密度低，对其进行分类整理并从中提取有价值的信息有助于威胁情报的分析研判。由于网络威胁信息包含大量半结构化和非结构化数据，同时需要根据实际数据量和汇聚架构进行动态扩展，所以，普遍的做法是将分布式体系架构（如 MapReduce）引入网络威胁信息治理模块，并使用机器学习算法对威胁情报进行分类。例如：利用深度自编码器挖掘威胁情报中潜在的语义信息，实现自动化网络事件分类；在高级威胁指标的提取过程中应用深度学习技术。

网络威胁信息治理主要涉及威胁信息的清洗、过滤、归并、转换、补全、质量管理等工作，相应的关键技术已在第 4 章详细介绍，此处就不赘述了。

5.3.3 网络威胁信息挖掘

利用分类、聚类、关联、数据立方、时间序列等数据挖掘技术进行威胁情报分析，有助于从复杂的海量信息中提取高价值的威胁特征，挖掘隐藏在不同威胁信息之间的关联关系，从而更清晰地了解攻击者的攻击手段或者当前的整体安全态势。例如，研究人员使用本体模型对威胁情报进行关联分析，利用知识图谱可视化技术直观地展示威胁情报的要素与关系[63]，或者利用威胁信息对所选取的特征属性计算信息熵，通过频繁模式挖掘进行关联分析等。威胁信息挖掘过程中使用的主要算法和技术如下。

1. 分类

分类的目的是提取数据项的特征属性，生成分类模型。分类模型可以把数据项映射到给定类型中的一个。分类的处理步骤如下。

第一步，获得训练数据集。该数据集中的数据记录的数据项和目标数据记录的数据项相同。

第二步，训练数据集的每一条数据记录都有已知的类型标识与之关联。

第三步，分析训练数据集，提取数据记录的特征属性，为每个类型生成精确的描述模型。

第四步，使用得到的类型描述模型，对目标数据记录进行分类，或者生成优化的分类模型（分类规则）。

分类的应用非常广泛，医学诊断、行为判定、市场预测等任务都可以通过分类算法进行自动处理。分类算法的具体实现也有很多，统计学、机器学习、神经网络、专家系统等都是目前重要的研究方向。常用的分类算法有 Ripper、ID3、C4.5、朴素贝叶斯、神经网络等。

分类在网络威胁信息处理方面已有大量应用。网络威胁信息处理的核心目标之一，就是对威胁内容进行分类，判断其属于正常的网络访问还是异常的攻击行为，从而进一步判断其属于哪种攻击类型。例如：根据网络数据包的载荷特征判断威胁内容是否属于 SQL 注入攻击；根据单位时间内数据包的统计特性判断威胁内容是否属于拒绝服务攻击。

分类算法较为成熟，应用在网络威胁信息处理方面，其效果主要取决于训练数据集的样本数量和质量，即已标注的分类标签的数据记录能否更好地体现实际的数据分布特性。训练数据集的数据分布特性和实际数据集的吻合度越高、数据量越大，生成的分类模型的效果就越好，对网络威胁信息的分类结果就越准确。

2. 聚类

聚类分析技术以统计聚类分析、模糊聚类分析为基础，在多目标、多传感器大量观测数据样本的情况下，使来自同一目标的数据样本自然聚类，并将来自不同目标的数据样本自然隔离，从而实现多目标信息融合。

在进行聚类时，按照特定标准（如距离准则）把一个数据集分成多个类或簇，使同一簇内的数据对象的相似性尽可能高，同时，使不同簇内的数据对象的差异性尽可能高，即聚类后同类数据尽可能聚集，不同类数据尽可能分离。

在聚类分析中，常用的聚类方法有层次聚类和快速聚类（迭代聚类）。层次聚类容易受极值的影响，计算复杂、速度慢，不适合大样本聚类。快速聚类虽然速度快，但要求分类指标是定距变量。

K-means 是经典的聚类算法之一。由于 K-means 算法的效率较高，所以被广泛用于大规模数据聚类。许多算法围绕 K-means 算法进行了扩展和改进。K-means 算法以 k 为参数，把 n 个对象分成 k 个簇，使簇内对象具有较高的相似度，而簇间对象的相似度较低。K-means 算法的处理过程如下。

第一步，随机选择 k 个对象，每个对象代表一个簇的初始平均值或中心。

第二步，对剩余的每个对象，根据对象与各簇中心的距离将对象赋给最近的簇。

第三步，重新计算每个簇的平均值。

第四步，不断重复上述过程，直到误差函数收敛。

聚类分析在网络威胁信息处理方面也有一些应用，如对攻击告警信息中的 IP 地址进行聚类以判断攻击态势、对网络流量的统计特性进行聚类以区分正常流量和攻击流量。与分类分析相比，聚类分析最大的特点是不需要已标注分类标签的数据记录，即不需要训练数据集就可以进行数据分析，因此在一定程度上适用于未知类型网络威胁的区分任务。

3. 关联

假设有一些涉及多个数据项的记录：记录 1 中出现了数据项 A，记录 2 中出现了数据项 B，记录 3 中同时出现了数据项 A 和数据项 B。那么，数据项 A 和数据项 B 在记录中的出现是否有规律可循？在知识发现领域，关联规则就是用于描述在一个记录中不同数据项同时出现的规律的知识模式。具体地，关联规则通过量化的数字来描述数据项 A 的出现对数据项 B 的出现有多大的影响。

$R=\{I_1,I_2,\cdots,I_m\}$ 是一个数据项集，W 是一个记录集，W 中的每一个记录 T 都是一组数据项且满足 $T\subseteq R$。假设有一个数据项 X 和一个记录 T，如果 $X\subseteq T$，则称记录 T 支持数据项集 X。

我们要挖掘的关联规则就是符合下式的一种数据隐含规则：

$$X \Rightarrow Y$$

其中，X 和 Y 是两组数据项，$X \subset T$，$Y \subset T$，$X \cap Y = \varphi$。

通常用四个参数来描述一个关联规则的属性，分别是置信度（Confidence）、支持度（Support）、期望置信度（Expected Confidence）、作用度（Lift）。置信度用于对关联规则的准确度进行衡量。支持度用于对关联规则的重要性进行衡量，说明一个关联规则在所有记录中的代表性如何。显然，支持度越高，关联规则就越重要。有些关联规则虽然置信度很高，但支持度很低，说明该关联规则的实用机会很少。期望置信度描述了在没有数据项集 X 的作用时数据项集 Y 本身的支持度。作用度描述了数据项集 X 对数据项集 Y 的影响力。作用度越大，说明数据项集 Y 越容易受数据项集 X 的影响。

关联分析的目的是从已知的记录集 W 中获得数据项集之间的关联规则，保证其支持度和置信度大于用户预先指定的最小支持度（Minimum Support）和最小置信度（Minimum Confidence）。发掘关联规则通常可以分成以下两个步骤进行。

第一步，从记录集 W 中找出所有支持度大于最小支持度的数据项集（称为大数据项集；其他不满足支持度要求的数据项集称为小数据项集）。这些工作通常可以采用 Apriori、AprioriTid、AprioriHybrid 等算法来完成。

第二步，使用大数据项集产生期望的关联规则。产生关联规则的基本原则是其置信度必须大于预先指定的门限值。

关联分析在网络威胁信息处理方面已有一些应用。例如，一个攻击组织总是倾向于使用类似的攻击手法、攻击工具，或者通过相同的网络设备或资源实施攻击，在网络威胁信息层面表现为相同或相似的网络流量特征、访问行为特征、IP 地址等。通过对关联要素的分析和挖掘，可以提取攻击组织与要素之间的关联性，为判别攻击组织提供可靠的依据。另外，关联分析算法普遍用于对网络流量、用户操作记录、系统日志等的分析，以建立行为模型，实现异常检测。关联分析的效果取决于训练数据集的规模和质量，具体现为上述算法中描述的置信度和支持度。

5.4　网络威胁信息共享交换

本节介绍网络威胁信息共享交换。

5.4.1 共享交换需求及存在的问题

威胁信息共享交换是实现威胁信息汇聚，对多源威胁信息进行关联、挖掘、推理等工作的基础。共享交换有助于实现威胁数据的融合，能够帮助形成网络攻击链、证据链或线索信息，支持网络安全监测发现、态势感知、事件处置、溯源分析等业务。威胁信息包含敏感的网络安全数据，如攻击组织信息、攻击工具、攻击途径、攻击使用的 IP 地址和域名、被攻击目标的漏洞、被攻击目标的敏感数据等，因此，在对其进行共享交换时存在一系列问题，主要表现为威胁信息非法使用、隐私泄露和非对称交换。

1. 威胁信息非法使用

在网络威胁信息共享过程中，无法保证参与共享社区的所有成员都是可信的，而且，同一类型的组织或企业中也存在竞争者。在进行信息共享时，如果无法保证数据传输的安全性，就不可避免地会出现威胁信息被部分成员非法使用或篡改的问题，不仅无法发挥共享社区协同防御的作用，也无法为参与共享的成员带来安全收益，还将成为恶意攻击者的工具，影响成员共享威胁信息的积极性。

传统的访问控制模型，如基于角色的访问控制模型、基于属性的访问控制模型等，在网络信息共享中存在局限性，无法随网络安全事件的生命周期动态设置用户权限。因此，有研究人员提出将基于属性的访问控制与以组为中心的信息共享模型结合起来，以实现动态变化场景中的网络威胁信息共享。

2. 隐私泄露

隐私泄露是导致很多组织机构不愿意参与威胁信息共享的原因。由于威胁信息共享过程的参与者可能来自不同的组织，所以，在共享的网络安全信息中可能会包含组织的身份信息、技术信息、用户信息及其他敏感信息。这些信息的泄露，一方面可能会帮助行业竞争者获得优势，另一方面可能会给组织的声誉、安全及用户体验带来不利影响。

针对这一问题，研究人员提出了一些理论方法来保护信息提供者的隐私。Vakilinia 等人[64]为了保护共享威胁情报的组织机构的身份信息，利用可聚合的盲签名机制提出了具有注册、共享、论证和奖励功能的网络安全信息共享框架。Badsha 等人[65]为了防止威胁信息共享过程中隐私信息被泄露给不可信的参与者或黑客，提出了基于同态加密的网络安全威胁情报共享和利用框架。

3. 非对称交换

在进行威胁信息共享交换时，除了上述安全问题，还存在非对称交换问题。因为威胁信息共享是风险与利益共存的，威胁信息的产生、共享，需要组织付出时间和经济成本对获取的网络威胁因素进行处理，在共享过程中还存在隐私泄露等风险，所以，一些组织为了在通过共享机制及时获得情报的同时降低成本和风险，会采取“搭便车”的方式，以较小的贡献获取由共享机制中其他组织共享威胁情报带来的效益。这种非对称的威胁情报共享可能会导致积极参与共享的成员无法通过共享获得更多的效益，从而降低整个共享社区的效益，因此，需要采取有效的措施来阻止此类行为。

Al-Ibrahim[66]提出了一种用于衡量威胁情报质量的指标，不再依靠共享数据的数量来评判成员的贡献，而是综合情报的准确性、实时性和相关性三个指标，建立一个用于评估贡献的体系，对共享社区中每个成员的贡献进行评估。Tosh 等人[67]将进化博弈论引入网络安全信息共享机制，综合考虑信息共享的成本与收益，用参与成本来激励组织参与网络安全信息共享，并根据各种约束条件设计了一种动态成本适应算法，最终实现双赢。

5.4.2 共享交换框架与标准

在进行网络威胁信息共享时，需要使用统一的数据格式和传输规范。针对这一需求，许多机构和学者进行了大量的研究，提出了多种标准。

（1）STIX

结构化威胁信息表达式（Structured Threat Information on eXpression，STIX）是由 MITRE 公司联合美国国土安全部发布的一种用于交换威胁情报的语言和序列化格式。使用 STIX 规范，可以通过对象和描述关系清晰地表示威胁情报的多方面特征，包括威胁因素、威胁活动、威胁属性等。STIX 不仅能直观地展示给分析人员，还能以 XML 或 JSON 文件的形式存储，以便机器快速读取。STIX 提供了一种基于图模型的用于描述威胁情报的框架，其核心是威胁要素和 STIX 关系（包括外部关系和内部关系），通过 STIX 关系将威胁要素关联起来。

STIX 1.0 定义了 8 种威胁要素，包括可观测数据（Observation）、攻击指标（Indicator）、安全事件（Incident）、攻击活动（Campaign）、威胁行为体（Threat Actor）、攻击目标（Exploit Target）、攻击方法（TTP）、应对措施（Course of Action）。

STIX 2.0 定义了 12 种威胁要素。STIX 2.0 对 STIX 1.0 中的攻击方法进行了更加细致的描述，包括攻击模式（Attack Pattern）、入侵集（Intrusion Set）、工具（Tool）、恶意软件（Malware），从攻击目标中拆分出脆弱性（Vulnerability），从威胁行为体中拆分出身份（Identity），删除了事件，新增了报告（Report）。

STIX 既适用于威胁信息分析（包括威胁信息的判断、分析、调查等），也适用于威胁特征分类（通过人工方式或自动化工具对威胁特征进行分类），还可用于安全事件应急处理、威胁情报共享等。

（2）TAXII

可信自动情报交换（Trusted Automated Exchange of Intelligence Information，TAXII）是一种基于 HTTPS 交换威胁情报信息的应用层协议。虽然 TAXII 协议是为了支持由 STIX 描述的威胁情报的交换而专门设计的，但也可用于共享其他格式的数据。使用 TAXII 协议，不同的组织机构可以通过定义与通用共享模型对应的 API 来共享威胁情报。TAXII 协议可供威胁情报提供者、威胁情报使用者、威胁管理机构使用，支持的共享模式包括广播、订阅、点对点三种。

（3）CybOX

网络可观察表达式（Cyber Observable eXpression，CybOX）定义了一种表征计算机可观察对象及网络动态和实体的方法，提供了一套标准的语法来描述所有可以从计算机系统中观察到的内容，并且支持扩展，可用于威胁评估、日志管理、恶意软件特征描述、指标共享、事件响应等。目前，STIX 2.0 已经集成了 CybOX。

（4）MAEC

MAEC（Malware Attribute Enumeration and Characterization）是一种基于属性的恶意软件特征结构化描述语言，通过定义数据包格式、一组默认的受控词汇表和语法来表征恶意软件。MAEC 通过消除当前恶意软件描述中存在的歧义和不确定性，帮助技术人员高效分析恶意软件程序。

5.4.3 共享交换模型与关键技术

在实际的网络威胁信息交换场景中，需要解决数据共享安全性和数据提供方隐私保护的问题。在威胁情报的概念被提出后，产业界结合业务需求建立了各类威胁情报共享平台，供各组织获取、共享和分析威胁情报。

为了解决威胁信息共享中的安全问题，研究人员提出了一系列模型，从访问控制、数据加密、审计等维度来提高共享模型的安全保障能力。区块链作为一种具备去中心化和匿名性特点的关键技术，已经被应用到很多领域的信息共享中，如医疗健康信息交换、车载边缘计算数据共享等。研究人员也将区块链技术应用到网络安全防御信息交换中，提出了能够保护隐私的共享框架。组织之间的信任及隐私安全问题是阻碍企业和安全机构进行威胁信息共享的重要因素。很多安全机构提出的威胁情报共享模型是中心化的，这不仅需要单一的信任权限，也造成了瓶颈，参与共享的组织会因此失去对自身数据隐私的控制。

区块链为可信的威胁信息共享提供了技术基础。区块链基于密码机制，实现了去中心化管理，不需要可信的第三方，共享节点之间可以通过共识彼此信任、在可信的环境中进行匿名数据传输且数据不会被篡改，同时，数据的分布式存储也有利于保护数据隐私。因此，将区块链技术应用于威胁信息共享，有助于解决共享收益、隐私泄露、利益分配不均等方面的问题。

在这里介绍一种基于区块链的威胁情报共享模型[12]。该模型可以在威胁信息共享过程中保护组织的隐私信息，并通过在区块链上部署智能合约实现网络威胁自动预警，从而证明区块链技术在威胁信息共享中可行且具有很大的优势。在未来，区块链智能合约会在威胁信息共享方面得到深入的应用。如表 5-1 所示，区块链的去中心化、账户匿名、分布式记账、开放自治、不可篡改的特性及智能合约机制等技术特点，可以满足网络威胁信息共享中隐私保护、奖励机制、可追溯、自动预警响应方面的需求。

表 5-1　网络威胁信息共享需求与区块链的特性和技术特点

序号	网络威胁信息共享需求	区块链的特性和技术特点
1	隐私保护	去中心化、账户匿名
2	奖励机制	分布式记账、开放自治
3	可追溯	不可篡改
4	自动预警响应	智能合约机制

该共享模型的相关定义如下。

定义 5.1　一元类网络安全威胁情报（OneCti）：主要包括网络安全威胁指示器（IOC）或威胁对象（Threat Object）情报，如电子邮件、IP 地址、域名、恶意代码、组织、域名所有者、攻击者等，使用四元组 <tp, type, value, label> 来描述。其中，tp 表示时间戳，type

表示元素类型（type∈(ip, domain, email, campaign, attacker, …)），value 表示元素值，label 表示元素标签。例如，<2019-05-16 10:00:00, ip, 12.6.5.3, C2> 表示 2019 年 5 月 16 日 10 时检测到 IP 地址为 12.6.5.3 的 C2 服务器。

定义 5.2　二元类网络安全威胁情报（TwoCti）：主要包括网络安全事件情报，使用七元组 <tp, type, value, rel, type, value, desc> 来描述。其中，tp、type、value 的含义和 OneCti 中的含义相同，rel 表示两个元素之间的关系（rel∈(connect, inject, scan, …)），desc 表示情报的相关描述信息。例如，<2019-05-16 10:00:00, ip, 12.6.5.3, connect, ip, 13.5.6.6, connect server> 表示 2019 年 5 月 16 日 10 时 IP 地址为 12.6.5.3 的服务器连接了 IP 地址为 13.5.6.6 的服务器。

定义 5.3　网络安全情报共享交易（STrans）：组织机构将网络安全威胁情报与威胁情报中心共享，威胁情报中心对网络安全威胁情报进行验证和评估后给予情报提供者一定的奖励（Reward）并返回情报共享凭证（Ticket）的过程，使用六元组 <tp, Oacc, Cacc, reward, SEnc(Cpub_k, cti), ticket> 来描述。其中，tp 表示时间戳，Oacc 和 Cacc 分别表示组织机构和网络安全威胁情报中心的区块链账户地址，SEnc(Cpub_k, cti) 表示使用威胁情报中心的公钥 Cpub_k 加密的威胁情报。

定义 5.4　网络安全威胁情报图：由单向加密的网络安全威胁情报元素值组成的有向图，使用 G=<V,E,L,R> 来描述。其中，V 表示 IP 地址、域名、邮箱等元素值的单向加密密文，L 是节点 v∈V 的标签 label 的集合，R 是节点之间关系的集合。如果 u,v∈V 之间存在二元类网络安全威胁情报，构成了一条从 u 到 v 的有向边，则 (u,v)∈E。

定义 5.5　网络安全威胁情报分析交易（ATrans）：组织机构向威胁情报中心提出威胁情报分析需求，威胁情报中心对组织机构提供的威胁情报与情报库中的情报进行关联分析，返回分析结果或威胁处置建议（result）并收取一定情报使用费（uf）的过程，使用六元组 <tp, Oacc, Cacc, uf, SEnc(Cpub_k,cti), SEnc(Opub_k, result)> 来描述。其中，tp、Oacc、Cacc、SEnc(Cpub_k, cti) 的含义与 STrans 中的含义相同，SEnc(Opub_k, result) 表示使用组织机构的公钥 Opub_k 加密的情报分析结果 result。

如图 5-1 所示，基于区块链的网络威胁情报共享模型可以通过八元组 <Org, Center, BlockNet, CtiDB, Cti, Trans, SC, Operation> 来描述。

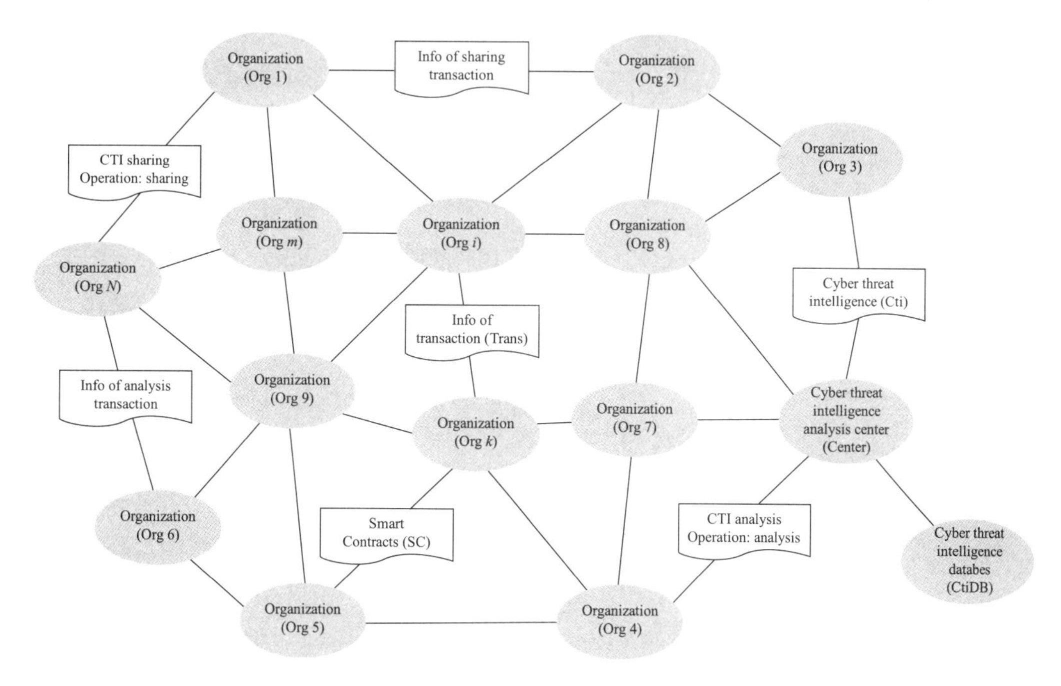

图 5-1　基于区块链的网络威胁情报共享模型

Org 表示组织机构，能够共享和使用网络安全威胁情报。模型中有 N 个组织机构 Org i（$1 \leqslant i \leqslant N$），每个组织机构作为区块链的一个节点，拥有区块链账户地址 O acc。组织机构在网络安全威胁情报共享和使用过程中均以 O acc 的形式出现，能够有效保护组织机构的身份信息。

Center 表示网络安全威胁情报分析中心，具有分析网络安全威胁情报的功能，是推理和构建完整攻击链不可或缺的可信第三方，拥有区块链账户地址 C acc。

BlockNet 表示区块链网络，由 Org 和 Center 组成。

CtiDB 表示网络安全威胁情报库，能够存储网络安全威胁情报。在该模型中，网络安全威胁情报库中的情报均为加密情报 Hash(Cti)，能够有效防止情报中隐私信息的泄露。

Cti 表示网络安全威胁情报（Cti∈(OneCti, TwoCti)），主要针对一元类和二元类网络安全威胁情报，其他多元类网络安全威胁情报可以由多个一元类或二元类网络安全威胁情报的组合来表示。

Trans 表示区块链上的交易信息，包括网络安全威胁情报共享交易和网络安全威胁情报分析交易（Trans∈(STrans, ATrans)）。

SC 表示由组织机构创建的智能合约，包括创建者的区块链账户地址 O acc、触发条件 condition、预警响应措施 response、情报使用费 uf，使用四元组 <O acc, condition, response, uf> 来表示。如果 Center 在情报分析推理中发现满足智能合约触发条件 condition 的情况，就执行预警响应措施 response，并从 O acc 的账户中扣除情报使用费 uf。

Operation 表示主体 Org、Center、CtiDB 和 BlockNet 之间的动作，包括情报节点注册（registry）、威胁情报共享（sharing）、情报评估（evaluate）、威胁情报分析（analysis）、交易广播（broadcast）、情报存储（store）、情报提取（get）、智能合约创建（create）等。当 Org 1 与 Center 进行情报共享时，在不同的主体之间会涉及 sharing、get、evaluate、store、broadcast 等动作。

研究人员基于上述定义，设计了威胁信息共享模型中情报节点注册、情报数据记账、情报分析交易、响应预警的相关算法，算法流程详见参考文献[12]。该模型作为网络威胁信息安全共享技术的参考模型，充分利用区块链技术去中心化和匿名的特点，既保护了参与和涉及网络安全威胁情报共享的组织的隐私信息，也有利于通过推理得到完整的攻击链，还能够利用区块链的回溯能力对攻击链中的威胁源进行追溯和还原，利用智能合约机制实现针对网络威胁的自动预警响应。

5.5 小结

本章重点阐述了与网络威胁信息采集汇聚有关的技术内容。首先，从网络威胁信息的来源、类型、采集渠道、采集方法、新型监测发现手段等方面介绍了网络威胁信息采集的关键技术。然后，分析了开展威胁信息汇聚工作的目标、方式和技术手段，列举了网络威胁数据的融合、治理、挖掘等任务涉及的关键技术，探讨了在进行网络威胁信息共享交换时面临的安全问题，并简要介绍了共享交换过程中用于实现隐私保护的安全模型。最后，通过对网络威胁信息的采集、汇聚、共享和分析挖掘，实现了网络威胁信息的综合关联分析，以帮助组织机构获取有价值的网络安全威胁情报和事件线索，为网络空间安全防护、监测发现、追踪溯源、事件处置提供服务，为公安机关打击网络违法犯罪活动提供数据支撑。

第 6 章　建设网络安全保护平台

建设网络安全保护平台，需要围绕网络安全保护工作需求，明确平台定位，强化顶层设计，采用合适的技术架构，合理切分系统模块，厘清平台内外部关系，引入先进技术，落实模块与基础库建设，辅以网络安全运营驱动。在网络安全保护平台建设过程中，应本着“同步规划、同步建设”的原则，构建自身安全保障体系，以实现安全防护。

6.1　网络安全保护平台规划设计

本节讨论网络安全保护平台规划设计相关内容。

6.1.1　总体定位

网络安全保护平台是防范网络基础设施、信息系统软硬件、数据等的偶然或蓄意破坏、篡改、窃听、假冒、泄露、非法访问，维持网络基础设施和信息系统有效运转的保护、保障、管理、监测等手段的统称。

1. 建设需求

网络安全保护平台建设一般由关键信息基础设施、重要信息系统的主管部门或运营使用单位主导，从网络安全集中管理开始，逐步向网络攻击防护、防御演变，最终全面支撑网络安全保护工作，近年来呈现出多系统协同联动、普遍重视数据安全的趋势。

随着网络安全监测预警、态势感知等技术的发展和成熟，结合业务工作开展现状，网络安全保护平台建设需求可分为三个方面：一是全方位支撑网络安全保护各项工作的开展，支持主管部门或运营使用单位等级保护、关键信息基础设施安全保护、网络与信息安全通报、态势感知等网络安全相关工作的开展，为内外部协同联动提供技术支持；二是实现网络设施、系统安全态势感知与监测预警，包括摸清资产底数、明确安全隐患、及时发现网络安全攻击破坏活动、高效研判网络安全事件、快速响应并调集力量进行处置、同步完善安全防护策略、防范攻击破坏；三是强力保护数据安全，防止专业领域信息泄露，采用多种防护措施保障信息和业务数据的完整性、保密性和有效性。

2. 目标定位

网络安全保护平台的建设目标是建设面向关键信息基础设施安全防护管理的态势感知与协同防御平台，提升关键信息基础设施、重要信息系统的主管部门和运营单位的监测发现能力、威胁感知能力、通报处置能力、调查追踪能力、协同防御能力、重大活动安全保障支撑能力，促进网络安全综合防控体系的建立。

网络安全保护平台的实质是面向关键信息基础设施、重要信息系统安全防护的协同作战与联动调度平台。网络安全保护平台定位于监测、防御、处置境内外网络安全风险和威胁，全方位感知网络安全态势，组织开展等级保护、监督管理、信息通报、重大活动安保与应急指挥调度，面向以关键信息基础设施为重点的安全保护目标进行精细化拦截阻断、动态协同防御和协助调查，保障网络基础设施、信息系统软硬件、数据免受攻击、入侵、干扰和破坏，促进网络安全保护良性生态体系的建立，维护网络主权、安全和发展。

3. 主要建设内容

网络安全保护平台建设重点围绕重要行业部门的网络基础设施、信息系统、资产、数据等，有针对性地开展安全监测、态势感知、监督管理、通报处置、调查溯源、安全运营、重大活动安保等工作。

（1）建设网络安全数据接入汇聚系统

以重要行业关键信息基础设施为重点，摸清重点保护目标的底数、资产状况及网络设施资源、数据资源等的基本情况，确定网络威胁监测重点，建设包含木马病毒、漏洞、攻击工具、僵尸网络等的网络安全资源库。通过整合社会单位的威胁情报数据、重要行业部门的防护数据、其他职能部门的高价值数据，对网络威胁和攻击破坏活动进行监测。考虑重要行业部门自身的网络相关管理规定，搭建科学合理、安全可靠的汇聚系统，实现多源网络安全数据接入。

（2）建设网络安全数据资源中心

充分利用大数据技术，建设大容量、可扩展、高性能的网络安全威胁数据资源中心，构建网络安全大数据子平台，实现网络安全威胁攻击数据的预处理、融合分析处理与高效存储，为以重要行业关键信息基础设施为重点的网络安全保护业务提供全方位的支撑。

（3）建设网络安全智慧大脑

综合采用数据挖掘、人工智能等先进技术手段，融合网络安全大数据，面向网络安全事件聚合、网络安全态势感知、网络安全大数据治理、网络威胁情报挖掘、网络安全知识图谱构建、网络资产/保护目标画像、黑客组织画像、APT 攻击发现等研发智能分析模型，实现网络安全大数据的智能分析和高价值数据的高效挖掘，构建网络安全智慧大脑。

（4）建设关键信息基础设施网络安全保护业务系统

基于网络安全威胁监测数据，建设实时监测与威胁感知子系统，形成全方位、全天候、立体化、纵深化的网络安全态势感知能力。围绕重要信息系统与关键信息基础设施安全监管、等级保护、通报预警等业务，建设支撑业务运转的通报预警与处置系统、等级保护监管系统。通过网络安全事件的关联分析、追踪溯源等技术手段，建设威胁情报分析系统。依托调度指挥机制，研制重大活动安保综合调度子系统和攻防演练子系统，为重要行业部门重大活动安保和实战演练指挥工作提供支撑。建设协同联动系统，实现重要行业部门内外部的协同指挥和业务联动。

（5）构建多部门协同防御机制

以网络安全保护平台建设为切入点，以网络安全保护业务协同为驱动，强化与国家职能部门、重要行业部门、中央企业、科研机构、大专院校、社会团体之间的业务往来，搭建外部交互渠道，共筑网络安全协同防御机制，促进重要行业部门自身保护、保障能力的提升。

6.1.2　技术架构

下面讨论网络安全保护平台的技术架构。

1. 设计原则

在国家网络安全战略的指导下，适应以经济全球化、信息化迅猛发展为标志的新形势，以及“互联网+”时代对网络安全保护工作提出的新要求，建设以网络安全保护需求为牵引、以业务应用为核心、以信息资源为基础的网络安全保护平台。网络安全保护平台技术架构的设计原则如下。

（1）需求牵引，实战为先

根据以关键信息基础设施安全保护为重点的网络安全保护工作的实际应用需求，优先选择急需业务进行开发，突出重点，稳步推进，讲求实效，边建边用，建用并举，以用促建，避免盲目建设，稳步推进网络安全信息化应用的健康发展。要按照实战为先的原则，紧紧围绕重要行业部门、中央企业在网络安全保护工作中的实战需求进行资源体系和业务应用平台建设，使平台能够切实支撑网络安全保护实战工作。

（2）协同联动，依法管理

切实履行国家法律法规及规章制度赋予的各项职责，在网络威胁应对方面与职能部门、重要行业部门、中央企业、信息安全企业、科研机构等实现调度联动、数据共享、协同应对，强化网络安全监测预警与分析研判能力，实现对网络攻击破坏活动的预警和预防。

（3）遵循标准，便于管理

严格遵循国家、行业相关规定和技术规范的要求，从业务、技术、运行管理等方面对项目的整体建设和实施进行设计，充分体现标准化和规范化。平台应提供简单、直观、方便的维护和管理手段，尽量减少维护和管理环节。

（4）技术先进，体系成熟

在设计理念、技术体系、产品选用等方面，要达到先进性和成熟性的统一，以保障平台在较长的生命周期内具有持续的可维护性和适用性。

（5）安全可靠，稳定运行

在与其他应用共享信息的同时，应充分保证基础设施、信息系统和数据的安全，充分考虑系统的备份、冗余和容错能力，确保系统安全、可靠、可持续运行。

（6）扩展性强，易于维护

平台设计应考虑满足未来十年的增长需求，具有能够灵活扩展和调整的特性，为资源和能力的扩容升级提供便利。

2. 需求驱动平台技术架构设计

如图 6-1 所示为网络安全保护平台逻辑架构设计总体思路。平台设计过程严格遵循国家网络安全相关法律法规，兼容相关标准规范，从网络安全保护业务需求出发进行总体架构设计。网络安全保护平台作为一个支撑网络安全保护业务工作开展的平台，需要海量安全威胁攻击数据、安全防护数据、安全业务数据的支持，数据采集、数据对接、数据汇聚、数据集成缺一不可。随着数据量的动态增加，为了保证数据存储、分析、使用的效率，基于海量数据构建数据资源中心势在必行。此外，为了充分提炼网络安全数据的价值，必须充分利用大数据、人工智能技术进行融合分析。在此基础上，通过对网络安全保护业务逻辑的梳理，构建面向业务的数据生产模块，以支撑网络安全保护业务工作的开展。重要行业部门、中央企业的网络安全保护平台，作为重要信息系统、关键信息基础设施网络安全保护的一线支撑平台，在建设、运行过程中离不开职能部门、监管部门的支持，因此，应充分考虑平台协同联动部分的设计。综上所述，网络安全保护平台宜参照主流云计算、大数据平台的架构，采用分层逐步细化的思路构建总体逻辑，并考虑网络安全保护实际需求、网络安全保护协同联动机制来设计相关组件。

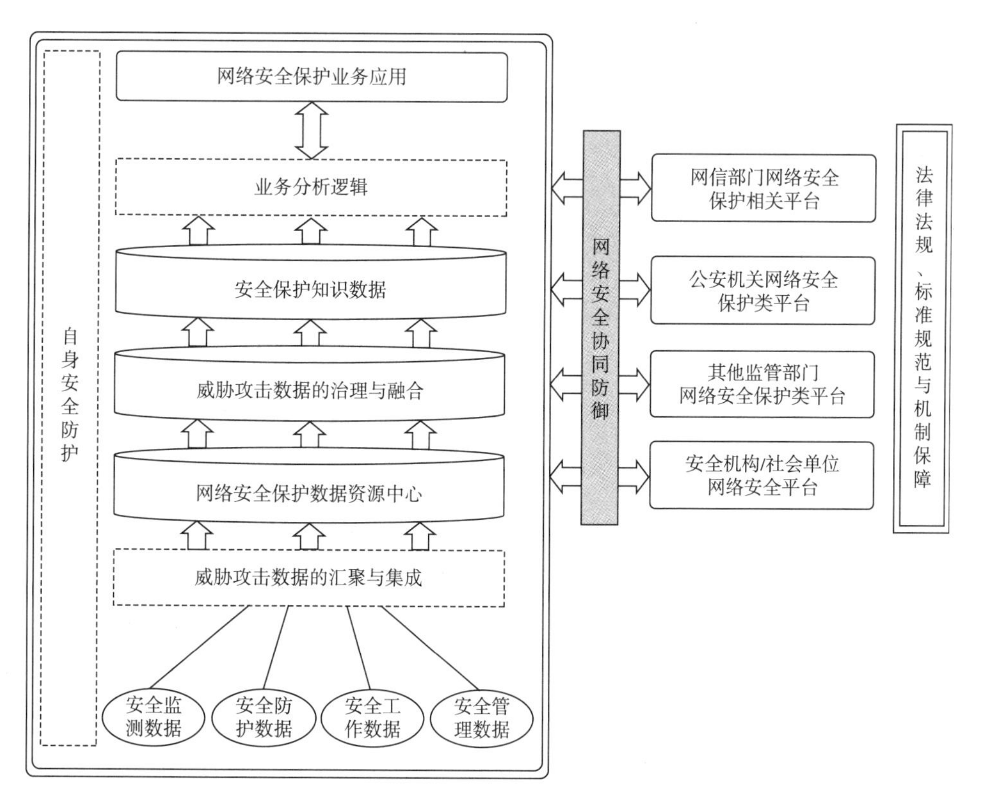

图 6-1　网络安全保护平台逻辑架构设计总体思路

根据信息技术、软件工程及网络安全的相关标准规范，从网络安全保护平台“数据采集—数据汇聚—数据资源存储—数据分析—数据服务—数据应用”的实际需求出发，考虑网络安全保护数据的流转逻辑，在合理规划组件间关系的基础上，逐层设计网络安全保护平台组件；考虑运维和安全保障需要，设计平台保障、运维模块；综合考虑组件间关系，设计平台总体架构。

网络安全保护平台逻辑技术架构如图 6-2 所示。

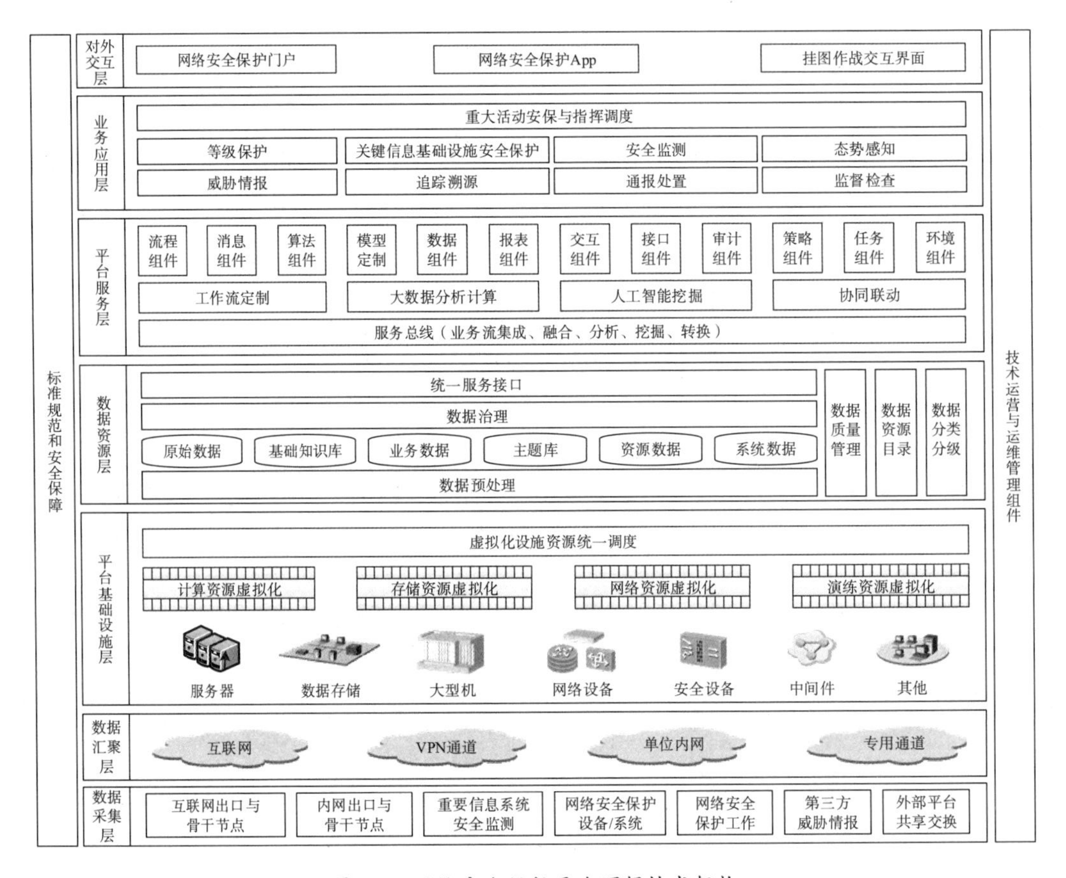

图 6-2　网络安全保护平台逻辑技术架构

第一层是数据采集层。数据采集层各组件负责网络安全保护数据的采集、对接，包括主动采集、被动采集、数据对接三种方式。主动采集主要通过漏洞扫描、安全监测、主动探测等形式采集脆弱性、安全威胁、资产等网络安全保护相关数据。被动采集主要是指在重要行业部门、中央企业的互联网出口、骨干节点部署网络安全监测设备，以旁路分光的形式被动接收网络流量，采集网络安全威胁数据。数据对接是指以接口调用、服务调用等形式对接已有的网络安全防护数据、监测数据、威胁情报等。数据采集层通过多种方式采集、对接威胁攻击日志、威胁情报、网络安全事件等类型的源数据，为平台其他层及组件的运行提供源数据支撑。

第二层是数据汇聚层。数据汇聚层负责通过互联网、VPN通道、单位内网、专用通道汇聚多源异构数据，由数据汇聚接口服务、数据汇聚通道、汇聚用户/组件授权模块和权限验证模块组成。数据汇聚接口服务负责数据调用、数据发送、数据接收。数据汇聚通道为所汇聚的数据提供安全传输机制。汇聚用户/组件授权模块一般通过访问控制策略为各类数据的访问授予相应的权限。权限验证模块按照相应的机制进行访问验证。

第三层是平台基础设施层。平台基础设施层基于服务器、数据存储、大型机、网络设备、安全设备（及配套系统）、中间件等搭建平台基础设施，一般基于云计算、虚拟化技术搭建，可分为基础设施即服务层、平台即服务层。基础设施即服务层为平台上层用户提供计算资源池、存储资源池和网络资源池。平台即服务层以服务的理念对服务进行封装，提供流式计算、实时计算、离线计算、内存计算、图计算等数据计算服务，以及分布式文件系统、分布式列式数据库、关系型数据库、多维分析数据库、内存数据库、图数据库和全文数据库服务。

第四层是数据资源层。数据预处理采用统一标准，对多源异构的网络安全保护数据进行提取、清洗、关联、标识、分发等，对与捕获网络安全事件有关的二进制数据（如木马病毒样本数据等）进行提取、比对和标识。在元数据标准和数据资源元数据的约束下，通过数据资源目录定义和规范网络安全保护数据资源，构建包含网络安全保护源数据、基础数据、主题数据的网络安全保护数据资源体系。在此基础上，通过统一服务接口和资源调度体系，面向平台用户提供各类数据资源调度服务，并在此过程中做好数据分类分级与访问授权工作，监督数据资源质量。

第五层是平台服务层。平台服务层充分利用平台数据资源，在服务总线的调度下，基于概率统计、聚类分析、机器学习、知识图谱、智能推理等基础分析技术进行网络安全保护数据的分析挖掘，特别是通过有针对性的监测发现、重点目标画像、事件综合分析、威胁情报分析挖掘、网络安全溯源分析等进行深度分析挖掘，为网络安全保护工作提供高价值的精准数据。网络安全保护数据分析过程充分利用智能分析过程中的反馈机制进行知识模型的提取，以积累网络安全保护数据分析经验。

第六层是业务应用层。业务应用层面向网络安全保护相关业务，实现相关业务的交互逻辑，构建包括重大活动安保与指挥调度、等级保护、关键信息基础设施安全保护、安全监测、态势感知、威胁情报、追踪溯源、通报处置、监督检查在内的网络安全保护业务应用。

第七层是对外交互层。对外交互层负责与平台外部用户、外部系统进行交互，包括网络安全保护门户、网络安全保护 App、挂图作战交互界面等。

此外，网络安全保护平台要预留技术运营与运维管理组件，为平台的运行提供基础运维支撑与安全保障，并预留外部协同联动组件，与平台外部系统对接，实现数据、业务的多层面联动。

3. 按照高内聚、低耦合原则划分平台系统

按照信息系统设计的高内聚原则，一个模块或系统内各元素彼此结合得越紧密，其稳定性就越强、性能指标就越好。在对网络安全保护平台进行系统和模块的切分时，应尽可能将关联紧密的功能划入一个系统或模块。另外，根据信息系统设计的低耦合原则，应尽量减少由于交互导致的单个模块无法独立使用或者无法移植的情况，即尽量减少模块之间、系统之间的依赖。本着上述原则，网络安全保护平台的技术实现逻辑如图 6-3 所示，包括数据采集汇聚系统、网络安全数据中台、网络安全智慧大脑、网络安全保护业务应用、安全保障系统、运维管理系统、协同联动系统。各系统按照功能设计各司其职、各负其责，通过数据和接口的交互相互配合，共同实现网络安全保护平台的运转。

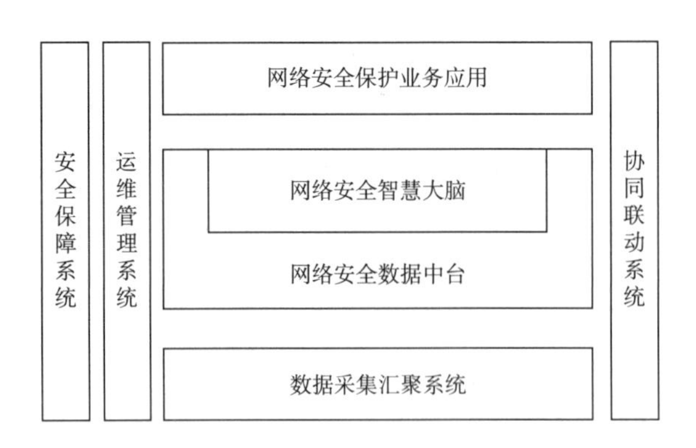

图 6-3 网络安全保护平台技术实现逻辑

同时，要按照高内聚、低耦合的原则，通过网络安全保护数据处理/业务分析逻辑共享数据，共同使用平台数据基础设施。在此基础上，根据相关业务边界，将网络安全保护平台相关业务应用划分为等级保护、关键信息基础设施安全保护、安全监测、态势感知、通报预警、应急处置、威胁情报、追踪溯源、监督检查、安全运营等，并可在日常业务运转的基础上，根据重大活动安保期间网络安全防护任务的要求，以及攻防演练所需支撑工作，构建重大活动安保和攻防演练模块，使上述业务应用通过跨业务联动逻辑实现联动。网络安全保护业务应用如图 6-4 所示。

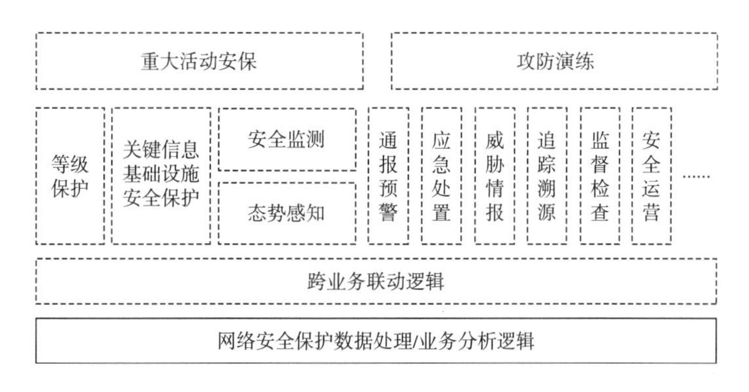

图 6-4　网络安全保护业务应用

4. 结合实际情况规划部署平台网络

根据业务需求和逻辑架构，网络安全保护平台不仅包含与网络安全保护数据流转有关的处理系统、组件和模块，还包含在网络安全保护目标、网络区域内融合运转的采集探针、采集代理、采集工具等。如图 6-5 所示，网络安全保护平台在物理部署上可以划分成互联网区和内网区，互联网区和内网区都可以划分成平台独立部署区、与其他设备系统融合部署区。

在互联网区的与其他设备系统融合部署区，部署互联网出入口、骨干节点监测采集探针，以旁路分光的形式实现网络安全监测；部署防护设备日志、安全管理中心对接组件，实现与已有系统和防护设备的数据对接；部署威胁情报共享系统，与外部系统实现威胁情报的共享和交换；部署主动探测采集设备和系统，实现网络资产测绘、漏洞扫描、事件验证等；部署深度监测分析设备，实现样本的动态和静态深度分析；预留安全交换缓冲区，实现互联网与内网数据的安全交互。

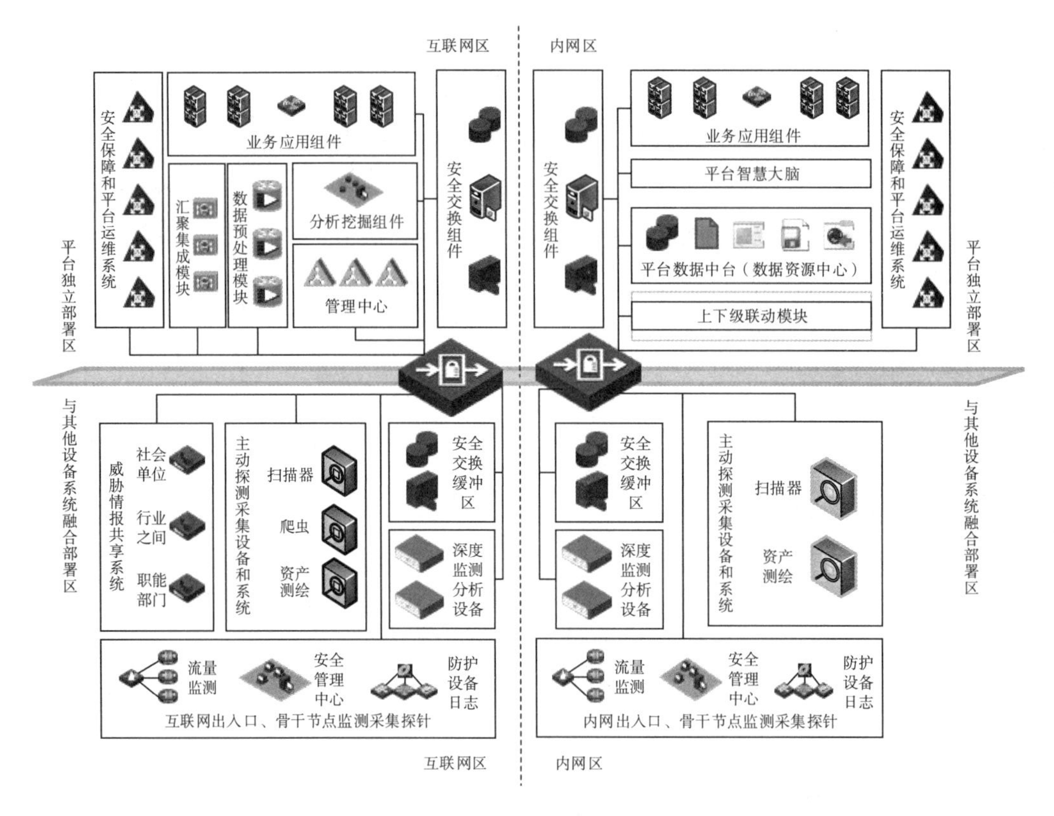

图 6-5 网络安全保护平台网络部署

在互联网区的平台独立部署区，部署汇聚集成模块，负责多源异构数据的汇聚集成；部署数据预处理模块，实现互联网侧汇聚集成数据的实时预处理，从而及时发现数据采集汇聚中的问题；部署需要及时反馈的分析挖掘组件，实现实时采集数据的分析挖掘；部署需要与互联网进行交互的业务应用组件，以支撑互联网侧网络安全保护业务的开展；部署安全交换组件，实现网络安全保护数据的安全交换；部署管理中心，对平台部署于互联网侧的组件和系统进行一体化管理。

在内网区的与其他设备系统融合部署区，部署内网出入口、骨干节点监测采集探针，以旁路分光的形式实现网络安全监测；部署防护设备日志、安全管理中心对接组件，实现与已有系统和防护设备的数据对接；部署主动探测采集设备和系统，实现网络资产测绘、漏洞扫描、事件验证等；部署深度监测分析设备，实现样本的动态和静态深度分析；预留安全交换缓冲区，实现内网与互联网数据的安全交互。

在内网区的平台独立部署区，部署平台数据中台，实现多源异构网络安全保护数据的预处理、数据资源存储、数据治理与数据统一服务；部署平台智慧大脑，实现多源异构数据的智能分析；部署业务应用组件，实现对业务运转的支持；部署上下级联动模块，实现平台上下级之间的协同联动；部署安全交换组件，实现与互联网的数据交换；部署安全保障和平台运维系统，保障平台的运行。

6.1.3 业务模块

网络安全保护平台的业务模块主要包括等级保护模块、关键信息基础设施安全保护模块、安全监测模块、态势感知模块、通报处置模块、追踪溯源模块、监督检查模块和威胁情报模块。此外，重要行业部门、中央企业可以根据自身业务或专项工作开展需要搭建重大活动安保模块、攻防演练模块，也可以根据平台运转需要增加安全运营模块。

（1）等级保护模块

等级保护模块采集、收集、存储本行业等级保护对象全要素信息，包括单位、部门、组织、机构、人员、资产、网络、信息系统、大数据、云计算、物联网、工业控制系统、移动互联网、大型公共服务平台、设备、事件、漏洞、隐患、重要管理措施、技术保护措施，以及等级保护测评机构、测评人员、测评工具、测评报告、协调机构、专家组、技术支持单位、法律法规、政策文件、技术标准和规范、系统整改情况、督促整改情况、整改结果反馈情况等。

等级保护模块对以上要素进行统计分析、日常管理及分级分类展示，根据历史数据展示相关要素变化情况、态势趋势，形成安全状况分析报告。等级保护模块包含网络安全保护工作需要保护的全部对象，相关模块的功能应紧紧围绕该模块，如发现的攻击行为、漏洞、木马病毒、隐患等信息应与信息系统关联，以便进行保护重点。

（2）关键信息基础设施安全保护模块

根据《网络安全法》《关键信息基础设施安全保护条例》的规定，需要各行业在网络安全等级保护的基础上针对关键信息基础设施开展各项工作，包括但不限于采集、收集、存储本行业关键信息基础设施安全保护对象全要素信息，以及围绕关键信息基础设施的安全保护、测评检查、督促整改等的情况。

（3）安全监测模块

安全监测模块利用主动探测、被动监测、共享交换等手段实施监测，以及时发现、识别、阻断网络攻击和威胁，具体包括监测针对行业的攻击活动、攻击行为、攻击方法和手段，监测重点保护对象遭受的攻击、威胁、破坏、窃密、渗透等的情况，以及重点保护对象的网络、系统、大数据等的安全状况、存在的漏洞和隐患等，为快速处置、通报预警提供支撑。

根据监测对象和内容的不同，安全监测可进一步划分为网站安全监测、重点单位安全监测、专项威胁安全监测、特定目标监测。网站安全监测包括对网站运行情况、网站可用性、网页篡改、挂马、域名劫持、分布式拒绝服务攻击、暗链、入侵控制、漏洞、隐患、异常流量等的监测。重点单位安全监测包括对有害程序事件、拒绝服务攻击事件、安全隐患、信息破坏事件、域名劫持事件等的监测。专项威胁安全监测包括对 APT 攻击、漏洞利用攻击、社会工程学渗透、有害程序等的监测。特定目标安全监测包括对特定攻击组织、特定攻击行为、特定保护对象、特定网络部位等的监测。

（4）态势感知模块

态势感知模块利用通过各种渠道获取的大数据，使用大数据技术进行分析挖掘，实时掌握攻击者的情况、攻击手段、攻击目标、攻击结果，以及网络自身存在的隐患、问题、风险等，对比历史数据，形成趋势性、合理性判断，为通报预警提供重要支撑。

态势感知模块支持对网络空间安全态势进行全方位、多层次、多角度、细粒度的感知，包括但不限于对重要行业部门、中央企业相关重点单位、重点网站、重要信息系统、网络基础设施、大数据平台等保护对象的态势进行感知，对僵尸网络、恶意代码、拒绝服务攻击、挂马、暗链、钓鱼网站等威胁事件的态势进行感知，对突发事件、特定组织活动、特定类别威胁、重大活动期间的保护对象、APT 攻击等进行专项态势感知。

（5）通报处置模块

通报处置模块根据态势感知模块、安全监测模块、威胁情报模块等获取的态势、趋势、威胁、风险、隐患、问题，进行汇总和分析研判，并及时将情况上报、通报、传达，进行预警及快速处置。

通报处置模块根据网络攻击、重大安全隐患等情况及相关部门通报的情况，传达网络安全事件快速处置指令。指令接收部门按照处置要求和规范进行事件处置，及时消除影响和危害，开展现场勘察，固定证据，进而快速恢复。对事件处置情况、现场勘察情况及证据等，及时建档、归档并入库。

（6）追踪溯源模块

追踪溯源模块在发生重大网络安全事件或有线索的情况下，对攻击方、攻击手法、攻击途径、攻击资源、攻击位置、攻击后果等进行追踪溯源和拓展分析，为网络安全防御提供支撑。追踪溯源模块可以通过 IP 地址、散列值、网络域名、字符串、注册表键值等条件，在海量数据中快速进行搜索、检索、挖掘、可视化分析和关联分析。

（7）监督检查模块

监督检查模块围绕等级保护、关键信息基础设施安全保护关注的网络、系统、数据等目标对象，根据网络安全保护工作在持续监督方面的要求，由负责监督检查的部门定期或不定期开展网络安全检查，包括监督检查对象确定、计划制定、检查模板准备、检查实施、监督检查结果反馈、监督检查统计分析和监督检查报告。应将通过监督检查发现的问题作为安全监测、等级保护、关键信息基础设施安全保护的重点，在后续工作中予以关注，持续优化和提升网络安全保护能力。

（8）威胁情报模块

威胁情报模块采集、收集与网络安全威胁攻击有关的攻击方法、攻击手段、样本、IP 地址、URL、攻击特征、攻击目标等重要情报信息，包括第三方收集报送的情报信息、上级部门下发的情报信息、下级部门报送的情报信息、通过其他模块汇聚的情报信息，主要实现威胁情报信息的采集、录入、标定、存储、检索、分析、关联、挖掘、应用、展示等，并向有关部门推送。

6.1.4　基础库

网络安全保护平台的运行，离不开基础数据（如木马病毒、漏洞等知识数据）的支持，也离不开业务数据（如网络安全保护的目标对象库等）的动态更新，需要不断积累，形成基础知识数据（如威胁情报库）。网络安全保护平台在建设过程中，必须以网络安全先验知识为基础，围绕网络安全保护对象持续进行基础知识数据的积累，逐步优化升级网络安全保护基础库。网络安全保护平台建设必不可少的基础库如下。

（1）基础信息库——木马病毒库

木马信息包括木马基础信息和木马扩展信息。木马基础信息用于记录木马的基本信息，包括文件的 MD5 值、CRC32 值、SHA1 值、SHA256 值、ssdeep（模糊哈希）值及木马样本文件的大小。木马扩展信息包括所提取木马样本的静态信息、动态信息、流量事件信息，以及通过分析总结得到的病毒名称、分类等人工信息。

（2）基础信息库——漏洞库

漏洞信息是对系统软硬件缺陷的描述，包括漏洞编号、危害程度、漏洞类型、受影响的产品、验证方法、补丁信息、相关事件等方面。漏洞库作为网络安全保护平台的基础库之一，可以充分发挥在安全预警和应急响应方面的作用，为平台提供权威、标准、及时的漏洞信息。

（3）基础知识库——恶意 IP 地址库

恶意 IP 地址是指在现代网络通信中不符合网络安全访问行为标准准则并被识别出来的那些具有非正常用户访问特征甚至网络攻击事件行为特征的主体使用的 IP 地址。恶意 IP 地址信息主要包括开源威胁情报中的恶意 IP 地址、信息安全企业收集的恶意 IP 地址、防护产品设备报警信息中的恶意 IP 地址、在平台运行过程中发现并标注的恶意 IP 地址。恶意 IP 地址库包括恶意 IP 地址的基本信息、定位补全信息和关联信息。

（4）基础知识库——恶意域名库

恶意域名是指蓄意制造、传播有害内容，或者伪装成可信实体尝试获取隐私或机密信息的域名。恶意域名包括 C&C 域名、钓鱼仿冒域名、虚假欺诈域名、挂马域名、敏感内容域名、勒索域名、僵尸域名、其他恶意域名。恶意域名库采用主动获取或被动推送的方式，经过格式化、可信度评估、过滤、去重等操作，存储高质量的数据，并提供数据接口或查询界面。

（5）基础知识库——威胁情报库

威胁情报是指在安全监测、线索搜集、事件分析过程中发现的或者通过关联分析提取的一系列可能威胁网络安全的对象、攻击活动等的信息，具体包括威胁来源国信息、攻击组织与个人信息、攻击活动信息、被攻击者情况、虚拟身份关联信息等。威胁情报可以通过开源威胁情报收集、第三方威胁情报共享交换、在平台运转过程中加工产生等方式获得。

（6）基础知识库——保护目标资产库

保护目标资产是指行业部门、企业网络中需要保护的设备、系统、软件等资产。保护目标资产信息包括 IP 地址信息、地理位置信息、运营商信息、自治系统信息、厂商信息、型号信息、版本信息、备案信息、标签信息、单位信息等。可以通过资产测绘等相关手段，结合业务的开展，对保护目标资产库进行验证核实和调整优化。

（7）基础业务库——等级保护基础库

等级保护基础库中存储了等级保护业务工作基础数据，包括备案单位信息、重要信息系统备案信息。备案单位是等级保护对象的责任主体。备案单位在向公安机关网安部门提交等级保护定级备案信息时需提交单位基本信息，主要包括名称、地址、隶属关系、类型、行业类别、负责人及联系方式、责任部门联系人及联系方式等。重要信息系统是等级保护定级备案的对象，主要包括信息系统、通信网络设施、数据资源等。备案网络库包含所有已定级备案对象的信息，涵盖对象基本信息、定级信息、专家评审信息、主管部门意见、备案信息等。

（8）基础业务库——网络安全事件库

网络安全事件是指在监测中发现的可能影响特定组织的一系列独立的攻击、漏洞利用、非法入侵、数据窃取等活动。网络安全信息包括电子邮件基本信息、文件基本信息、用户基本信息、系统/网站基本信息、等保备案基本信息、安全事件基本信息、攻击活动基本信息、攻击方法基本信息、应急处置措施信息、威胁主体信息、处置流程信息、处置文书基本信息等。

6.2　网络安全保护平台建设关键技术

本节介绍网络安全保护平台建设的关键技术。

6.2.1　监测发现技术

根据 2018 年发布的《计算机科学技术名词（第三版）》中的定义，网络安全监测是指通过实时跟踪网上数据，监测非法入侵活动，并根据监测结果实时告警、响应，达到主动发现入侵活动的目的。网络威胁信息多种多样，相应的采集方法不尽相同。随着网络威胁攻击手段的演进，网络安全监测技术也在更新迭代。主流的网络安全监测发现技术包括流量检测技术、行为分析技术和网络探测技术[68]。

1. 流量检测技术

流量检测技术的数据来源是网络流量，目标是从网络流量中发现网络攻击行为（包括扫描、渗透、远程控制、病毒传播等），提取网络攻击行为的线索或证据，并将其作为开展网络安全保护工作的前提。流量检测技术是网络安全领域应用最为广泛的技术之一，防火墙、入侵检测系统（IDS）、入侵防御系统（IPS）、网络审计系统等都会使用流量检测技术。近年来，由于加密流量增加，以及各类新型病毒、新型攻击方式快速出现，传统的特征匹配方法已无法满足检测要求。基于统计分析、数据挖掘、人工智能的异常检测方法不断涌现，推动了流量检测技术的更新换代。典型的流量检测技术包括协议还原与载荷提取技术、深度流检测技术、深度包检测技术，以及基于人工智能的检测技术。

（1）协议还原与载荷提取技术

流量检测通过获取网络数据包，对传输协议和传输内容进行分析，以判断其中是否包含攻击行为或异常行为。网络数据的传输必须遵守特定的通信协议，在基于 TCP/IP 协议的互联网通信中，常用的网络协议有位于传输层的 TCP、UDP，以及位于应用层的 HTTP、HTTPS、SMTP、POP、SSH、FTP、DNS 等。这些协议有统一的字段格式和交互流程。

要想通过网络流量对通信内容进行全面分析，必须对原始流量包进行协议解析，根据协议类型将其还原为不同种类的应用访问记录，其中就包含通过应用协议传输的载荷，如访问网页的 URL 请求和网站返回的内容、用户登录 SSH 服务器执行的操作/命令和服务器返回的结果等。

随着网络设备安全防护能力的提升，传统的利用网络协议漏洞实施攻击的方法（如 Flood）逐渐失效。威胁较大的攻击主要是针对操作系统和应用服务的攻击，如口令爆破利用服务器口令的复杂性缺陷、注入利用 Web 服务程序在输入校验方面的漏洞、缓冲区溢出利用应用程序在编码实现方面的疏漏等。因此，只有完整提取网络流量中的载荷，获取通信双方的交互内容，才能判断是否存在攻击活动。协议还原与载荷提取技术相对成熟，不同产品的差距主要体现在应用协议的覆盖程度及协议还原的性能上。

（2）深度流检测技术

“爱因斯坦”计划是一个网络安全自动监测项目，由美国国土安全部下属的美国计算机应急响应小组（US-CERT）开发，用于监测针对政府网络的入侵与攻击行为，保护政府网络系统的安全。“爱因斯坦”计划始于 2003 年，采用基于深度流检测（DFI）的分析技术，对网络异常流量进行检测和趋势判断。

深度流检测技术不提取应用载荷的内容，只针对网络流所使用的传输协议的字段进行分析，包括 IP 地址、端口、协议类型、标志位、时间戳、流长度、流持续时间等。深度流检测技术只能发现网络流层面的异常和利用协议漏洞实施的攻击活动，检测能力有限。

（3）深度包检测技术

由于深度流检测技术无法发现应用协议内的攻击活动，所以，2009 年启动的“爱因斯坦 2”计划全面应用了深度包检测（DPI）技术，基于典型的特征匹配方法，提取网络数据包载荷的内容，与预置的已知攻击行为特征进行比对，一旦比对成功就进行安全告警。深度包检测技术也是商业入侵检测产品普遍使用的技术。

深度包检测技术对数据包的全部内容进行匹配，能够发现包括协议攻击和应用层攻击在内的各类攻击行为。深度包检测技术的检测能力主要体现在预置行为特征库的覆盖程度和准确度上，既要保证能够检测出所有已知的攻击行为，又要确保不会被数据包中的无关内容触发而引起误报（因此，需要对特征库进行实时更新）。

2. 行为分析技术

行为分析的概念是相对于传统检测技术中的特征匹配提出的。由于特征匹配只进行数据流的简单比对，而没有从语义的角度理解攻击行为，也无法形成攻击活动的完整画像，所以无法满足应对网络安全严峻形势的需要。因此，研究人员提出了行为分析的概念，尝试对攻击活动及其人员、样本、环境等关联因素进行综合分析，以便更加准确、全面地把握网络安全态势[69]。典型的行为分析技术包括软件源码分析技术和软件行为分析技术。

（1）软件源码分析技术

大量应用软件由于设计和实现时的疏漏而存在漏洞或隐患。软件源码分析技术在获取软件源码的前提下，利用扫描、污点分析、插桩等技术，分析软件程序的行为特点和安全缺陷，识别软件开发过程中可能存在的缓冲区溢出、输入错误、校验错误、内存泄漏等隐患，是网络安全保护工作的重要数据来源。软件源码分析技术用于判断安全事件的真实性和有效性，进行资产关联以实现安全预警。

（2）软件行为分析技术

软件行为分析技术通过构建虚拟的动态运行环境，观察软件在虚拟环境中运行时的行为特征，包括系统中断、系统调用、文件操作、注册表操作、开放端口、网络回连等，判断是否存在可疑的操作行为（可以作为检测木马病毒或 APT 样本的依据）。

典型的软件行为分析技术产品称为沙箱。主流的沙箱产品可以模拟 Windows、Linux、UNIX 等典型操作系统、常用数据库管理系统和应用服务，部分产品可以直接实现对 CPU

指令集的模拟，从而提供更接近真实环境的模拟环境，以便全面收集软件的运行特征。

近年来，研究人员将卷积神经网络等深度学习算法应用到软件行为分析任务中，通过自动训练神经网络获得软件代码的行为画像，从而检测恶意软件[70]。软件行为分析技术也可用于对软件进行细粒度的分析，以发现代码中可能存在的未知安全漏洞，并作为给软件打补丁和进行软件安全加固的依据。

3. 网络探测技术

流量检测技术和行为分析技术均以被动方式获取网络安全数据，主要采取旁站式监测，缺少与检测目标的交互，在数据的全面性和精准性上有欠缺。例如，通过流量检测技术可以发现攻击者针对网站服务器的攻击行为，但由于对网站服务器的了解不够，所以无法准确判断攻击行为是否对目标构成了实际威胁，即难以确定攻击活动是否奏效。网络探测技术通过主动探测的方式，感知并获取网络的拓扑结构、资产信息、系统配置及威胁情报等（可以作为网络流量和行为分析数据的有效补充）。典型的网络探测技术包括漏洞探测技术、网络测绘技术、威胁情报获取技术、知识抽取技术。

（1）漏洞探测技术

漏洞探测是一种基于漏洞数据库（如 CVE、CCSS、CNVD、CNNVD 等），通过扫描等手段对指定的远程或本地网络信息系统的脆弱性进行检测，从而发现安全漏洞的检测行为。漏洞扫描包括网络漏洞扫描、主机漏洞扫描、数据库漏洞扫描等。通过漏洞探测，可以了解网络的安全设置和所运行的应用服务的情况，及时发现安全漏洞，评估风险等级，根据扫描结果进行漏洞修补和系统加固。

漏洞探测技术通过主动获取目标系统的版本、配置参数等信息，与已知漏洞的存在环境进行比对，实现漏洞检出。漏洞探测通常要结合渗透测试进行，通过模拟攻击者的行为来确认可以被利用的漏洞，形成实战化的漏洞探测结果。有效的渗透测试可以发现存在于操作系统、应用程序、数据库、网络设备等的可以被实际利用的漏洞，从而全面评估被测网络在安全方面的技术风险。

（2）网络测绘技术

网络测绘技术是资产探测技术的升级。传统的资产探测技术关注资产的基础信息和安全配置信息，网络测绘技术在此基础上增加了对资产地理位置和关联性的探测，通过绘制网络空间的节点和连接关系图，形成覆盖整个网络空间的图谱。

网络测绘技术是开展大规模网络安全监测分析的基础。网络测绘技术通过准确掌握互联网资产状况，实现网络资产画像，与漏洞隐患和威胁攻击行为进行关联分析，从而有效支撑跨地理空间和网络空间的安全保护工作，提高监测发现的准确性。互联网上有多个项目致力于网络测绘，如 Shadon、ZoomEye 等。网络测绘技术有助于实现从传统地理学的“人—地”关系演变成更为复杂的“人—地—网”关系。作为网络空间地理学的核心领域，网络测绘技术将逐步发展成跨越地理学、计算机科学和网络空间安全的交叉学科。

（3）威胁情报获取技术

威胁情报是指与网络安全威胁、攻击活动、攻击样本、漏洞隐患、攻击资源等有关的信息。这些信息不仅与已经发生的攻击活动有关，还包括对未来可能出现的攻击活动的预测和预警。国内外有很多提供威胁情报的安全机构，如 FireEye、VirusTotal、360、微步在线等，其主要采用的方法是识别和检测威胁的失陷标识，如恶意样本散列值、恶意 IP 地址、恶意域名、程序运行路径、注册表项等。

威胁情报旨在为面临威胁的资产主体提供全面、准确、带有预警性质的安全知识和信息。可以通过商业交换或共享的方式获取威胁情报，也可以通过主动获取的方式得到开源的威胁情报。后者利用威胁情报源提供的 API 或直接使用网页爬虫获取数据，将其解析成可供机读的要素信息，或者利用自然语言处理模型对网页内容进行语义识别和分类，供网络安全大数据平台使用。

（4）知识抽取技术

知识抽取在传统应用领域以不同数据源的结构化或半结构化自描述为主，抽取方法以专家定义规则和机器学习算法为代表。在近些年兴起的以文本为主要内容的非结构化数据浪潮中，知识抽取主要涉及要素实体对齐、属性识别、结构化记录等问题，如使用 CRF 模型进行态势实体抽取、使用远程监督方法进行态势关系抽取。在这方面具有代表性的技术是数据治理产品 Lattice 使用的 DeepDive 技术。

国内的高校和研究机构对知识抽取技术的研究较为深入。北京大学的研究团队以图数据模型为理论基础，研究网络节点相似度模型，进而通过网络对齐实现知识抽取。中国人民大学的研究团队提出了混合算法和众包技术的学术知识获取方法。由清华大学开发的 Aminer 系统是一个基于信息抽取和融合技术构建的包含数百万文献和数十万研究人员的学术知识图谱。复旦大学的研究团队基于维基百科和中文百科构建了开放的中文版百科知识图谱 CN-DBpedia。

在网络空间安全领域，知识抽取技术是威胁情报获取的重要支撑技术，其研究重点是从文本类非结构化数据中抽取与网络安全有关的要素信息，包括漏洞隐患、攻击方法、攻击工具、攻击组织、保护目标、关键信息基础设施等。使用知识抽取技术，可以从获取的威胁情报中抽取上述要素信息并对其进行结构化转换，然后输入网络安全大数据平台，进行进一步的关联分析和综合研判。

6.2.2 态势感知技术

网络安全态势感知是指通过技术手段从时间和空间维度感知并获取网络安全相关元素，通过对数据信息的整合分析来判断网络安全状况并预测其发展趋势。

网络安全态势感知是构筑网络安全体系的关键环节。国内外研究人员致力于网络安全态势感知模型、方法和关键技术的研究，主要包括脆弱性评估技术、态势分析技术、安全绩效评估技术等。

1. 脆弱性评估技术

脆弱性是指网络或系统的资产中能被利用的弱点。脆弱性也称为漏洞。根据成因的不同，脆弱性可以分为技术脆弱性和管理脆弱性两类。

脆弱性评估是一种通过综合评判网络的脆弱性，分析网络遭受入侵的脆弱性利用路径及其可能性，并在此基础上指导系统管理员有选择地对网络脆弱性进行修复，从而以最小的代价换取最高的安全回报的技术。众多研究机构和研究人员经过多年研究，构建了丰富的评估模型，提出了多种评估方法，开发了多种评估工具。脆弱性评估方法包括基于规则的评估方法、基于图论的评估方法、基于模型检测的评估方法等。

（1）基于规则的评估方法

基于规则的评估方法通过将一组规则形式化，为脆弱性的检查和度量提供依据，典型研究成果是 Kuang 方法。该方法把 UNIX 安全语义形式化为一组规则，并使用这组规则搜索系统中可能被利用的攻击路径。后来，有研究人员扩展了 Kuang 方法，提出了 NetKuang 方法。NetKuang 方法将脆弱性评估对象的范围扩展到整个网络的配置信息，因此，能够找到由 UNIX 主机互连导致的网络配置脆弱性问题。

基于规则的评估方法，实施比较简单，但评估结果的准确性依赖所定义规则的范围和准确性。

（2）基于图论的评估方法

基于图论的评估方法利用的是网络拓扑结构中各脆弱性之间的关联关系对网络安全状态的影响。按照所使用理论的不同，基于图论的评估方法可以分为基于树的评估方法和基于图的评估方法。

基于树的评估方法利用攻击树对网络安全进行形式化的分析。树的根节点表示最终的攻击目标，叶节点表示初始状态下通向目标节点的路径，中间节点表示攻击者为完成最终目标而设置的子目标。通过攻击树可以识别可能奏效的攻击路径。

基于图的评估方法主要利用攻击图（Attack Graph）、特权图（Privilege Graph）、状态转移图（State Transition Graph）、依赖图（Dependency Graph）等理论，分析可能奏效的攻击路径，进而帮助安全管理员直观地了解网络中各脆弱性之间的关联关系。

尽管基于图论的评估方法可以利用树和图的形式直观地展示脆弱性评估的过程，但随着网络规模的扩大，该方法经常面临状态爆炸问题。

（3）基于模型检测的评估方法

基于模型检测的评估方法首先构建关于网络安全脆弱性及其连通关系等的模型，然后基于构建的模型实施脆弱性评估，最后根据主机描述、主机连通性、攻击起点、渗透方法等要素构建网络脆弱性评估模型和评估方法。在这方面，SMV（Symbolic Model Verifier）模型最为经典，但它在应用中存在局限，因此，研究人员从拓扑连接、测试反例等角度对它进行了扩展，以便更好地将它用于脆弱性评估。

脆弱性评估为评估网络中可能存在的入侵路径提供了技术支撑，可以有效指导安全管理员修复网络脆弱性，从而提高网络的整体安全性。但是，脆弱性评估只能分析脆弱性利用路径及其可能性，没有考虑安全威胁、安全策略或措施等要素。此外，脆弱性评估无法对实际攻防场景中网络所受安全影响进行评估，更无法对网络安全状况的动态变化进行测度。因此，有研究人员在脆弱性评估的基础上提出了风险评估，以综合分析安全威胁、安全策略或措施等要素对网络的影响。对于网络安全状况的动态变化及其趋势，有研究人员提出使用态势评估的方法进行测度。

2. 态势分析技术

网络安全态势分析技术的研究大致分为四个方向：网络安全态势评估方法、网络安全态势预测方法、网络安全威胁可视化技术、网络安全威胁可视化工具软件。

（1）网络安全态势评估方法

网络安全态势评估方法考虑如何融合复杂网络环境中的各种信息并得出网络的安全态势。研究人员陆续提出了融合入侵检测系统的分布式多传感器数据来评估计算机网络安全态势的方法，利用 Honeynet 进行因特网安全态势评估的方法，基于数据融合和日志审计的安全态势评估模型和方法，使用马尔可夫博弈、简单加权和灰色理论的网络安全态势评估方法，以及层次化的网络安全威胁态势量化评估方法，等等。这些方法的思路是相通的，都采用数据融合的方式处理来自不同设备和渠道的安全信息，通过计算得出网络的整体安全态势。这些方法的不同之处：一是所融合信息的来源不同，如 IDS 日志信息、传感器信息、Honeynet 信息等；二是使用的数据融合方法不同，如 D-S 证据理论方法、层次化分析方法、马尔可夫博弈方法、简单加权和灰色理论方法等。

（2）网络安全态势预测方法

网络安全态势预测方法考虑如何根据网络中的当前信息和历史信息预测未来的安全态势。网络安全态势预测方法的研究分为两个方向：一是通过单一安全要素预测方法的研究实现安全态势预测（这个方向的研究虽然比较成熟，但只能部分反映网络的安全状况）；二是整体安全态势预测方法的研究。

单一安全要素预测方法的研究主要针对脆弱性、安全威胁等的预测进行。脆弱性预测研究从脆弱性发布数量预测和脆弱性发布周期预测两个方面开展。安全威胁预测，尤其是攻击追踪，是研究的热点，如：构建马尔可夫模型来预测攻击顺序，进而预测下一步可能的攻击动作；提出 TANDI 和 SGIF 框架对攻击行为进行追踪；通过评估攻击者的能力和机会来预测攻击者的动作。

整体安全态势预测方法主要分为三类。一是数据融合的预测方法，即提取并融合网络中有关攻击者的信息，根据这些信息进行安全态势预测。二是“就数据论数据”的预测方法。该方法使用网络中历史和当前的整体安全态势数据预测未来的安全态势，在一定程度上假设安全态势的变化是周期性的、突发性不强的，因此，缺少对未来安全态势要素变化的考虑，不能很好地反映未来安全态势要素的变化及要素间的相互影响。三是基于博弈论的预测方法，即在攻防双方的博弈中预测双方的下一步动作，从而分析网络安全态势。该方法通盘考虑攻击方、防护方和网络环境三个方面的安全态势要素，主要应用在军事领域，缺少在网络攻防场景中的成熟应用。

典型的网络安全态势预测技术包括基于状态转移的预测技术、基于时间序列的预测技术、基于神经网络的预测技术等。

（3）网络安全威胁可视化技术

网络安全威胁可视化技术的研究成果丰富。有研究人员为网络安全可视化引入堆叠流图，并根据网络安全事件的多源关联性，构建了基于统一格式的事件元组和统计元组的数据融合模型，提出了擅长事件关联分析的雷达图和擅长统计时序对比分析的对比堆叠流图的设计方法。有研究人员分别利用信息熵、加权、统计算法等进行特征提取，引入树图和符号标志在微观层面挖掘网络安全细节，引入时间序列图在宏观层面展示网络运行趋势。赵立军等人提出了基于熵的堆叠条形图设计方法和基于平行坐标的安全可视化方法，有效地将网络安全总图浏览和细节分析结合起来，降低了网络安全数据分析人员的认知难度。吴亚东等人提出了一种异构树网络安全数据组织方法，并基于该方法设计了一种针对大规模网络的三维多层球面空间可视化模型，不仅增强了分析系统的可交互性，也提高了数据分析的效率。

（4）网络安全威胁可视化工具软件

网络安全威胁可视化工具软件，已有 Maltego、IBM I2、Tableau、LabVIEW 等数据可视化商用软件和开源软件。

Maltego 是一款针对网络信息的互联网情报聚合可视化工具软件。Maltego 面向所有基于网络和资源的实体组织，将这些组织发布在互联网上的信息聚合起来，提供一个能够清晰展示组织经营环境中的安全隐患的平台。

IBM I2 是一款专门为调查人员、分析人员、办案人员设计的可视化数据分析软件，可以将结构化、半结构化和非结构化的数据转换成图形，提供直观的实体关系图及丰富的可视化分析算法和分析工具，帮助相关人员提高工作效率，快速找到破案线索和有价值的情报，识别、预测和阻止犯罪、洗钱、欺诈等活动。

Tableau 能够以动态的、可视化的形式呈现关系型数据之间的关联关系，并以一种所见即所得的方式辅助用户进行数据分析及可视化图表和报告的创建等。

为了帮助工程师和科学家分析问题、解决问题并提高科研创新能力和工程能力，LabVIEW 开发环境集成了快速构建应用所需的各种工具。

3. 安全绩效评估技术

安全绩效评估通过综合分析网络中的各种安全要素来量化评估安全策略或措施的有

效性，并识别可能的改进策略或措施，以提高网络的整体安全性。NIST 颁布的 SP800-55 标准给出了信息安全绩效的定义：通过分析信息安全程序活动，量化安全控制措施的实施有效性，进而识别可能的改进方式，监控目标和任务的完成情况。根据评估对象的不同，安全绩效评估技术可以分为网络安全威胁绩效评估技术和信息系统安全绩效评估技术。

（1）网络安全威胁绩效评估技术

网络安全威胁绩效评估针对蠕虫、分布式拒绝服务攻击等主要网络安全威胁，从攻防双方的安全策略或措施的实施成本和（或）收益入手，通过建立数学模型、仿真实验等方式评估安全策略或措施的绩效，指导安全管理员的操作。

以蠕虫攻击为例，攻击者可以通过改变其寻找感染对象时的扫描策略和扫描速度达到不同的攻击效果。由于蠕虫攻击的扫描速度对攻击效果的影响是可预知的，可以通过数学公式等进行估算，所以，评估蠕虫攻击的效果主要从蠕虫攻击使用的扫描策略入手。假设在一个蠕虫攻击场景中，攻击者尝试使用不同的扫描策略：Code Red 和 Slammer 采用随机扫描整个 IPv4 地址空间的策略；Code Red Ⅱ采用本地优先扫描的策略；Blaster 采用顺序扫描的策略。易感主机选择策略主要包括随机策略和点对点（P2P）目标列表策略。感染策略分为合作策略和非合作策略。绩效评估过程对两两结合的策略对蠕虫攻击效果的影响进行建模与分析，从而确定最合理的防护策略，为网络安全保护提供参考。针对蠕虫攻击，研究人员提出了多种防护策略，如内容过滤策略、地址黑名单策略、传播补丁蠕虫策略、吞噬蠕虫策略等，并对各种防护策略进行绩效评估。针对抑制蠕虫传播的防护策略，研究人员提出了响应时间、抑制策略、部署场景三个评估指标，并使用分析模型和实验仿真两种方式量化分析防护策略的效果。

（2）信息系统安全绩效评估技术

信息系统安全绩效评估包括信息系统设计开发、运营管理及全生命周期等阶段的绩效评估。

在信息系统设计开发阶段，关注的是安全绩效评估指标体系的建立。评估指标的选择要符合 SMART（Specific, Measurable, Attainable /Achievable, Realistic, Time bound）原则，所选择的指标要符合系统的安全目标和安全需求，且指标的可度量性要强。

SP800-55 标准给出了选择信息系统安全绩效评估指标的原则，以及相应的测量过程和计算公式。不过，SP800-55 标准只对指标的选择给出了方向性的操作规范，并未对如何根据攻防场景的不同选择合适的指标进行具体说明，也没有提供综合的安全绩效定量计算方法。信息技术管理研究所（IT Governance Institute）从信息管理的不同群体（如董事会、执行主管、指导委员会、信息安全主管等）出发，给出了测度信息安全管理的方法及相应的绩效评估指标。

信息系统运营管理阶段的安全绩效评估关注信息系统运营过程中安全绩效评估指标的建立，以通过科学、合理的评估不断修正安全策略。虽然 SP800-55 和 SP800-80 标准给出了美国联邦政府规定的信息系统运营阶段安全绩效评估的定义、过程和指标等，为安全绩效评估的开展提供了框架，但具体实施仍主要依赖评估人员的主观经验。在信息系统运营管理阶段，如何通过有效实施安全绩效评估来评估安全策略的绩效以指导后续的策略选择和调整是一大难题。

信息系统全生命周期的安全绩效评估围绕信息系统的整个生命周期构建安全绩效评估模型。系统安全工程能力成熟度模型（System Security Engineering Capability Maturity Model，SSE-CMM）通过保障和提高整个流程的安全来保障系统的安全性，关注信息技术安全（ITS）领域某个系统或若干相关系统实现安全的要求，涉及包括概念定义、需求分析、设计、开发、集成、安装、运行、维护、退役等的整个生命周期的安全产品或可信系统的安全工程活动。SSE-CMM 定义了域和能力两个维度来测度机构执行特定活动的能力：域维度包含用于全面定义安全工程的基础实践（Base Practice，BP）；能力维度包含用于表示程序管理和制度化能力的通用实践（Generic Practice，GP）。MORDA 是一个定量的风险评估和风险管理过程，综合使用风险分析技术、攻击树模型、多目标决策分析模型等进行信息系统全生命周期的风险分析。MORDA 解决了安全控制措施优先级排序和安全收益与任务负面影响之间的平衡问题，但其实施严重依赖专家意见。

6.2.3　分析挖掘技术

网络安全威胁信息、攻击数据之间存在大量二维、三维甚至多维关系，如恶意程序和漏洞之间存在利用关系、病毒各变种之间存在同源关系、攻击组织和防护方之间存在攻防对抗关系、攻击组织不同成员之间存在协作关系等。需要针对威胁信息进行有效的关联分析，以准确挖掘威胁信息之间的关联关系，更好地感知风险、支撑安全决策。

网络安全分析挖掘技术的主要方法有基于相似性的关联分析方法、基于知识的关联分析方法、基于统计特性的关联分析方法。

1. 基于相似性的关联分析方法

基于相似性的关联分析方法主要基于网络安全威胁属性（如源 IP 地址、目的 IP 地址、目标端口、文件散列值等）的相似性实现网络安全威胁信息的聚合。根据相似性比较规则的复杂程度、是否自动生成等因素，可进一步分为基于简单规则的相似性关联分析方法、基于层次性规则的相似性关联分析方法和基于机器学习的相似性关联分析方法。

基于简单规则的相似性关联分析方法先针对如何判断网络安全威胁属性的相似性问题，按照一定的规则结构定义简单规则，再根据所定义的简单规则对网络安全威胁的属性进行相似性判断，并将相似的网络安全威胁关联起来。典型的研究工作，如 Valdes 等人针对网络攻击的源 IP 地址、源端口、目的 IP 地址、目的端口、攻击类型、攻击时间等属性特征，分别定义值为 0 到 1 的相似性比较函数，然后利用已定义的相似性比较函数，对新的威胁告警信息与已有威胁告警信息的元数据进行相似性判断，基于相似性判断结果进行告警信息关联。

基于层次性规则的相似性关联分析方法主要基于网络安全威胁的属性构建多个抽象级别，并基于这些抽象级别进行威胁信息的关联。典型的研究工作，如 Julisch 等人针对网络威胁的类别属性、数字属性、时间属性、字符串属性等分别构建泛化树，并基于这些泛化树对威胁告警信息进行关联，以挖掘触发告警的根本原因。

为了实现相似性比较属性的自动生成，研究人员提出了基于机器学习的相似性关联分析方法，如：Dain 等人引入神经网络和决策树算法，利用机器学习生成网络安全威胁的相似性比较属性，并构建决策树分类器对网络安全威胁进行分析；Pietraszek 等人引入自适应学习方法对威胁告警信息进行分类，以降低误报率。

2. 基于知识的关联分析方法

基于知识的关联分析方法主要基于网络安全威胁相关知识库实现关联分析，根据知识库的不同可进一步分为基于先决条件/后果的关联分析方法、基于攻击场景的关联分析方法。使用基于知识的关联分析方法的前提是建立相对完备的威胁知识库。

基于先决条件/后果的关联分析方法先基于已有的网络安全威胁知识定义所有可能的网络安全威胁先决条件及其后果（如针对某个网站进行入侵渗透并实现网页篡改的先决条件是该网站的应用服务程序存在 Struts2 组件漏洞），再基于各项网络安全威胁预定义的先决条件和后果，通过比较先决条件和后果的匹配性实现不同威胁告警信息之间的关联分析。该方法由 Templeton 等人提出。随后，有研究人员基于其思想提出了更为简单实用的模型。这些模型或方法使用一阶逻辑对网络安全威胁信息建模，并基于关系图为网络安全事件的条件、结果等构建因果关系，当检测到某种网络安全威胁的先决条件时，即可预判该威胁可能造成的后果，基于此模型对威胁进行因果关联以检测相关攻击活动。

基于攻击场景的关联分析方法主要基于已有的攻击方式构建攻击场景，并基于此进行多步攻击的检测。Kabiri 等人利用场景描述了攻击模式和威胁告警信息之间的关系。

上述两种关联分析方法的本质是相同的，不过，前者偏重理论研究，适用于前后步骤具有强因果关系的攻击活动，后者侧重工程实现，能够同时适应因果关系和非因果关系的攻击步骤自动关联。在大多数真实的攻击场景中，受网络拓扑关系、安全域隔离措施、被攻击系统的开放程度、攻击者使用的攻击手法和工具、攻击者实施攻击的习惯等因素的影响，前后攻击步骤之间没有因果关系的情况也普遍存在。

3. 基于统计特性的关联分析方法

基于统计特性的关联分析方法建立在相似类型的网络安全威胁具有相似的统计特性这一假设条件的基础上。Mannila 等人基于在一定时间内出现的高频特性构建序列模式。基于该序列模式，可进一步发现使用该攻击方式的攻击场景，也可提取该攻击方式的攻击场景规则。

已有的关联分析方法大多针对特定的网络安全威胁场景或威胁数据而设计，在实际应用中取得了一定的效果。但是，随着网络安全威胁类型的扩展和攻防态势的快速演变，网络空间威胁数据呈现多样化、异构化和海量化的趋势。网络攻击手段的隐蔽化和组织方式的复杂化，使针对特定威胁场景的关联分析方法的适用范围缩小，且关联分析方法自身的更新速度明显滞后于攻击手段、攻击工具和实际威胁场景的更新速度，因此，亟须设计能够适配多种威胁场景甚至可以自动适应场景的关联分析方法。

6.2.4 知识图谱技术

知识图谱使用可视化技术描述知识资源及其载体，挖掘、分析、构建、绘制和显示知识及它们之间的关系。近年来，知识图谱技术开始应用于网络安全领域，采用大数据技术和可视化技术对与网络安全有关的实体、属性及其关系进行刻画，以完整展示实体全貌及相关性，具体包括以下内容。

（1）实体

实体是指网络安全主体和对象，包括攻击方、防护方、保护目标、第三方（如提供网络资源的运营商、代理商、注册服务商等）。

（2）属性

属性是指实体的各类网络安全属性，如网络自身的脆弱性、攻击方的行为和活动、攻击方使用的工具、攻击场所和位置等。

（3）关系

关系是指实体之间的关联关系。例如，不同的攻击方之间存在协作关系，网络应用系统与网络资产之间存在包含和承载关系，不同的攻击工具（病毒）之间存在同源关系，等等。

围绕知识图谱的构建，研究人员提出了大量技术方法。这些技术方法已在包括网络安全领域在内的许多领域得到了广泛应用。本书的后续章节会对相关内容进行详细的介绍。

6.3 网络安全保护平台内部协同联动

本节介绍网络安全保护平台内部业务模块协同联动、基础库协同联动的相关内容。

6.3.1 业务模块协同联动

如图 6-6 所示为网络安全保护业务模块之间的关系。

等级保护模块是网络安全保护平台的基础业务模块，能够对重要行业部门、中央企业的重要信息系统、网站及相关资产进行重点管理。等级保护模块对等级保护定级备案、等级测评、整改加固、安全检查等工作进行管理，是网络安全保护平台的核心。

关键信息基础设施安全保护模块在等级保护模块的基础上，为关键信息基础设施安全保护的重点工作提供支撑。

安全监测模块围绕等级保护和关键信息基础设施安全保护工作的保护目标及相关系统和资产，有针对性地进行安全威胁、脆弱性、安全隐患、安全风险和安全事件的监测发现，为网络安全威胁攻击与防范提供直接的数据支持。

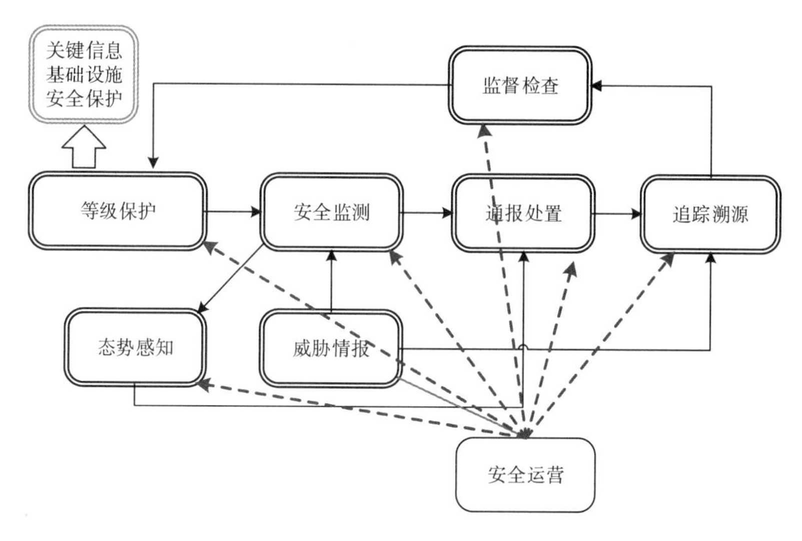

图 6-6　网络安全保护业务模块之间的关系

通报处置模块针对安全监测模块发现的网络安全隐患、威胁攻击事件、网络安全态势，按照通报处置流程开展网络安全事件的通报预警、应急处置，及时处置隐患、威胁和攻击事件。

追踪溯源模块对通报处置模块发现的重大网络安全事件进行深度调查与溯源追踪，实现网络安全事件的场景重构、攻击源的追溯和攻击目标画像。

监督检查模块面向等级保护模块、关键信息基础设施安全保护模块，提供网络安全保护工作的监督和检查功能，保护重要信息系统、关键信息基础设施、网络设施的安全。

威胁情报模块在网络安全保护平台的运行过程中直接服务于安全监测模块、通报处置模块、追踪溯源模块，提供威胁情报支持。

安全运营模块面向各网络安全保护业务模块，提供安全运营工作支持。

这些模块共同构成了网络安全保护业务工作闭环。

6.3.2　基础库协同联动

网络安全保护平台基础库，包括木马病毒库、漏洞库、恶意 IP 地址库、恶意域名库、威胁情报库、保护目标资产库、等级保护基础库、安全事件库等，这些基础库之间需要协同联动。例如：通过保护目标资产库与漏洞库的关联协同，定位存在高危漏洞隐患的重要资产；通过恶意 IP 地址库与恶意域名库、安全事件库的关联协同，及时验证、确认高危安全风险并发出预警信息。基础库与业务模块之间也有紧密的关系，业务模块在处理过程中需要频繁访问各类基础库，业务模块的处理结果可用于更新基础库。

基础库之间的数据同步、代码集共用、字段/数据集引用、数据调用等，需要按照网络安全保护平台的数据资源目录进行规范化定义，并通过统一服务接口提供外部访问能力。

6.4 网络安全保护平台外部协同联动

在数字经济时代，需要多方协作对抗网络安全威胁，才能在攻防博弈中占据主动。

网络安全保护平台不是一个独立运行的平台（如图 6-7 所示）。考虑网络安全协同防御的实际需要，网络安全保护平台应与国家网络安全职能部门的平台联动，以期高效发送协同防御请求、接收协同指令、共享交换威胁情报和各类数据信息；应与行业内部上下级平台联动，按照行业网络安全保护工作要求与标准规范，要求下级平台提供需要汇聚的威胁监测数据、共享基础知识库数据、共享交换威胁情报、上报网络安全保护工作相关数据，并下发网络安全保护工作指令和通知等；应与技术支持单位的相关支撑平台联动，共享交换威胁情报、接收威胁监测和协同分析数据等。

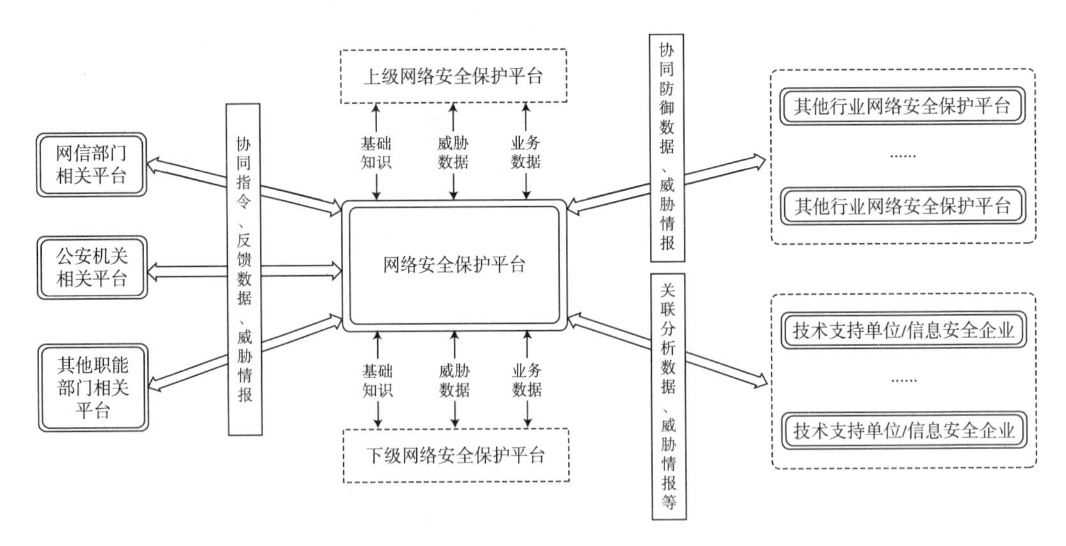

图 6-7 网络安全保护平台外部协同联动

6.4.1 与职能部门协同联动

网络安全保护平台应本着协同联动的理念，从推动网络安全综合防控体系建立的角度出发，充分利用国家网络安全协调监管部门及社会的网络安全数据资源与能力，弥补行业/企业网络安全保护工作中经常存在的监测能力和手段不足、关键部位监测缺失、精准威胁情报缺少等问题。

与职能部门的协同联动应从多方面着手：一是提出协同联动请求，即根据行业/企业自身的安全防御需要，向拥有资源和能力的部门提出协同联动请求，接收反馈数据；二是接收协同联动指令，即在重大活动、专项行动、日常工作期间接收协同联动指令，并根据要求提交工作报告、反馈数据；三是共享威胁情报，即在相关机制体系的保障下，以周期性共享交换、专项共享交换两种模式与职能部门的平台联动，获取威胁情报相关数据；四是开展专项业务联动，即跨行业/企业平台与职能部门的平台联合开展专项网络安全保护业务。在具体实现上，可以灵活采用推送、服务访问、API 远程调用等形式，通过安全通信链路、电子政务外网、专线等渠道进行协同联动。

6.4.2 上下级单位协同联动

重要行业、中央企业大多采用分级组织架构。在重要行业、中央企业开展网络安全保护工作的过程中，要让各级单位根据组织架构各司其职、各负其责。考虑网络安全保护目标和对象的责任归属，重要行业、中央企业的网络安全保护平台可以分级建设。

上下级单位协同联动的主要内容和范围：一是下级平台向上级平台报告其汇聚的威胁攻击数据，用于支撑行业/企业的相关态势感知工作；二是上级平台向下级平台发送工作指令，即在重大活动、专项行动、日常工作期间，下级平台接收上级平台的业务工作指令，根据要求提供工作报告、反馈数据；三是上下级平台间的基础知识共享同步，即上下级平台均可发起同步请求，一方收到请求后，应根据相关管理办法、共享交换机制，按照同步策略进行基础知识数据的同步；四是上下级平台间的威胁情报共享，即在行业/企业相关机制体系的保障下进行威胁情报的共享交换；五是上下级平台间已有能力、系统、手段的相互调用，即一方发出请求，另一方根据策略的授权提供访问许可和服务协同。

上下级单位的协同联动由行业/企业内部的垂直管理政策提供保障，实现方式灵活，如数据的推送/拉取、服务授权访问、API 远程调用，甚至直接使用系统。需要注意的是，通信过程应在能够确保安全、授权访问合理的情况下进行。

6.4.3 跨行业协同联动

考虑信息技术在不同领域的应用具有独特性，同时存在诸多共性，跨行业（企业）的协同联动在网络安全保护工作中很有必要，网络安全保护平台必须为其提供支持。

跨行业协同联动具体包括两个方面：一是威胁情报共享交换，即相似行业间宜构建跨行业的协同联动机制，通过信息的共享交换做好网络安全保护工作；二是特定事件协同防御，即当多个行业发生类似的网络安全事件时，经验丰富的行业应支持其他行业的事件处置、深度分析、溯源追踪工作，从而最大限度地降低网络安全事件造成的影响和危害。

跨行业协同联动可采用互联网或电子政务外网的安全通道进行，必要时可增设专线。远程服务接口的形式相对灵活，适合行业间协同联动。

6.4.4 与网络安全企业协同联动

随着网络安全相关技术的进步,网络安全企业已成为网络安全保护工作的重要力量。特别是部分龙头网络安全企业，投入大量资源开展流量监测、智能分析挖掘、网络安全攻防对抗、威胁情报等关键技术研究，并逐步搭建自己的网络安全技术服务平台。重要行业、中央企业网络安全保护平台应根据实际需要，以数据服务、技术服务等形式与网络安全企业协同联动：一方面，将网络安全企业的实时威胁响应和处置服务纳入自身机制体系，以支撑监测发现、应急响应等工作的开展；另一方面，全方位对接网络安全威胁情报，以威胁情报驱动网络安全保护工作的开展。

与网络安全企业的协同联动可以通过互联网安全通道、专线的形式进行（远程服务、接口调用形式均适用）。

6.5 网络安全保护平台运营

为了有效支撑各项网络安全保护工作的开展，网络安全保护平台建设需要本着“大数据为基础、安全运营为手段、保护能力为核心”的原则，结合平台建设实际情况，构建平台运营机制体系，打造工作闭环，提升网络安全保护工作的质量和效率。

尽管我国关系国计民生的重点领域、重要行业部门，为确保自身重要信息系统、重点网站、关键信息基础设施的持续稳定运行，均配备了安全管理和运行维护团队，但仍然存在网络安全专业人员储备不足、专业能力缺乏、防护意识薄弱等问题，网络安全保护平台建设落成后，也会因疏于维护导致起不到应有的作用、难以达到预期防御效果的问题。根据这种情况，网络安全保护平台的运营需要涵盖等保合规、威胁监测、事件处置、安全防护、特殊保障等专业安全服务，从而最大限度地发挥平台的作用（如图 6-8 所示）。

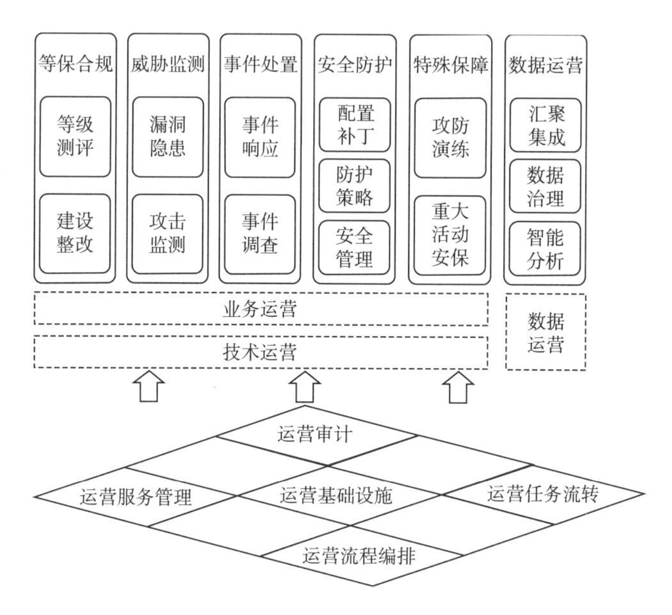

图 6-8　网络安全保护平台运营内容

网络安全保护平台运营机制体系的建立非常重要。首先，全方位的专业安全服务将赋予网络安全保护平台旺盛的生命力，推动网络安全保护工作向专业化、规范化方向迈进。其次，网络安全保护平台运营机制体系是对政企合作模式的探索，网络安全领域的政企合作创新思路能够充分调动全社会的力量保护网络空间安全。最后，网络安全保护平台运营机制体系的构建，在一定程度上推动了数字经济的融合发展，显著提升了网络安全服务能力水平，促进了经济效益的转化。

6.5.1　运营基础设施搭建

应根据网络安全保护平台的实际情况，考虑是否搭建独立的运营基础设施。从实际需求出发，运营基础设施涵盖平台的运维管理系统、安全保障管理系统、第三方安全服务支撑模块，以及平台所有系统模块的运行维护功能、技术专家角色适用的功能。将这些系统、模块、功能整合，辅以一定的工作流程，可以扩展形成运营管理系统及运营基础设施。从安全管理体系运行的需要出发，运营业务的发展需要标准化、规范化，而且，在与行业/企业的安全管理体系融合时，需要运营基础设施的支持。在网络安全保护平台建设初期，可暂时以第三方安全服务结合平台运行维护的模式支持平台的运营。

运营基础设施搭建需要网络、硬件、软件的支持，可以面向网络安全保护平台的运行维护、自身安全保障、第三方安全服务、数据运营、业务运营提供运营任务管理、运营流程定义、运营工单派送、运营工作流转、运营工作监督等方面的信息化支持，并根据运营工作的开展情况定期进行分析统计。

运营基础设施搭建的注意事项：一是运营基础设施与平台系统模块的对接，以相互关联、相对独立、协同运转为原则；二是运营基础设施与保护目标/系统的融合/对接，以不影响系统正常运行为前提；三是第三方服务是否有相应的支持工具或系统、应如何融合/接入；四是标准化、规范化的运营系统及服务须支持动态扩展。

6.5.2 数据运营

网络安全保护平台数据运营是指围绕网络安全保护数据的生产、传输、存储、使用、共享、销毁等环节实施的运维、保障、分析、处理，覆盖数据全生命周期，包含所有需要人参与的工作。

网络安全保护平台数据运营的工作内容包括数据质量运营、数据治理、数据分析挖掘、数据使用审计。数据质量运营依托数据质量管理体系和平台相关技术手段，对各类网络安全保护数据的质量进行持续监督，以发现数据质量问题，形成数据质量管理报告，出具质量优化和改进建议。数据治理根据数据元、元数据标准对所有数据进行一体化治理，主要针对不同类别的数据，有选择地定义、设置、优化数据治理模型，确保网络安全保护数据的规范性与可用性。数据分析挖掘从业务需求出发，借助平台提供的技术组件，结合专家的经验，对网络安全保护数据开展人工与机器相结合的分析，得到高价值数据，从而支撑各类业务工作的开展。数据使用审计考虑数据分级、数据敏感性，对数据的使用是否符合授权许可、是否违规使用数据等进行监督管理，以保障网络安全保护数据被安全、合理地使用。

数据运营的注意事项：一是要严格遵守网络安全管理相关规定，在平台安全保障体系下实施数据运营，不因数据运营带来额外的数据安全问题；二是数据运营要具备一定的专业性，强化运营人员的专业素养，避免因专业性不足造成数据损毁；三是要结合平台数据处理模型的优化升级，不断固化数据运营方法和模型，推动数据运营能力持续提升。

6.5.3　技术运营

网络安全保护平台技术运营是指需要专业的信息技术开发人员、分析技术专家、安全服务人员、运维人员参与的平台相关技术运维工作。

网络安全保护平台技术运营主要包括网络安全保护平台运行所依赖的网络、硬件设备、软件系统、数据库等的运营，以及配套安全管理制度体系的支持，既自成体系，又兼容行业/企业的网络安全管理制度体系。根据网络安全保护工作开展的需要，建议由平台总体集成单位、平台建设单位和平台运营机构共同完成平台的技术运营。根据网络安全保护工作开展的实际情况，技术运营可着眼于网络基础设施运营、平台技术能力手段运维、安全防护设备设施运营、配置检查运营。网络基础设施运营一般由网络工程师提供支持；平台技术能力手段运维需要精通和熟悉平台各类监测手段、扫描探测工具等的技术工程师提供支持；安全防护设备设施运营需要掌握一定安全专业知识、熟悉攻防技术的专家予以支持；配置检查运营需要了解各类软硬件设备、熟悉常见配置的脆弱性、对安全配置基线相对熟悉的安全服务人员提供支持。

技术运营的注意事项：一是技术运营需要配套的管理体系，以确保第三方参与运营工作的安全性；二是技术运营因内容不同，所需技术专长不同，因此，建议确定岗位以明确运营的边界，避免因越界操作造成问题；三是技术运营与网络安全保护平台的接触面较大，需要明确流程、细化操作规范，辅以必要的培训体系，实现规范化、标准化，确保技术运营持续稳定开展。

6.5.4　业务运营

业务运营是网络安全保护平台运营的主体，涉及网络安全保护工作的方方面面。

从重要行业部门、中央企业开展网络安全保护工作的情况看，网络安全保护平台业务运营的内容主要包括网络资产测绘、威胁监测发现、事件应急响应、安全测评与加固、安全管理支撑、安全建设咨询、威胁情报挖掘等，覆盖掌握底数、威胁发现、分析研判、应急响应、通报处置、等级保护、监督检查、情报挖掘、攻防演练、重大活动安保等。网络安全保护业务及相关数据在网络安全保护平台上流动，一方面可以促进网络安全保护平台的优化升级，另一方面可以推动网络安全保护业务的标准化、规范化。此外，通过各类业务的交织、交互，可以在一次次业务处理过程中发现网络安全的脆弱性，从而感知风险，降低威胁造成的影响，保障重要信息系统、重点网络、关键信息基础设施稳定运行。业务运营人员以重要行业、中央企业的安全运营人员为主，由专业的安全运营队伍提供支持，在运营过程中要特别关注业务的安全性。

业务运营的注意事项：一是要不断梳理和优化业务流程，编制专业文档，推动业务的持续优化升级；二是要厘清各类网络安全业务的区别与联系，强化协同，打造网络安全业务工作闭环；三是要处理好网络安全业务与本部门、本行业主营业务的关系，将网络安全业务作为战略保障任务落实到位。

6.6 网络安全保护平台安全保障

本节介绍网络安全保护平台安全保障设计的依据及部分关键技术。

6.6.1 安全保障设计依据

网络安全保护平台安全保障相关设计，旨在保障网络安全保护平台自身的安全。根据网络安全保护平台的重要程度，以及一旦遭受破坏、丧失功能或者数据被篡改可能会对网络安全保护工作对象造成的间接影响，建议参照网络安全等级保护第三级要求进行平台自身安全保障设计。如果网络安全保护平台所支撑的网络安全保护工作对象的保护级别高于第三级，则应根据实际需要调整平台的安全等级。在进行平台安全保障相关设计时，除遵循《网络安全法》《关键信息基础设施安全保护条例》外，应重点参照以下标准进行规划、设计、落实。

- GB/T 22239—2019《信息安全技术 网络安全等级保护基本要求》
- GB/T 25070—2019《信息安全技术 网络安全等级保护安全设计技术要求》
- GB/T 28448—2019《信息安全技术 网络安全等级保护测评要求》
- GB/T 36627—2018《信息安全技术 网络安全等级保护测试评估技术指南》
- GB/T 31168—2014《信息安全技术 云计算服务安全能力要求》
- GM/T 0054—2018《信息系统密码应用基本要求》

下面对网络安全保护平台安全保障涉及的部分关键技术进行阐述。

6.6.2 数据安全

网络安全保护平台是一个融合了多源异构网络安全保护数据的平台，其数据安全至关重要，需要面向数据产生、传输、存储、使用、共享、销毁的全生命周期提供安全保护（如图 6-9 所示）。例如，数据产生过程需要确保数据生产者合规生产数据；数据传输过程需要确保数据安全传输；数据存储过程需要防止数据被窃取，对敏感数据应加密处理；数据使用过程需要防止数据泄露，防范各种篡改攻击；在数据全生命周期中，需要做好数据安全审计。

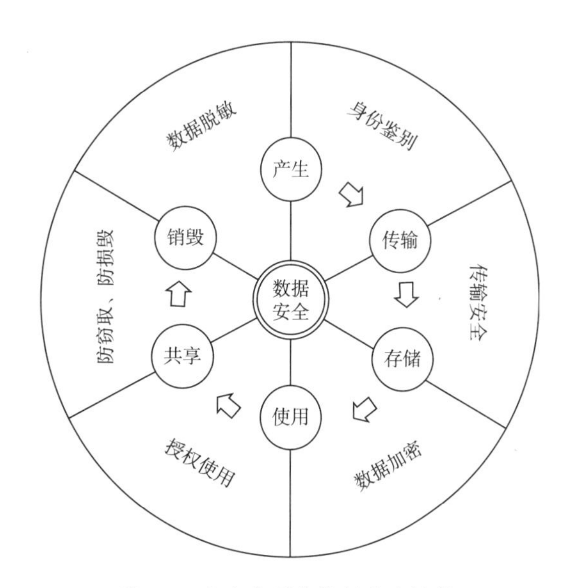

图 6-9　全生命周期数据安全保护

围绕网络安全保护平台自身的数据安全，至少要从用户身份鉴别、传输安全、存储加密、授权与访问控制、防泄露、防篡改、脱敏、抗抵赖、容灾备份、安全审计方面提供相应的技术手段和防范措施。

6.6.3 密码应用安全

密码应用安全（如图 6-10 所示）涉及多个方面，列举如下。

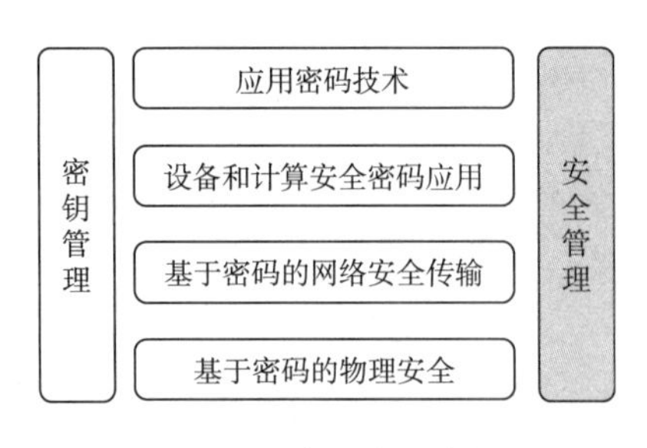

图 6-10 密码应用安全

在物理和环境安全方面，应通过密码技术的真实性保护物理访问控制身份鉴别信息，保证进入重要区域人员身份的真实性。

在网络和通信安全方面，在进行网络传输和跨网数据交换时，应基于密码技术对通信各方进行身份认证，保证鉴别信息的机密性和真实性；采用密码技术，保证通信过程中数据的完整性及敏感信息的机密性；使用密码技术建立安全通道，对安全设备及组件进行集中管理。

在设备和计算安全方面，应使用密码技术对登录设备的用户进行身份标识和鉴别；使用密码技术保证系统资源访问控制信息、重要信息资源敏感标记、日志记录等重要信息的完整性及鉴别信息的机密性。

在应用和数据安全方面，应使用密码技术对应用系统的登录用户进行身份标识和鉴别，保证业务应用系统访问控制策略、数据库表访问控制信息、重要信息资源敏感标记、日志记录的完整性；使用密码技术保证重要数据在传输、存储中的机密性和完整性。

在密钥管理方面，应对密钥的生成、存储、分发、导入、使用、备份、恢复、归档、销毁等环节进行策略制定和管理。

在安全管理方面，应从制度、人员、实施、应急等层面形成完善的管理制度和规范。

6.6.4 授权与访问控制

和信息系统一样，网络安全保护平台的授权与访问控制是保障平台安全的主要策略，是维护平台安全的重要手段，其任务是保证信息系统中的计算机及网络资源不被内外部人员非法使用和非正常访问（如图 6-11 所示）。

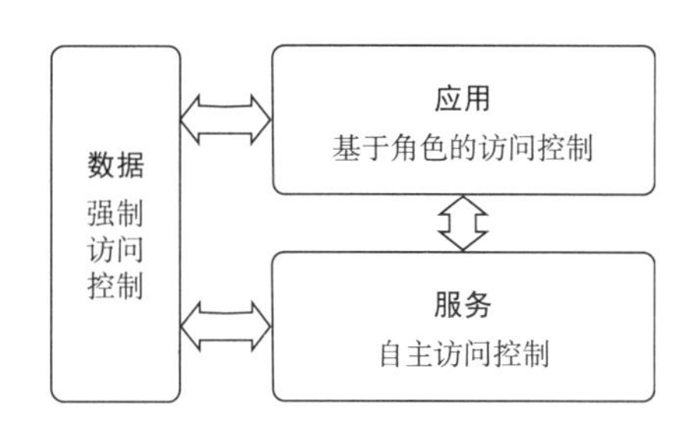

图 6-11　授权与访问控制

授权是访问控制的核心，资源的所有者或者控制者可授予其他人访问该资源的权限。资源包括信息资源、处理资源、通信资源和物理资源。

访问控制是一种加强授权的方法。一套完整的访问控制机制由主体、客体、访问、访问许可和访问控制策略组成。主体是指发出访问、存取操作的主动方。客体是指被访问的对象。访问是一种使信息在主体和客体之间流动的交互方式。访问许可是指所申请的访问得到批准。访问控制策略是指访问控制规则，是实施访问控制的依据。

网络安全保护平台的授权与访问控制的设计坚持最小授权原则，赋予平台用户相应的功能权限。针对不同岗位人员的账号，采用管理用户、普通用户、运维用户、安全管理用户、审计用户分离的原则进行管理。可以综合采用自主访问控制、强制访问控制和基于角色的访问控制设计平台的访问控制机制。平台服务可以采用自主访问控制的形式，由系统配置人员、系统运维管理人员对用户的服务访问、功能使用等进行授权。平台业务功能部门可以在自主访问控制的基础上，结合基于角色的访问控制，为用户授予功能访问权限。平台数据访问控制可以采用强制访问控制的形式，依托大数据的分类分级为不同用户打上不同级别的安全标记，并制定强制访问控制规则，建立用户安全标记和数据分类分级的关联关系，实现用户的强制访问控制。

6.6.5　安全审计

网络安全保护平台安全审计是指按照一定的安全策略，利用记录、系统活动信息、用户活动信息等，检查、审查和检验操作事件的环境及活动，发现平台的缺陷、漏洞、入侵行为或者改善平台性能的过程。根据网络安全等级保护相关实践，网络安全保护平台安全审计涉及计算环境、区域边界、网络通信层面的安全审计，同时通过日志管理中心统一管理安全审计日志。

网络安全保护平台安全审计的内容主要包括业务应用审计、主机审计、数据库审计、云计算安全审计等（如图 6-12 所示）。平台的网络设备和边界安全设备均开启了完整的日志记录功能，对重要的用户行为和安全事件进行审计，并将审计记录实时发送给安全管理区的日志收集与分析系统，以便长期存储、保护和分析。在平台的互联网端出口部署上网行为管理技术手段，对用户访问互联网的行为进行审计和分析。

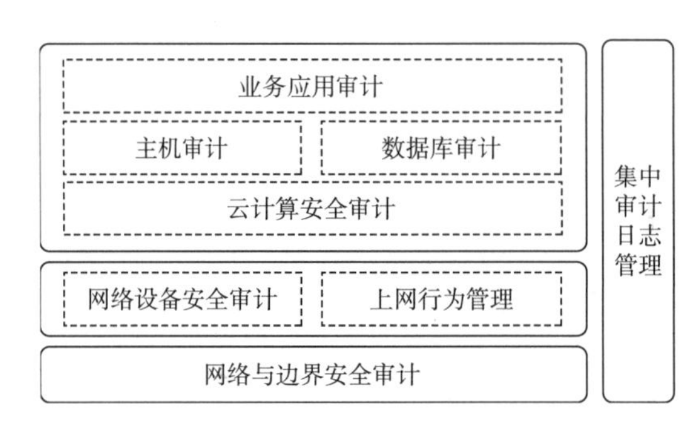

图 6-12 安全审计

在平台主机上部署主机审计系统，对用户的操作行为进行审计监控，重点解决 U 盘使用审计监控、非法内外连审计监控、文件操作审计监控、计算机外设使用审计监控等问题。

业务应用审计由业务应用系统实现，通过对业务系统的操作行为进行监控，审计业务系统中用户的操作行为，包括用户登录、业务流程操作、系统管理操作、业务数据增/删/改等行为。

在数据库审计方面，建立数据库安全网关作为数据库系统的第一道安全防线，实现细粒度的访问控制，所有对数据库服务器的访问必须由数据库安全网关进行检测和控制，主要包括数据库用户权限管理、黑白名单管理、SQL 语句实时审计分析、数据脱敏、数据库状态监控、审计查询和报表生成。

在安全管理区部署日志收集和分析系统，通过被动采集（SYSLOG、SNMP Trap）或主动采集（ODBC/JDBC、文件读取、安装代理）的方式，对平台中所有的网络设备、服务器操作系统、应用系统、安全设备、安全软件管理平台等产生的日志数据进行统一采集、存储、分析和统计，为平台管理人员提供直观的日志查询、分析、展示界面，长期妥善保存日志数据以便在需要时查看，保证审计记录的留存时间符合相关法律法规的要求。

6.6.6 协同联动安全

网络安全保护平台与外部平台协同联动过程安全保护机制的技术原理，如图 6-13 所示。网络安全保护平台在建设过程中预留 VPN 网关用于与外部的安全通信。在外部平台上部署协同联动代理，或者与网络安全保护平台联动，设置数据网关，内置可以与 VPN 网关建立通道的 VPN 客户端和证书。在上行通信开始前，调用 VPN 客户端，与 VPN 网关建立安全通道，然后进行数据的上行传输。在下行通信开始前，VPN 网关通过发送信号，代理驱动 VPN 客户端，与 VPN 网关建立安全通道，然后进行数据的下行传输。为确保安全通道的独立性，上行安全通道和下行安全通道应采用不同的证书且彼此独立；在资源允许的情况下，可以考虑使用不同的硬件资源分别建立上行安全通道和下行安全通道。此外，考虑密码应用的合规性，VPN 网关应使用国产密码算法及相关产品。

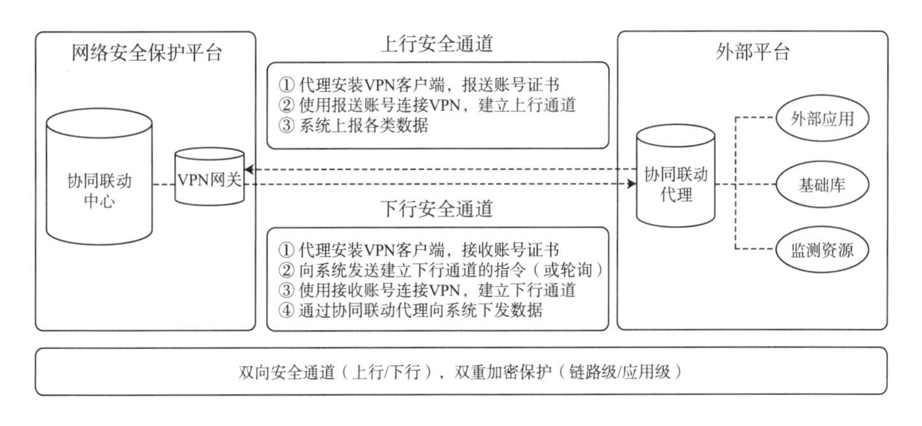

图 6-13　协同联动过程安全保护机制的技术原理

6.7 网络安全保护平台支撑挂图作战

网络安全保护平台是一个面向网络安全保护业务工作开展，在汇聚、处理、分析海量网络安全威胁攻击数据的基础上建设形成的实战化平台。在网络安全保护业务中，网络安全保护平台既是检验其成果的有效手段，也是促使其优化升级的动力。一方面，在数字智能时代，数据可视化、可视智能化的理念逐步渗透至网络安全保护领域，所以，有必要构建网络空间地理图谱进行挂图作战，提升网络安全保护的实战效果。另一方面，挂图作战需要网络安全保护平台从数据汇聚、集成开始内置网络安全地理图谱要素，在图谱映射中需要相关组件的支持以完成信息的提取与映射，在图谱构建过程中需要使用大数据、人工智能手段辅助完成图层的叠加，在图层组合挂图时需要海量数据逻辑、业务逻辑的共同作用方能输出灵活多变、智能且与业务贴合的视图、页面、图形。

综上所述，网络安全保护平台的建设需要充分考虑网络安全挂图作战的需要，将挂图作战的基因植入平台各层设计，将挂图作战的深层逻辑融入平台架构设计，举全平台之力支撑挂图作战。网络安全保护平台挂图作战的实例，将在第 10 章详细介绍。

6.8 小结

本章重点介绍了网络安全保护平台建设相关内容，给出了平台的总体规划设计、技术架构、业务模块和基础库，并对平台建设关键技术、平台内部协同联动、平台外部协同联动、平台运营、平台安全保障等核心问题进行了详细的阐述。

第7章　建设网络安全保护平台智慧大脑

本章重点阐述网络安全保护平台智慧大脑的构建技术和方法，围绕重点建设目标，提出智慧大脑的技术架构，分析其核心技术能力和外部赋能机制。在此基础上，描述大数据、基础设施、专家系统、数据分析技术和人工智能技术对智慧大脑构建的支撑作用。最后，以网络攻击溯源和网络威胁信息分析挖掘为例，给出智慧大脑在支撑平台开展网络安全保护工作方面的典型应用。

7.1　智慧大脑概述

本节介绍网络安全保护平台智慧大脑的建设目标、技术架构、核心能力和外部赋能。

7.1.1　建设目标

网络安全保护平台以网络安全保护工作为主线，围绕网络安全监测发现、分析研判、通报预警、应急处置、调查分析、威胁情报挖掘等业务工作需求，为数据资源、分析能力和业务支撑能力提供基础设施，为提升重要网络运营者和保护工作部门的安全保护能力、维护国家网络空间安全提供重要支持。平台需要整合关键信息基础设施、基础信息网络、重要信息系统的网络安全监测数据，实现以关键信息基础设施为重点的网络安全状况监测，通过对网络攻击行为、攻击资源、木马病毒等外部威胁的实时监测与动态分析，对威胁和攻击行为的主动发现、证据留存、行为溯源、调查分析、快速处置，进行网络安全态势感知与综合分析，为宏观层面的决策提供支持，切实保护关键信息基础设施安全。

为达到平台建设目标，充分应对日益严峻的网络空间安全形势，适应网络攻击和破坏活动日益猖獗、组织形态不断演化、技术手段快速更新的发展态势，必须在网络安全保护平台的规划设计和建设过程中注入大数据和人工智能基因，围绕全面剖析网络空间态势要素、挖掘网络实体关系、升级网络安全技术手段、支撑网络安全保护工作的目标，构建平台的智慧大脑，实现面向关键信息基础设施安全保护工作的全链条资源整合、全方位态势感知和全业务挂图作战。

利用大数据和人工智能技术构建网络安全保护平台智慧大脑的技术特点，主要体现在四个方面。

一是融合多源异构数据，构建智慧大脑的态势感知能力。通过采集、汇聚、融合网络空间多个区域、多个点位、多个层面、多个维度的多源异构安全相关数据，建立全方位、全天候的网络空间态势感知渠道，为智慧大脑提供充足的外部感知能力。

二是利用大数据治理技术，形成智慧大脑的资源整合能力。建立网络空间安全统一数据资源目录，建设网络安全大数据中台，对多源异构数据进行清洗、过滤、验证、归并、拼接、补全、关联，实现数据质量管控和数据血缘管理，支撑智慧大脑对网络安全数据的整合和基于数据总线的统一访问。

三是基于知识图谱和事理图谱，打造智慧大脑的精准刻画能力。基于网络安全大数据中台，根据安全保护业务需求，围绕攻击组织、保护目标、运营单位、网络资源、攻击活动、告警日志、威胁情报等要素，全面定义网络空间安全实体、属性和关系，构建能够描述网络安全实体的知识图谱和演化关系的事理图谱，形成智慧大脑针对网络安全实体的刻画能力。

四是引入人工智能技术，夯实智慧大脑的实战支撑能力。充分引入数据挖掘、深度学习、强化学习、迁移学习、增量学习、图神经网络等新型人工智能技术，在网络空间安全知识图谱和事理图谱的基础上，利用机器自主学习能力形成网络安全实战分析模型，实现网络安全保护业务的智能化推理、洞察和剖析能力，为网络威胁监测发现、预警预测、主动防御、攻击溯源、情报挖掘等提供智能化支撑。

7.1.2 技术架构

智慧大脑是网络安全保护平台的核心中枢，负责对采集汇聚的各类网络安全数据进行智能化分析、挖掘、推理、研判，产生分析结果，为平台的业务模块提供支撑（如图 7-1 所示）。智慧大脑的分析能力建立在多个交叉学科的基础理论之上，包括网络空间地理学、计算机科学、网络空间安全，它们为智慧大脑的模型建立、算法设计等提供了基础的理论支撑。

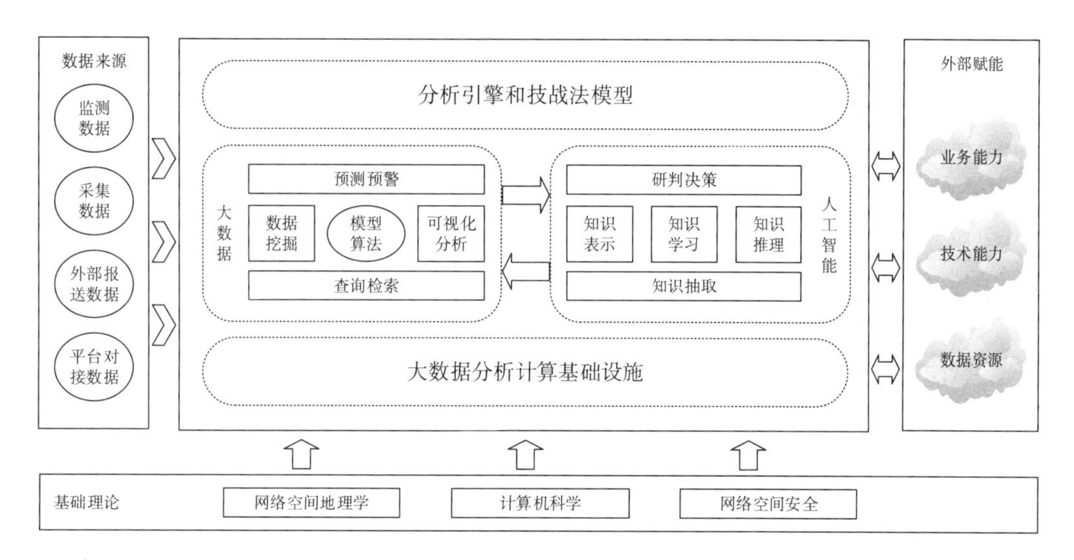

图 7-1　智慧大脑技术架构

智慧大脑的数据来源包括自有监测数据、主动采集数据、外部报送数据和平台对接数据。智慧大脑利用大数据分析计算基础设施，对上述数据进行大数据分析和人工智能分析。大数据分析侧重于数据层面的模型和算法，实现查询、检索、可视化、挖掘和预测预警。人工智能分析侧重于知识层面的模型和算法，实现网络安全的知识抽取、知识表示、知识学习和知识推理，并支撑研判决策过程。分析过程基于已有的分析引擎和技战法模型，通过外部赋能机制，使平台能够充分利用外部的数据资源、技术能力和业务能力，扩大数据范围，调度协同资源，提升总体分析能力。下面对网络安全保护平台智慧大脑的数据来源、分析计算基础设施和分析引擎三个方面的核心内容进行简要阐述。

1. 数据来源

网络安全保护平台智慧大脑的数据，包括原始的网络流量数据、日志数据、攻击告警数据，经过分析处理的安全事件信息、威胁情报、基础库数据，以及网络安全基础数据和业务数据等，其来源、数量、结构、格式、粒度多种多样。因此，必须依托针对多源异构数据的采集、汇聚和融合技术，为智慧大脑提供数据来源，建立全方位、全天候的网络安全态势感知能力。网络安全保护平台的数据类型已在第 4 章详细介绍，这里仅对智慧大脑相关数据的特点作简要阐述。

（1）平台自有数据

智慧大脑强调采用人工智能技术对网络安全态势、重点目标、重点活动、重要线索等进行智能化分析，解决通用数据统计算法无法实现的深层次知识挖掘和智能化推理难题。智慧大脑主要使用经过了预处理、清洗、过滤、补全等治理操作的中间数据进行分析，必要时可以调取部分原始数据进行关联推理，但网络安全保护平台日常业务流转过程中使用的数据并不依赖智慧大脑。

（2）外部赋能数据

外部赋能包括由相关部门、行业、安全机构、企事业单位或第三方团体等提供的网络安全数据资源、分析算法和分析结果。外部赋能机制包括被动和主动两种模式。在被动模式下，智慧大脑接收外部推送的赋能数据，将其纳入计算和分析范围。在主动模式下，智慧大脑通过接口主动发送赋能请求，根据外部资源的反馈情况获取相关数据资源和分析能力，并与本地分析引擎输出的结果进行关联推理。例如：查询安全机构提供的威胁情报数据，将其作为智慧大脑的关联数据；调用第三方团体提供的数据分析服务，获得攻击者画像数据；调度行业平台，进行网络攻击行为的协同溯源。

（3）智慧大脑输出的数据

智慧大脑输出的数据主要用于为网络安全保护平台各业务模块提供综合性、深层次、预警性、行动性的业务数据。例如，为态势感知模块提供当前网络中突发的大规模勒索病毒的发展态势，为实时监测模块提供针对未知威胁和零日漏洞利用行为的检测能力，为情报信息模块提供重点 APT 组织攻击动向的研判结果。智慧大脑输出的数据，一方面供业务模块使用，作为开展业务流转、分析研判和决策的依据，另一方面回馈数据中台，为后续的网络安全数据关联分析、挖掘、推理提供参考。

2. 分析计算基础设施

为保证网络安全保护平台在数据存储、计算、处理方面的灵活性和可扩展性，需要搭建大规模的服务器集群，并通过软件在可伸缩性方面的优势弥补硬件缺陷，从而提高网络安全大数据的可用性、可靠性和安全性。服务器集群为网络安全大数据提供计算和存储资源，承载网络安全保护各项业务流程，同时具备横向扩展能力，能够在同一架构上进行功能拓展和性能扩容，满足未来在业务和数据扩展方面的需求。

网络安全保护平台的分析计算基础设施总体上由基础设备层、IaaS 层、PaaS 层组成。基础设备层由通用服务器和配套网络设备构成。IaaS 层基于 IaaS 软件实现平台资源池构建，面向上层组件提供计算资源池、存储资源池和网络资源池。PaaS 层对数据服务进行封装，提供流式计算、实时计算、离线计算、内存计算、图计算等数据计算服务，以及分布式文件系统、分布式列式数据库、关系型数据库、多维分析数据库、内存数据库、图数据库和全文数据库等数据存储服务。在这些基础设施之上，数据中台作为数据处理层（DaaS层），在多源数据采集汇聚的基础上，集成接入各类网络安全数据，按照标准化的数据处理要求进行处理和治理，并面向上层应用提供查询、检索、订阅、更新等数据服务。智慧大脑通过数据中台提供的数据服务，访问各类网络安全数据，并封装面向网络安全保护业务的各种智能化分析模型和能力。

3. 分析引擎

为支撑新形势下的网络安全监测发现、态势感知、通报预警、事件处置等实战业务，网络安全保护平台智慧大脑提供了多种分析引擎。

（1）威胁情报分析挖掘引擎

威胁情报分析挖掘引擎具备从多个维度对网络安全威胁情报进行深入挖掘的能力，能够发现未知安全威胁、挖掘隐蔽的线索、实现威胁情报的深度关联和自动推理。威胁情报分析挖掘引擎是智慧大脑的核心单元，也是支撑其他分析引擎工作的基础单元。

（2）监测发现引擎

监测发现引擎具备主动监测发现特殊攻击形态、新型漏洞利用方式、新型网络病毒、新型入侵途径的能力，能够弥补对已知攻击类型和已知漏洞的检测能力的不足，为实时监测和态势感知业务模块提供支撑，同时为威胁情报分析挖掘引擎提供重要的数据。

（3）APT攻击分析引擎

APT攻击分析引擎具备对重点APT组织进行长期跟踪分析的能力，能够从组织背景、核心人员、攻击手段、攻击资源、能力水平、攻击轨迹、历史攻击行为、攻击趋势等方面对其进行全息刻画，为全面掌握APT组织的活跃态势和活动趋势提供支撑。

（4）事件刻画引擎

事件刻画引擎具备对重大网络安全事件进行过程还原的能力，能够对安全事件涉及的攻击源、攻击目标、攻击方法、攻击工具、网络资源等进行全面刻画，有效支撑网络安全事件的通报、预警和处置工作。

（5）目标画像引擎

目标画像引擎具备对重点保护对象、重点攻击来源、重要网络资源进行知识图谱构建的能力，并能在此基础上实现目标画像和智能推理，掌控重点目标的安全态势，为网络安全等级保护、关键信息基础设施安全保护、监督检查等业务提供支撑。

（6）攻击溯源引擎

攻击溯源引擎具备对重点网络攻击活动进行追踪溯源和留存证据的能力，能够围绕攻击手法、攻击工具、账号、网络轨迹、流量特征等要素，构建完整的攻击链，为针对网络攻击和破坏活动的防范打击工作提供支撑。

（7）攻击武器分析引擎

攻击武器分析引擎具备对境内外敌对组织使用的网络攻击武器、攻击装备、攻击平台、攻击策略和技战法进行全面分析刻画，从而支撑网络空间对抗和挂图作战的能力。

7.1.3 核心能力

智慧大脑是网络安全保护平台的核心中枢。智慧大脑综合分析通过各种渠道和方式采集汇聚的网络安全数据，对网络安全相关案事件、威胁情报及其关联因素作出判断，围绕网络安全保护目标，通过业务系统向平台相关组件发送指令，能够有效防范网络攻击等违法活动，合理掌控网络资源，支撑网络安全保护的各项工作职能。

智慧大脑的运转模式与人脑的运转模式高度相似，可以借鉴人脑对外部信息的采集、汇聚、分析和决策机制，对智慧大脑需要具备的核心能力及相应的关键技术进行分析。人脑由大脑、小脑、间脑、脑干组成。大脑是人体中枢神经系统的高级部分，分为左右两个半球，二者通过由神经纤维构成的胼胝体相连。大脑不断接收由感觉器官感知的外界信息，并通过与其他人员的交流进一步获取信息。感知信息和交流信息通过神经传送到大脑，由大脑进行分析判断并作出决策，向人体的动作器官发出实际操作指令，从而控制人体的动作、表情、语言等。借鉴人脑的运行模式，网络安全保护平台智慧大脑需要具备四类核心能力。

1. 感知理解能力

通过主动采集、布点监测、样本提取、业务工作采集等方式，可以获取多源异构的网络安全数据，为智慧大脑提供数据来源，建立全方位、全天候的网络安全感知理解能力。

（1）主动采集

主动采集通过对网络空间的扫描探测，感知网络资产和拓扑结构，绘制网络地图，收集网络安全资料，探测网络设备和应用服务中的安全漏洞。

（2）布点监测

布点监测通过布设网络安全设备、审计系统、网络探针、日志探针等方式，从网络流量和日志数据中获取网络安全相关数据。

（3）样本提取

样本提取将邮件附件、文件传输协议、应用服务访问中的文件样本提取出来，作为后续进行样本行为分析和 APT 攻击检测的重要依据。

（4）业务工作数据采集

业务工作数据是指由网络安全业务工作驱动，通过信息填报、系统录入等方式获取的网络安全数据，如网络资产、网络架构、安全措施等。

（5）数据共享

数据共享通过在不同机构和组织之间实现的数据共享机制（如数据推送、数据报送、数据订阅、数据查询等），获取威胁情报、安全事件、漏洞信息、病毒信息等网络安全相关数据。

智慧大脑的感知理解能力涉及的关键技术包括协议还原技术、攻击检测技术、日志分析技术、威胁情报获取技术、网络测绘技术、漏洞探测验证技术等。智慧大脑需要具备多源异构数据采集汇聚能力，同时，其针对各种新类型、新形态、新量级的数据接入汇聚能力也需要扩充和升级。

2. 协同协作能力

根据关键信息基础设施安全保护工作的总体要求，公安部门负责指导监督，国家网络安全职能部门、相关部委、中央企业、监测机构、运营商、互联网企业、网络安全企业和研究机构多方参与，建立国家网络安全协同防御机制体系，形成纵向联通、横向联动的立体化协同作战能力。

网络安全保护平台是关键信息基础设施安全保护工作的核心。需要将省市公安机关、重要行业、社会力量打通，实现智慧大脑的协同协作，以充分利用外部合作单位的数据资源、技术能力和专家资源；与省市公安机关建设的相关平台进行数据共享和业务联动，通过统一的数据格式规范和业务流程规范，在数据安全保障条件下双向推送网络安全知识数据、资源数据、监测数据，以及网络安全业务调度指令、业务流转数据、业务反馈数据等；与相关部委、重要行业建设的网络安全保护平台进行数据共享和协同，包括部委和行业的监测预警数据、基础数据、溯源数据，以及跨行业、跨部门网络安全事件处置、重大活动安保、攻防演练等业务和工作涉及的数据；与运营商、网络安全企业、互联网企业、监测机构、科研机构等单位实现数据报送和能力输送，包括各单位报送的网络安全事件、重大威胁、安全态势、威胁情报等数据资源，以及相关的网络安全技术分析、专家研判等服务能力。

智慧大脑应以网络安全保护实战业务为驱动，不断拓展协同协作模式，逐步在数据资源共享的基础上实现技术能力的输送和统一调度。

3. 分析判断能力

分析判断是智慧大脑的核心功能。通过采集、汇聚、交流、协作等渠道获取的网络安全数据需要由智慧大脑进行统一处理、分析、挖掘和推理，从而实现对上层网络安全保护业务的支撑。智慧大脑的分析判断能力主要体现在以下三个方面。

（1）存储和计算资源

构建平台资源池，提供计算资源池、存储资源池和网络资源池，流式计算、实时计算、离线计算、内存计算、图计算等数据计算服务，以及分布式文件系统、分布式列式数据库、关系型数据库、多维分析数据库、内存数据库、图数据库和全文数据库等数据存储服务，为智慧大脑开展大数据治理分析、部署机器学习和人工智能算法、构建网络安全业务模型等工作提供基础资源。

（2）数据治理

网络安全保护平台的数据治理工作主要由数据资源目录、元数据管理、数据血缘、质量管理、标签管理、模型管理等部分组成。建立网络安全数据资源目录，将通过各种渠道汇聚和产生的网络安全原始数据、资源数据、知识数据、业务数据等纳入统一的数据框架，对数据进行清洗、过滤、归并、去重、验证、标记、补全、关联和业务模型匹配，实现全生命周期的数据管理和使用，保证数据的准确性、一致性和可追溯性，支持网络安全数据架构和内容的弹性扩展。

（3）智能分析

智能分析包括大数据分析技术、机器学习技术、人工智能推理技术等关键技术。通过分类、回归、聚类、模糊匹配、频繁项集、因果分析等数据分析挖掘方法，结合深度学习、强化学习、迁移学习、图神经网络等新技术，对网络空间安全要素进行多轮次的动态分析和智能化推理，使智慧大脑具备在网络安全大数据中进行自动分析以获得规律的能力，并利用所获得的规律对未知威胁和新型攻防场景进行预警和预测。

4．业务实战能力

智慧大脑的业务实战能力主要体现在以下三个方面。

（1）建立网络安全业务模型

网络安全业务模型包括针对调查分析的攻击溯源模型、针对情报信息的拓线分析模型、针对通报处置的事件信息补全模型等。

（2）构建网络安全业务知识图谱

借鉴地理图谱的要素和图层划分理念，根据网络安全保护工作的相关人员、组织、保护目标、设备设施、事件、行为、威胁情报、网络资源、时间、空间等要素及其关联关系，从"人""物""地""事""时"等维度入手，构建融合地理空间、物理空间和社会空间的网络安全业务知识图谱。

（3）依托网络安全业务知识图谱，支撑网络安全挂图作战

利用网络安全业务知识图谱的跨空间映射和推理能力，从网络安全指挥调度、关键信息基础设施安全保护、网络安全事件通报处置、威胁情报分析研判、攻击组织和犯罪团伙打击防范等维度，实现图形化、自动化、智能化挂图作战，支撑网络安全保护各项业务工作的开展。

智慧大脑的业务实战能力需要以知识图谱为基础的目标画像技术作为支撑。目标画像技术可以完整地反映网络安全领域的重点实体、属性及其相互关系。以攻击者、保护目标、网络资源（IP 地址/域名）三种典型的网络对象为例，攻击者画像对黑客组织和 APT 组织进行情报分析挖掘，保护目标画像对关键信息基础设施、重要信息系统等重点保护目标实施精准防护，IP 地址/域名画像对与安全事件有关的网络资源进行拓线、串并等。随着知识图谱技术自身的进步，以及平台大数据内容的扩充，智慧大脑所构建知识图谱的实体类型、对象、复杂度、精准性、覆盖范围、数据容量、数据粒度不断扩展和提升，逐步形成

了完整的网络安全业务知识图谱，成为开展关键信息基础设施安全保护工作的有力武器。同时，围绕知识图谱开展网络安全实体、属性及其相互关系等要素的智能推理，可以在传统逻辑推理的基础上实现全面的隐蔽推理、间接推理、复杂推理，揭示网络安全要素之间的深层逻辑，洞察网络安全实体之间的因果关系、同源关系、承载关系、协作关系、利用关系等，从而全面掌控网络空间安全态势，实现动态防御、主动防御和纵深防御。

7.1.4 外部赋能

像人类的大脑一样，智慧大脑可以通过不断与其他人员和外部环境进行交互，持续进行学习和训练，积累知识并对知识进行验证和优化，实现分析能力的扩展和提升。作为使用人工智能技术构建的自动分析组件，智慧大脑需要与其他部门、行业、地区平台的智慧大脑交互，通过外部的数据资源赋能、技术能力赋能和业务能力赋能，逐步积累和优化自己的网络安全业务模型，实现自身分析能力的扩展和提升，从而更好地应对网络空间中新的风险和威胁。

网络安全保护平台智慧大脑的外部赋能来源如下。

（1）其他部门和行业

例如，由各部委、行业主管部门和大型企业建设的网络安全平台，可以提供本部门、本行业的网络安全基础数据、监测数据、分析结果、溯源定位结果等。

（2）互联网企业和网络安全企业

例如，华为、阿里巴巴、腾讯、百度、京东、字节跳动、美团、360、奇安信、安恒、深信服、天融信、启明星辰、绿盟科技、美亚柏科、知道创宇、安天、恒安嘉新、微步等企业建设的网络安全大数据平台或云中心，可以为网络安全保护平台智慧大脑提供外部数据资源和分析能力。

（3）网络安全研究机构

例如，北京大学、清华大学、上海交通大学、中国科技大学、浙江大学、国防科技大学、哈尔滨工业大学、北京航空航天大学、北京理工大学、电子科技大学、北京邮电大学、西安电子科技大学等高校，中国科学院计算技术研究所、软件研究所、地理科学与资源研究所、信息工程研究所，公安部第一研究所、第三研究所，工业和信息化部电子第一研究所、中电科第十五研究所、中电科第三十研究所，以及国家互联网应急中心、信通院等研究机构积累的网络安全科研数据和人才队伍，可以为网络安全保护平台智慧大脑提供外部数据资源和专家分析能力。

外部赋能机制向智慧大脑输送的技术能力主要分为三类：一是安全模型，如攻击检测模型、病毒监测模型、目标画像模型、攻击溯源模型、关联分析模型等；二是安全数据，如网络安全事件数据、高危漏洞数据、威胁情报数据、网络资产数据、安全态势数据等；三是分析结果，如网站安全专项分析结果、邮件系统安全专项分析结果、工业控制系统安全专项分析结果、重大网络威胁分析结果、重大漏洞分析结果、突发勒索病毒分析结果、重点攻击组织分析结果、重点行业安全态势分析结果等。

外部赋能机制需要重点考虑数据交互和协作流转过程中的安全问题，采用双向身份鉴别和认证机制，避免恶意用户通过仿冒、窃取、破解等手段非法获取访问权限；采用高强度的加密机制，保证相关数据资源和流转内容的机密性和完整性；采用严格的安全审计措施，对外部赋能过程中的所有交互行为和交互内容进行审计；采用有效的网络安全防护措施，监测、发现并阻断攻击者对赋能组件实施的网络攻击。

7.2　智慧大脑建设

本节重点介绍网络安全保护平台智慧大脑建设过程中涉及的关键资源和技术，包括大数据资源、基础设施、专家系统、大数据分析技术和人工智能技术。

7.2.1　大数据支撑智慧大脑

智慧大脑需要网络安全大数据为其智能化分析提供数据资源。智慧大脑的主要数据来源如下。

- 从关键信息基础设施、重要信息系统、基础信息网络、电子政务外网、政府网站、大型电子商务平台等保护对象的网络流量中监测发现的网络攻击相关数据，如通过布设流量探针采集的安全事件告警信息、网络日志、样本文件等。
- 从保护对象网络内部收集的网络安全日志信息，如通过日志探针采集的安全设备告警信息、操作行为日志等。
- 针对软件样本文件的分析数据，特别是针对 APT 攻击涉及的特殊木马或病毒样本的分析结果，如利用沙箱分析得到的样本文件的代码特性、关联对象和组织以及样本文件中的敏感操作、可疑行为等。

- 通过主动探测方式获取的互联网安全数据，如通过漏洞扫描系统获取的网络设备或应用服务存在的漏洞隐患、通过网络测绘系统获取的网络资产信息、使用爬虫技术获取的网络安全资料等。
- 根据等级保护、关键信息基础设施安全保护、攻防演练、监督检查等业务工作的需要，通过系统认定、定级备案、互联网管理、安全检查等方式获取的网络安全相关数据，涉及等级保护定级对象、关键信息基础设施、重点保护目标、重要网络资源等。
- 行业部门和企事业单位报送的网络安全数据，如网络安全机构提供的安全事件报告、漏洞隐患报告、威胁情报、研究报告、技术分析报告等。
- 网络空间地理数据，如相关单位或系统所在的行政区划、街道、地址、经纬度、楼层、IP 地址定位、地理图层等信息。
- 智慧大脑外部赋能数据，即通过外部赋能机制，由外部平台或智慧大脑提供的网络安全数据，如行业监测数据、行业威胁情报、行业安全态势报告、攻击溯源结果等。
- 从其他渠道获取的网络安全相关数据。

7.2.2 基础设施支撑智慧大脑

智慧大脑需要大规模的计算存储基础设施提供支撑。计算存储基础设施需要具备 PB 级数据的加工和存储能力，支持千亿级数据的查询比对和复杂模型的快速计算，能够有效支持关键信息基础设施安全保护相关数据的集成接入、预处理及治理流程，丰富数据组织、数据服务模式。在此基础上，通过开放计算模型搭建服务的形式，引入行业部门、安全机构、企事业单位的外部赋能机制，实现对等级保护、态势感知、监测发现、事件通报、应急处置、威胁情报、调查分析等网络安全业务的数据分析与挖掘，融合海量威胁数据，为网络安全保护工作提供多层次、高覆盖率、高精准度的数据支撑。

支撑智慧大脑的基础设施基于通用服务器和网络设备，利用云计算和大数据技术构建底层计算资源池、存储资源池、网络资源池，面向网络安全保护平台，针对结构化数据、半结构化数据、非结构化数据、流数据等提供分布式文件系统服务、列式数据库服务、关系型数据库服务、多维分析数据库服务、内存数据库服务、图数据库服务和全文数据库服务，支撑多源异构数据的存储与计算。

在上述基础设施之上，需要形成数据集成接入、数据预处理、数据治理和数据服务能力，为智慧大脑的智能化分析工作提供标准化、规范化的数据处理机制。

数据集成接入是指依托网络安全保护平台的数据相关标准规范，在以插件形式运行的接入适配器和输出适配器的支持下，充分利用基础设施提供的计算资源，实现多来源、多渠道、异构数据的探查、定义、读取和对账，接入平台需要处理和存储的海量网络安全数据。

数据预处理是指对所汇聚的结构化和非结构化数据进行预处理，具体包括对网络安全事件报送数据进行清洗、过滤、去重、归并等处理。在对通过多种形式收集的网络安全日志进行解析、归一化处理后，对网络资源数据进行规则匹配、提取与筛选，对从其他平台对接的数据进行校验、标记，对非结构化数据进行清洗、分类、标记等。网络安全保护平台基础设施应提供多种标准的预处理工具，并支持自定义预处理模式，以帮助用户根据实际需要自定义预处理规则和流程，并通过创建自定义函数来满足不同计算规则的需求。

数据治理模块是网络安全保护平台数据管理的统一入口，集成了资源目录、元数据、数据需求、数据标准、数据质量、数据安全等功能，为数据管理人员对网络安全数据分角色、分权限开展数据治理提供支撑。

数据服务模块一方面面向平台用户，另一方面面向包括智慧大脑和业务系统在内的平台组件，提供统一、规范、安全的数据访问接口，如数据查询检索接口、数据更新接口、数据统计接口、数据比对接口、数据订阅接口等。

7.2.3　专家系统支撑智慧大脑

针对已知的系统入侵、流量攻击、漏洞利用、病毒传播等典型攻防场景，可以利用数理统计、分类、聚类、关联等算法构建分析模型，建立专家系统，进行自动化分析，形成智慧大脑的基础分析能力。同时，专家系统可用于数据验证、数据归并、多源数据融合、数据要素关联碰撞等。

1. 识别 SMB 远程溢出攻击

SMB 远程溢出攻击是典型的缓冲区溢出攻击。攻击者通过构建具有特殊结构的数据，向运行 SMB 服务的系统发送特殊信息，造成目标系统崩溃，或者在特定条件下完全控制目标系统。

用于识别 SMB 远程溢出攻击的专家系统，可以由人设定检测参数，也可以通过机器学习获取参数。例如，基于时间的统计分析方法，可以按照常用的时间单位、根据条数对告警信息进行分解，从而寻找符合一定规律的攻击事件，输出相应的信息。这方面常用的机器学习算法是决策树（Decision Tree）。

决策树的分析判断逻辑可以将多个条件的组合作为判断依据。根据 SMB 协议访问数据的规律，可以采用决策树作为判断 SMB 远程溢出攻击的算法。决策树将历史 SMB 远程溢出攻击数据作为训练数据集，从中提取相应 IP 地址的受攻击总次数、每天受攻击次数、每小时受攻击次数、受攻击天数、攻击小时分布（0 ~ 24）、攻击分钟分布（0 ~ 60）等作为训练指标，通过机器学习自动训练出对应的决策树模型，用于对后续 SMB 协议访问数据的行为进行判断。

2. 识别木马回连远程控制

木马回连是网络攻击的常用手法。攻击者入侵目标服务器后，在目标服务器中种植木马程序，由木马程序反向回连攻击者所在的控制端，达到远程控制目标服务器的目的。通常感染了恶意木马的服务器会与对应的远程控制服务器建立命令与控制（Command & Control，简称 C&C 或 C2）通道，远程控制服务器可以向整个僵尸网络发布相同的控制命令。

针对木马回连攻击，专家系统可以建立数理统计模型以分析 IP 地址的连接行为，根据 IP 地址单日告警次数、总告警次数、连续告警天数等指标判断服务器是否为回连木马的远程控制服务器。指标的阈值可以由安全专家设定，也可以通过机器学习算法自动设定。使用数据挖掘的关联（Association）算法，根据一段时间内某 IP 地址与回连的控制端 IP 地址之间的关联，可以判断该 IP 地址所对应的服务器是否已被黑产团体控制、植入远程控制木马并持续回连远程控制服务器。

3. 识别挖矿病毒

随着虚拟货币的兴起，非法利用计算资源进行虚拟货币挖矿的病毒成为网络空间中新的安全威胁。

以门罗币挖矿病毒为例，感染了门罗币挖矿病毒的主机会与矿池通信，发送 JSON 格式的数据（包含虚拟钱包地址等内容）。针对此类病毒，专家系统可以先判断源 IP 地址是否为客户资产（如是否为内网 IP 地址，或者通过资产列表判断），再输出可疑的客户资产 IP 地址。对于目标 IP 地址是矿池地址（解析域名包含关键字 pool、xmr）的通信行为，如果通信报文包含特定指纹（如 "agent":"XMRig/），或者访问目标 IP 地址并获取的指纹包含关键字 pool、xmr，就可以判定源 IP 地址所对应的主机感染了门罗币挖矿病毒。

专家系统还可以利用关联分析算法，从复杂网络的角度识别可疑 IP 地址。由于网络通信的源 IP 地址和目标 IP 地址可以构成关联网络，被感染的 IP 地址与目标 IP 地址（矿池）的关联结构存在相似性，所以，可以在算法中设置阈值，将相似度超过阈值的通信行为作为重点排查对象。

4. 识别 DGA 域名

域名生成算法（Domain Generate Algorithm，DGA）是一种利用随机字符生成 C&C 域名，从而逃避域名黑名单检测机制的技术手段，通常出现在勒索病毒、挖矿病毒、仿冒钓鱼等攻击行为中。传统的 DGA 域名识别采用两种方案，分别是黑名单匹配的方案、基于规则统计的方案。这两种方案都有一定的局限性：黑名单只能识别已知的恶意 DGA 域名；规则统计需要安全技术人员分析样本，人力成本较高。

攻击者利用 DGA 生成伪随机字符串作为域名。“伪随机”意味着字符串序列看起来是随机的，但事实上是由算法按照一定规律生成的，因此，伪随机字符串是有可能被预测和判别的。专家系统引入深度学习算法，使用无监督或半监督的特征学习和分层提取来代替手动特征提取。深度学习的自动表征学习能力，使专家系统能够快速适应攻击者生成域名方式的变化，利用神经网络挖掘 DGA 域名的共性，达到智能识别 DGA 域名的目的。

5. 仿冒网站聚类划分

从事网络仿冒钓鱼等违法活动的人员，为了避免仿冒网站被封堵，常常会注册大批网站用于实时仿冒。这些仿冒网站具有多种类似的特征。通过对仿冒网站进行聚类划分，可以将域名、解析 IP 地址、网站标题、所关联恶意域名、系统指纹、服务器位置、机房运营商、注册日期、到期日期、注册者、邮箱、注册商等信息作为输入，利用聚类（Clustering）算法实现域名信息的自动划分，从而挖掘网络仿冒钓鱼相关从业人员的社会关系，为防范和打击网络违法活动提供支持。

除了仿冒网站的划分和判别，聚类算法还可用于多个网络安全场景，如对与网络扫描行为、暴力破解行为、拒绝服务攻击行为等相似的访问行为进行自动划分和判别。

7.2.4 大数据分析技术支撑智慧大脑

智慧大脑的“神经纤维”由网络安全保护平台通用的大数据总线和技术算法库构成。一方面，利用大数据治理技术，为智慧大脑提供数据源，实现技术和业务的融合；另一方面，为智慧大脑的分析工作提供机器学习、图谱推理等通用技术和算法。

大数据总线提供流式计算、实时计算、离线计算、内存计算、图计算等数据计算服务，以及分布式文件系统、分布式列式数据库、关系型数据库、多维分析数据库、内存数据库、图数据库和全文数据库服务，同时开展大数据治理工作。数据治理是指对数据资源全生命周期的规划设计、过程控制和质量监督。通过规范化、多维度的数据治理，建立网络安全保护平台的数据资源目录和数据资源融合治理体系，实现网络安全数据资源的透明、可管、可控，有利于厘清数据资产，规范各类数据的处理流程，提升数据质量，促进数据流通和价值提炼，形成智慧大脑的数据资源整合能力。

1. 数据资源目录管理

数据资源目录在参照相关标准规范的基础上，对网络安全保护平台的网络安全相关数据进行管理，实现数据资源的科学、有序、安全使用。数据资源目录涉及网络安全工作的各类实体、属性及关系，是构建知识图谱和开展智能推理的基础。数据资源目录管理主要包括数据元管理、资源分类与编目、目录注册与注销、目录更新、目录同步、目录服务和可视化展现。

2. 元数据管理

元数据管理用于实现对网络安全数据节点、数据交换过程、数据标准、数据分析指标、数据质量规则等元数据的统一管理，包括基础元数据管理、数据分级分类管理、元数据版本管理、元数据关联分析、元数据总揽、元数据信息查询等内容。

3. 数据血缘

数据血缘主要由各类数据源的数据项信息、库表关系、ETL 逻辑、存储过程、代码逻辑等组成，能够清晰地反映数据从源头到最终数据产物的转化过程。通过数据血缘，可以绘制数据地图，提供良好的数据溯源和血缘分析能力。

4. 标签管理

标签管理是指对网络安全保护平台汇聚的数据标签进行分类管理，涉及网络安全数据的属性标签、分类标签、行为标签、场景标签、统计标签、深度分析标签、混合标签、自定义标签等。通过标签管理，可以构建网络安全数据的标签体系。

5. 模型管理

模型管理是指对模型进行统一管理和生成，涵盖模型的全生命周期，包括模型构建流程、模型修改流程、模型删除流程。模型由一个或多个算子组合而成，每个算子同时对应于若干输入和输出。通过组合算子、数据集、元素集，可以描述数据的处理方法、分析步骤、分析方法和分析结果，实现复杂的数据分析功能。

7.2.5 人工智能技术支撑智慧大脑

攻击者为达到目标，会采用相应的攻击策略和攻击路线，在不同阶段实施不同的攻击行为，因此，会在网络信息系统的不同区域、不同位置、不同设备和不同产品上留下入侵痕迹。这些区域、位置、设备和产品所产生的告警信息或日志不是孤立的，而是具有关联性的。例如，一组具有相同源 IP 地址和攻击类型的告警信息，很可能是由同一主机发起的探测攻击扫描同一子网中不同机器的端口集造成的；类似 SYN Flood 的假冒地址攻击，即使不是来自同一源 IP 地址，目标 IP 地址和攻击类型也有可能存在关联；攻击者在到达攻击目标之前，可能会采取一系列存在因果关联的攻击步骤，包括系统探测、漏洞扫描、入侵渗透、数据窃取和日志清除，这些步骤所对应的 IP 地址、时间、应用服务等参数之间同样存在密切关联。

由此可见，攻击行为体现在告警事件的互作用中，通过分析漏洞情报、攻击流量、攻击行为之间的关联性，就可以完整地描述一个安全事件的原因、步骤、环节和后果。

1. 传统分析模型

传统的分析模型是基于攻击链模型和钻石模型构建的。攻击链模型根据攻击者对攻击目标入侵的不同阶段进行划分。将各阶段按顺序连接起来，就能形成完整的攻击过程。钻石模型的基本元素是入侵事件，每个事件都有四个核心特征，即对手、能力、基础设施、受害者（它们之间的关系用连线表示）。

攻击链模型和钻石模型对实际攻击场景来说偏理想化。在实际攻击场景中，攻击者不会按照固定步骤实施攻击，而是采用大量隐蔽手段，通过逐步收集目标系统的信息和安全措施，不断调整自身的攻击策略，达到成功入侵目标系统并避免被其所部署的安全产品发现或追踪的目的。在这个过程中，攻击者可能会实施一系列具有迷惑性、误导性或隐蔽性的攻击步骤，以避免完整的攻击过程被目标系统通过简单的关联分析还原。因此，为了有效应对日趋复杂和隐蔽的攻击过程，研究人员开始引入机器学习和人工智能技术，构建网络安全智慧大脑，对各类告警事件和安全相关数据进行精准的融合、提炼、挖掘和推理，从而发现其中隐藏的安全知识。

2. 机器学习

将机器学习应用于多源信息的分析处理，对于分析处理不精确、不确定的信息有很大优势，因此成为数据分析的发展方向之一。近年来，神经网络获得了广泛关注，特别是深度学习算法，其与传统机器学习算法相比更接近人脑的学习和判断过程（如卷积神经网络、循环神经网络、长短时记忆网络等），所以，已在包括网络安全在内的多个行业和领域得到了广泛应用。强化学习、迁移学习、联邦学习等一系列算法和模型也发展迅猛。

利用人工智能技术构建智慧大脑，可以有力支撑网络安全保护工作。以推理为例，与单一的逻辑推理相比，智慧大脑可以充分利用不同推理方法的优势，如逻辑推理的准确率、分布式推理的计算能力、神经网络智能推理的学习能力和知识泛化能力。逻辑推理包括时间推理、空间推理、案例推理、本体推理等，优点是通过推理得到的知识置信度高，对网络空间中已知类型的事件、行为及态势，能够做到精准定位、快速发现，缺点是对未知类型的网络行为无能为力。基于神经网络的推理方法，可以利用神经网络强大的学习能力为图谱事实元组建模。这种方法对知识库中实体、属性、关系的利用率较高，有较强的知识泛化能力和未知关系推理能力。

3. 神经网络

神经网络是一种由许多简单的单元组成的网络结构，类似于生物的神经系统，用于模拟生物与自然环境的交互。神经网络针对语音、文本、图像等，衍生出了多种适用于具体学习任务的模型，如循环神经网络、卷积神经网络等。

卷积神经网络是一种前馈神经网络，通常由一个或多个卷积层和全连接层组成，有时也包含池化层。每个卷积层由若干卷积单元组成——类似于经典神经网络的神经元，只不过激活函数变成了卷积。卷积运算本身有严格的数学定义。在卷积神经网络中，卷积运算的形式是其数学定义的一个特例，目的是提取输入的不同特征。卷积神经网络结构相对简单，可以使用反向传播算法进行训练。除了图像处理，卷积神经网络也被用于语音处理、文本处理等领域。

循环神经网络是一种以序列数据为输入，沿序列的演进方向递归且所有节点链式连接的递归神经网络。循环神经网络具有记忆能力且共享参数，因此在对序列数据的非线性特征进行学习时具有一定优势。循环神经网络在自然语言处理（如语音识别、机器翻译等）方面有成功的应用，也可用于对时间序列数据的预测。循环神经网络的神经元接收的输入，除了“前辈”的输出，还有其自身的状态信息，状态信息在网络中循环传递。

长短时记忆网络可以被简单理解为一种神经元比较复杂的循环神经网络。在待处理的时间序列中，当间隔时间和延迟较长时，长短时记忆网络的效果通常比循环神经网络好。和结构简单的循环神经网络的神经元相比，长短时记忆网络的神经元要复杂得多，每个神经元接收的输入除了当前时刻的样本输入和上一时刻的输出，还有一个元胞状态。长短时记忆网络在很大程度上缓解了循环神经网络训练中的梯度消失和梯度爆炸问题。梯度消失是指在反向传播过程中梯度值呈指数下降，造成的影响是越靠近输入的层梯度值越接近 0（这些层无法得到有效的训练）。对循环神经网络，这意味着无法跟踪任何长期依赖关系。为了解决这个问题，有研究人员提出使用门控算法来应对循环神经网络的长距离依赖问题，希望通过门控单元赋予循环神经网络控制其内部信息积累的能力，在学习时，既能掌握长距离依赖，又能有选择地遗忘一些信息以防止过载。长短时记忆网络就是最早被提出的循环神经网络门控算法，其对应的循环单元包含三个门控，分别是输入门、遗忘门和输出门。相对于循环神经网络为系统状态建立递归计算，这三个门控为长短时记忆网络单元的内部状态建立自循环：输入门决定当前时间步的输入和上一时间步的系统状态对内部状态的更新；遗忘门决定上一时间步的内部状态对当前时间步的内部状态的更新；输出门决定内部状态对系统状态的更新。

4. 注意力机制

注意力机制是认知科学的一项机制。以人类为代表的生物体在对外界事物进行认知的时候，会有选择地关注所获取信息中的一部分而忽略其他部分。例如：人类的大脑在处理通过视觉获取的图像信息时，会有选择地关注图像信息中的一部分，如图像中的人物、建筑物、文字等，而忽略图像的背景；人类在阅读时，会关注读取的少量核心词汇。也就是说，注意力机制可以保证将有限的信息处理能力分配给输入信息中最重要的部分。

注意力机制已经被广泛应用于人工智能算法中，以保证算法在进行机器学习时关注核心的数据子集或数据项，使其不至于被海量的输入数据淹没或者因输入数据集发散而无法通过机器学习获取有效的知识。在自然语言处理和图像处理领域，将注意图机制引入机器学习算法，可以有效选择输入数据的核心内容，帮助突破编码容量瓶颈、解决长距离依赖问题，实现更精准、更高效的机器学习。

5. 基于图模型的分析推理

图数据结构可用于描述多维数据之间的关系。已有的基于图的分析方法大多存在计算资源和空间资源浪费的问题，而图嵌入算法能够在保留图信息的前提下将图转换成低维空间特征向量，进行高效的图分析挖掘。图嵌入算法主要分为基于因式分解的方法、基于随机游走的方法和基于深度学习的方法三类。其中，基于随机游走的方法能够较好地挖掘图节点的同质性（节点之间存在边）和结构对等性（不同节点有相同的连接节点），已在相关领域得到应用。

基于图模型的分析推理方法主要通过有向图的状态转换进行推理，根据图形式的不同，可以分为贝叶斯网络、模糊认知图等类型。基于图模型的分析推理方法在网络安全领域已有成功的应用案例。例如：利用贝叶斯网络，基于网络中的不确定性因素建模，通过计算攻击成功率实时评估攻击的严重程度[71]；利用模糊逻辑和神经网络相结合的方法生成模糊认知图，以获取网络中重要资产的依赖关系，并将其作为网络安全威胁危害程度的评估要素[72]。

智慧大脑综合利用多种人工智能技术对网络空间安全要素进行分析，通过在更广的视野、更深的层次、更高的维度进行算法融合，实现各类算法的优势互补和融会贯通，从而全面提升网络安全保护平台的向量感知、分析和推理能力，有效增强网络安全工作的精准性和前瞻性，夯实智慧大脑对通报预警、应急处置、威胁情报、重大活动安保、等级保护、攻防演练等实战工作的支撑能力，实现动态防御、主动防御和纵深防御，为网络安全保护工作的实战化、体系化、常态化提供全方位支持。

7.3　智慧大脑典型应用

本节介绍网络安全保护平台智慧大脑的一些典型应用。

7.3.1　威胁情报分析挖掘

网络安全攻击已由传统的扫描漏洞和入侵渗透的方式转变成水坑攻击、鱼叉邮件攻击、网络流量劫持、社会工程等多种攻击手段和技术相结合的方式，隐藏手段也由单纯的网络代理转变成 VPN、Tor 等多种隐藏手段相结合的方式。新型攻击手段的不断出现和网络威胁态势的快速演变，使单点防护的弊端越来越明显，不仅无法及时、准确地应对新出现的网络安全威胁，攻防不对称的态势也越来越严重。网络安全威胁情报共享在一定程度上缓解了攻防不对称的态势，如 abuse.ch 对臭名昭著的僵尸网络 Zeus 进行追踪，并将新发现的 C&C 服务器的信息作为结构化网络安全威胁情报共享，对全球防御僵尸网络 Zeus 起到了重要作用。

可以说，在网络安全攻防场景中，威胁情报扮演着重要的角色，成为获取攻击动态、掌握攻击方法、实现安全预警的重要信息来源。

1. 分析挖掘难点

威胁情报按照内容结构，可以分成结构化、半结构化、非结构化三类。

结构化威胁情报信息准确、规范性强、便于使用机读方式处理，但是，由于缺少大量的网络安全威胁背景信息，不易与其他威胁情报数据进行关联分析，而具有丰富背景信息的威胁情报多以非结构化报告的形式呈现，所以，将非结构化威胁情报转换成可机读的结构化威胁情报的工作大多由安全专家人工完成，耗时且费力。如果没有可靠、高效的自然语言处理能力，就无法实现快速的信息获取和知识挖掘，也无法将非结构化威胁情报实时用于安全防护和预警工作。

利用人工智能算法，对非结构化威胁情报进行自然语言处理，提取其中的网络安全要素（包括网络安全实体、属性、关系等），使非结构化威胁情报结构化，是众多网络安全研究人员的重点研究方向。然而，已在多个领域获得广泛应用的人工智能算法（如基于神经网络的深度学习模型），通常需要大量已标注的训练数据，即用于训练的威胁情报文本应完成实体、属性、关系等要素的抽取和标注——满足此条件才能利用深度学习模型进行学习，但这在大多数网络安全场景中难以实现。在互联网中，文本、报告、资料数量巨大，针对一些应用领域，有相应的已标注数据集可供训练使用。然而，网络空间安全领域没有足够的已标注数据，其原因在于：网络攻击类型多种多样，威胁情报所描述的实体和属性千差万别，不同的攻击类型和攻击实体的共性较少，导致对于每个攻击类型和攻击实体，已标注数据的数量无法满足机器学习的要求。

2. 分析挖掘思路

针对网络安全大数据处理中的知识抽取问题，特别是非结构化威胁情报的信息抽取，有研究人员提出引入迁移学习机制，将自然语言信息抽取模型用于网络安全威胁情报抽取，以期在仅有少量标注数据的情况下，抽取非结构化威胁情报中的关键要素并将其转换成结构化信息。该方法的主要思路是：首先，将自然语言处理领域的BERT[73]语言表示模型引入网络安全领域，用以生成非结构化威胁情报中词汇的词向量；然后，在仅有少量网络安全命名实体标注数据的训练数据集中训练条件随机场（CRF），基于BERT模型生成的词向量学习网络安全命名实体相关词汇与其他词汇之间的依存和转换关系；最后，利用训练完成的模型从非结构化威胁情报中抽取网络安全命名实体。

BERT是谷歌公司于2018年提出的机器学习模型，当年就在机器阅读理解顶级水平测试SQuAD 1.1中取得了令人惊叹的成绩——在衡量指标上全面超越人类，在11种自然语言处理测试中创造了最佳成绩。BERT模型已被大量应用于自然语言处理领域，实现了自动化、智能化的知识抽取。

3. 分析挖掘方法

按照上述思路，引入BERT模型，实现对网络安全威胁情报的自动抽取。首先，设计网络安全命名实体标注方法；然后，利用BERT模型进行机器学习，以建立通用语料库的分析模型；最后，利用迁移学习机制实现从通用语料库分析模型到威胁情报语料库分析模型的知识迁移。

在命名实体识别的研究工作中，研究人员提出了BIO（Begin, Inside, Other）、IOBES（Inside, Other, Begin, End, Single）等标记方案。这些标记方案的核心思路是：为命名实体的类型标签添加前缀，以标识某个单词或符号在命名实体中的位置。如图7-2所示，B-Vul表示某Vulnerability类型的网络安全命名实体的第一个单词，I-App表示某Application类型的网络安全命名实体中间的单词。

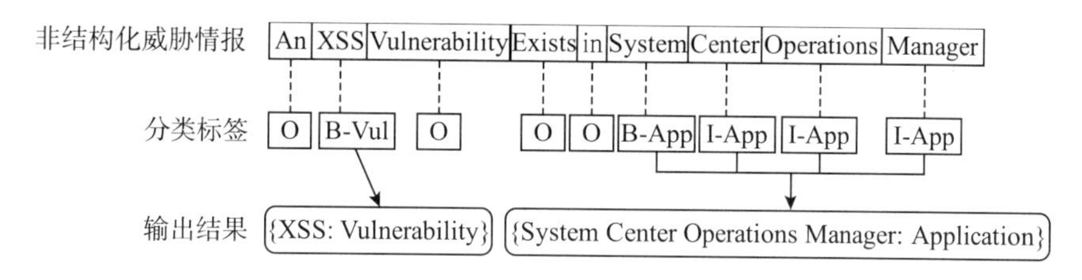

图 7-2　网络安全命名实体标注示例

已有研究表明，与 IOBES 方案相比，BIO 方案在命名实体抽取任务中优势明显。在使用 BIO 方案进行标注时，网络安全命名实体的第一个单词或符号使用标签 B 来标记，网络安全命名实体的其他单词或符号使用标签 I 来标记，非网络安全命名实体使用标签 O 来标记。标签的数量为 2×Type +1，Type 表示网络安全命名实体类型的数量。

在传统的机器学习或深度学习中，为了保证模型的准确性和可靠性，需要满足训练样本与测试样本独立同分布、训练样本数量充足等条件，但在实际应用中，这些条件很难全部满足。这些客观难题促使研究人员深入研究如何在仅有少量训练样本的条件下构建一个用于对目标领域数据进行预测或分析的可靠模型，并由此提出了迁移学习的理念[74]。迁移学习是一种将已存在的知识运用到不同但相关领域问题求解中的新型机器学习方法。

如图 7-3 所示，在自然语言语料库中有大量可供训练的词向量模型用于生成词向量，非结构化网络安全威胁情报语料库的组织和呈现方式与自然语言语料库相同。但是，非结构化威胁情报中存在大量只有网络安全人员才能理解的专用词汇（如 APT、CTI 等），且与这些专用词汇有关的语料较少，不足以支持词向量模型的训练。这种不同但相关领域的问题正适合使用迁移学习来解决。

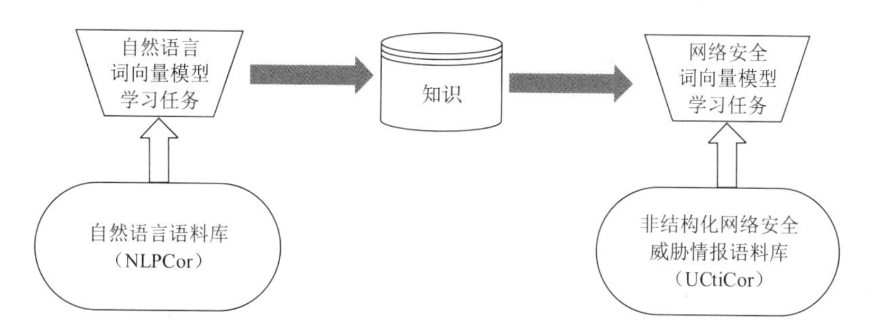

图 7-3　迁移学习过程示例

基于迁移学习的网络安全命名实体抽取主要分为两部分，分别是非结构化网络安全威胁情报中词向量的生成和基于词向量进行分类（如图 7-4 所示）。首先，将预抽取的非结构化网络安全威胁情报语料 UCtiSen = “An XSS Vulnerability exists in System Center Operations Manager” 输入已完成预训练的 BERT 模型，可以生成词向量$\mathrm{WVector}_0$, $\mathrm{WVector}_1, \cdots, \mathrm{WVector}_n$。然后，使用 CRF 分类器，基于词向量进行分类，输出每个词的标签 $\mathrm{O}, \mathrm{B}-\mathrm{Vul}, \cdots, \mathrm{I}-\mathrm{App}$。其中，“Vul”是网络安全命名实体类型“Vulnerability”的缩写，“App”是“Application”的缩写。最后，基于分类标签输出的网络安全命名实体抽取结果为 {XSS: Vulnerability, System Center Operations Manager: Application}。

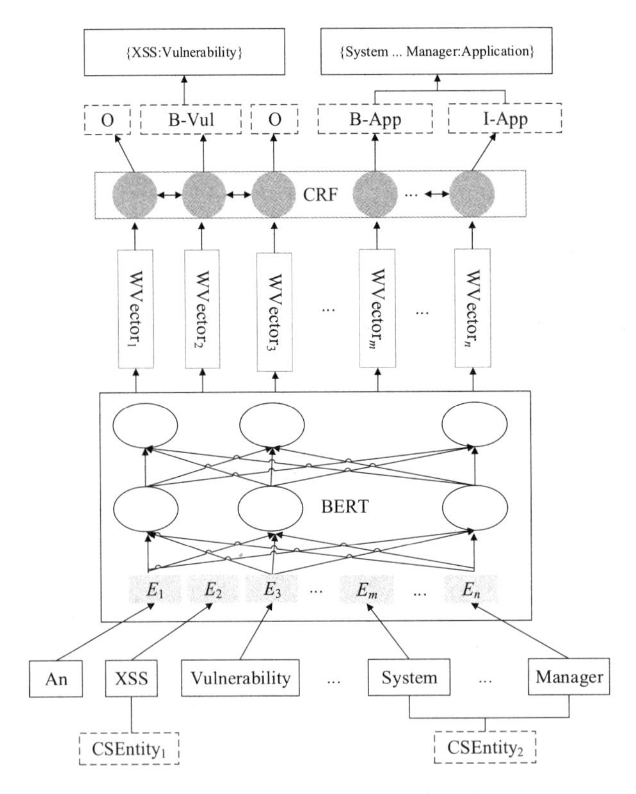

图 7-4 基于迁移学习的网络安全命名实体抽取

BERT 是一个基于上下文的词表示模型，能够基于掩盖语言模型和双向转换器进行预训练。因为语言模型本身存在无法预知后续词汇的缺陷，所以，已有的语言模型大多使用两个单向语言模型相结合的方式。BERT 模型使用掩盖语言模型预测语言序列中被随机掩盖的单词，可以学习双向表示内容。针对命名实体抽取、智能问答等自然语言处理任务，

BERT 模型基于特定任务对神经网络框架进行少量修改，就可以达到较好的学习效果。BERT 模型有两种网络框架：BERTbase 有 12 层网络，每层网络有 768 个隐藏单元和 12 个自注意力头；BERTlarge 有 24 层网络，每层网络有 1024 个隐藏单元和 16 个自注意力头。

位于同一非结构化威胁情报中的网络安全命名实体之间存在一定的语法语义依存关系。可以利用网络安全命名实体之间的这些语法语义依存关系，在一定程度上提高网络安全命名实体抽取模型的准确率。

根据单词之间的依存和转换关系进行命名实体标注的方法主要分为两类：一是在每个迭代步长中预测命名实体标签的分布，并使用集束搜索等算法寻求最优标签序列，如最大熵分类器和最大熵马尔可夫模型；二是从整个句子的角度进行分析，而不是单纯依靠某个位置的单词，代表模型是 CRF，它在对存在依存关系的输入数据进行分类或标记时具有较好的性能。

针对非结构化威胁情报语料 $\mathrm{UCtiSen}=w_1,w_2,\cdots,w_n$，以及词标记列表 $\mathrm{Tag}=\mathrm{Tag}_{w_1},\mathrm{Tag}_{w_2},\cdots,\mathrm{Tag}_{w_n}$，目标函数如式 7.1 所示。$P\in\mathbf{R}^{n\times k}$（$k=2\times\mathrm{Type}+1$），可通过非结构化威胁情报词向量列表 WVectorList 中的向量基于线性变换得到。Tag_{w_0} 和 $\mathrm{Tag}_{w_{n+1}}$ 分别为开始标签和结束标签。$\boldsymbol{A}$ 表示从 Tag_{w_i} 向 $\mathrm{Tag}_{w_{i+1}}$ 转换的概率矩阵，可通过在训练样本 $(\mathrm{UCtiSen},\mathrm{Tag})$ 中利用如式 7.2 所示的优化函数计算得到。Tag' 表示 UCtiSen 中所有可能的标记序列的集合。

$$s(\mathrm{UCtiSen},\mathrm{Tag})=\sum\nolimits_{i=0}^{n}\boldsymbol{A}_{\mathrm{Tag}_{w_i}\mathrm{Tag}_{w_{i+1}}}+\sum\nolimits_{i=1}^{n}P_{i,\mathrm{Tag}_{w_i}} \quad \text{（式 7.1）}$$

$$\log\big(p(\mathrm{Tag}|\mathrm{UCtiSen})\big)=s(\mathrm{UCtiSen},\mathrm{Tag})-\log\big(\sum\nolimits_{T\in\mathrm{Tag}'}\mathrm{e}^{s(\mathrm{UCtiSen},T)}\big) \quad \text{（式 7.2）}$$

CRF 模型的输出可通过维特比算法计算得到，这里不详述。

使用上述方法，在缺少已标注网络安全数据集的情况下，通过迁移学习机制将在通用语料库中学习得到的自然语言处理模型转换成网络安全领域的威胁情报文本处理模型，实现非结构化威胁情报的知识抽取，从而有效支撑后续的知识挖掘和推理，是网络安全保护平台智慧大脑应该具备的一项能力。这项能力对智慧大脑实现多源异构数据的汇聚融合及各类网络安全数据的智能化关联分析至关重要，后续需要针对智慧大脑的学习任务持续开展研究。

7.3.2 攻击溯源

网络攻击活动呈现组织化、规模化、专业化的特点。攻击者为了达到攻击目标系统且免于被追踪溯源的目的，会采取多种隐蔽措施（如跳转、代理服务器、僵尸主机、VPN、洋葱路由等）实现对自己身份和来源的隐藏，也会通过多条路径对目标系统实施攻击，以隐藏自己的真实目的，并在入侵后通过清除系统日志来隐藏攻击痕迹。因此，网络攻击溯源是网络空间安全领域长期面临的技术难题，主要表现在两个方面。

一是受困于重构攻击场景和行为溯源所需的全量数据资源。由于攻击者会通过多条路径并采用代理、VPN 等方式入侵目标系统，所以单点监测设备或单一维度（如网络层、应用层）的监测手段往往无法完整获取攻击者的相关信息。而溯源需要完整的数据链条，通过链条各环节的逻辑组合实现，所以，只要关键环节的数据缺失，就会导致溯源失败。

二是缺少能够对多源异构数据进行智能融合推理的算法。即使具备全量数据资源，但如果缺少有力的算法，也无法完成溯源。由于数据资源是多源异构的，甚至包含经过转换、清洗或加密处理的数据要素，所以，需要采用智能化的数据融合算法提取数据要素之间的隐含关系（包括因果关系、时序关系、同源关系、利用关系等），建立不同环节数据要素之间的关系图，通过复杂的逻辑推理、隐蔽推理和间接推理实现准确的网络攻击溯源。

传统的攻击溯源需要获取攻击路径中每个环节的数据，如从攻击者到攻击目标的网络通道流量数据、代理服务器的流量转发日志、攻击目标的系统日志、安全监测设备的监测日志等。不过，在真实的攻防场景中通常无法获取如此全面的监测数据——这也是攻击溯源面临的巨大挑战。网络安全保护平台智慧大脑能够在多源异构的网络安全数据资源的基础上，利用针对各类攻击行为的智能分析模型，对数据进行融合、关联和分析推理，实现精准溯源。

1. 溯源思路

有研究人员提出了从攻击者的角度进行溯源的思路。由于攻击者或攻击组织长期实施攻击行为，其所拥有的攻击资源相对稳定，常用的攻击手法也有迹可循，所以，对包含这些要素的攻击者特征建模，建立攻击者与攻击特征之间的关联关系，就可以从已捕获的部分攻击特征出发，实现对攻击者的定位[76]。因此，可以将攻击溯源问题转换成攻击者分类问题。

第一，同一攻击者（攻击组织）发起的不同网络攻击行为在攻击方法、攻击工具、攻击动机、攻击目标等方面具有相似性。将某网络攻击事件及其相关攻击方法、攻击工具等转化成图模型，表示该网络攻击事件的节点与表示攻击者在该网络攻击事件中使用的攻击方法、攻击工具等的节点具有同质性，表现为表示网络攻击事件的节点与表示攻击方法、攻击工具等的节点之间存在边。

第二，同一攻击者（攻击组织）发起的不同网络攻击事件具有结构对等性，表现为不同网络攻击事件的节点有共同的连接节点。这些共同的连接节点表示不同攻击事件使用的相同攻击方法、攻击工具、攻击动机等。

因此，可以引入基于随机游走的图嵌入算法，自动学习网络攻击事件的关联特征向量，根据攻击者的不同对网络攻击事件进行分类，完成攻击事件的溯源分析。

2. 溯源流程

利用智慧大脑开展攻击溯源，包含源数据获取、网络攻击事件溯源关系图生成和攻击者挖掘三个阶段。

（1）源数据获取

在源数据获取阶段，主要完成网络安全威胁情报和网络攻击事件线索两类数据的获取。网络安全威胁情报数据包括从社交网站、威胁情报源等处采集的攻击者相关威胁情报（如已知攻击者、攻击者动机、攻击工具、基础设施、攻击方法、攻击模式等），以及历史网络攻击事件相关威胁情报（如历史攻击事件涉及的攻击目标、攻击者、攻击目标与攻击者所属区域间的地缘政治关系、恶意 IP 地址、恶意域名、恶意邮件地址、攻击工具、攻击工具所利用的脆弱性、攻击方法等）。网络攻击事件线索数据主要是指从网络攻击目标的流量日志、告警日志、主机日志等数据源中利用流量检测、行为分析、恶意代码分析、网络取证调查等手段分析提取的攻击者所使用的攻击工具指纹、攻击目标 IP 地址、攻击域名等。

（2）网络攻击事件溯源关系图生成

在网络攻击事件溯源关系图生成阶段，首先对网络威胁情报和网络攻击事件线索进行数据清洗和标准化处理，然后组合利用基于词向量的本体映射方法和基于词典的本体映射方法完成本体映射，最后利用字符串的编辑距离和字符串相似性对经过清洗和标准化处理的数据进行实体对齐，实现多源异构数据的融合，形成网络攻击事件溯源关系图。

（3）攻击者挖掘

在攻击者挖掘阶段，引入基于随机游走的图嵌入算法，在已生成的网络攻击事件溯源关系图上随机游走，生成网络攻击事件溯源实体序列，基于该实体序列，生成网络攻击事件的关联特征向量，利用历史网络攻击事件的特征向量训练 SVM 分类器，并使用 SVM 分类器实现对已知攻击者（攻击组织）的自动挖掘。

3. 溯源模型

网络攻击事件溯源本体模型如图 7-5 所示。其中，节点的标签表示概念，边的标签表示概念之间的关系。

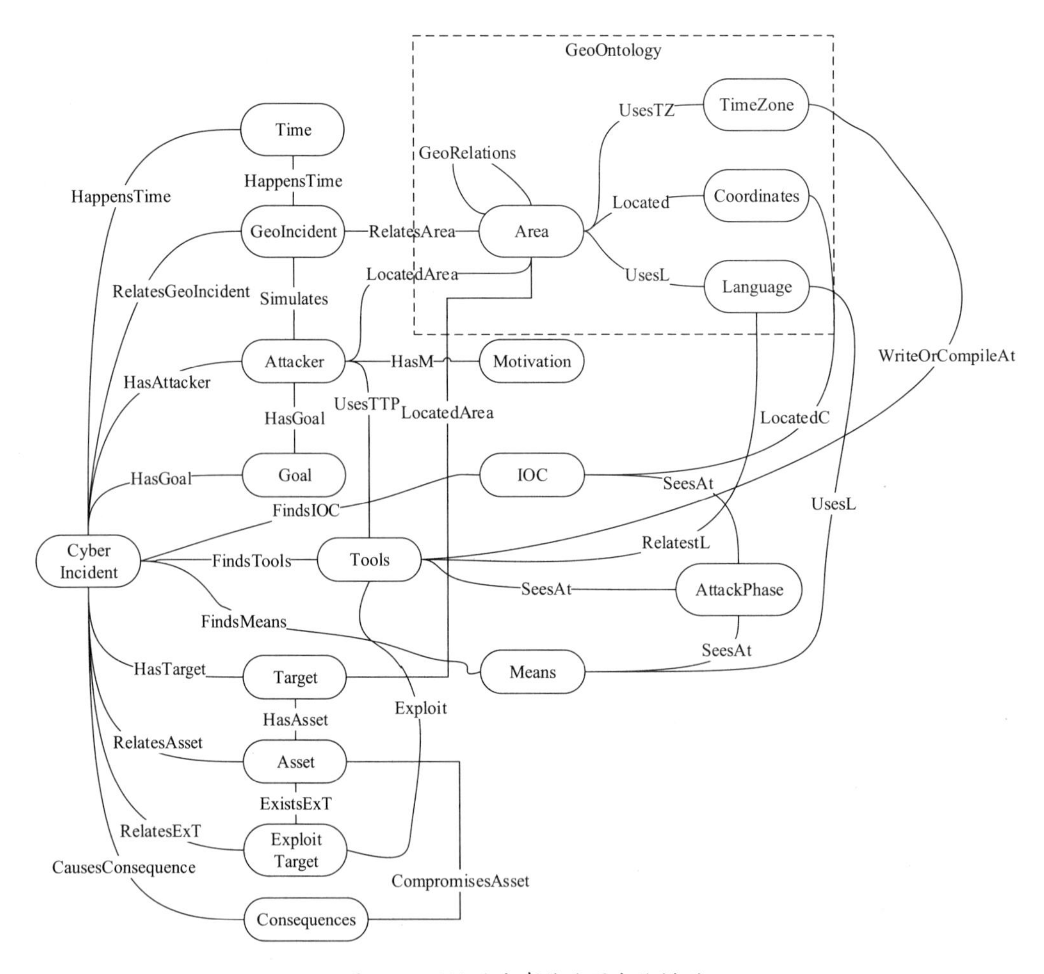

图 7-5 网络攻击事件溯源本体模型

网络攻击事件溯源本体以网络攻击事件（Cyber Incident）为主要分析对象。网络攻击事件是指在某个时间点或时间段（Time）内，有特定动机（Motivation）的网络攻击者（Attacker）在某些地缘政治事件（GeoIncident）的刺激下，为了达成某种目的（Goal），利用一系列攻击工具（Tools）、攻击方法（Means）、基础设施（IOC）攻陷攻击目标（Target）的信息资产（Asset）并产生一定后果（Consequences）的安全事件。Tools 主要针对的是 Asset 的漏洞或弱点（Exploit Target）。在 Attacker、GeoIncident、Target、Tools、Means 中，均可提取与地缘政治有关的本体（GeoOntology），辅助进行网络攻击事件溯源。

网络攻击事件溯源本体由二元组 CyberAttributionOntology = <Classes, Relations>表示。Classes 表示网络攻击事件溯源本体中的概念，Classes∈{Cyber Incident, Time, Motivation, Attacker, GeoIncident, Goal, IOC, Means, Tools, Target, Asset, Exploit Target, Consequences, Area, TimeZone, Coordinates, Language}。Relations 表示网络攻击事件溯源本体中各概念之间的关系，Relations∈{HappensTime, RelatesGeoIncident, HasAttacker, HasGoal, FindsTools, FindsIOC, FindsMeans, HasTarget, RelatesAsset, CausesConsequence, RelatesExT, … , CompromisesAsset}。

网络攻击事件溯源是指根据监测发现的网络攻击事件，对其相关信息进行分析挖掘，从而预测发起网络攻击事件的攻击者。这一过程可进一步转换成 k 分类问题，也就是说，对 Cyber Incident，寻找函数 $\delta: \delta\big(f(\text{Cyber Incident})\big) \rightarrow y, y \in \{\text{Attacker}_1, \text{Attacker}_2, \cdots, \text{Attacker}_k\}$，$\text{Attacker}_i$（$1 \leqslant i \leqslant k$）表示已知攻击者。

SVM 分类的基本思想是构建一个决策超平面将数据点分开，使数据点与超平面的距离最远。SVM 通过引入结构风险最小化原则和核函数思想，将非线性的问题转换成高维线性可分的问题，使 SVM 在处理有限样本时在非线性高维模式中得到广泛应用。单一的 SVM 分类器解决的是二分类问题，基于一对多的原则，可以构建 k 个 SVM 分类器来解决 k 分类问题。首先采用基于 SVM 分类器的攻击者预测算法，获取待溯源网络攻击事件及历史网络攻击事件的特征向量，然后使用历史网络攻击事件的特征向量训练 SVM 分类器，挖掘网络攻击事件与攻击者之间的分类关系 δ，最后使用训练好的 SVM 分类器自动预测待溯源网络攻击事件的攻击者（攻击组织），完成溯源任务。

以上介绍了一种通过对攻击者建模形成网络攻击溯源模型的分析方法。为了进一步提高溯源的准确性、扩大溯源的范围，还需要设计和引入更多的分析模型，以适应不同类型的攻击行为和溯源场景。

7.3.3 重点目标画像

在开展网络安全保护工作时，需要对各类重点目标进行完整、清晰的刻画，以便全面、准确地了解重点目标的信息。例如，对典型的黑客组织和 APT 组织进行画像，以了解其惯用的攻击手法、攻击工具、攻击途径、攻击偏好等要素信息，从而更好地掌握其攻击动向和趋势，为网络攻击行为的监测发现和预测预警提供支撑。

需要进行画像的重点目标有三类：一是重点安全保护对象，如等级保护定级备案系统、已认定的关键信息基础设施、重大活动期间的保护对象、攻防演练期间的重要靶标系统等；二是重点攻击组织和人员，如长期对我国的关键信息基础设施、重要信息系统、重要网站等保护对象实施攻击的境内外黑客组织和 APT 组织，以及通过实施网络攻击进行诈骗、勒索、恶意竞争等违法活动的相关组织和人员；三是重要网络资源，如承载重要信息系统的 IDC 机房、应用服务、网络资产、设备、域名、IP 地址、虚拟身份等。

1. 画像思路

围绕等级保护、关键信息基础设施安全保护、安全监测、通报预警、侦查调查等网络安全保护业务需求，为智慧大脑引入知识图谱技术，对网络安全相关实体、属性和关系建模，基于图谱数据开展智能推理，完整刻画重点目标，洞悉重点目标之间的隐蔽关系，挖掘重点目标的未知属性，从而掌握重点目标的全貌和动向。重点目标画像应充分整合网络安全方面的数据资源和分析能力，从“人”“物”“地”“事”“关系”五个维度建立重点目标的立体视图，全天候、全方位感知网络安全威胁行为。

从“人”的维度，主要对重点目标与“人”有关的信息进行画像：一是基本刻画信息，如重点人员的真实身份、虚拟身份、所属组织机构等；二是关系刻画信息，如目标之间的攻防对抗关系、上下游关系、资源依赖关系等；三是行为活动信息，如攻击者的行为习惯、能力水平、历史攻击活动、网络轨迹等；四是动机意图信息，如攻击者的攻击目的、攻击动机、政治或经济意图等。

从“物”的维度，主要对重点目标与“物”有关的信息进行画像：一是网络要素信息，如受控服务器信息、恶意 IP 地址、恶意域名等；二是资源数据信息，如被劫持的网络流量、遭骗取的银行卡信息、遭窃取的酒店入住信息等；三是目标系统信息，如存在隐患的信息系统、遭暗链植入的网站、遭后门控制的系统、被攻击的关键设施设备等；四是工具手段信息，如攻击者使用的木马病毒、后门程序、零日漏洞、僵尸网络、分布式拒绝服务攻击平台等。

从“地”的维度，主要对重点目标与“地”有关的信息进行画像：一是地域信息，如国家、地区、省市、区县、街道等；二是关键部位信息，如网络出入口、IDC 机房、数据中心等；三是活动场所信息，如论坛、社交网站、公共服务平台等；四是途径轨迹信息，如网络跳板、网络路由、IP 地址链条等。

从“事”的维度，主要对重点目标与“事”有关的信息进行画像：一是重点活动信息，如远程控制行为、工具制作行为、扫描探测行为、攻击实施行为、管理维护行为等；二是活动维度信息，如时序维度、地域维度、行业维度、发展趋势维度、人员维度、地域维度等；三是活动指标信息，如特定攻击类型的变化趋势、常用工具与攻击平台的流行度、攻击活动与关键部位的关联度等。

“关系”维度主要刻画“人”“物”“地”“事”的各类信息之间的关系，如人与人之间的团伙关系、物与物之间的同源关系、事与事之间的相似关系、人与物之间的制作关系和控制关系、物与地之间的承载关系和服务关系等。

2. 画像模型

下面以 APT 组织为例，说明对此类重点目标进行画像所采用的模型及相关算法。

智慧大脑从 APT 组织的事实行为推理、关联行为推理、反向验证推理和综合关系分析四个方面构建模型，并在此基础上构建画像模型。

（1）APT 组织事实行为推理模型

APT 组织事实行为推理模型根据监测发现的 APT 组织的攻击事件，结合相关机构发布的威胁情报和安全技术资料，对由该组织实际发起的网络攻击行为进行高置信度逻辑推理。

- 模型输入：APT 组织相关图谱数据。
- 模型输出：组织名称、时间、行为、置信度。
- 模型算法：高置信度逻辑推理。

（2）APT 组织关联行为推理模型

APT 组织关联行为推理模型根据从开源渠道采集的 APT 组织信息，对可能由该组织实施的网络攻击行为进行推理。

- 模型输入：APT 组织相关图谱数据。
- 模型输出：组织名称、时间、行为、置信度。
- 模型算法：逻辑推理、模糊推理、间接推理、时间序列预测。

（3）APT 组织反向验证推理模型

APT 组织反向验证推理模型根据多渠道采集汇聚的有关 APT 组织的否定性证据信息（如确认为由其他组织发起的网络攻击行为），对由该组织的发起网络攻击行为进行高置信度（否定性）逻辑推理。

- 模型输入：APT 组织相关图谱数据。
- 模型输出：组织名称、时间、否定性行为、置信度。
- 模型算法：高置信度逻辑推理。

（4）APT 组织综合关系分析模型

APT 组织综合关系分析模型根据多渠道采集汇聚的有关 APT 组织所属国家、地区、政党、机构、社会团体及社交关系等信息，对该组织的综合关系进行分析。

- 模型输入：APT 组织相关图谱数据。
- 模型输出：组织名称、关联人员/组织、关系等。
- 模型算法：关联分析、聚类分析、特征匹配、图搜索算法、神经网络等。

（5）APT 组织画像模型

APT 组织画像模型根据上述推理和分析模型，对 APT 组织进行综合画像。

- 模型输入：APT 组织相关图谱数据。
- 模型输出：组织名称、属性、关系等。
- 模型算法：知识图谱生成算法、可视化展现方法。

3. 画像示例

如图 7-6 所示，从基本信息、组织成员、发展过程、历史事件、能力水平五个方面对某 APT 组织进行综合画像。

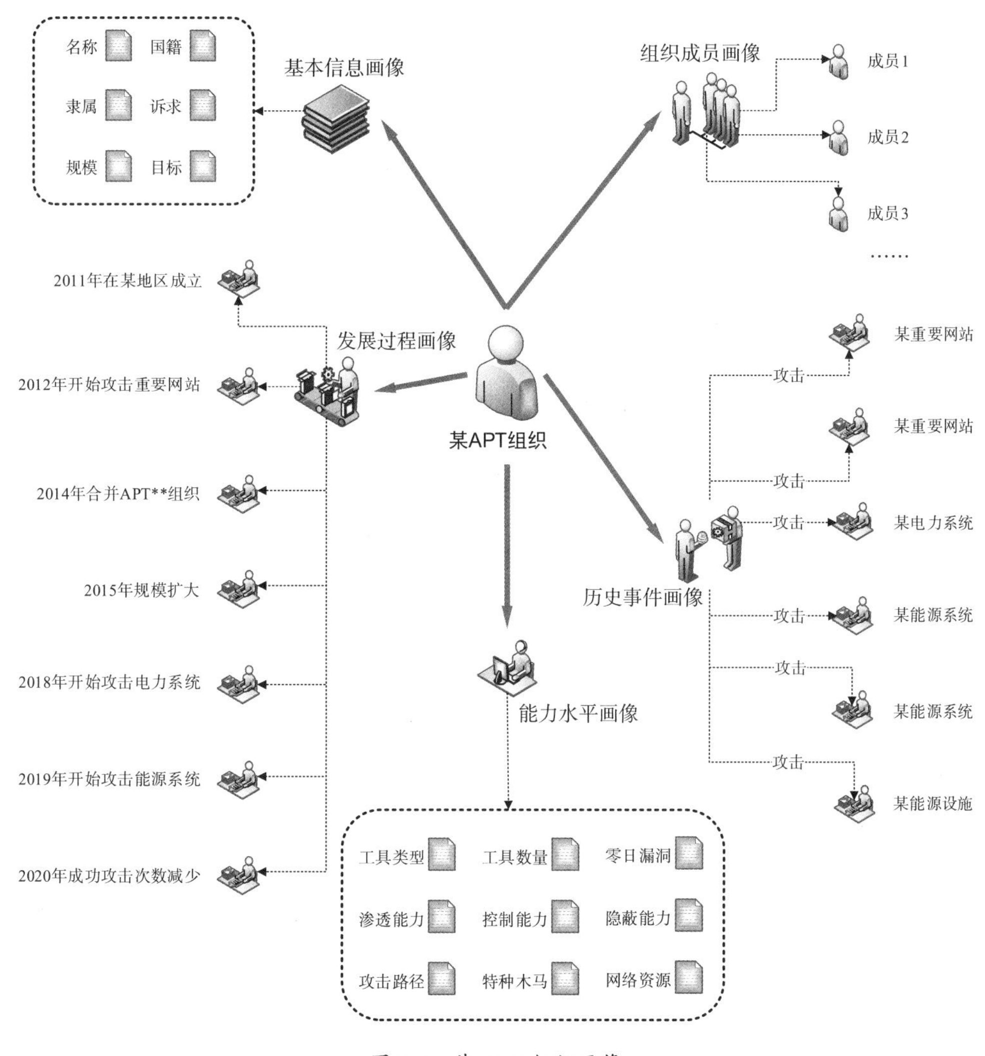

图 7-6　某 APT 组织画像

基本信息画像用于描述该组织的名称、规模、诉求、目标等。组织成员画像描述了该组织所有成员的身份、角色和能力。发展过程画像列举了该组织从成立起的重要事件。历史事件画像列举了已被该组织成功实施攻击的目标系统。能力水平画像详细刻画了该组织的网络攻击能力和资源，包括拥有的工具类型和数量、掌握的零日漏洞和特种木马，具备的渗透能力、控制能力和隐蔽能力，以及拥有的服务器、网络带宽、IP 地址、域名等网络资源的情况。通过上述画像结果，可以综合掌握该组织的基本情况、历史攻击活动、能力水平、资源水平等信息，为开展有针对性的安全防护、监测发现、应急处置和攻击溯源工作提供重要参考。

参照上述画像方法和维度，可以对重点攻击组织、重点保护对象、重要网络资源等进行综合画像。智慧大脑采用的具体算法很多：使用数据分类、关联分析等有监督学习算法，结合聚类分析等无监督学习算法，实现对网络攻击重点组织/人员的画像；建立针对保护对象的脆弱性模型，使用基于知识图谱的间接推理实现对重点保护对象的画像；使用神经网络等进行隐蔽关系推理，实现对重要网络资源的画像。

7.4 小结

本章介绍了网络安全保护平台智慧大脑的相关内容。

智慧大脑是支撑网络安全保护平台大数据分析、指挥开展网络安全保护各项业务工作的中枢。智慧大脑基于网络安全保护平台汇聚的各类网络安全数据资源，在大数据资源、基础设施和专家系统的支持下，利用大数据、人工智能等先进技术，围绕网络安全保护各项业务工作构建各类智能分析引擎和模型，充分借助外部赋能，为攻击溯源、威胁情报挖掘、安全预警、精准防控等工作提供有力支撑。

第 8 章　绘制网络空间地理图谱

本章介绍绘制网络空间地理图谱的技术流程及其管理方式，提出网络空间地理图谱在网络安全行为方面的智能应用方法体系，并在此基础上，结合业务需求，详细介绍网络空间地理图谱对挂图作战的支撑作用。

8.1　网络空间地理图谱构建

知识图谱是一种揭示概念之间关系的知识表达方式[75]。知识图谱将概念表示成节点，将概念之间的关系表示成节点之间的连接线，构建基于图结构的知识网络。知识图谱能够充分发挥其在知识整合方面的优势，通过专门设计的框架将零散分布的多源异构数据组织起来，为数据分析和知识挖掘提供支持[77]。

尽管知识图谱已应用于不同的业务场景，包括知识检索、智能问答、数据分析等，但网络安全知识图谱的研究尚处于起步阶段[78-79]。在地理学中，与之相关的概念是 20 世纪末由陈述彭提出的地学信息图谱（GEO-Informatic Tupu 或 Geo-Info Tupu）[80]。地学信息图谱也称作地学图谱，是一种以地图为载体，应用多维具象图解方式，结合遥感、地图数据库、地理信息系统等技术，对地学现象时空规律进行描述、解释和分析的方法论。在地学信息图谱的基础上，有学者提出了地学知识图谱的概念。地学知识图谱被定义为由点、线、面、线段、箭头、注记等共同组成的一种图形结构，能够根据地理概念之间不同的逻辑关系存储为网状、树状、圈层、箭头、流程等结构图[81-82]。

计算机科学中“知识图谱”的概念与地理学中“地学信息图谱”的概念有明显差异，前者侧重表达概念之间的关联信息，后者侧重以图解形式表达地理机理。通过知识图谱、地学信息图谱、地学知识图谱的继承和发展，我们从网络空间要素和知识可视化表达的角度出发，提出了网络空间地理图谱的概念。网络空间地理图谱以地图为载体，以知识图谱的形式挖掘网络空间关系，通过网络空间—地理空间映射，将网络空间知识图谱映射至地理空间，实现网络空间要素/关系可视化，耦合地理环境演化特征，实现基于图论的知识表达。网络空间地理图谱的构建主要包括网络空间地理要素的信息抽取、网络空间关系的识别与空间化、网络空间地理图谱的动态构建（如图 8-1 所示）。

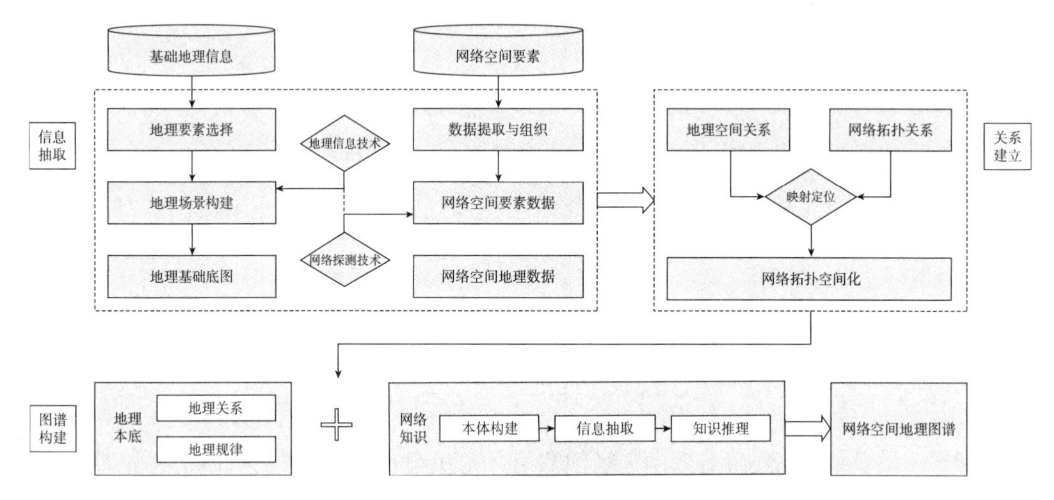

图 8-1 网络空间地理图谱构建流程

8.1.1 网络空间地理要素的信息抽取

绘制网络空间地理图谱，首先需要对要素信息进行抽取，包括地理要素信息抽取和网络要素信息抽取。

网络空间地理图谱中的地理要素主要包括交通、居民点、行政边界等基础地理信息，以及公共场所、重点单位、关键信息基础设施的空间位置和属性等。对于重点保护单位和关键信息基础设施，可采用无人机三维倾斜摄影技术、建筑信息建模技术、三维 GIS 技术，全面呈现和还原网络空间要素所处的客观物质环境[83-84]。地理环境要素在统一的时空表达框架中，融合关联社会经济、政治、文化要素，为网络空间地理图谱的构建提供本底信息。

网络空间要素较多。根据研究目标的不同，需要获取不同的网络空间要素。例如，研究网络空间安全态势要素的获取，旨在从大量网络信息中获取对网络正常运行产生影响的威胁因素[85-86]，如网络设备状态、日志记录、流量信息、网络系统漏洞、入侵检测系统报警记录、网络资源等。网络空间要素的获取手段主要包括网络信息挖掘、网络扫描、网络拓扑探测、网络空间测绘、流量监控、IP 地址定位等，也可以直接下载公开的网络空间数据[87-88]。

8.1.2 网络空间关系的识别与空间化

网络空间地理图谱涉及的关系，包括地理空间要素关系、网络空间要素关系、地理空间—网络空间映射关系。

在地理空间中，地理实体一般不是独立存在的，其相互之间有密切的联系，这种相互联系的特性就是关系[89]。对地理实体而言，由于其具有独特的空间特征，所以其主要类型包括空间关系、时间关系、概念关系。在网络空间地理图谱的构建过程中，我们关注较多的是地理要素之间的空间关系。空间关系通常应用交叉、交互、Voronoi 图等数学或逻辑方法进行形式化描述，为 GIS 空间查询和空间分析提供形式化的工具。对不同类型的空间关系，往往需要采用不同的描述方法，如描述拓扑关系的四交模型、九交模型及其扩展模型，描述方向关系的锥形法、投影法、MBR 法、矩阵法等，描述距离关系的 Voronoi 图、欧氏距离等。空间关系表达的基本任务是存储和组织空间关系，并构建相应的存取和检索方法，常用的表达方式包括关系表、二维字符串、Voronoi 图、区域连接和点集拓扑、语义网络和面向对象等。语义网络能够表示空间方向和距离的关系，可以有效地应用于地图或 GIS 中空间关系的自然语言查询[56]。组合推理法能够在空间关系模糊描述的基础上提供定性的空间关系推理。地理本体具备较强的知识表达和推理能力，适用于空间关系知识表达和空间推理，能够进一步将空间关系分成拓扑关系、方位关系、距离关系和相似关系，并进行形式化表达[90-91]。

网络空间要素关系主要通过拓扑图来表示。网络中不依赖节点的具体位置和边的具体形态就能表现出来的性质叫作网络的拓扑性质，相应的结构叫作网络的拓扑结构。网络空间拓扑结构的构建技术较为成熟。在互联网发展初期，Waxman 提出了随机图生成器，尽管它较好地再现了 ARPAnet，但是它所生成的网络和真实的网络相似度不高，且只能对小型网络的拓扑性质给出合理的近似值。随着互联网的发展，人们发现互联网具有层次结构，而随机图生成器无法反映这种结构，于是，层次拓扑生成器 Tiers 和 Transit-Stub 成为 20 世纪 90 年代中期互联网拓扑建模的主流工具。随着互联网连接度重复幂律分布特征越来越明显，以及优先连接机制的无标度模型的提出，基于连接度的互联网拓扑建模应运而生，同时涌现出了可以很好地反映网络的拓扑性质的 Inet、AB、Brite 等生成器。综合考虑节点和链接的加入与消亡、节点的孤立、网络中新增的内部连接、局域网内部偏好的连接等因素，一些学者提出了新的网络拓扑建模方法 NBSFN（New Nase Scale Free Network），它能够很好地刻画无标度、小世界等特性[92-93]。综上所述，可以根据不同的关注点，采用不同的方法构建网络空间拓扑结构。

在网络空间—地理空间映射关系方面，网络空间中的资源要素可以分为两类，分别是网络实体资源和网络虚拟资源。网络实体资源又称为网络基础设施，包含 IP 化实体网元（如路由器、服务器、终端主机等）和非 IP 化基础设备（如交换机）。网络虚拟资源由在网络实体资源物理层上进行的一系列数字化行为活动构成。网络虚拟资源存在于网络空间中，虽然不能被人触摸或直接感知，但作为依附于地理实体的网络现象，可以将网络虚拟资源当作一种客观存在的现象。下面从网络实体资源和网络虚拟资源两个角度介绍相应的关联映射方式（如图 8-2 所示）。

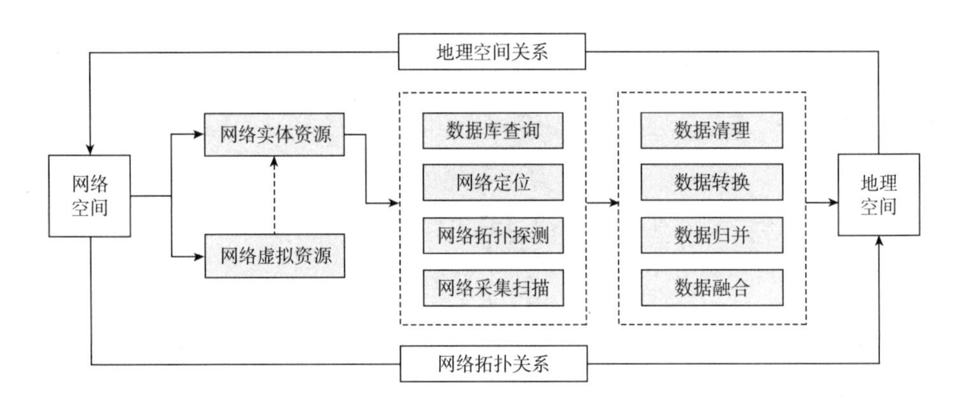

图 8-2　网络空间地理关系构建流程

1. 网络实体资源关联映射

网络实体资源真实存在于物理空间中，具有典型的地理空间分布特征，可作为地理空间实体。对网络空间中的实体资源，可基于其地理位置坐标实现与地理空间的关联。

地理空间具有明显的地域层次，如国家、省、市、县等，不同的层次形成了不同的拓扑尺度。同时，网络体系结构具有多个层，如应用层、传输层、网络层、数据链路层、物理层等，不同的层中有不同的协议和设备实体，如路由器在网络层工作、交换机在数据链路层工作等，工作在不同层的设备实体构成了多层次、多尺度的网络空间结构。通过构建网络设备实体与地理空间地域的多层次、多尺度交叉的关联映射，可以构建网络空间拓扑的多尺度关联映射图。

网络实体位置信息的确定和测绘，可以采用多种方法实现。

（1）数据库查询

数据库查询是指对互联网上的公开测绘数据集进行查询，如以 Whois 为代表的网络 IP 地址定位数据库提供的用户注册信息，包含 IP 地址的网名、地理注册地址、归属 IP 地址段、邮箱、联系方式、标签等。

（2）网络定位

网络定位主要是指网络资源要素的地理空间数据的获取方式，包括 IP 地址地理定位、WiFi 定位、基站定位等。利用相关定位算法，借助网络拓扑结构或者"时延—距离"的换算关系，就能确定资源所处区域，得到网络实体的真实地理位置信息。

（3）网络拓扑探测

网络拓扑探测主要是指利用探测源或探测机对已知或未知的网络要素进行网络拓扑探测，从而获取探测路径中的路由或节点信息。例如，通过 traceroute 命令发送数据包，结合 TTL 值的递增情况，获取传输路径中路由器的 IP 地址，进而确定地理位置。

（4）网络采集和扫描

网络采集和扫描主要是指通过网络爬虫技术或扫描手段对网络要素进行主动的信息获取，也可以借助软硬件系统，按照一定的规则自动获取日志、程序、脚本等。

2. 网络虚拟资源关联映射

网络空间中的应用服务、数据资源、数据流量、网络事件、用户信息等均构成网络虚拟资源。网络虚拟资源是依赖网络实体资源产生和传播的，因此，可以将网络虚拟资源的产生和传播过程与网络实体资源关联起来，将信息映射到 IP 地址上，进一步映射到网络实体的地理坐标上，通过网络实体资源的组合、关联等表示网络虚拟资源的发展情况和态势。例如，在对网络舆情信息进行分析时，可以通过微博、博客、论坛等媒介得到话题关键字列表，采用首尾边界切割技术从中提取地理位置和时间信息，在地理空间模型上动态还原网络舆情的传播态势，分析参与网民人数、演示传播过程等。网络虚拟资源的获取和测绘，可以采用网络监听、流量统计、报文过滤、数据监控等方法实现。

8.1.3 网络空间地理图谱的动态构建

网络空间地理图谱在网络安全保护业务上的应用较为广泛，包括威胁情报分析、资产管理、网络攻防、态势感知等[94-95]。对不同的业务应用，需要有针对性地构建网络空间地理图谱。网络空间地理图谱通用构建技术如图 8-3 所示。

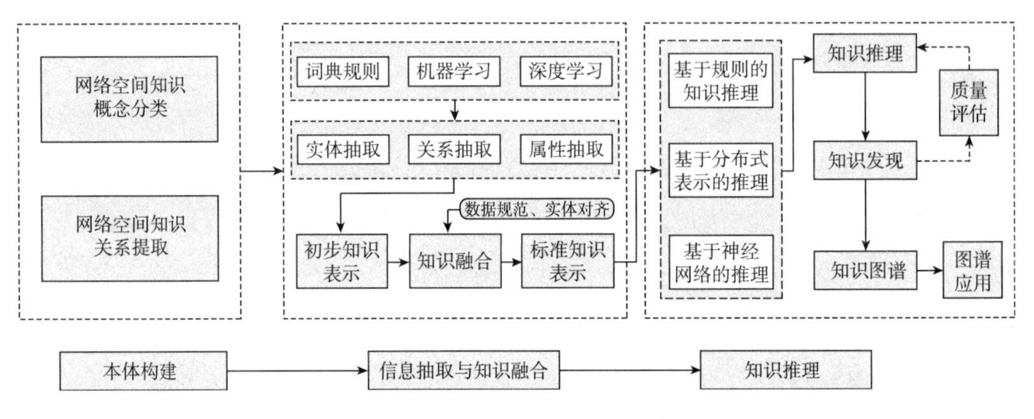

图 8-3 网络空间地理图谱通用构建技术

1. 本体构建

本体是知识图谱的核心。需要分析和细化网络空间安全知识内部的概念及关系，形成具有良好结构的概念层次树并以本体语义关系形式表达，作为构建网络空间安全知识图谱的实体及关系的结构框架[96-97]。

（1）网络安全知识概念分类

以网络攻防为例，可以从资产、术语、关系三个方面划分网络安全知识。资产主要是指网络安全相关对象，如服务器、管理员等。术语主要是指网络安全相关名称，如系统、协议、漏洞等。具体的网络攻防技术，包括分布式拒绝服务（DDoS）攻击、限制 SYN 流量等。

（2）网络空间安全知识关系提取

本体的语义关系用于表示概念之间的关联关系，包括通用语义关系和自定义语义关系。通用语义关系表示概念、属性、实体之间的关联关系，如“软件防火墙”属于“防火墙”。自定义语义关系表示资产、术语、方式之间的关联关系，如“DDoS”攻击“服务器”。

2. 信息抽取

信息抽取主要是指从多源异构的网络信息中抽取相关实体及其关系，将抽取的实体对齐并进行链接，对抽取的实体及其关系进行评估和校验，最终构建知识图谱的过程。对于网络要素的信息抽取，传统的方法大致分为三类，即词典规则方法、统计学习方法和深度学习方法[75,98-99]。

（1）词典规则方法

词典规则方法以构建网络命名实体词典、词规则和句法规则为基础，结合各类网络信息的用字特征和句法规律，归纳总结各类地理/网络信息的表达规则并进行模式识别，采用匹配算法搜索文本，抽取文本中的网络要素名称。由于构建规则会耗费大量的人力、物力，并且一套规则只适用于一个领域，所以，该方法的迁移性和泛化性很低，对非结构化的文本并不适用。

（2）机器学习方法

基于机器学习的实体抽取方法主要采用机器学习方法，结合大量人工设计的特征进行实体识别，将实体识别转换成多分类或序列标记任务。机器学习模型包括最大熵模型、隐马尔可夫模型、支持向量机模型、条件随机场模型等。这些模型已成为地理/网络信息抽取的主要模型，在地理信息抽取方面获得了广泛应用。虽然机器学习方法可以充分发现和利用实体的上下文特征及内部特征，具有较好的灵活性和鲁棒性，但是其模型的训练需要大量特征工程和人工标注数据，且存在数据稀疏的问题。

（3）深度学习方法

深度学习是机器学习的一种特殊形式，它将事物表示成概念嵌套的层次结构，以实现功能并保持高灵活性。与传统的实体识别方法相比，深度演练方法有利于展现深层次的学习能力、向量表示能力和语义组合能力。主流的研究采用深度神经网络自动捕获特征并进行识别，无须过多的人工干预就能实现基于深度学习的实体抽取。

3. 知识融合

知识图谱的数据，来源广泛。但是，不同数据源的知识没有深入的关联，知识重复问题严重。知识融合是指将来自不同数据源的异构的、多样化的知识放在一个框架中消歧、加工、整合，达到数据、信息及人的思想等多个角度的融合。知识融合的核心在于映射的生成。知识融合技术分为本体融合和数据融合两个方面。

（1）本体融合

在知识融合技术中，本体层有重要的作用。研究人员已经提出了多种用于解决本体异构问题的方法，通常分为两类，分别是本体集成和本体映射。本体集成是指将来自多个数据源的异构本体集成为一个本体。本体映射是指在多个本体之间建立映射规则，使信息在不同的本体之间传递。

（2）数据融合

数据方面的知识融合技术包括实体合并、实体对齐、实体属性融合等。其中，实体对齐是多源知识融合的重要方面，用于消除实体指向不一致及冲突问题。知识图谱的对齐算法分为成对实体对齐、局部实体对齐和全局实体对齐三类。

4. 知识推理

知识推理将初步构建的知识图谱映射到地理环境层，耦合地理环境信息，挖掘新的实体或者隐含关系，构建网络空间地理图谱，为网络安全决策提供支持，常用的推理方法有基于规则的知识推理、基于分布式表示的知识推理和基于神经网络的知识推理[100-101]。

（1）基于规则的知识推理

早期的知识推理方法（包括本体推理）受到了广泛的关注，并产生了一系列推理方法，包括谓词逻辑推理、本体推理、随机游走推理。知识图上的知识推理与本体密切相关，与资源描述框架模式（RDFS）、Web 本体语言（OWL）等有密切的联系。基于本体的推理方法主要利用抽象的频繁模式、约束或路径进行推理。在通过本体概念层进行推理时，OWL 能够提供丰富的语句和知识表示能力。常用的基于本体的推理引擎有 F-OWL、KGRL 等。大量研究表明，将路径规则引入知识推理可以提高推理的性能，因此，许多研究者将路径规则注入知识推理任务。路径排序算法（PRA）是一种在图中执行推理的通用算法。为了学习知识库中某个边缘类型的推理模型，PRA 会找到经常链接的节点的边缘类型序列（这些节点是被预测的边缘类型的实例），将这些边缘类型作为 Logistic 回归模型的特征来预测图中缺失的边。

（2）基于分布式表示的知识推理

由于缺少并行语料库，以往挖掘和发现未知知识的工作大多依赖逻辑规则和随机遍历图来完成。近年来，基于嵌入的方法在自然语言处理领域受到了广泛关注。这些方法将语义网络中的实体、关系和属性投影到连续向量空间，以获得分布式表示。研究人员提出了大量基于分布式表示的知识推理方法，包括张量分解、距离模型等。张量分解是指将一个高维阵列分解成多个低维矩阵的过程。RESCAL 模型是张量分解模型的代表。转移距离模型（Translational Distance Model）的主要思想是将衡量向量化知识图谱中三元组的合理性转换成衡量头实体和尾实体的距离。

（3）基于神经网络的知识推理

基于神经网络的知识推理，主要思路是利用神经网络的学习能力和泛化能力建模知识图谱的事实元组。对三元组建模并预测三元组的元素一般属于单步推理。多步推理是指对由多元组构成的连续路径建模，对路径首尾实体及其隐含关系等进行预测。基于神经网络的知识推理方法可分为基于图神经网络的知识推理方法和基于卷积神经网络的知识推理方法。

5. 知识更新与存储

网络安全知识图谱主要包括静态图谱和动态图谱两部分。静态图谱是指事先构建的网络安全知识图谱，融合了攻击模式库（CAPEC、ATT&CK）、安全隐患（CVE、CCE）、恶意代码（MAEC）、攻击目标资产（CPE）等多个知识库。这些知识库不需要实时更新，所以称为静态图谱。动态图谱包含安全设备实时产生的告警及与告警有关的信息，如 IP 地址、端口、网段等。动态图谱与静态图谱通过共享实体相关联，如 IP 地址与 CPE 相关联，告警信息与 CAPEC、CVE、恶意代码相关联等。告警通常是实时产生的，其源 IP 地址为攻击者，目标 IP 地址为受害者。在单位时间窗口内，首先根据源 IP 地址与目标 IP 地址进行告警聚合，生成告警序列，然后对所有告警序列的初始向量进行主成分分析，将告警序列中的所有主成分计算出来，重复两次，最后将得到的向量表示作为告警序列的向量表示。这样，就实现了动态图谱的关系构建。

8.2　网络空间地理图谱管理与表达

网络空间地理图谱涉及网络空间要素、网络空间关系和网络空间事件。网络空间要素特征包括属性特征和空间特征。属性特征主要表现为类似于地理空间要素的质量特征、数量特征和时间特征。空间特征是度量网络空间的基础，包括存在状态、几何特征和拓扑关系[80]。由于网络空间作为非欧氏空间，主要关注要素的拓扑关系而非要素的距离和方向，且部分网络空间要素没有直观的空间形态、维度高、定位难，因此，网络空间要素的空间特征相对于地理空间要素表现得更为复杂。

网络空间要素有实体和虚拟两种状态，分别定义为实体要素和虚拟要素。实体要素是用于处理、存储和交换信息的基础设施，存在于地理空间中，属于地理空间实体。终端设备和有线传输介质可分别被抽象为实体点要素和实体线要素。虚拟要素依附于网络基础设施，没有直观的空间形态，如虚拟主体、无线传输介质和信息数据可分别被抽象为虚拟点要素、虚拟线要素和多维无形态要素。虚拟点要素依赖实体点要素存在，可将二者的几何特征抽象为以某个点为中心的圆形。实体线要素可抽象为一条折线。鉴于网络空间对拓扑关系的关注度远高于具体的几何形状，实体线要素可进一步抽象为以两个实体点为端点的实直线，虚拟线要素则直接被视为以两个实体点为端点的虚直线。至于多维无形态要素，网络中流动的数据资源可基于其传输路径，抽象为以发送点要素和接收点要素为端点的直线，静态数据资源可基于其位置抽象为虚拟点要素。实体要素和虚拟要素均包含多维属性信息。

网络空间关系用于描绘网络空间和地理空间中以关联、邻接、依赖为代表的拓扑结构和联系。网络空间事件是指因偶然或者恶意原因，导致网络系统的硬件、软件及系统中的数据遭到破坏、更改、泄露，系统无法连续、可靠、正常地运行，以及网络服务中断等网络安全事件。网络空间地理图谱包含的要素、关系和事件种类繁多、数量庞大，而信息量过大容易影响信息传输的效率、增加用户的认知负担，因此，如何实现网络空间地理图谱的高效管理、提升网络空间地理图谱的可视化表达能力是两个重要的研究方向。

8.2.1 网络空间地理图谱的管理

网络空间要素的空间特征比地理空间要素的空间特征表现得更抽象、更复杂，因此，网络空间要素空间特征的数字化描述及空间数据的组织逐渐成为网络空间地理图谱管理的核心。根据空间特征，可以将网络空间要素抽象成实体点要素、虚拟点要素、实体线要素、虚拟线要素和多维无形态要素。终端设备和交换设备均可抽象成实体点要素，其空间特征可描述为一对定位点坐标、一个定位范围半径及该范围内的定位准确度。传输介质可抽象成实体线要素（对应于实直线）或者虚拟线要素（对应于虚直线），通过记录要素起止节点的点要素编码即可定位传输介质。虚拟主体可抽象成虚拟点要素，由登录 IP 地址定位其空间位置。信息数据本身可抽象成多维无形态要素：流动的信息数据由于自身的动态特性而具有类似于线要素的空间特征，可通过记录每次数据转发的源 IP 地址和目的 IP

地址来描述数据的传输轨迹；静态信息数据的空间位置取决于其存储设备。

网络空间资源主要由设备资源、信息资源和存储资源构成，通常具有明显的空间特征，涉及空间地理位置、空间拓扑等元素，且元素之间往往存在复杂的、潜在的联系。因此，在统筹网络空间资源时，需要考虑其特性和联系，进行合理的资源管理和分配。以往网络测绘资源管理仅注重网络层面的资源，忽略了网络空间资源的地理空间分布规律。地理学作为一门研究地理要素或者地理综合体的时空规律和相互关系的学科，对网络空间资源管理有重要的支撑作用，使基于图数据库和地理信息系统（Geographic Information System，GIS）的网络空间地理图谱的管理成为可能。

1. 图数据库技术

在现代社会中，对信息和数据的管理越来越重要，数据库技术已成为信息系统的核心和基础。在数据库的发展过程中，形成了层次数据库、关系数据库和图数据库三种数据库类型[102]。关系数据库建立在严格的数学基础上，具有较高的数据独立性和安全性，是目前使用最为广泛的数据库技术。但是，随着数据规模和数据复杂度的增加，关系数据库对关联关系复杂的数据的存储显得力不从心。为了解决数据之间复杂的、动态的关联关系问题，研究人员将研究重点转向图数据库[103]。图数据库可以高效存储、管理、更新数据及其关联关系，并能够高效执行多层复杂操作。

常见商业图数据库软件如表 8-1 所示。

表 8-1　常见商业图数据库软件

图数据库名称	编程语言	查询语言
Neo4j	Java	Cypher
Titan	Java	Gremlin
ArrangoDB	C++	AQL
OrientDB	Java	SQL
Gun	JavaScript	JavaScript
Cayley	Go	JavaScript/MQL

Neo4j 最初是由 Neo Technology 公司开发的，是一种高性能的原生图数据库。Neo4j 主要使用 Java 语言编写，采用 Cypher 语言进行数据库操作，利用自定义的存储格式和基于图的相关概念（如节点、边、属性等）来描述模型，可以便捷地对关系数据进行存储管理，市场占有率高[104]。Neo4j 具有良好的可扩展性，可以在不重构数据库结构的前提下轻

易扩展到上亿量级的节点和边[105]。

Titan 是基于 Blueprint 接口设计的开源图数据库，实现了可插拔的存储接口，可以部署在 Berkeley DB、HBase、Cassandra 上。Titan 基于 Big Table 模型，使数据在 HBase 中以邻接表的形式存储。

ArangoDB 和 Neo4j 一样，也是一个原生图数据库。ArangoDB 不仅支持图（Graph）数据模型，还支持键值对（Key/Value）数据模型、文档（Document）数据模型，并提供了基于这三种数据模型的统一查询语言，允许在单个查询中混合使用这三种数据模型。

OrientDB 通过创建多模型的概念来发展基本的图数据模型，并基于图数据模型，以更灵活的方式来表达复杂域，包括文档、对象、键值对、地理空间和纯文本数据。

Gun 是一个使用 JavaScript 脚本语言编写的实时的分布式离线优先图数据库引擎。

Cayley 是 Google 的开源图数据库，其设计灵感来源于 Freebase 和 Google 知识图谱背后的图数据库，采用 Go 语言编写，拥有 RESTful API，支持 JavaScript、MQL 等多种查询语言。

2. GIS 技术

GIS 是多学科交叉的产物，它以地理空间为基础，采用地理模型分析方法实时提供多种空间的地理信息和动态的地理信息，是一种为地理研究和地理决策服务的计算机技术。GIS 的基本功能是将表格型数据转换成地理图形并显示出来，用户可以对显示结果进行浏览、操作和分析，显示范围从洲际地图到详细的街区地图，显示对象包括人口、销售情况、运输线路及其他内容。GIS 在计算机硬件和软件的支持下，对整个或部分地球表层（包括大气层）空间的相关地理分布数据进行采集、储存、管理、处理、分析、显示和描述。GIS 已广泛应用于生产、生活和社会经济的各个方面。

1）研究内容

GIS 的研究内容主要包括数据获取、数据存储、数据处理与分析、数据输出与显示。

（1）数据获取

数据获取是 GIS 建设首先要完成的任务。数据获取有多种实现方式，包括数据转换、遥感数据处理、数字测量等。已有地图的数字化录入是被广泛采用的手段，需要花费大量的人力，录入的内容主要包括空间信息和非空间信息。空间信息是录入的主体，其录入方式主要有两种，分别是手扶跟踪数字化录入和扫描矢量化录入。数据录入后，需要进行各种处理，包括坐标变换、拼接等，最重要的是建立拓扑关系。

（2）数据存储

栅格数据和矢量数据是 GIS 数据的两大组成部分。栅格（网格）数据由存放唯一值存储单元的行和列组成。栅格数据与栅格（网格）图像类似：要使用合适的颜色；存储单元记录的可能是一个分类数据组（如土地使用状况）、一些连续的值（如降雨量）或一个空值。栅格数据集的分辨率取决于地面单位的网格宽度。存储单元通常代表地面的方形区域，也可代表其他形状。栅格数据既可以代表区域，也可以代表实物。矢量数据利用几何图形（如点、线、面）表现客观对象。例如，在住房分类任务中，用多边形表示房产边界，用点精确地表示位置。矢量数据也可以表示连续变化的对象，如利用等高线和不规则三角形格网（TIN）表示海拔或其他连续变化的值。

利用栅格数据模型和矢量数据模型表达地理信息，既有优点，也有缺点。栅格数据模型在面内所有的点上记录同一个值，而矢量数据模型只在需要的地方存储数据，这就使前者所需的存储空间大于后者。对栅格数据，可以很容易地实现覆盖操作；而对矢量数据，实现覆盖操作就要困难很多。矢量数据可以像传统地图上的矢量图形一样被显示；而栅格数据以图像的形式显示时，对象边界模糊。除了以几何向量坐标或栅格单元位置表达的空间数据可以被存储，非空间数据也可以被存储。在矢量数据中，这些非空间数据就是客观对象的属性，如一个表示森林资源的多边形可能包含一个标识符及与树木种类有关的信息。在栅格数据中，存储单元可用于存储属性信息，也可作为与其他表中的记录有关的标识符。

（3）数据处理与分析

GIS 的数据处理工作主要由两方面构成：一方面是检查与纠正输入数据的质量，如核查属性数据的范围、校验图形数据的拓扑关系、核验属性数据和图形数据的对应关系、矫正空间数据的偏差等；另一方面是对输入的空间数据进行预处理，如平滑处理矢量数据、建立空间拓扑关系、裁剪和拼接栅格数据、完成栅格矢量数据之间的转换等。

空间分析是 GIS 的核心和灵魂，也是 GIS 区别于一般的信息系统、计算机辅助设计（CAD）系统、电子地图系统的主要标志。配合空间数据的属性信息，空间分析能够提供强大且丰富的空间数据查询功能，因此，空间分析在 GIS 中的地位不言而喻。空间分析主要通过空间数据和空间模型的联合分析来挖掘空间目标的潜在信息。

空间目标的基本信息包括空间位置、分布、形态、距离、方位、拓扑关系等。其中，距离、方位、拓扑关系组成了空间目标的空间关系。空间关系是地理实体的空间特性，可以作为数据组织、查询、分析、推理的基础。通过将空间目标划分成点、线、面等类型，可以获得不同类型目标的形态结构。将空间目标的空间数据和属性数据结合起来，可以进行许多特定任务的空间计算与分析。

（4）数据输出与显示

根据用户查询内容和数据分析需求，可以通过计算机屏幕、绘图仪、地图等输出和显示 GIS 数据。在输出和显示过程中，GIS 数据通常需要经过矫正、误差消除、坐标变换、绘制成像等阶段的处理。

2）核心技术

空间分析是 GIS 的核心，是对地理空间现象的定量研究。空间分析的常规能力是操纵空间数据并使其成为不同的形式，以提取其中的潜在信息，主要包括空间信息量算、空间信息分类、缓冲区分析、叠加分析、网络分析。

（1）空间信息量算

空间信息量算是空间分析的定量化基础。空间实体之间存在多种空间关系，包括拓扑、顺序、距离、方位等。通过空间关系查询和定位空间实体，是地理信息系统不同于一般数据库系统的功能之一。例如，查询满足下列条件的城市：在京九线以东，距离京九线不超过 200 公里，城市人口大于 100 万人且居民人均年收入超过 1 万元。整个查询计算涉及空间顺序方位关系（京九线以东）、空间距离关系（距离京九线不超过 200 公里），以及属性信息（城市人口大于 100 万人且居民人均年收入超过 1 万元）。空间信息量算包括质心量算、几何量算、形状量算。

（2）空间信息分类

空间信息分类是 GIS 功能的重要组成部分，包括对线状地物求长度、曲率、方向，对面状地物求面积、周长、形状、曲率，求几何体的质心、空间实体之间的距离，等等。常用的空间信息分类数学方法有主成分分析法、层次分析法、系统聚类分析法、判别分析法等。

（3）缓冲区分析

缓冲区是地理空间目标的一种影响范围或服务范围。缓冲区分析能够自动在点、线、面等地理实体周围建立一定范围的多边形缓冲区。邻近度描述了地理空间中某两个地物之间距离相近的程度。确定邻近度是进行空间分析的一个重要手段。交通沿线地物的重要性，公共设施的服务半径，大型水库建设引起的搬迁，铁路、公路、航运河道对其所穿过区域经济发展的重要性等，都属于邻近度问题。缓冲区分析是用于解决邻近度问题的空间分析工具之一。

（4）叠加分析

GIS 的叠加分析是指将由相关主题层组成的数据层面叠加，产生新的数据层面的操作，其结果综合了原来两层或多层要素的属性。叠加分析不仅包含空间关系的比较，还包含属性关系的比较。叠加分析分为视觉信息叠加、点与多边形叠加、线与多边形叠加、多边形叠加、栅格图层叠加。

（5）网络分析

对地理网络（如交通网络）、城市基础设施网络（如网线、电力线缆、电话线、给排水管线等）进行地理分析和模型化，是 GIS 网络分析功能的主要目的。网络分析是运筹学模型中的一个基本模型，它的根本目的是研究和筹划一项网络工程应该如何安排并使其运行效果最好，如有限资源的最佳分配方式、从一地到另一地费用最低的运输渠道等。网络分析包括路径分析（寻找最佳路径）、地址匹配（实质是对地理位置的查询）、资源分配。

3. 基于图数据库和 GIS 的管理

（1）资源可视化管理

网络资源有其空间地理位置。传统的网络资源管理主要依靠人工进行，因此无法掌握网络资源的准确地理位置和网络关系，管理效率低且时效性差。GIS 可以将各类网络资源在客观的地理空间中绘制出来。图数据库通过由点和边组成的结构进行存储与分析，能够直观且自然地表达由网络空间要素、网络空间关系和网络空间事件构成的网络空间地理图谱，有效解决复杂关联关系深层检索的性能问题。基于 GIS 和图数据库，可以通过数字地图和专题地图的形式实现交换设备、传输设备、中继设备等资源的可视化，管理网络资源的空间属性信息，进而全面掌握资源的地理空间位置和网络拓扑关系等。

（2）资源实时、动态查询

利用图数据库的图形查询功能和 GIS 的空间信息查询功能，可以从海量网络空间数据中高效且直观地查询承载网络空间资源的实际通信载体之间的关系，如网络拓扑关系、空间拓扑关系、网络资源与网络设备的对应关系等。同时，可以全面且细致地管理整个网络空间资源，实时查询网络空间资源的位置和状态信息，以掌握区域内的网络资产建设和运维状态，在网络资源规划方面为主管部门提供高质量的辅助决策信息，提升管理和维护方面的效率。

（3）资源合理分配

资源合理分配是指为了在一定程度上达到经济、安全和高效的目标，利用科学技术管理手段，对网络空间资源进行改造、设计、组合、布局的活动。资源合理分配是确立区域发展方向、合理布置要素的关键，也是解决网络空间资源增长的无限性与资源供给的有限性之间矛盾的重要措施。

随着信息化技术的快速发展，以及人们对网络空间资源需求的增加，网络空间资源的数量越来越大。然而，资源在空间中或不同部门之间的最优分配问题被忽略，会导致资源闲置，造成部分网络空间资源的浪费。基于 GIS 和图数据库的网络分析方法，可以根据选定的网络中心的服务范围，在满足覆盖范围和服务对象数量要求的前提下选出最佳网络布局，提升不同区域的网络资源利用效率，实现对若干网络资源服务中心的优化。

8.2.2　网络空间地理图谱的可视化

地理学完善的系统理论和成熟的地图学思想，为网络空间地理图谱的可视化提供了重要的科学支撑。“人—地”关系理论是地理学研究的核心内容，而随着信息化的迅猛发展，人与人之间地理空间的限制被打破，“人—地—网”新型纽带关系逐步建立[13,106-107]。基于“人—地—网”关系的相互作用与融合，将地理学的理论方法引入网络空间，为实现网络空间地理图谱的可视化提供了新的契机[108]。网络空间地理图谱可视化主要包括网络空间要素可视化表达、网络空间关系可视化描述和网络安全事件可视化分析。

1. 网络空间要素可视化表达

网络空间要素可视化表达是网络空间地理图谱可视化表达的基础。以往网络空间要素主要划分为网络空间的网络环境、行为主体和业务环境，忽视了地理环境（也就是网络资源所对应的地理空间及其相关信息）。根据“人—地—网”新型纽带关系框架，网络空间要素应向地理环境拓展，形成网络—地理空间，因此，可以从地理环境、网络环境、行为主体和业务环境四个方面划分网络空间要素（如图 8-4 所示）。这四个方面的要素既相互联系，又相互影响。

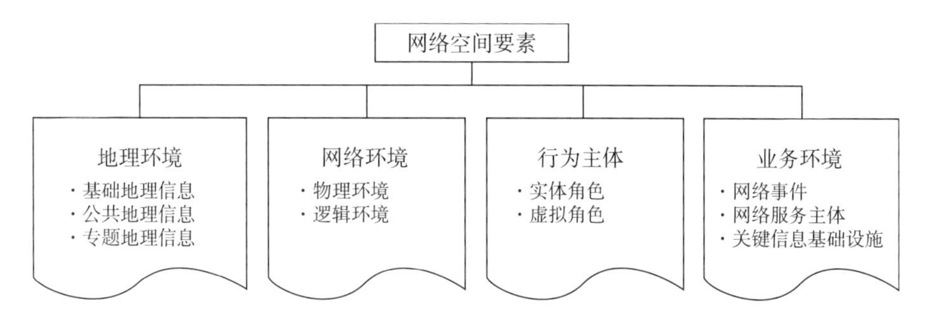

图 8-4　基于“人—地—网”新型纽带关系的网络空间要素

地理环境是各类网络空间要素所依附的载体，强调网络空间要素的地理环境属性，如网络基础设施和网络行为主体的地理空间位置所对应的基础地理信息、公共地理信息和专题地理信息（影像及三维模型），涉及空间映射、距离、尺度、边界、区域等概念。网络环境主要是指由各类网络空间要素形成的节点和链路，即逻辑拓扑关系，可分为物理环境和逻辑环境，包括网络设备、网络应用、软件、数据、IP 地址等。行为主体不仅包括实体角色和虚拟角色，还关注行为主体的社会关系及交互行为，如信息流动、虚拟社区等。业务环境主要涉及业务部门重点关注的各类网络安全事件（案件）、网络安全服务主体、网络安全保护对象（关键信息基础设施）等。网络空间要素可视化表达主要分析网络空间要素的类型、层次、时空基准、表达标准和尺度问题。

2. 网络空间关系可视化描述

网络空间关系可视化描述基于网络拓扑结构中的核心层、汇聚层和接入层各节点之间的关系，结合城市二维与三维地理要素位置，分层展示网络空间关系，每个节点都与地图上的地理实体关联。根据可视化结果与空间的关联程度，可以将网络空间关系可视化描述方法归纳为与空间强相关、不相关、弱相关三类。

（1）强相关可视化方法

强相关可视化方法基于地理基础底图要素展示网络资源布局、网络空间拓扑结构和网络流量的时空特征，利用已经建立的地理空间认知传达网络空间信息，是网络空间地图制图过程中表达网络空间关系的主要方法。这类方法用于表示网络空间中有明确的地理空间位置的要素，如用于支撑网络空间的物理基础设施（基站、交换机等）、地理空间中互联网用户的分布等。

（2）不相关可视化方法

不相关可视化方法主要运用地图的空间化展示手段，表示网络空间中与空间不相关的要素，借助力导引布局、圆形布局、聚类布局等逻辑布局算法[109-111]，以及路由融合、集束边等边布局算法[112]，生成视觉效果良好的网络空间地理拓扑图，是网络空间地理学研究中常用的描绘网络空间地理拓扑关系的可视化方法。

（3）弱相关可视化方法

弱相关可视化方法用于表示网络空间中没有明确的地理空间位置或者地理空间位置不重要但要素之间有相对空间关系的特征，如网络空间中节点之间的关系、业务流动等。这类方法是由关系主导、以地理空间信息为基础、将强相关和不相关可视化方法融合的网络空间关系可视化描述方法。网络空间要素在联系方式、联系频率和联系速度方面与地理空间要素有一定的相似性，弱相关可视化方法能够有机融合强相关和不相关可视化方法，发挥两类方法在优化视觉效果和提高空间认知效率方面的优势。

3. 网络安全事件可视化分析

网络安全事件可视化分析以具有地理信息特征的海量网络安全事件为基础，整合多源异构网络资源，挖掘网络安全事件的潜在关联关系和规律，辨识网络安全事件的驱动因素，洞察网络安全事件的内部机理，实现网络安全事件的态势感知和风险预警。同时，网络安全事件可视化分析耦合地理学空间分析方法，分析并展示网络安全事件的时空分布规律。业务部门可以在此基础上，采用人工智能、模式识别等技术对网络安全事件的发展态势进行预警预报，提升对网络安全事件的发现和处置能力，实现网络安全事件的“早发现、早预警、早处置”。

8.3 基于网络空间地理图谱的网络空间行为认知方法

网络空间行为认知在网络空间地理学和网络空间地理图谱基础理论的支持下，集成了地理环境、网络环境、行为主体等数据，采用地理大数据挖掘、深度学习、知识图谱等技术，对网络空间中的行为主体进行行为建模，分析网络空间中个体和群体的行为模式，挖掘网络安全事件发生规律的特征和网络安全事件的驱动因素，形成网络空间安全行为智能认知方法体系，为网络安全业务工作的自动化、智能化、可视化提供支撑。

本节从网络空间安全行为实体的特征分析和网络空间安全行为的智能认知两个方面探讨如何基于网络空间地理图谱实现网络空间行为认知。

8.3.1　网络空间安全行为实体的特征分析

网络空间安全行为实体的特征分析是指基于网络空间地理图谱，整合关联地理环境层、网络环境层和行为主体层的要素数据，分析行为主体的个体和群体行为模式，识别网络安全事件的时空分布特征及其主要驱动因素的过程，具体包括网络安全个体行为建模、网络安全群体行为建模、网络安全行为画像、异常用户行为检测、网络安全行为聚类分析等方面。

1. 网络安全个体行为建模

网络安全个体行为建模主要根据已知攻击行为数据建模行为序列，并预测后续攻击行为。由于用户的历史行为可能会对用户下一时刻的行为产生影响，所以采用概率序列模型对用户行为建模。概率序列模型的输入为按照时间顺序排列的用户行为序列，输出为下一时刻用户将采取的行为的概率。

概率序列模型可以采用马尔可夫模型[113]或最大熵模型[114]。采用马尔可夫模型，需要定义行为之间的转移概率。采用最大熵模型，需要定义一系列特征函数来描述用户的历史行为和下一时刻行为之间的关系。

2. 网络安全群体行为建模

网络安全群体行为建模是指根据用户的行为历史、网络结构或兴趣相似度建立关于用户群体行为的模型。有研究者提出了社交网络的协调性群体行为分析的基本理论[115]，分析攻击用户的群体行为，根据历史行为路径、行为特征、偏好等属性，将具有相同属性的用户划分成一个群体并进行后续分析（构建群体网络，发现群体结构，分析攻击行为是否为协调性行为、是否有组织形式），具体包括数据特征分析、相似度分析、行为网络分析、网络社团分析等。由于群体特征不同，在同一阶段，不同群体中用户的行为会有很大的差别，因此，网络安全管理人员希望可以根据历史数据对用户进行划分，将具有一定规律或某些特性的用户群体聚类，观察其具体行为，形成更清晰的用户画像。

一般来说，网络安全群体行为建模可以分为普通分群和预测分群。普通分群根据用户的属性特征和行为特征对用户群体进行分类。预测分群根据用户以往行为的属性特征，使用机器学习算法预测将来发生某些事件的概率。通过网络安全群体行为建模，网络安全管理人员可以打破数据孤岛，了解真实的网络用户，定位攻击者群体，精准、高效地预防和打击网络攻击行为。

3. 网络安全行为画像

在对网络攻击的检测和防御中，对攻击者进行画像是了解攻击意图、对攻击进行预测的有效方法[116]。通过从大量数据中识别网络攻击活动，可以掌握整个网络的安全状况，分析攻击者意图并合理、有效地作出响应，尽可能降低因攻击造成的损失。结合网络空间地理图谱，可以为网络空间安全提供深度感知，建立基于画像的攻击分类和交互式攻击事件分析机制。

网络安全行为画像的目标是通过实时汇集基础数据、第三方数据和互联网数据对系统进行监控和分析，从基本情况、行为过程、安全等级、攻击效应、历史行为、群体特性等视角分析网络安全行为的宏观趋势和微观细节。网络安全行为画像通过洞察用户的线上和线下行为，构建全面、精准、多维的用户画像体系，为识别网络攻击提供丰富的用户画像数据和实时场景识别能力；通过分析和比较核心数据的变化趋势，帮助决策者掌握网络安全状况和网络攻击的状态，提升决策者持续进行安全优化和控制风险的能力。

4. 异常用户行为检测

异常用户行为检测通过学习用户的行为习惯，建立用户的历史行为模型，并与当前的用户行为模型进行比较和验证，判断用户是否为异常用户。基于深度学习的神经网络算法已经在 UEBA 产品中得到应用[117]。传统的 UEBA 采用异常检测机制和机器学习算法提取安全事件以分析和基线化 IT 环境中的所有用户和网络元素，增强了内部威胁检测能力（任何与基线的重大偏差都会被触发为异常）。

5. 网络安全行为聚类分析

网络安全行为聚类分析是取证分析的一种手段。该手段可用于区分合法软件和恶意软件，也可用于分析用户行为，即根据网络安全行为时间序列，结合用户行为结构、ID、行为（命令、操作）及路由信息、目标、时间、结果，使用不同类型用户在一段时间内的连续数据构建时间序列，采用用户行为模型 IBMM（Interaction Behavior Markov Model）[118] 实现网络安全行为聚类。

8.3.2 网络空间安全行为的智能认知

随着网络空间环境越来越复杂、网络攻击手段日新月异、数据维度不断增加，传统的以分析安全问题、设置固定规则为主的研究方法效率明显下降，需要投入大量的人力来识别威胁，给网络空间安全问题的研究带来了新的挑战。近年来，机器学习为解决难以使用传统方法建模的网络安全问题提供了可行性，在学术界和产业界都得到了快速发展，在身份识别与认证、社会工程学、Web 安全、安全漏洞与恶意代码、入侵检测与防御等领域得到了广泛应用[119]。然而，现有的技术解决方案无法完全满足网络安全的应用需求，机器学习在模型的泛化能力、检测准确度、实时性等方面依然面临一些技术难题，采用机器学习方法解决网络安全问题仍是极具挑战性的工作[120]。与传统的机器学习方法相比，深度学习方法的泛化能力更好，在恶意软件检测和网络入侵检测等领域，基于深度学习的解决方案与基于规则和传统机器学习的解决方案相比有显著的进步。以图的形式构建的深度神经网络称为图神经网络。此外，知识图谱可以表征实体之间的结构化关系，已经成为认知和人工智能领域重要的研究方向，为实现网络空间安全行为的智能认知提供了新的思路。

1. 深度学习

机器学习的概念出现在人工智能发展早期。作为人工智能领域的领先分支，机器学习主要通过算法来解析数据、学习数据，对真实世界中的事件作出决策和预测。传统机器学习的主要缺陷之一是依赖特征提取（Feature Extraction），即由人类专家指定每个问题的重要特征（如属性）。在将传统机器学习应用于网络安全领域时，这种缺陷尤其突出。为了让机器学习解决方案能够识别恶意软件，人类专家需要手动编制与恶意软件有关的各种特征。在网络安全领域，这样做无疑会限制威胁检测的效率和精确度（因为人类专家需要指定特征，所以，未被定义的特征可能会逃脱安全检测）。

此外，机器学习对人类参与的依赖给其自身带来了最大的挑战之一——人为错误可能存在。由于特征工程（将领域知识应用于特征提取的过程）需要由人类专家来定义特征，所以不可避免地会出现遗漏、忽略等人为错误。在前面提到的恶意软件的例子中，如果人类专家在编程期间遗漏或忽略了某些特征，就可能造成系统崩溃。大多数机器学习算法的性能取决于识别和特征提取的准确性。为了使机器学习系统准确无误，人类专家必须在方法论的基础上定义特征，而由于机器学习是一种线性模型（Linear Model），所以人类专家选择的特征只能依赖简单的线性属性。鉴于这些限制的存在，一些企业和学者开始转向研究深度神经网络，以更好地保护其基础设施，并为防范即将发生的攻击做准备。

深度学习是机器学习的子领域，它从人类大脑的工作机理中获得了灵感。深度学习与传统机器学习在概念上的一大区别在于，深度学习可以直接对原始数据进行“自我训练”而不需要进行特征提取。此外，深度学习可以扩展到数以亿计的训练样本中，并随着训练数据集规模的增长而得到发展和完善。与传统机器学习不同，深度学习支持任何已有的和新的文件类型，并且能够检测出未知攻击，这在网络安全领域是极具吸引力的优势，也产生了重大影响。

2017 年发生的 WannaCry、NotPetya 及分布式拒绝服务攻击事件等，促使企业重新思考如何制定自身安全策略，以改善对未知攻击的被动应对方式。对整个网络安全行业而言，能够以最少的人际交互实现最有效的应急响应是长期目标。由于深度学习能够减少人际交互，各网络安全研究组织开始转向寻找基于深度学习的解决方案。基于深度学习的解决方案能够在不需要人员参与的情况下，实时防范新出现的恶意软件，同时保持低误报率，这对于端点、移动设备、数据、基础架构的保护是非常有利的。在成功防范恶意软件后，深度学习还可以帮助企业了解恶意软件的类型（勒索软件、后门程序或间谍软件），以采取进一步的安全措施[120-121]。在大多数情况下，这需要专家对信息进行适当的分析，而基于深度学习的解决方案会自动识别和分析数据，无须人工干预。

深度学习还可用于确定特定攻击源。过去，鉴于多种原因，实现这一目标对企业的 IT 和安全团队而言一直是一项艰巨的任务。例如，能够开发这种先进的恶意软件的网络单位（Cyber Unit）通常不止一个，而这使传统的署名权归属算法（Authorship Attribution Algorithms）毫无用武之地。此外，APT 通常会使用先进的逃避技术，而深度神经网络有能力学习 APT 本身的高级特征。典型深度学习模型的介绍，详见本书第 7 章。

2. 图神经网络

尽管传统的深度学习方法在提取欧氏空间数据特征方面取得了巨大成功，但许多实际应用场景中的数据是从非欧氏空间中生成的，传统的深度学习方法在处理非欧氏空间数据上的表现难以使人满意[122]。一个基于图的学习系统能够利用用户和实体之间的交互进行准确的推荐，但图的复杂性使现有的深度学习算法在处理数据时面临巨大的挑战，其原因在于：图是不规则的，每个图中都有大小可变的无序节点，图中的每个节点都有不同数量的相邻节点，导致一些重要的操作（如卷积）在图像上很容易计算，但不适合直接用在图上。此外，尽管现有深度学习算法的一个核心假设是数据样本相互独立，但对图来说，情况并非如此。图中的每个节点（数据样本）都有边与其他节点（数据样本）相连，这些信息可用于捕获相应实例之间的依赖关系。

近年来，人们对深度学习方法在图上的扩展的兴趣越来越浓厚。在多方面因素的推动下，研究人员借鉴卷积神经网络、循环神经网络和深度自动编码器的思想，定义和设计了用于处理图数据的神经网络结构，由此形成了新的研究热点——图神经网络（Graph Neural Networks，GNN）。图神经网络将深度神经网络从处理传统的非结构化数据（如图像、语音和文本序列）扩展到处理结构化数据（如图结构）[123]。在网络空间安全领域，大规模的图数据可以表达丰富的、蕴含逻辑关系的人类常识和专家规则，图节点定义了可理解的符号化知识，不规则的图拓扑结构表达了图节点之间的依赖、从属、逻辑规则等推理关系，可以有效对网络空间中的要素、属性、行为、位置和关系建模，在推理能力上具备一定的优势，能够实现对网络空间安全行为的智能认知。

图神经网络可以分成图卷积网络（Graph Convolution Networks，GCN）、图注意力网络（Graph Attention Networks，GAT）、图自编码器（Graph Auto-Encoders）、图生成网络（Graph Generative Networks）、图时空网络（Graph Spatial-Temporal Networks）五类。

（1）图卷积网络

图卷积网络将卷积运算从传统数据扩展到图数据，其核心思想是学习一个函数映射，通过映射图中的节点聚合其自身特征与其邻居特征生成节点的新表示[124]。图卷积网络是许多复杂图神经网络模型的基础，包括基于自动编码器的模型、生成模型、时空网络等。

图卷积网络方法有基于谱（Spectral-Based）的和基于空间（Spatial-Based）的两类。基于谱的图卷积网络方法从图信号处理的角度引入滤波器来定义图卷积，图卷积操作被解释为从图信号中去除噪声。基于空间的图卷积网络方法将图卷积表示为从邻域聚合特征信息，当图卷积网络的算法在节点层次运行时，图池化模块可以与图卷积层交错，将图粗化为高级子结构。

（2）图注意力网络

注意力机制已经得到了广泛应用，它的优点是能够放大数据中最重要部分的影响。这个特性已被证明对许多任务有用，如机器翻译和自然语言理解。融合了注意力机制的模型的数量持续增加，图神经网络也受益于此，在聚合过程中，可以使用注意力机制整合多个模型的输出并实现面向重要目标的随机行走。图注意力网络是一种基于空间的图卷积网络，在聚合特征信息时将注意力机制用于确定节点邻域的权重[125]。门控注意力网络采用多头注意力机制来更新节点的隐藏状态。图注意力模型提供了一个循环神经网络模型以解决图的分类问题，通过自适应地访问一个重要节点的序列来处理图的信息。

（3）图自编码器

图自动编码器是一种图嵌入方法，其目的是利用神经网络的结构将图的顶点表示成低维向量。图自编码器的典型解决方案是将多层感知机作为编码器来获取节点嵌入，解码器用于重建节点的邻域统计信息，如PPMI（Positive Pointwise Mutual Information）、一阶近似值、二阶近似值[126]。已经有研究人员将GCN作为编码器，将GCN与GAN结合起来，或者将LSTM与GAN结合起来，以设计图自动编码器。

（4）图生成网络

图生成网络的目标是在给定一组观察到的图的情况下生成新的图。图生成网络的许多方法都是针对特定领域的。在分子图生成任务中，一些工作模拟了被称作“SMILES”的分子图的字符串表示[127]。在自然语言处理任务中，生成语义图或知识图通常以给定的句子为条件。一些工作将生成过程作为节点和边的交替形成因素，另外一些工作则使用生成对抗网络进行训练。

（5）图时空网络

图时空网络能够同时捕捉时空图的时空相关性。时空图具有全局图结构，各节点的输入是随时间变化的。例如，在交通网络中，每个传感器作为一个节点，连续记录某条道路的行驶速度，交通网络的边由传感器对之间的距离决定。图时空网络的目标可以是预测未来的节点值或标签，也可以是预测时空图的标签[133]。还有研究人员探讨了GCN的使用、GCN与RNN或CNN的结合，以及根据图结构定制的循环体系结构。

8.4 小结

本章探讨了网络空间地理图谱的相关内容。首先，基于网络空间要素的信息抽取和网络空间关系的识别与空间化，介绍了网络空间地理图谱构建的关键技术与研究内容。其次，依托图数据库、地理信息系统及网络空间要素、关系、事件可视化等关键技术，论述了如何管理与表达网络空间地理图谱。最后，从网络空间安全行为实体的特征分析和网络空间安全行为的智能认知两个方面总结了基于网络空间地理图谱的网络空间行为认知方法。

第9章　网络安全技术对抗

本章讲述网络攻防对抗的技术手段和策略。网络攻击者通常从信息搜集、漏洞利用、后门植入、横向与纵向渗透、痕迹清除五个方面实施攻击，针对性的防守技术则包括收敛攻击面、重点防护、攻击诱捕、对抗反制、攻防演练等，以充分落实网络安全“三化六防”的要求。

9.1　网络安全技术对抗概述

网络安全的本质在于对抗，对抗的本质在于攻防两端能力的较量。攻防是方法、谋略、资源、人才队伍方方面面的较量，需要深入研究黑客（组织）的攻击手法、攻击思路、攻击过程。针对黑客攻击，防护单位应积极落实网络安全“实战化、体系化、常态化”和“动态防御、主动防御、纵深防御、精准防护、整体防控、联防联控”（网络安全“三化六防”）的要求，变被动防护为主动防御、变静态防护为动态防御、变单点防护为整体防控、变粗放防护为精细防护，灵活、高效地开展对抗，切实掌握网络安全工作的主动权。

9.2　黑客常用攻击手段和方法

国外机构提出的“网络杀伤链”模型描述了网络攻击从最初阶段到最终阶段的攻击过程，分为探查、入侵、利用、特权升级、横向移动、迷惑、拒绝服务七个阶段。这七个阶段是根据常规的黑客攻击思路和攻击时间顺序设计的，但实际上，黑客攻击过程不需要经历其中所有阶段，该模型也不适用于所有的攻击类型。本节通过信息搜集、漏洞利用、后门植入、横向与纵向渗透、痕迹清除的实战过程，介绍黑客常用的攻击手段和方法。

9.2.1 信息搜集

信息搜集是攻击者有针对性、有目标攻击的首要动作。攻击者只有摸清攻击目标的基础信息，如网络架构、应用、设备、人员等，才能制定相应的攻击策略，利用相应的漏洞开展攻击。

信息搜集涉及内容广泛，看似公开无序的信息，经过黑客的搜集、挖掘、组合、利用，就可能成为攻破系统的“敲门砖”。信息搜集是整个攻击过程中耗时最长的环节，在一次完整的攻击过程中有超过 50%的时间耗费在信息搜集阶段。信息搜集的内容包括网络结构、系统架构、系统配置、安全设备信息、人员信息、IP 地址资源信息、组织机构信息等多个维度。信息搜集的途径和方向包括互联网敏感信息收集、第三方应用系统信息收集、域名解析系统信息收集、移动端信息收集、历史漏洞收集、撞库攻击信息收集、网络空间测绘、源代码信息收集等。攻击者除了通过手动方式进行相关信息的查阅和整理，还可以利用自动化工具进行信息搜集。

1. 组织机构信息收集

攻击者可以通过企业的官方网站或网上企业信息查询平台快速获得企业的架构信息，并通过组织架构信息扩展信息收集面。攻击者通常使用公开的商业化查询平台快速了解目标单位的组织结构信息（如对外投资情况、控股企业、子公司等），然后通过爬虫等方式采集关联单位的域名、电话、邮箱、地址及业务相关内容（如微信公众号、业务 App、供应商、招投标等相关内容）。

通过上述方式，攻击者能够收集与目标单位有关的域名、注册电话、邮箱、地址、曾用名、下属企业、控股企业、供应链厂商等信息，通过 FOFA、ZoomEye、百度、谷歌、必应等互联网搜索引擎收集更多的信息，甚至利用收集的信息发送钓鱼邮件，诱导目标单位的内部人员。

2. 历史漏洞收集

历史漏洞是信息收集中重要的一环。攻击者通过收集目标单位信息系统存在的历史漏洞并加以利用，获取目标单位的相关信息，甚至可能直接突破并进入目标单位的内网。

攻击者通常使用开源平台收集与目标单位有关的历史漏洞，通过历史漏洞相关信息获取目标单位的 IP 地址段、账号/密码及内部密码分配策略等，在后续的渗透中将这些信息作为字典利用。

3. 源代码信息收集

源代码信息收集在黑客攻击中也是常用的信息收集手段。攻击者收集目标单位泄露的源代码信息，分析挖掘可以直接利用的漏洞（如敏感配置信息泄露、文件上传、命令执行等），从而实现网络突破。

攻击者常通过 GitHub、Coding 等开源社区，将目标单位关键字（如单位简称、域名）和敏感关键字（如“username”“password”“pass”“pwd”“jdbc”“运维”“admin”等）自由组合，以收集与目标单位有关的源代码信息。部分被泄露的源代码中可能包含服务器、数据库、邮箱账号/密码等敏感信息。

4. 互联网开源情报搜集

互联网开源情报主要是指通过网络文库、学术网站（如 CNKI、谷歌学术、百度学术）、代码托管平台（如 GitHub、GitLib、Gitee）、国家域名备案中心等收集的公开信息。互联网开源情报搜集主要从以下方向进行：一是收集网络架构图，以获取目标系统网络的结构；二是收集重要方案文档，以获取文档包含的 IP 地址段分配、系统架构图、文档作者、文档版本、办公软件版本等信息；三是收集安装说明文档，搜寻文档包含的默认安装密码等信息；四是收集招投标信息，以获取目标系统的设备提供商、系统开发商、安全服务提供商等信息；五是收集源代码信息，以获取代码风险及内置的邮箱、VPN 账号等信息。另外，可以收集以下类型的开源情报信息。

（1）ico 图标、Logo

收集目标单位网站的 ico 图标、Logo 并计算其散列值，利用相似度算法匹配相似的资产信息。

（2）关键字重组

关键字重组是指使用 TF-IDF 算法从采用上述方法收集的信息中提取高频关键字，将提取的关键字自由组合，然后通过搜索引擎收集相似的资产的过程。

（3）目标 IP 资产

攻击者通过 IP 地址反查、存活主机探测、端口探测等手段，发现与目标单位 IP 地址属于同一网段的其他重要信息系统及对应的子域名，进一步获取全端口（0 至 65535）信息，发现开放的服务信息（Version、Banner、Web 应用、中间件等），然后通过 IPIP、埃文等 IP 地址定位平台反查目标单位使用的 IP 地址段。

（4）门户网站信息

攻击者通过对目标单位的门户网站（包括二级门户网站）及友情链接采取指纹识别、敏感路径探测等方式，收集门户网站的相关信息，包括该门户网站下应用系统的访问方式、内部域名 DNS 的访问方式、对应内网系统的 IP 地址和访问方式等。

（5）社工撞库信息

攻击者通过各类社工库，搜索目标系统在历史安全事件中暴露的敏感信息，然后通过实际操作寻找未失效的敏感信息，如已暴露的用户邮箱密码、各类平台密码等。

（6）人员信息

攻击者通过招聘网站、微博、微信等渠道收集目标单位领导、核心员工、运维人员的信息，用于社会工程学资源准备，如绘制目标单位的组织架构图、明确人员关系等。

5. 域名解析信息收集

攻击者常采用以下方式收集域名解析信息。

（1）域名威胁情报收集

利用 VirusTotal、微步在线等威胁情报平台收集与目标域名有关的子域名信息。

（2）历史 DNS 信息收集

一些 DNS 数据收集平台可能存储了目标域名的历史解析记录。通常使用 Chinaz、Cloudflare、IP138、RapidDNS 获取历史子域名的解析记录等信息。

（3）子域名爬虫收集

可以通过收集到的可访问的子域名或 IP 地址，爬取网站中与目标单位有关的子域名信息，也可以通过 DNS 枚举、DNS 域传送、搜索引擎、HTTPS 证书信息等渠道或方式，收集子域名信息。通过上述方法，攻击者可以收集目标单位的相关资产，通过资产识别工具将资产标签化，识别中间件及疑似存在的安全漏洞，最后使用对应的漏洞利用工具实现网络突破，进入内网。

（4）证书信息收集

通过收集目标单位的名称、简称、主域名，使用 FOFA、ZoomEye、Censys、Crtsh 等搜集与目标单位有关的资产信息。此外，可以根据证书的 Subject 信息提取 Organization 和 CommonName 值，使用相似度算法选取相似度较高的证书，进行二级信息收集。

（5）同 ICP 域名采集

根据域名的 ICP 备案号、备案企业名称，通过 Chinaz 等平台反向查询相关域名的信息，用获取的主域名信息递归收集子域名信息。

（6）域名 Whois 反向查询

通过域名的 Whois 信息获取域名的注册人信息，然后根据注册人信息及目标单位名称，使用 Chinaz 等平台反向查询更多的主域名，用获取的主域名信息递归收集更多的子域名信息。对于未知的目标系统，优先采用收集域名与 IP 地址信息的方式获取相关资料，通过 DNS 解析与 Whois 查询得到初步信息，然后通过搜索引擎、第三方网站等收集其他信息。

6. 攻击工具准备

攻击者完成信息收集和提取后，攻击准备阶段的工作就只有准备攻击工具了。攻击工具是黑客攻击必备的，90%以上的攻击手段需要由攻击工具辅助实现。除了通用攻击工具（如扫描工具、注入工具、代理工具、密码破解工具），攻击者还会根据目标系统的实际情况选择专用攻击工具或定制专用攻击脚本，具体如下。

（1）通用攻击工具

通用攻击工具是指具有集成性的、可对任意目标使用的攻击工具。通用攻击工具不针对具体的漏洞或系统。常用的通用攻击工具如表 9-1 所示。

表 9-1　常用的通用攻击工具

序号	名　称	用　途	功　能
1	Burp Suite	Web 渗透测试	抓包、重放、爆破等
2	Nmap	收集资产服务信息	端口扫描、Banner 截取、漏洞识别等
3	DirBuster	探测 Web 服务器目录和隐藏文件	支持字典及扩展名自定义的 Web 服务器目录爆破
4	SQLMap	SQL 注入	支持多种数据库的 SQL 注入和利用
5	Metasploit	渗透测试框架	综合功能涉及信息收集、漏洞利用等
6	proxychains	Socks5 代理	本地 Socks 代理
7	PowerSploit	PowerShell 后渗透框架	后渗透信息收集
8	AWVS	综合扫描	综合扫描
9	frp	Socks5	代理软件、开放代理端口
10	IISPutScanner	探测应用系统信息	C 段开放端口信息探测

续表

序号	名　　称	用　　途	功　　能
11	Nikto	收集基础信息	收集中间件、防护设备的信息
12	Advanced IP Scanner	扫描内部开放的服务	内网扫描信息收集
13	Wireshark	网络封包分析	抓取任意网卡的所有流量，进行网络流量分析、网络数据包解析、故障排查等
14	wwwscan	目录扫描	目录扫描
15	getpass	获取散列值	获取散列值
16	SoftEther VPN	内网代理	内网代理
17	Ophcrack	密码暴力破解	利用彩虹表破解 Windows 密码
18	PentestBox	漏洞利用	漏洞利用，信息收集

（2）专用攻击工具

专用攻击工具也称为专项攻击工具，是针对特定漏洞或目标的攻击工具，通常具有时效性，会因目标变化而失效，应用面会随时间的推移而减小。攻击者通常会根据目标的情况或者近期被披露的漏洞，专门撰写利用脚本，形成专用攻击工具。

9.2.2 漏洞利用

下面介绍与漏洞利用有关的内容。

1. 漏洞探测

攻击者收集目标的互联网资产后，采用浏览器爬虫，通过多个进程对多个目标进行爬取，并对 JavaScript 资源进行渲染，生成爬行记录，同时使用被动式扫描器代理爬虫的流量。被动式扫描器会自动以宽泛的规则进行漏洞探测，并通过动态代理切换 IP 地址，以避免被防护设备阻断。

攻击者通过搜索引擎、历史域名或二级域名、公开网络资产进行信息收集，对目标网段、业务应用、通信端口、通信协议、承载服务等进行资产测绘，进而根据资产特征匹配公开或专有漏洞库，结合人工分析验证，发现系统中的特定可利用漏洞；采用扫描器或其他已植入漏洞库的扫描软件进行端口扫描，发现目标系统中的漏洞；通过人工抓包和修改数据的方式对 Web 应用系统的文件上传、用户输入等关键点进行测试，分析服务器响应信息，挖掘漏洞进而利用漏洞。

被动式扫描器可用于对爬虫流量进行漏洞探测。如果被动式扫描器开启了可获取权限的漏洞模块，那么，在收到来自爬虫的流量后，会自动以宽泛的规则进行探测，即探测策略允许误报但尽量避免漏报，然后人工对探测结果进行验证。被动式扫描器主要用于探测 SQL 注入、任意下载、未授权访问、XXE、SSRF、Struts、ThinkPHP、Java 组件类漏洞等。使用被动式扫描器，攻击者能够根据已掌握的可利用漏洞或通用框架漏洞（如 Struts2、Zabbix 等框架或通用系统中的漏洞）编写专用工具，对大范围目标进行盲打匹配，对可成功响应的目标进行定点渗透。

2. 漏洞级别与利用策略

任何系统、设备、软件中都可能存在漏洞。不同漏洞的影响和利用方法各不相同，攻击者利用漏洞的目的也不尽相同。漏洞可以简单地分成以下类型。

（1）网络及管理设备漏洞

网络是信息的通道，通道不安全，则信息不安全。网络及管理设备主要是指路由器、交换机、防火墙、VPN 设备等部署在应用系统前端并提供基础网络接入功能、控制网络流向的常规设备。该类设备是网络安全的第一道防线，是控制网络和信息流向的“指挥者”。如果网络及管理设备存在漏洞，整个网络系统就可能被攻击者控制。

攻击者攻击网络设备的方式通常有三种：一是利用网络设备所使用的系统中的漏洞，直接获取网络设备底层系统的权限，然后利用网络设备搭建跳板、设置隐蔽通道并进行下一步渗透；二是利用网络设备的管理漏洞，获取网络设备的管理权限，然后登录管理界面，添加管理权限或更改网络配置，为后续攻击提供便利；三是利用网络设备鉴别鉴权机制的漏洞，获取网络设备的管理账号，进而获得网络设备的控制权。

（2）操作系统漏洞

利用操作系统漏洞，攻击者可以直接获取应用或数据库的底层操作系统的权限，进而对底层操作系统承载的业务系统实施攻击。例如，“永恒之蓝”漏洞直接利用 SMB 协议漏洞获取 Windows 操作系统的权限。此类漏洞往往具有破坏力强、修复速度慢的特点，且具有通用性，所以，一旦爆发，攻击者就可以通过此类漏洞进行大规模的自动化攻击。

（3）集权类应用系统漏洞

集权类应用系统主要是指堡垒机、云平台管理后台、统一运维管理平台等能够对基础资源进行管理的平台。该类平台具有“上帝视角”，可以利用管理权限查看 IT 资源的运行情况，进入操作系统开展各类运维操作（如开机、关机、增/删账号），甚至更改虚拟网络的配置。攻击者攻击此类应用系统时，主要利用其漏洞获取管理权限，进入目标系统，进而绕过各类防护设备，突破网络访问控制权限，直达目标系统所在的基础平台。

（4）常规 Web 应用漏洞

常规 Web 应用漏洞分为三类：一是可以直接获取权限的漏洞，如 Struts、ThinkPHP、FastJson、Shiro、WebLogic 等组件的远程命令执行漏洞，利用较为简便且危害较大；二是未授权访问漏洞，如在 Redis、Jenkins、JBoss、MongoDB 等环境中，攻击者可以通过未授权的访问获取管理权限，并在管理后台执行系统命令或写文件，Jenkins 未授权访问可通过脚本执行系统命令，Redis 未授权访问可将 SSH 公钥和 WebShell 写入管理后台；三是能够获取权限但存在局限的漏洞，如 SQL 注入、任意下载、XXE、SSRF 等，此类漏洞能否获取权限取决于漏洞利用条件是否具备。

3. 零日漏洞

零日漏洞（零时差攻击）是指在被发现后立即被恶意利用的安全漏洞。这种漏洞往往具有很强的突发性和破坏性。

零日漏洞的攻击效果非常隐秘。在防守方监测发现零日漏洞的特征之前，攻击者虽然可以利用零日漏洞开展攻击，但也会尽量避免造成明显的流量异常，如突然增大的流量、异常时间的访问流量、异常 IP 地址的访问流量等。防守方可能会通过流量和业务方面的异常发现针对零日漏洞的攻击，进而更新防护规则。零日漏洞被发现的时间越晚，价值就越高。

9.2.3 后门植入

后门植入是指黑客在获取一定的控制权后，植入后门程序以实现对系统的持久化控制的攻击方式或攻击过程。后门程序一般是指那些能够绕过安全控制措施而获取程序或系统的访问权的程序。另外，在软件的开发阶段，程序员可能会在软件中创建后门程序以便后续修改程序设计缺陷。如果这些后门程序被其他人员知晓，或者在软件发布前没有删除这些后门程序，就会造成安全风险。

1. 影子攻击

影子攻击是指把真实的攻击行为混淆在正常的操作行为中。攻击者突破网络隔离措施，进入相对封闭的内网后，若正面进行漏洞利用等攻击探测，则很容易被部署在网络边界的IDS、流量审计、防火墙等安全系统或设备发现。因此，攻击者进入内网后，常通过远程录屏观察、管理员操作痕迹密取等方式，跟踪并模仿管理员的正常操作行为、作息规律、管理流程等，在熟悉管理员的正常工作方法后，采用相同的方法，通过正常的访问路径实施攻击，以获取核心系统的控制权。

2. 多点潜伏

多点潜伏是指攻击者在进入目标网络后建立多个互为备份的控制点，以避免因一个控制点被发现而丢失对目标网络的控制权。无论是对大型网络的互联网边界，还是对内网中多层隔离的层级边界，获取进入内网的突破口都是攻击者进行内网渗透的必要条件。

保持进入内网的通道畅通是高级攻击者的首选技战术：一是通过主动或被动的方式在一些内网应用的相关业务上部署探针，以发现更多层级网络之间的联络问题，占领多个“据点”，建立备份通道；二是通过邮箱、OA等系统收集更多的账号，以备被发现后启用；三是创建隐藏账号，获取和管理员相同的管理权限，以躲避系统的新增账号审计机制。

3. 无文件深度后门

深度后门是指攻击者使用高级攻击手段在目标系统中植入的不易被发现的特种木马。进入的网络层级越深，在内网中的深度驻留就越重要，攻击者必须使用精心研制的后门，保持对核心内网的控制权，并在最佳时机发起攻击，具体方法包括：一是在网络边界处使用无文件木马，将攻击载荷加载到计算机内存中，以规避落地的木马文件被杀毒软件扫描和查杀的风险；二是采用内核级无进程木马实现永久驻留，将木马载荷隐藏在系统的正常进程中，以提高隐蔽性；三是采用分布式木马重组技术，将攻击载荷分散放置在系统的多个部分并进行有序调用，以组合成具有高级功能的后门武器。

4. 网页木马植入

WebShell是以ASP、PHP、JSP、CGI等网页文件形式存在的一种命令执行环境，也称为网页后门，可用于网站管理、上传/下载文件、查看数据库、执行任意命令等。攻击者成功入侵一个Web系统后，通常会将ASP或PHP后门文件与网站服务器Web目录下正常的网页文件混在一起，通过浏览器访问ASP或PHP后门即可得到一个命令执行环境。

综上所述，给目标系统植入木马是攻击者对目标进行远程控制的主要手段。攻击者主要利用文件上传漏洞、命令执行漏洞、文件写入漏洞等植入木马，通过提权的方式控制主机，进而配置 PE 文件并进行远程操作。植入的木马主要有两类。一类是网站控制木马

WebShell，主要用于对整个网站进行分析探测，以获取详细的网站结构或者尝试执行系统命令。此类木马俗称“小马”，使用比较频繁，既可以在加密后长期伪装和隐藏，也可以一次性使用。另一类是网站主机控制木马，主要用于对网站主机进行控制、分析和后期渗透，如 Meterpreter。此类木马俗称“大马”，由于功能强大且占用空间较大，所以多为一次性使用，不进行长期隐藏。

5. 隐蔽通道后门

攻击者搭建隐蔽通道的目的主要是利用目标网络的现有条件，在不触发报警和不留下明显痕迹的基础上贯通互联网与内网，进而在互联网端实现对内网的有效持续渗透。

端口映射、端口转发、搭建代理是搭建隐蔽通道的核心手段，具体操作是：首先通过 HTTP 隧道工具 reGeorg 打通攻击隧道，然后使用 frp 或 Ngrok 等工具搭建正/反向代理，最后利用 LCX 等工具进行端口转发；也可以使用 EarthWorm 工具，一键式实现 Socks5 代理、端口转发和映射，进行内网穿透。

6. 隐藏账户后门

隐藏账户是最常见的后门设置方式之一。例如，输入以下命令创建一个“隐藏账户”。

```
net user leticia$ 123456 /add
```

此时，执行 net user 命令无法看到这个账户。

接下来，为这个账户设置管理员权限。这个“隐藏账户”会在用户账户列表中显示，无法骗过细心的管理员，如图 9-1 所示。

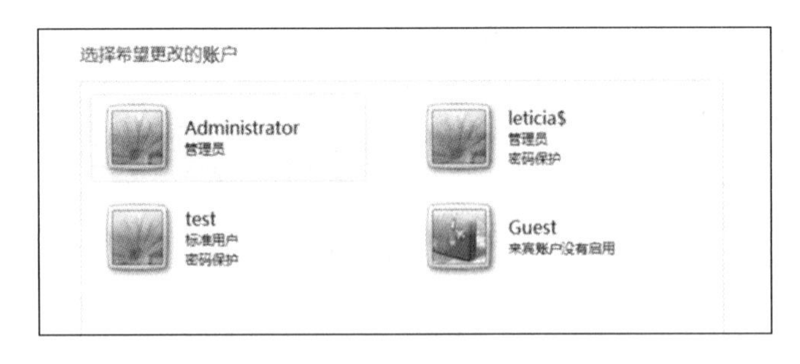

图 9-1 隐藏账户

不过，攻击者可以通过操作注册表，使这个账户不在用户账户列表中显示，具体方法就不赘述了。

7. Shift 后门和放大镜后门

Shift 后门是很常见的，其原理是用 cmd.exe 替换粘滞键程序。粘滞键程序 sethc.exe 可以通过连续按五次 Shift 键调用。这样，攻击者就可以直接通过连续按五次 Shift 键调用一个 system 权限的命令行窗口来执行命令、创建用户等。通过 Shift 后门可以进行很多操作，如直接以 system 权限执行系统命令、创建管理员用户、登录服务器等。

放大镜后门的原理与 Shift 后门类似，即使用后门程序替换系统中的放大镜程序 magnify.exe。

8. Telnet 后门

攻击者可以使用 Telnet 服务进行远程后门访问，并改变 Telnet 服务默认使用的 23 端口，从而避免使用远程桌面的 3389 端口，降低后门程序被发现的可能性。

9.2.4 横向与纵向渗透

横向渗透是指在目标系统内部的同一网络层级或者同一防护级别的网络区域内，对不同的系统进行攻击。纵向渗透是指从互联网区、办公区、业务区到生产区逐层深入的渗透过程。在实际攻击过程中，横向渗透和纵向渗透往往相互交织、相互配合，难以明确分割。

入侵内网是攻击者对目标系统进行深入攻击的标志。常见的入侵内网的途径：一是对暴露在互联网侧的 Web 系统进行攻击，Web 系统后端往往连接着数据库、DMZ 等，控制 Web 系统后通过搭建通道、调用接口等操作可以实现对内网的入侵；二是通过对公开情报的搜集和利用直接获取进入内网的通道，如在 GitHub、GitLab、Bitbucket、Coding 等公共源代码托管服务平台进行检索，搜集远程接入 VPN、SSH Key、外网管理账户、托管源代码、Wiki（对互联网开放的）、数据库配置等重要敏感信息；三是水坑攻击，即在目标系统用户（目标单位员工）上网的必经之路上设置“水坑”（陷阱），通过情报搜集确定其上网活动规律，寻找其经常访问的网站的弱点，将这些网站攻破并植入攻击代码，此后，一旦其访问这些网站，就会“中招”并下载攻击代码；四是钓鱼攻击，即向目标发起社会工程学攻击，诱导其打开恶意邮件，或者下载伪装好的木马病毒，从而控制内网主机；五是供应链攻击，即在目标系统中使用第三方软件或在设备中预留后门程序，后门程序随硬件设备或软件系统部署上线启动，实现对目标系统的内网入侵。

攻击者进入内网后，首要目标是找到敏感数据、高价值信息所在位置，因此，内网持续渗透也成为 APT 攻击的标志性阶段。攻击者通过前期的信息搜集、漏洞利用、远程控制、搭建隐蔽通道进入内网，继续扩展，以获取更多的权限和信息。内网持续渗透主要通过搭建内网攻击跳板，利用内网的脆弱性和连通性漏洞进行横向和纵向漫游渗透，发现并窃取重要数据、控制重要系统或使重要系统瘫痪，进行长期潜伏，以便在关键时间节点发动破坏性攻击（如图 9-2 所示）。

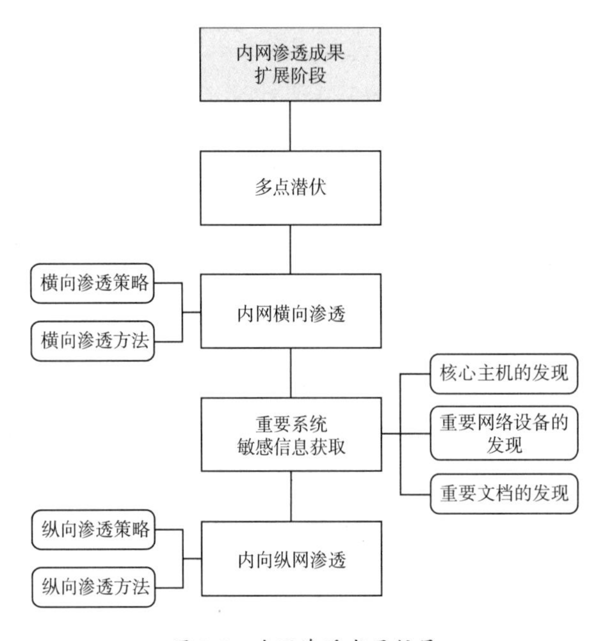

图 9-2　内网渗透成果扩展

攻击者通过搭建多点潜伏的据点，避免单线攻击被发现后直接失去目标。由于内网防护措施通常较弱，一些系统管理人员安全意识淡薄，所以，即使攻击者在内网中搭建多个攻击跳板进行攻击操作，也很难被发现。攻击据点的选取原则如下：一是选取内网中可以直接连通外网的系统，以排除由搭建连接通道带来的不稳定因素；二是选取备份机或者活跃度不高、关注度较低的老旧资产；三是选取运维终端（由于运维终端一般多人使用、权限较高且本身防护措施有限，所以控制程序不易被清除）；四是选取办公环境中的机器（一般选择计算机知识较少的人力资源或行政部门人员使用的机器）；五是选择访问流量较大、系统页面较多且较复杂的系统。攻击者搭建攻击据点时：可以植入 WebShell，在不同位置进行伪装、混淆，对访问流量进行加密处理；可以采用内存木马或 Rookit 木马，防止木马落地后被发现或深入内核层；可以新增隐蔽账号，以便直接登录并进行控制。

横向渗透是被广泛使用的一种复杂网络攻击方式，通常以被攻陷的系统为跳板访问其他主机，获取包括邮箱、共享文件夹和凭证信息在内的敏感资源。攻击者可以利用这些敏感信息，进一步控制其他系统、提升权限或窃取更多有价值的凭证。借助横向渗透，攻击者最终可能获取域控的访问权限，完全控制关键信息基础设施或与业务有关的关键账户。

1. 横向渗透策略与方法

目标内网往往规模庞大，对攻击者来说，快速定位和找到关键节点至关重要。攻击者选择目标的主要原则包括：优先选择能够快速掌握目标网络架构的信息设备及系统（运维管理主机、堡垒机、性能监控系统、集中管控系统、域控等）进行攻击；优先选择可以快速掌握内网人员信息的信息系统（OA 系统、邮件服务器、统一认证系统、域控系统等）进行攻击；根据信息进行研判，优先对目标系统的关联系统进行攻击（如通过控制内网中的多个 KVM 切换器实现在多个网段之间跳转）。

横向渗透的主要方法包括：对内网进行资产测绘和信息收集，了解内网的基本结构；使用 Windows 系统漏洞（如 MS17-010、GPP 等）进行批量攻击，以快速获取权限；利用常见的服务弱口令、相似口令、口令碰撞组合、未授权访问漏洞等攻击方式快速获取系统权限（如 Redis 等）；通过域渗透获取域管理权限，进而大面积控制内网；查找服务器配置文件、系统日志、管理文件、建设方案等，以获取敏感信息，为纵向攻击打基础。

2. 纵向渗透策略与方法

纵向渗透是内网攻击的重要阶段，需要整合从渗透初期到当前渗透节点的所有相关信息进行分析和推导，信息包括但不限于内网接口、管理员文档、各类登录 IP 地址等。纵向渗透的关键在于对所收集信息的分析和判断，重点是找到关键切入点，通过收集的域名、端口、IP 地址、文档进行定向突破。例如，攻击者利用集中管理监控软件的漏洞快速获取大量系统权限，利用被泄露的内网信息快速获取权限，利用堡垒机系统快速实现跨网段访问，渗透内网跳板机或隔离装置，通过漏洞利用、木马植入、社会工程学、通信监听等方式控制主机。

纵向渗透的主要方法包括：寻找安装了双网卡的主机（双网卡主机往往作为边界设备连接不同网段、不同网域），根据已控制的业务系统，判断是否有来自上级或下级的其他业务联动需求，视业务联动需求的通信情况进行进一步分析和排查；根据已掌握的资料，分析配置文件或建设文档，获取隔离装置、相关业务联动地址、网段划分等方面的信息，查看所在网络的路由表信息，判断网段划分情况；分析已控制服务器的通信历史记录、远程访问记录等，查找该服务器访问的其他网段，或者访问该服务器的 IP 地址段；通过查看交换机登录日志、服务器 3389 日志、SSH 登录日志等审计日志，获取服务器的 IP 地址段。

攻击者通过据点搭建、横向渗透、纵向渗透等方式，在抵达目标或发现重要信息系统后，采取漏洞利用、通信欺骗、木马植入等手段进行攻击，直至获取重要权限和敏感数据。

9.2.5 痕迹清除

网络攻击的最后一个阶段是痕迹清除（如图 9-3 所示）。痕迹清除的主要目的是保证攻击者不暴露身份、不被追踪或反查。

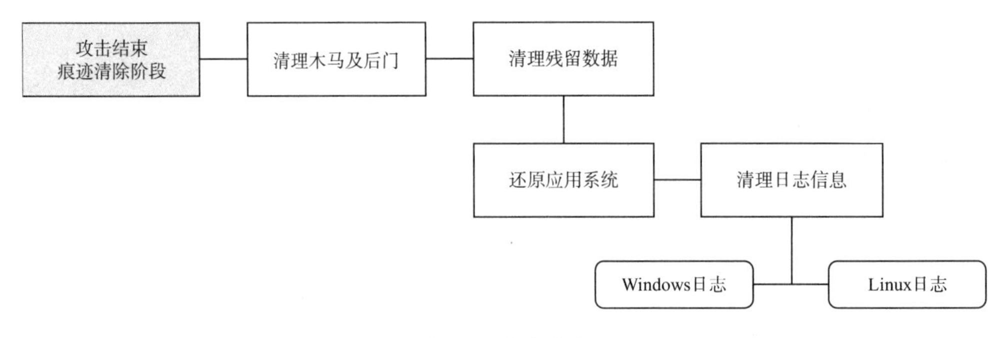

图 9-3 痕迹清除

1. 清理木马及后门

木马及后门程序是攻击者控制目标系统的通用手段，包含攻击者 IP 地址和身份等重要信息，可作为目标系统与攻击者连结的通道。因此，攻击者在清理“战场”时，木马及后门是首要清除对象。

（1）WebShell 清理

攻击者上传的 WebShell 一般会藏身于深层目录，或者直接通过修改原有文件及文件修改时间等方法达到隐藏的目的。攻击者植入级别更高的后门后，就会将 WebShell 删除或者通过写入内存 WebShell 实现对原始入口的清理。

（2）远程控制木马清理

Meterperter 类远程控制木马一般会以添加自启动项的方式达到持续控制的目的。攻击者在清理这类木马时会以隐藏、静默为优先原则，防止被杀毒软件或终端监控系统发现。

（3）账号后门清理

攻击者完成攻击后，会将由其创建的账号和口令恢复到原始状态，以防止攻击路径或攻击痕迹被溯源。

（4）恶意程序清理

攻击者会删除由其上传的恶意程序及衍生文件，清理与添加恶意程序有关的注册表、启动项等位置的信息，防止被系统实施样本分析或攻击特征分析。

2. 清理残留数据

残留数据主要是指在攻击过程中生成的配置文件及由工具产生的过程报告等。除了常规数据，攻击者会重点对以下数据进行清理。

- 清理 Nmap 等端口扫描或漏洞扫描工具保存在目标内网机器上的结果或报告，防止其他攻击者利用已经存在的扫描结果。
- 部分攻击工具（如 frp）可能要配合配置文件使用，攻击完成后需要删除相关服务配置，防止攻击工具在未知情况下被二次利用。
- 删除或恢复部分管理服务需要使用的配置（如 SSH 公钥、.htaccess 文件配置、web.config 配置等），防止给目标服务器造成不必要的影响、暴露攻击行为和攻击路径。

3. 还原应用系统

在攻击过程中，攻击者为了获取系统敏感信息，往往会对原有系统配置进行修改或重置。此类动作容易造成应用系统故障或报错，引起管理员的注意。因此，攻击者会在相关操作结束后立即进行应用系统还原工作，以降低暴露的概率。

除了操作过的位置，攻击者还会关注如下位置的还原：一是目标 Web 目录；二是目标操作系统的关键目录（如%Systemroot%、%Userdir%）；三是系统账号及权限（攻击者为了达到目的，往往会将一些账号的权限设置为最高，在利用完成后将权限复原）。

4. 清理日志信息

日志是追踪攻击行为的主要手段，管理员可以通过日志了解攻击者的访问时间、访问内容及攻击来源等多项重要信息。因此，攻击结束后，攻击者会清理系统访问日志和操作日志，常用方式包括直接清理和按操作时间清理。

（1）Windows 日志清理

Windows 日志清理主要包括清理应用程序日志、安全日志、系统日志，具体路径如下。

- DNS 日志默认位置：%sys temroot%system32config。
- 安全日志文件：%systemroot%system32configSecEvent.EVT。
- 系统日志文件：%systemroot%system32configSysEvent.EVT。
- 应用程序日志文件：%systemroot%system32configAppEvent.EVT。
- Internet 信息服务 FTP 日志默认位置：%systemroot%system32logfilesmsftpsvc1。
- Internet 信息服务 WWW 日志默认位置：%systemroot%system32logfilesw3svc1。
- Scheduler 服务日志默认位置：%sys temroot%schedlgu.txt。

（2）Linux 日志清理

Linux 日志清理主要包括清理系统日志、内核日志、启动日志、登录日志、计划任务日志等，具体路径如下。

- 一般系统日志：/var/log/messages。
- 系统内核日志：/var/log/kern.log。
- 系统启动日志：/var/log/boot.log。
- 登录相关日志：/var/log/auth.log，ssh/sudo 成功或失败的日志都在这里。
- cron 计划任务的执行日志：/var/log/cron.d。

9.3　网络安全技术对抗措施

黑客攻击手段和方法层出不穷。对此，防护方应采取相应的技术对抗措施，充分落实网络安全“三化六防”的防护要求。

9.3.1　攻击面收敛

攻击者在发起攻击前，会针对目标广泛收集信息，尝试发现并筛选防护措施薄弱、能够进行漏洞利用等的系统作为突破口。IT 资产的互联网暴露面越广，风险就越高，也就越容易被黑客发现漏洞并成为攻击的入口。因此，防护方应加强互联网出入口管理，收敛攻击面。

1. 缩减互联网出入口数量

防护方应加强互联网出入口管理，提升互联网边界防护水平。

互联网出口在设计时要统一向上归集管理，以减少出口数量，开展集中控制与防护。一是利用现有通信链路，采用信息内网划分 MPLS VPN 或新建信息外网的方式实现互联网出口归集。二是就近接入，地域分散的单位将其互联网出口按照就近接入的原则归并到邻近单位，其信息外网终端 IP 地址和网络流量由被接入单位统一分配。三是互联网出口集中监控防护，在互联网出口部署安全防护设备，严格落实访问控制、流量控制、入侵检测/防护、内容审计与过滤、防隐性边界、恶意代码过滤、网页防篡改等技术措施。四是使用 VPN 防护，对采用 VPN 方式归集的，采取流量控制、网络设备补丁安装、内外网核心路由设备隔离、防拒绝服务策略配置、网络路由设备身份鉴别、数据加密传输等安全措施，保证信息内外网安全隔离。

2. 强化网站归集，加强域名管理

互联网网站和 Web 业务系统往往连接着业务内网、敏感数据接入区等，因此，通过渗透控制互联网网站系统成为攻击者进入内网并实施进一步攻击的主要方式。攻击者会避开目标的主要门户网站，对其下属单位网站或二级域名进行摸排攻击，进而控制目标网络。

为了降低此类攻击带来的风险，防护方可以采取以下措施。

（1）强化网站归集

重要行业部门应立足全行业，对各组成部门、下级单位等进行外网网站清理，对分散的系统进行集中集约建设和统一防护。按照从严从紧的原则，关停不必要、不规范、不安全的网站。下级单位、内部服务单位一般不设置对外网站，如果必须设置对外网站，则需要审批，并将对外网站作为子网站设置在外网门户网站之下，统一进行安全防护、运维管理和应急保障。

（2）加强域名管理

对历史域名进行梳理和排查，做到在线应用系统全部可管可控、废弃域名及时清除。对于个别不在互联网网络安全日常管理范围内的域名，开展渗透测试和风险评估，并组织相关单位快速整改，择机进行清理整治。全面梳理各系统的后台管理页面，按照最小化原则重点控制访问入口。

3. 加强终端控制

终端接入点分散、数量大，是攻击者进行内网渗透的重要跳板。

防护方应加强终端管理，及时修补漏洞，部署统一管控措施。一是将所有终端策略汇聚至数据中心，按照终端的功能、用途、管理模式分组管理，由数据中心统一实施准入控制、访问控制、外发邮件防控等，杜绝非法外连和信息泄露问题。二是加强用户管理，将用户的创建、申请、修改、删除纳入统一管理，实现操作日志集中管控，对特权用户设备及账号的自动发现、申领和保管加强管理。

4. 清理老旧资产

攻击者通过人工浏览、快速扫描、资产测绘等方式，搜寻防护能力弱、重要程度高的系统。老旧系统容易成为网络攻击的重要跳板，如在老旧 OA 系统中往往会存储重要的部署方案，涉及内网拓扑、设备使用等。同时，如果资产管理松散无序、防护措施参差不齐，那么在攻击发生后将很难迅速定位。

清理老旧资产是收敛攻击面的有效措施。防护方应使用网络空间资产测绘工具，缩小内网渗透攻击面。一是梳理资产，落实属性，厘清责任，摸清硬件、软件、中间件及对外服务系统的情况，建立动态资产台账，掌握资产分布和归属情况。二是关停老旧系统、废弃系统，下线过期资产，清理无用账户。三是改变 IT 资产运维管理方式，由层层上报改为自动化获取，层层落实，由被动管理转变为主动监管，做好同步下线清理工作。

5. 加强 App 等移动应用的管理

随着移动互联网的迅速发展，App 等移动应用成为互联网的重要入口。App 流量的迅速增长，使 App 及其后端服务系统成为网络攻击的新入口和新目标。

防护单位应从版本控制、发布渠道、代码安全、进程安全等方面加强对 App 的管控。一是在客户端程序上线前对其进行签名，保证从官方渠道发布 App。二是在 App 启动和更新时进行真实性和完整性校验，防止程序被篡改或替换。三是给客户端程序增加加壳、混淆等措施，增强其抗逆向分析、抗反汇编等防护能力，以防范攻击者对客户端程序进行的调试、分析和篡改。四是客户端使用安全键盘，防止键盘被挂钩或窃听。五是为门户网站及其手机应用提供在线杀毒和安全检测工具，保证移动端和客户端环境的安全。

同时，应压缩 App 的数量。防护单位应根据移动业务需求，厘清现有 App 的状况，按照最小化原则，加强 App 及其后端服务系统的安全检测与防护。可将移动应用按部署方式分为内部部署和使用互联网企业服务两类。针对内部部署的移动应用，根据其服务对象设置统一的移动应用门户，实现入口和管理防护的统一。针对使用互联网企业服务且与内部系统有数据交互的移动应用，要控制开通数量，严禁将敏感数据传送给移动应用所属互联网企业。

9.3.2　重点防护

攻击者通过前期的信息搜集、漏洞利用、远程控制、搭建隐蔽通道等手段进入内网，目标直指核心资源，以获取最重要的数据信息。攻击者会根据内网的连通性漏洞采取横向漫游渗透和纵向深入渗透的方式，发现内网核心主机、数据库、网络设备、服务器等关键资源的位置，利用内网核心设备防护的脆弱性获得控制权限。

现有的安全防护体系多为大而全的，缺少对核心资产的精细防护，没有对高频破解、漏洞提权、上传木马、远程登录、跳板扫描等行为采取有效的防护措施，容易导致核心应用和数据受到攻击。因此，防护单位应加强对核心主机、数据库等核心资产的防护。

1. 核心主机精准防护

核心主机精准防护是在内网中保护核心资产的重要手段，也是由内向外防护策略的基本单元。主机精准防护策略通常能够取得比较好的效果，包括安装主机防护系统实现内核级主机加固，通过主机监控软件实现系统资源监控、漏洞发现、访问控制、攻击拦截等。

核心主机的精准防护方式主要有：摸清底数，包括核心主机的数量、基础信息、硬件配置、软件架构、网络拓扑等，避免在管理范围之外存在重要系统（此类系统不仅会泄露重要敏感信息，还会成为攻击者的跳板或潜伏据点）；部署核心主机防护手段，以避免攻击者通过其他内网安全短板进入核心主机，需要实现主机内核加固、文件保护、登录防护、防端口扫描、漏洞修复、资源监控、网络访问控制等功能；建立核心主机监管中心，落实威胁情报更新、管理配置应用等措施，以实时监控安全威胁，实现攻击统计和安全预警。

2. 数据库精细管控

数据库是网络安全防护的核心之一。防护单位应建立完善的数据全生命周期安全保障措施，确保数据采集与预处理、数据存储、数据应用、数据传输、数据销毁过程中的安全；应对数据进行分类分级，通过对数据资源、记录和字段进行分类分级访问控制，避免敏感信息扩散，杜绝数据滥用风险。在使用数据时要进行授权鉴权控制，数据访问权限可根据数据表、字段、字段值、字段关系四个维度的分类分级和授权配置确定，并可按角色分配。

攻击者针对数据库的主要攻击方式是SQL注入。防护单位应通过部署数据库防火墙，在数据库对象层次上设置安全防护策略，基于数据库表、字段、记录等SQL对象要素设置控制策略，并与数据库状态、操作行为等关键信息的监控识别工具联动，有效抵御网络攻击。

3. 网络精细化管控

防火墙、交换机、路由器、单点登录设备是网络流量交换和边界连通的中枢。对网络进行精细化管控，可以提高攻击者渗透内网的难度，延缓攻击进程，同时，提高触发报警的概率，为检测并发现攻击行为赢得时间。

在网络访问控制方面，通过防火墙或路由器对指定IP地址或网段进行白名单处理，或者对恶意IP地址进行封禁。在入侵检测方面，使用MPLS VPN、VPC、微隔离等技术将原本混杂的流量分成管理、业务、应用等区域，由IT运维人员或应用管理人员（而非安全管理人员）配置各区域的访问控制策略，由安全管理人员根据各区域中协议、流量的特点制定安全检测规则。在Web流量威胁监测方面，利用Web应用防火墙实现对被攻击目标主页的防御；通过内置多种防护策略，对SQL注入、XSS跨站、WebShell上传、后门隔离保护、命令注入、非法HTTP请求、常见Web服务器漏洞攻击、核心文件非授权访问、路径穿越、扫描防护等进行安全检测；通过域名DNS牵引流量，避免将服务器地址暴露给攻击者，以防止攻击者绕过Web应用防火墙直接进行攻击。

4. 邮件安全管控

邮件服务器是承载往来信息最丰富的服务器之一。员工通常会将企业邮箱视为安全的工作环境，同时将企业邮箱作为往来业务证据留存的重要场所。因此，企业邮箱中存储了大量项目设计、网络拓扑、账号/密码、关键技术资料、业务往来记录等重要敏感信息。邮件服务器是攻击者渗透内网的首要目标。攻击者破解邮箱密码后，可能从邮箱中获取关键服务器位置、IP 地址、VPN 账号/密码、内部服务器用户名/口令等。

可以在邮件服务器上采取的防护措施包括：在邮件系统前增加邮件安全网关、邮件动态异常检测沙箱等，从而及时发现钓鱼邮件、恶意邮件；升级邮件系统的认证方式，除传统的口令外，增加二次验证措施；梳理与邮件系统有关的系统，仅开通业务所需的端口和最小权限，设置严格的访问控制策略；通过管理手段，禁止通过邮箱发送和存储敏感文件，加密重要邮件，定期清理工作邮箱中的邮件等。

9.3.3　常态化监测感知

监测感知常态化是网络安全防护的重要目标。

1. 开展网络流量监测

流量监测是监测感知的基础，也是网络和系统管理人员的有效工具。流量监测通过捕捉网络中传输的数据包，查看载荷数据，进行协议流量分析与统计，以发现网络中的威胁或故障。网络流量分析包括从底层数据流到应用层数据流的分析。常用的网络流量分析方法有以下四种。

（1）基于网络探针的流量分析方法

数据抓包、分析、统计等功能一般都在网络探针（Probe）上以硬件方式实现。基于网络探针的流量分析方法可以对数据流在链路层、网络层、应用层的特性进行深入分析，具有效率高、可靠性强的特点。

（2）基于 SNMP 的流量分析方法

基于 SNMP 的流量分析方法，可以对网络设备端口的整体流量进行分析，获得设备端口的实时或历史流入/流出带宽、丢包、误包等性能指标，但无法分析具体的用户流量和协议内容。

（3）基于流的流量分析方法

基于流（Flow）的流量分析方法主要有 sFlow 和 NetFlow，其中主流技术是 NetFlow。NetFlow 既是交换技术，又是流量分析技术，还是计费技术。与 SNMP 相比，NetFlow 能够更清晰地洞察网络流量走向；与镜像技术相比，NetFlow 使用更少的存储空间，可以进行深度分析，如排查攻击者行为、统计公网流量使用量，甚至可以自动下发策略。

（4）基于实时抓包的流量分析方法

基于实时抓包的流量分析方法对从物理层到应用层的数据进行详细的分析，可以满足攻击监测、病毒监测、态势感知、行为追溯等安全需求。

针对全部网络流量的监测感知技术至少包含三个重要方面：一是全流量采集与保存，即对全部网络流量进行采集，实时提取其中的网元数据，在数据库中为其添加索引并存储，以实现快速检索与分析；二是全协议识别，即对从链路层到应用层的全部协议进行检测；三是全行为分析，即对原始网络流量数据进行分析，从中快速发现并定位异常行为。

2. 建设网络安全态势感知平台

依托大数据分析技术，建设网络安全态势感知平台，能够实现安全数据、网络数据、威胁情报数据的关联分析，精准发现设备、系统、威胁情报的内在关联，挖掘海量数据背后隐藏的网络安全事件，定位攻击源，溯源事件过程和攻击路径。

网络安全态势感知平台可以通过统一的告警和处置窗口，对海量的多源异构网络安全数据进行处理、解析和存储，支持快速检索和关联分析，实现安全事件发现和处置流程闭环管理，为网络安全防护工作提供整体支撑。

3. 共享威胁情报

威胁情报将网络安全防御思路从以漏洞为中心的方法进化成以威胁为中心的方法。利用威胁情报，组织机构可以针对未来可能出现的攻击行为提前构建免疫屏障，从而改变攻防态势。将威胁情报与防火墙和安全设备联动，可以实现对未知攻击的提前拦截。

威胁情报的收集、处理与建模工作主要采取以下策略：一是将安全设备收集的报警信息分为端口扫描、服务探测、攻击尝试、恶意代码等类型，这也是大多数攻击行为（包括APT攻击）的常见攻击顺序；二是基于对攻击行为时间序列的深入分析，为攻击行为预测和攻击溯源提供依据，如根据攻击行为的OWASP分类、CVE编号或木马执行顺序为检测到的攻击行为编码，以字符串序列的形式对每个攻击行为序列进行标识，将该序列放到威胁情报库中，使用相似度计算模型找出威胁情报库中与其相似度较高的攻击序列；三是攻击者为了躲避检测，一般会采取低速扫描、随机扫描的方式，因此，在具体分析攻击行为时，可以结合数理统计方法反推攻击者的攻击间隔分布，从而发现并提取潜在攻击特征；四是从攻击行为响应时间、攻击间隔/起止时间、顺序化的端口扫描列表、服务探测顺序、漏洞扫描顺序、恶意代码动作列表等维度，构建攻击特征数据库，形成威胁情报库。

威胁情报的来源主要包括四个方面：一是安全厂商提供的威胁情报；二是开源威胁情报；三是行业威胁情报；四是通过防护系统采集的威胁情报。利用这些威胁情报，可以从 IP 地址维度对威胁情报的内容、安全设备告警信息及日志进行模型碰撞，从而识别海量攻击行为中的高危行为，实现攻击预警和主动防御，同时为攻击行为的溯源、调查、分析、取证等工作提供支撑。

9.3.4　攻击检测阻断

从纵深防御体系的角度，可以在网络层、应用层、主机层分别部署攻击阻断设施，也可以采取云端与本地相结合的方式进行攻击检测和阻断，并结合威胁情报进行全方位联动，对纵向入侵、横向渗透等攻击环节进行阻断。

1．一点监控，全网阻断

通过威胁情报共享实现互联网侧攻击活动的自动阻断，其核心是与威胁情报中心实时联动。威胁情报中心收集由部署在不同地区和行业的探针设备回传的威胁数据，结合威胁情报机构提供的数据，进行多源数据融合与智能分析，实现当任一探针设备监测到网络攻击行为时，各地区、各行业部署的设备实时联动，统一进行拦截和封堵。

攻击阻断采用的实时威胁情报感知与阻断技术保证了业务运行的安全性，个性化的配置方式能够确保网络拓扑场景的适应性，因此，网络阻断可以在不同的场景中及时有效地进行安全防护。通过攻击威胁发现识别、威胁情报融合分析、攻击威胁实时阻断等能力，可以实现网络安全威胁的感知、研判、分析、预警。

第一，基于多个威胁情报源的数据预处理、融合、分析、利用能力，汇聚安全机构、安全厂商和威胁情报联盟提供的情报，发展形成威胁情报关联分析与挖掘洞察技术能力，实现多源情报的高效融合利用。

第二，基于大数据和人工智能技术的攻击威胁发现能力，充分利用深度学习、关联推理、聚类分析、综合研判等技术手段，提高针对网络安全威胁的分析研判能力。

第三，基于及时、精准、高效的攻击阻断能力，对攻击威胁进行“事前高效监测、事中融合分析、事后安全应急”的全生命周期管理，实现“一点监控，全网阻断”的效果。

2. 应用与主机堡垒锁

通过攻击模型，可以对攻击者的正面入侵过程进行研究和发现。攻击者对应用和主机的攻击过程：一是利用应用中的漏洞，将带有木马、后门或病毒的程序文件载荷上传到应用服务器中；二是远程访问、下载木马文件以释放攻击载荷，由攻击载荷执行具体的攻击操作，完成信息收集、内网扩展、代理转发、数据窃取等攻击任务；三是通过感染系统核心文件或者修改应用核心文件达到隐藏身份、维持访问权限、清理痕迹等攻击目的。因此，防护单位可以通过应用文件和系统文件监测、操作系统命令调用监测、系统和业务核心配置目录文件监测三个递进的步骤监测或阻断攻击行为，将复杂的主机防护功能汇集成“堡垒锁”功能，业务部门人员通过简单的“开锁”“关锁”动作即可完成安全运维与安全防护工作。

（1）应用和系统文件堡垒锁

主流的 Web 应用容器有 IIS、Apache、Tomcat、Nginx 等。防护单位应全面梳理应用容器默认支持的脚本类型、文件解析路径相关漏洞，收集能够利用容器解析漏洞、文件上传漏洞等上传的脚本，将其分成正常文件和恶意文件（包含容器解析漏洞的利用代码）两类，并根据容器类型细化分类；通过监测在服务器上生成的上述类型的文件，及时发现攻击者通过 Web 应用发起的攻击和入侵行为。

（2）操作系统命令堡垒锁

攻击者在入侵操作系统的初始阶段和维持阶段调用的系统程序和执行的系统命令（主要涉及 Windows 操作系统和 Linux 操作系统），涵盖系统信息收集、系统账号信息添加与修改、网络信息查看、下载文件、系统脚本执行及进程、注册表、定时任务等方面的操作。

防护单位通过监控程序和命令的运行情况，重点监控 Web 应用调用的系统程序或指令，能够发现大部分针对服务器的攻击行为。

（3）系统和业务核心配置目录文件堡垒锁

大多数攻击者进入内网后，为了维持权限和进行横向移动，会收集内部网络或系统的相关配置信息，利用系统自带的账号或权限进行横向移动，以达到隐藏的目的。

防护单位通过监控常见应用和数据库的配置文件及其路径，以及使用率较高的默认配置文件及其路径，可以实现对内部潜伏攻击者的监控。

3. 违规外连监测

为了提高重要信息系统的安全性，一些对安全要求较高的系统会采取物理隔离或逻辑隔离的方式，禁止内部网络与公共信息网络、互联网等外部网络直接连接，从而降低外部网络给内部网络造成的安全威胁。但是，在实际工作中，一些用户安全意识淡薄，无意间将部署了重要信息系统的内部网络非法外连，这种行为的实质就是为信息从内部向外界传输搭建秘密桥梁。如果将内部网络与外部网络直接连接，就会脱离系统网络边界安全防护措施的监控，给内部网络造成极大的安全威胁（极易引发黑客入侵类安全事件），也给某些蓄意窃取敏感数据的内部人员向互联网主机传送信息提供了极大的便利。随着信息技术的发展，非法外连介质也在变化，基于 4G/5G 智能手机、便携式 WiFi 等方式外连互联网，使非法外连愈加方便、快捷。尽管传统的客户端准入控制等安全产品是防止网络边界遭受破坏的重要技术手段，但其实际保护效果不尽人意。

违规外连监测可以实时对内网与互联网、不同内网之间物理隔离网络边界的完整性进行检查，有效发现因内部人员违规外连导致的网络边界被突破等问题，从而减少外部攻击渗透入口的数量，避免内部重要数据信息外泄。通过基于网络流量的旁路部署方式进行违规外连监测，可以有效弥补现有违规外连监测产品存在的部署容易被遗漏、用户恶意卸载、占用主机资源、兼容性不足等问题，以及时、准确、用户无感知的方式完成部署和监测。

可以采用下列技术手段确保违规外连监测的业务连续性、准确性、多样性。

- 在进行违规外连监测的同时，主机发出的原始请求会正常到达内网服务器。无论违规外连监测报文能否收到应答，内网服务器都可以正常回应，不会影响业务功能。
- 收到违规外连记录后，进行公网 IP 地址映射，提供公网 IP 地址所属地区信息。
- 当用户通过 VPN 接入内网并访问内网 Web 服务器时，系统发现 Web 访问流量，触发违规外连监测，客户端在访问内网资源之后访问互联网的过程会被自动判定为违规外连行为。
- 实时检测计算机及网络设备中是否存在既连接内网又连接互联网的“一机两用”行为。
- 采用基于流量的 UEBA 违规外连监测技术，可以在用户无感知的前提下进行实时监控并主动探查外连行为，及时将相关情况通知网络管理员，从而确保内网信息安全可控。

9.3.5 威胁情报收集

网络空间安全形势复杂，攻击手段不断更新，特别是高级持续性威胁的出现，给网络安全防护带来了更为严峻的挑战。传统的网络安全措施只能获取一部分攻击信息，无法构建完整的攻击链。基于威胁情报的网络空间态势分析能够全天候、全方位获取网络安全攻击信息，为网络攻击检测防护、威胁信息共享、攻击联动处置提供支撑。

威胁情报收集以威胁情报为核心，通过多维度、全方位的情报感知，以安全合作、协同处理为具体表现的情报共享，以及对情报信息的深度挖掘与分析，帮助网络安全管理人员及时了解安全态势、合理预判威胁动向，从而将“被动防御”转变为“主动防御”，提高网络安全应急响应能力。如果了解漏洞信息是“知己”，那么掌握安全威胁就是“知彼”。

威胁情报收集本质上是攻击方和防守方的赛跑，覆盖率、时效性、准确性是评价威胁情报质量的三个指标。威胁情报相关产品必须有高质量的数据源作为支撑，数据源要有高覆盖率，以及一手的、实时的、海量的、精准的生产机制和误报消除机制。

1. 威胁情报分类

围绕关键信息基础设施安全保护业务需求，威胁情报可以分为三类。

（1）“敌在攻我”类情报

“敌在攻我”类情报是指黑客正面对我方网络信息系统发起漏洞攻击、暴力破解、数据窃取等攻击时使用的 IP 地址、攻击跳板、网络武器等情报。

（2）“敌在控我”类情报

“敌在控我”类情报是指黑客攻陷我方网络信息系统后，因其在被控设备中植入木马后门而产生的恶意文件、回连 IP 地址/域名等情报。

（3）“溯源画像”类情报

“溯源画像”类情报是指通过对攻击 IP 地址进行分析溯源、对攻击线索开展数据挖掘、对攻击武器进行逆向分析、对攻击组织进行关联拓线等方式刻画的攻击者的详细信息。

基于实时准确的威胁情报，识别“敌在攻我”类攻击行为并进行阻断，监测“敌在控我”类入侵事件并进行处置，对攻击源进行溯源画像，可以全面掌握网络攻击威胁活动，刻画、定位攻击源，精准有效地防范网络威胁并打击网络违法活动。

2. 威胁情报处理与应用

为了提升威胁情报的准确性和时效性，需要采用大数据分析的方法处理威胁情报，采集网络流量数据和各类威胁情报数据，经过清洗、去重、标准化等预处理工作，按照统一的标签和威胁类型进行存储；利用分类、聚类、关联分析等数据挖掘算法，结合多维度的数理统计方法，对判定的恶意行为数据进行数据分析挖掘，以确定攻击工具、攻击方式、攻击路径、攻击影响面等，并对攻击者进行画像，寻找被攻击的原因，生成威胁知识；利用神经网络等人工智能算法，对威胁知识进行智能化分析预测，给出具有指导性、可行性、预判性的安全防护策略，并更新威胁情报库。

通过威胁情报库的构建过程可以看出，对于网络中隐藏的未知威胁，可以根据威胁情报提供的用户画像、攻击趋势预测、指导性决策指标，有效地进行分析判断和阻断预警，实现事前防御的安全防护效果，加强纵深防御的力度，为未来复杂网络的安全防护提供强有力的支撑。

3. 威胁情报持续运营

随着网络攻击态势的变化，攻击方式、攻击组织、攻击设施时刻都在演变，昨天还是高危的威胁情报今天可能已经失效，原本毫无威胁的 IT 设施可能突然成为攻击的来源和跳板。

威胁情报持续运营是提升威胁情报准确率、降低误报率和漏报率的主要途径。威胁情报运营平台需要具备强大的威胁分析研判能力，能够提供威胁情报鉴定、人工运营分析等功能，并能够通过对象研判处理、元数据提取、状态变更、威胁情报标定、运营判断等处置流程，对样本和威胁情报的特征等进行全生命周期管理和持续动态运营。与此同时，为保证威胁情报的准确率，所有在生产环境中形成的攻击指标（IoC）类威胁情报必须经人工审核才能投入使用。威胁情报驱动的威胁情报持续运营是一个运行闭环，需要将威胁情报从生产、应用到运行的整个过程“嵌入”组织机构内部的信息化和业务流程，建立威胁情报生产和消费能力，挖掘潜在和未知的网络威胁，及时有效地弥补防御弱点，让威胁情报发挥应有的价值。

9.3.6 攻击诱捕

攻击诱捕通过布置一些作为诱饵的主机、网络服务或信息，诱导攻击者对它们实施攻击，以延缓攻击进程，让防护方能够对攻击行为进行捕获和溯源分析，了解攻击者所使用的工具与方法，推测攻击者的意图和动机，从而了解其所面临的安全威胁，并通过技术和管理手段增强重要系统的安全防护能力。

攻击诱捕技术能够弥补监测预警能力的不足，实现主动的迷惑、伪装、混淆、诱骗、引导等防御目标，提升整体安全防护能力。迷惑是指通过设置不同的真假信息，让攻击者无法分辨真实的资产和有价值的信息。伪装是指将虚假的资产展示给攻击者，并让其相信这是一个真实的系统，以应对攻击者在信息搜集阶段发起的攻击行为。混淆是指将真实的资产混在大量虚假的资产中，通过噪音信号模糊攻击者的视线，以应对攻击者进入内网后的横向渗透攻击行为。诱骗是指针对攻击者的信息搜集偏好（如资产信息、凭证、源代码等），在互联网侧及内网中散布包含诱饵信息的代码、文档、邮件、RDP 记录，诱导攻击者并感知攻击者的信息收集过程。引导是指将攻击诱捕设备与现有安全产品联动，将攻击流量转发到蜜罐或蜜网中。

1. 蜜罐部署策略

用于实现攻击诱捕的设备和系统称为蜜罐。由蜜罐组成的网络集群称为蜜网。蜜罐的部署策略主要有三种。

（1）用高交互蜜罐对抗人工操作，用低交互蜜罐对抗自动化工具

将高交互蜜罐统一部署在数据中心内，形成高交互蜜罐集群，根据攻击者的操作，按需启动不同操作系统的高交互蜜罐。将低交互蜜罐分散部署到网络的接入层，根据所在网段周边环境，只开放少量高危端口，抢先吸引攻击方自动化工具的“火力”，如端口扫描、口令爆破等。当低交互蜜罐检测到攻击者有进一步进行人工操作的意图时，利用内网 VPN 打通低交互蜜罐与高交互蜜罐集群的临时加密通道，通过 Rinetd 等端口转发工具将低交互蜜罐的网络连接转发给高交互蜜罐集群，实现两种蜜罐的分场景部署和融合。

（2）用硬件蜜罐实现网络覆盖，用虚拟蜜罐融入业务系统

硬件蜜罐具有部署和运维简单的特性，所以，可将其用于对一个或多个相邻网段的覆盖。针对硬件蜜罐无法融入私有云的问题，可以将蜜罐打包成虚拟机模板，由私有云管理平台进行调度，为各信息系统的内部网段配套派生虚拟机实例，实现业务侧无感的诱捕能力内置。

（3）用商业化蜜罐进行重点防护，用自研蜜罐提升网络覆盖率

将商业化蜜罐产品部署在互联网出口和核心系统等关键位置，发挥其在威胁情报获取和攻击反制方面的优势，以支持溯源和取证。同时，为避免使用单一品牌产品可能引入零日漏洞的风险，可以部署多个厂商的商业化蜜罐产品并将其分散放置在不同的网络位置。针对特殊业务场景，可以对开源蜜罐进行二次开发，构建仿真度更高的虚假业务数据和诱饵数据，提高网络空间的覆盖率、提升诱捕的成功率。

2. 蜜罐部署位置

防守方应转换视角，根据攻击者的攻击思路和攻击步骤部署蜜罐。

在信息收集阶段，攻击者会收集目标的资产信息（如绘制资产地图，通过子域名爆破、第三方网站搜索等方式获取目标的资产信息）。在确定突破口阶段，攻击者会确认渗透的突破口（存在漏洞的容器、框架、服务，以及不合理的权限和系统设置等，都可能被利用，成为攻击者的精准打击对象），甚至会使用零日漏洞寻求快速突破。利用漏洞进入内网后，攻击者会继续收集信息，寻找资产的短板，进行横向渗透或提权操作，以期获得更高的权限和更敏感的数据。

以上三个阶段是攻击者最容易暴露的阶段，在相应的位置部署蜜罐系统，可以大幅提升攻击者进入“陷阱”的可能性，如果能及时联动其他安全设备，还能快速发现威胁、处置威胁并留存攻击痕迹。因此，蜜罐的部署位置需要根据攻击阶段来确定。在信息收集阶段和确定突破口阶段，重点在外网散布互联网信息诱饵和反制诱饵；当攻击者利用漏洞突破网络边界，进入内网后，重点部署以感知为主的内网诱饵，并将捕获的信息实时反馈至内网管理平台。

3. 蜜罐部署示例

给出蜜罐部署的一个示例：攻击者在收集信息时，通过 GitHub 诱饵发现 Weblogic 蜜罐，利用 Weblogic WLS 组件命令执行漏洞（CVE-2017-10271）获取 Weblogic 的权限；通过 Hostname 诱饵发现 Windows Server 2008 操作系统，利用永恒之蓝漏洞（MS17-010）获取 Windows Server 2008 的权限；通过 Word 办公诱饵发现 Windows 7 操作系统，利用永恒之蓝漏洞获取 Windows 7 的权限；在 Windows 7 操作系统中通过 Host 映射诱饵发现域控；使用 Mimikatz 抓取域控密码并登录域控。

对于类似总部—下属机构的组织结构，各部分网络环境差异较大，统一网络监控部署

成本高、时间长，且存在一定的监测盲区。为解决这些问题，管理中心可以在下属机构互联网业务系统的Web路径和服务器中放置虚假的标题或内容，以及含有定制的敏感信息的Excel、PDF、Word等“诱饵”办公文件（通过宏在此类办公文件中布置连接脚本）。当攻击者扫描系统中的特定路径或者攻破下属机构的服务器进行信息收集时，就会发现管理中心部署的具备强吸引力的“诱饵”；当攻击者打开此类文件时，管理中心即可收到告警。

9.3.7 对抗反制

网络安全防护是一项持久性的工作，也是一项需要统筹策划、各部门密切协作配合的系统性、综合性工程，涉及规划、措施、资源、技术等多个方面。

第一，网络攻防对抗要做到知己知彼。防守者要对攻击者的攻击手段、攻击方法、攻击渠道、攻击武器、攻击策略有所了解，同时要清楚自身的网络布局和资产情况、熟悉已有的防护设备和工具，这样才能有针对性地制定策略、调整网络配置和防守的方式方法。

第二，网络攻防对抗，既是技术对抗，也是心理对抗。防守者梳理自身资产情况及网络配置后，需要从内到外、从核心到边界，提高各级人员的安全意识，落实安全责任，减小被攻击者发现漏洞的风险，降低攻击者渗透的成功率。除了采用技术手段，防守者还需要运用社会工程学、心理学等技巧，持续调整应对策略，逐步实现动态防御。

第三，网络攻防对抗是“魔高一尺、道高一丈”的演变过程。随着新技术的逐步应用和防护措施的升级，攻击者也会不断变换技术手段。例如，针对物联网终端、区块链系统、云计算平台、大数据系统等，除传统攻击手段外，攻击者还可能采用人工智能、大数据情报分析等技术进行渗透。

1. 联动处置

对抗网络攻击，需要多监测点联动，深入分析定位攻击属性。

针对持续的、有组织的网络攻击，需要重要行业部门与公安机关联动处置，业务系统被攻击后第一时间开展现场应急处置、追踪溯源、侦查调查。如果发现被控机器被植入木马，应清除木马并恢复系统运行。通过对从现场提取的日志和木马样本进行分析，进一步溯源内网攻击入口，锁定攻击源，随即切断内外网连接，深入开展调查取证。同时，行业总部应及时协调资源、通报情况，形成上下联动、紧密配合、数据共享、情报互通、联防联控、共同御“敌”的工作格局，及时对疑似网络安全事件进行协同处置并上报公安部门，有力提升网络安全防护能力和效率。

2. 零日漏洞监测

零日漏洞无法被基于规则的安全设备发现，是防守方最大的痛点之一。不过，防守方可以针对零日漏洞采取一些防御策略，降低其攻击成功的概率。

（1）开展关键应用伪装

针对零日漏洞频出的应用系统，可以通过隐藏或伪装设备指纹等方式降低被攻击者发现的概率。例如，伪装常用的中间件服务，更改 HTTP 协议头的 server 字段，将 Weblogic 中间件的默认指纹改为“IIS6.0”，诱导攻击者将 Linux 主机识别为 Windows 主机；修改 Weblogic 中间件的配置文件，将移动通信 App 的 Web 服务页面的返回信息配置成“错误”，以混淆攻击者的视线；伪装设备指纹，修改邮件网关配置文件，将邮件系统指纹配置成“MoreSec Honenypot”，诱导攻击者将邮件系统当作蜜罐系统，转移攻击者的注意力。

（2）对边界防护设备进行异构化部署

互联网边界安全设备是零日攻击的重灾区。为了降低被突破的风险，可以部署双层异构 VPN 设备和防火墙。如果在同一网络链路上串行部署两种品牌的设备，攻击者就需要同时掌握两种品牌设备的漏洞，这会大幅增加攻击者的攻击成本。同时，可以在内外层 VPN 系统网络区域之间部署大量仿真蜜罐，以增加蜜罐的可信度。

（3）严控应用出网访问

部分零日漏洞的利用条件是受害主机具备互联网出向访问权限，如 Java-RMI 类漏洞需要受害主机反向连接 RMI 服务器。针对行业系统的互联网出口，可以通过配置防火墙双向白名单的方式，严格控制互联网应用出网访问请求，切断部分零日漏洞的反向连接路径，阻断协议（包括但不限于 TCP、UDP、DNS、ICMP）。这样，即使存在零日漏洞，攻击者也无法成功利用。

（4）强化主机安全防护

部分零日漏洞被成功利用后，需要主机读写文件权限才能执行命令。在互联网边界部署主机入侵防护系统的目的：一是监控非白名单地址的运维操作和敏感操作，以及时发现执行异常命令的行为，监控目标包括 whoami、id、cat /etc/passwd 等攻击者常用的命令；二是监控服务器敏感配置文件的读取，如 passwd 文件、shadow 文件、*.conf 文件；三是禁止向 Web 目录写脚本文件，以防止 WebShell 后门落地执行。

(5)紧盯零日漏洞利用痕迹

聚焦攻击者成功入侵后的行为比关注零日漏洞的入口更有价值。防护方应通过层层安全检查提升漏洞检出率。

一是加强敏感文件和目录监控。在主机层面，部署主机入侵检测系统，重点监控对敏感文件或目录的读取行为，一旦发现读取操作，立即报警排查。在流量层面，充分利用零日漏洞的返回流量难以加密的特征，加强对返回流量的监控，使用流量监测设备匹配敏感文件的内容，提高发现零日漏洞的概率。

二是加强敏感命令执行监控。在主机层面，用主机入侵检测系统替换操作系统的 Bash 程序，形成命令执行钩子，监控敏感命令执行操作。在流量层面，使用流量监测设备匹配敏感命令执行结果，提高发现攻击行为的概率。

3. 溯源反制

在网络攻防过程中，溯源反制能够对攻击者形成有效的震慑。溯源反制有三个策略：一是选准对手，由于投入的时间、人力、技术资源有限，可优先选择反侦察意识相对薄弱的攻击者进行溯源反制；二是交叉验证，线索交叉的回路越多，溯源的可信度就越高；三是拓线深挖，利用溯源过程中发现的信息进行扩线，深挖攻击者留下的蛛丝马迹。防护方可以在溯源反制中将这些策略拆解成可执行的动作，包括线索筛选、初步画像、深度画像、交叉验证四个阶段。

(1)线索筛选阶段

线索筛选阶段的目标是筛选线索，为溯源反制提供有效的输入。线索筛选的主要方法为“大网细筛”，即基于全量安全防护发现的海量攻击数据，通过自定义规则对数据进行分析筛选，形成每天不超过十条溯源线索(包括 IP 地址及相应的域名、C2 地址、样本、攻击者指纹等)。筛选规则主要包括排除纯扫描类攻击、诈骗邮件攻击、挖矿蠕虫程序等大量无效线索，优先选择蜜罐存留指纹、木马邮件、客户端异常行为、纵向关联(同一攻击源)、横向关联(同一攻击特征)等线索。

(2)初步画像阶段

初步画像阶段的目标是深入分析筛选出来的线索，初步摸清攻击特征与攻击者属性，主要包括四个方面的工作。

一是分析恶意样本，初步确定攻击者属性。利用沙箱平台进行样本分析，自动提取程序行为、PDB 路径、外连地址等信息，重点关注设计精巧、高度混淆的恶意样本，使用同源性算法或聚类算法来比对样本代码的行为和结构特征，判断其是否出自同一组织。

二是分析钓鱼邮件，判断钓鱼服务器的归属。先提取钓鱼链接和 C2 地址。对于把钓鱼页面写在邮件正文中并通过表单提交到后台的，审查其页面源码提取地址；对于通过短链接服务进行二次跳转的，手动访问以获得其真实地址。再判断钓鱼服务器的归属，包括 VPS、傀儡机、即时通信软件，以及是否使用了 CND 技术、域前置、云函数等用于隐藏 C2 地址的方法。

三是分析攻击域名和 URL，判断攻击者属性。通过提取域名和 URL 特征，利用内外部历史数据进行比对，初步判断攻击者是 APT 组织还是黑产人员。

四是分析客户端异常行为，锁定攻击者使用的移动设备。可以从客户端 App 的业务流量数据中找出高风险行为的线索。如果有客户端设备存在根证书异常、使用 root 权限、越狱或安装框架软件等情况，则通过回顾、比对该设备的历史行为来确定其是否被攻击者使用，进而提取攻击者的身份信息和设备指纹。

（3）深度画像阶段

深度画像阶段的目标是完成对攻击者的深度画像，主要通过反制获取跳板机和真实攻击服务器的控制权，关联攻击者的真实信息，具体包括两个阶段。

一是反制阶段。全面发现并利用攻击服务器的漏洞，主要包括威胁情报查询、目录扫描、特定 CMS 漏洞扫描利用、SQLMap 漏洞扫描利用、Python 数据管理系统漏洞利用、phpStudy 后门漏洞利用、phpMyAdmin 慢日志查询、XSS 攻击、3389 漏洞利用、反控攻击工具等。另外，通过蜜罐实施反制也是漏洞利用的有效补充。

二是反制后的控守阶段。成功反制后，在实现对攻击服务器持久化控制的基础上，深挖服务器中留存的攻击者个人信息，实现对攻击者的深度画像，具体包括查看登录日志、操作指令、进程、攻击者账号和口令、攻击工具、攻击记录等。其中，攻击工具中留存的攻击者账号信息尤为重要，可为后续的交叉验证提供有力支撑。

（4）交叉验证阶段

交叉验证阶段的目标是对初步画像阶段、深度画像阶段发现的攻击者信息进行拓线，形成交叉验证，锁定攻击者的属性和身份。鉴于单点线索可信度不高这一事实（ID、样本特征、证书等信息均可伪造），需要严格执行交叉验证策略，在对多条独立证据链进行汇聚验证后方可采信。该阶段采用的主要方法是根据反制过程中发现的线索进行拓展和验证，如对攻击服务器上留存的攻击工具进行逆向分析，以发现攻击者的邮箱账号和口令，结合攻击者登录中转服务器的地址和时间等信息，实现对攻击者的精准画像。

高精度 IP 地址地理定位和反向社工也是较好的补充手段。前者结合街景地图及三角定位法实现攻击者真实地址的楼宇级锁定；后者通过各种手段反向欺骗攻击者，从而主动获取有价值的信息。

9.3.8 纵深防御

攻击者通过前期的信息搜集、漏洞利用、远程控制、搭建隐蔽通道进入内网，往往会直指高价值目标，或者希望持续扩大攻击成果。需要在重要行业的专网边界采取统一的管控措施，以抵御攻击者进入内部网络。同时，采取专网内部域间隔离和域内防护措施，防止攻击者在内网漫游。为了应对攻击者的深入渗透，重要行业部门应构建递进的纵深防御体系，统一规划，层层设防，以避免攻击者顺利进行横向和纵向渗透。

1. 网络分区

以行业视角，可以从业务和功能特性、安全特性要求、现有网络或物理地域状况等维度，将网络划分成不同的安全域。一个安全域内的网络有相同的安全保护需求，相互信任，并使用具有相同安全访问控制策略和边界控制策略的子网或网络，共享安全策略。安全域可以根据更细粒度的防护策略划分成不同的安全子域，其关键是区分防护重点，形成针对重要资源的重点保护策略。

构筑纵深防御体系，形成纵横条块的网络区域和边界，实现内网接入区、工作区、核心区、生产区的严格隔离。在分区分域构建防护体系时，可以采取网络结构化原则，确保按照网络结构化、安全防护层级化的要求，将物理网络和虚拟网络划分为结构统一、边界清晰的安全域，通过合理应用技术策略实现网络结构的整体一致性。

2. 域间隔离

根据系统功能和访问控制关系，采用防火墙、VLAN、微隔离等技术对网络进行分区分域。每个区域都有独立的隔离控制手段和访问控制策略。通过分区分域，可以明晰网络架构、缩小攻击暴露面、延缓攻击进程，为监测发现入侵行为赢得时间。要清晰合理地划分安全域，使网络中的核心业务系统与非核心业务系统区域明晰，厘清网络边界，明确管理边界及责任。要对访问权限进行最小化整合，梳理并明确对外互联边界和对内互联边界，尽量减少网络边界互联点。

在实现网络分域时，应遵循以下原则：一是数据与应用分离，在不改变资源池系统存储网络结构的情况下，通过逻辑分离的方法实现核心域数据和接入域数据的逻辑分离存储和管理；二是遵循应用服务和系统功能相似性原则，即安全域的划分要以信息系统提供的应用服务的统一为基本原则（这有利于数据的高效交互）。

3. 纵向防护

从区域边界到通信网络、再到计算环境，从网络接入区域到核心安全区域，在网络安全防护纵深采用认证、加密、访问控制等技术措施，可以实现数据的远距离安全传输及纵向边界的安全防护。在生产区与广域网的纵向连接处，应设置经国家指定部门检测认证的专用纵向加密认证装置或加密认证网关，以实现双向身份认证、数据加密、访问控制和审计。

4. 全局监测

在对专网网络分区分域的同时，要建立统一的平台，对策略进行集中管理；在不同区域边界和区域内部署安全防护设备，采集防护日志，建立安全分析模型。防御措施应覆盖包括网络层、主机层、应用层、业务逻辑层在内的全部技术架构，以及包括接入区（边界）、工作区、核心区、生产区在内的全部渗透路径，并完善应用层防护措施，及时对账户登录日志进行审计，有效发现并处置账户暴力破解攻击，防止攻击者通过内网渗透核心系统、进行横向攻击，将由入侵造成的损失控制在一定范围内。

5. 物联网安全防护

物联网是在互联网的基础上延伸和扩展而来的，能够将各种信息传感设备与网络结合起来，组成的一个巨大的网络，实现任何时间、任何地点的人、机、物互联互通。物联网设备往往是人直接接触的部件。物联网安全是“最后一公里”的安全。物联网安全防护可从以下方面进行。

（1）引入网络节点身份认证机制

在物联网通信网络中引入身份认证机制，利用关键网络节点对边缘感知节点的身份进行认证，以防止和杜绝虚假节点接入网络，确保通信网络节点安全。

（2）强化终端数据完整性保护

在物联网终端和通信网络之间建立安全通道，形成信息传输可靠性保障机制，防止数据泄露及通信内容被窃听或篡改。

（3）加强数据传输安全

在杜绝明文传输的基础上，通过数据过滤、认证等技术，结合设备指纹、时间戳、数据完整性等多维度校验，最大程度保证数据传输的安全性。

（4）实现通信网络安全态势感知

由于物联网终端数量庞大、性能受限，无法部署传统的防火墙、杀毒软件等安全防护机制，而运营商拥有骨干网流量，具备对物联网设备进行监控的先天优势，因此，运营商可以通过网络空间搜索引擎进行公网物联网设备的主动识别，并通过流量特征进行局域网物联网设备的被动检测。在了解网络中连接的物联网设备后，可以对这些设备的流量进行监测和分析，为后续的物联网安全风险治理奠定基础。

6. 抵御社工钓鱼攻击

社会工程学（Social Engineering，也译作“社交工程学”，简称“社工”）在20世纪60年代作为正式的学科出现。广义社会工程学的定义是，建立理论并通过利用自然的、社会的和制度上的途径逐步解决各种复杂的社会问题。经过多年的发展，社会工程学产生了分支学科，如公安社会工程学和网络社会工程学。

利用社会工程学开展钓鱼攻击是APT攻击常用的手段，也是被动攻击的主要方式。可以通过以下措施抵御社工钓鱼攻击。

（1）“收不到”钓鱼邮件

在钓鱼邮件的攻击准备阶段，攻击者搜集用户信息、获取邮箱账号，并以近期企业内外部热点事件为主题组织话术，制作钓鱼邮件文本。为此，攻击者会通过互联网文库检索、枚举尝试、字典攻击、爆破撞库、邮箱漏洞利用等手段，尽可能多地搜集邮箱用户信息，通过社工或新闻检索掌握近期企业内外部热点事件。

钓鱼邮件防护的第一道防线是通过“加固接口+强化认证+沙箱过滤”方案达到“收不到”钓鱼邮件的效果。一是对邮箱系统暴露在外网的所有接口，尤其是能够枚举邮箱用户名的接口，进行安全测试和加固，使攻击者无法通过邮件系统自身的漏洞大量获取邮箱用户信息。二是强化邮件系统用户认证，对网页登录采用双因素认证，对无法采用双因素认证的 SMTP、POP3、IMAP 客户端邮件协议采用 IP 地址白名单进行访问控制，并根据登录 IP 地址、类型、账号等多个维度的组合条件判别异常登录行为，使攻击者无法采用字典攻击、爆破、撞库等方式获取邮箱账号。三是在 DMZ 前置部署邮件安全网关和沙箱，通过 SPF 验证、嵌入式 URL 分析、可执行文件拦截、自定义主题拦截、文件漏洞检测、智能文件解密等安全规则，拦截和阻断大部分特征明显的钓鱼邮件，使大部分钓鱼邮件无法到达用户邮箱。

（2）“点不开”钓鱼邮件

在钓鱼邮件的攻击实施阶段，攻击者采用多发件人分批发送、恶意附件免杀处理、附件加密、获取内部邮箱账号发送、CDN 和域前置技术隐藏 C2 地址等手段，达到绕过安全网关和沙箱检测的目的，通过图片、二维码对恶意链接进行伪装，达到诱骗目标用户点击的目的。一旦目标用户运行了恶意文件，在与远程控制端建立稳定的连接后，攻击者就能控制用户终端了。

钓鱼邮件防护的第二道防线是通过“内外网强隔离+终端外连监测”方案达到“点不开”钓鱼邮件的效果。一是实施内外网强逻辑隔离，即员工内网终端统一通过应用虚拟化方案访问互联网。由于所有互联网访问必须通过应用虚拟化发布的浏览器实现，所以，这将使终端无法与互联网直接通信，用户无法直接打开邮件中的恶意链接，即使用户运行了恶意文件，也无法建立远程控制通道，使第一道防线的“漏网之鱼”无功而返。二是通过违规外连监测设备，实时、主动地向终端发送探测包以探测外连行为，配合终端双网卡检测，及时发现并阻断终端通过双网卡、修改路由、私建热点等方式违规打通内外网连接的情况，切断攻击者通过终端违规外连行为建立的远程控制通道。

（3）“能发现”钓鱼邮件

在钓鱼邮件的攻击持续阶段，攻击者通过钓鱼邮件控制用户终端，采用绑定木马、建立账号、建立定时任务等方式维持权限，并利用受害终端进行内网横向探测。

钓鱼邮件防护的第三道防线是通过“安全态势感知+端点安全检测+内网分区隔离”方案达到“能发现”失陷终端的效果。一是通过部署品牌异构的安全态势感知系统，发现高危端口扫描、口令爆破、命令执行、SQL 注入、常见组件漏洞利用、常用黑客工具行为、异常 DNS 请求、异常反向连接请求等高风险访问动作，并结合威胁情报自动判别内网渗透行为。二是通过端点安全检测与响应，对终端开展进程注入审计、DNS 信息采集、敏感命令执行检测、启动项和定时任务创建检测、未知文件 IoC 特征匹配，以及时发现终端异常行为。三是通过部署在内网区域边界具备 IPS 和 WAF 功能的防火墙，实现边界逻辑隔离和安全防护，开启防火墙与安全态势感知的实时联动策略，及时发现并阻断内网渗透行为。即使钓鱼邮件绕过或突破了前两道防线，防护方也能通过第三道防线及时发现横向渗透的攻击尝试行为。

7. 云平台安全防护

云平台网络架构分为租户环境使用的业务平面、云平台公共服务组件使用的公共服务平面、云平台管理者使用的管理平面，采用分级分域安全原则构建数据分离的底层架构。

（1）业务平面与管理平面分离

采用管理防火墙实施强逻辑隔离和访问控制，配套使用专用运维计算机进行运维，将租户使用的业务平面与公共服务组件使用的管理平面分离。

（2）互联网应用与内网应用分离

在内外网边界部署访问控制设备进行强逻辑隔离，实现互联网应用与内网应用分离。另外，针对云平台内提供互联网服务的业务系统，需要配套部署云安全防护措施。

（3）租户与租户分离

通过云管理平台，对不同租户的所有访问和查询动作所对应的 API 进行自动化编排和分类，并添加类型标签，供云管理平台进行后续分析。对于不同类型的业务流量，可以通过多重安全防护组件（安全资源池）进行从网络层到应用层的区域隔离划分，形成多级隔离、分区控制，实现租户与租户分离。

（4）核心专用业务与普通生产业务分离

对业务平面与公共服务平面进行逻辑隔离，划分 VPC 以分别承载核心专用业务和普通生产业务，实现核心专用业务与普通生产业务分离。

（5）系统数据与业务应用分离

将系统数据和业务应用部署在不同区域，通过最小化白名单原则限制数据通信的访问来源，实现系统数据与业务应用分离。

（6）系统管理与前端业务分离

将云平台内的业务系统管理后台纳入云堡垒机进行管控，将 IP 地址绑定对应到人并提供接入服务，实现系统管理与前端业务分离。

（7）主机与主机分离

通过部署主机代理的方式，搭建主机安全管控平台，对访问策略进行统一管控，在不同时期使用不同等级的安全策略，实现主机与主机分离。

（8）非结构化数据与结构化数据分离

通过独立部署信息数据安全岛，实现云平台运维用户个人数据的统一集约化管理与存储，实现非结构化数据与结构化数据分离。

9.3.9　攻防演练

网络安全的本质在于对抗，对抗的本质在于攻防两端能力的较量。通过攻防实战对抗，能够有效评估和提升关键信息基础设施的网络安全防护能力。防护方需要研究、适应攻击者不断变化的攻击谋略、技术路线和攻击方法。以攻促防是最有效的防御策略之一。

（1）红蓝对抗常态化

众多防护单位会在演练前开展内部预演。一些防护单位需要开展常态化内部红蓝对抗演练，在保证安全的前提下从攻击者视角对系统进行安全测试，从而主动发现问题，提升网络安全防护和应急响应能力。

（2）专注攻击技术研究，实现持续进步

防护单位可以在加强防护的基础上，深入收集、研究攻击者常用的工具和方法，通过对知名黑客组织公布的攻击工具集、渗透测试软件集成环境、系统攻击工具集的研究，持续自主开发丰富的攻防“武器库”。

防护单位还要在确保安全的前提下，通过在真实的网络环境中进行“背靠背”的攻防对抗，发现信息系统存在的突出问题和深层漏洞隐患，检验内部网络安全监测发现能力、安全防护能力和应急处置能力，检验安全管理部门和安全服务部门之间的快速协同和应急处置能力。通过演练，全面检验下属单位已经建立的安全防护措施是否有效，检验已有安全防护管理流程是否符合实战要求，检验并提高现有网络安全队伍的监测预警和应急处置能力，提升下属单位有效应对有组织大规模网络攻击的能力，确保关键信息基础设施和重要信息系统安全稳定运行。

9.4 小结

网络安全技术对抗随着新技术新应用和新业态的不断出现而发展。攻击者不断研究新型技术，开发新型攻击手段和自动化、智能化的攻击工具；防守方必须逐步提高处置效率，强化联防联控，提高安全运营水平，实现在对抗中演进、在对抗中提高的目标。

第 10 章 网络安全挂图作战

实施网络安全挂图作战，必须从网络安全保护业务的实际需求出发，依托平台基础设施，通过面向分类业务的图层映射、要素提取与场景绘图，构建概览图、分级下钻图、解释图（涵盖流程图、关系图、逻辑图和各级地图），以丰富的图形展现网络安全保护平台信息数据，赋予作战“指挥官”判断、决策、指挥能力，支撑网络安全保护工作中等级保护、关键信息基础设施安全保护、安全监测、通报预警、应急处置、技术对抗、安全检查、威胁情报、追踪溯源、侦查打击、指挥调度等业务的开展。

10.1 挂图作战总体设计

网络安全的重要性日益凸显，网络安全保护由辅助支撑工作逐渐发展成中央行业部门、中央企业的一项重要战略任务。因为攻防双方实际存在，且随着事态演进不断争夺资源、发动攻击或防守反制，所以，网络安全保护在某种意义上带有作战的意味。和其他领域的战争需要地图来指挥作战相似，网络空间的业务实战也需要网络空间地图、图谱、图形，以支持业务人员依托平台基础设施，指挥内部、下级、第三方联合团队实施作战，保护以关键信息基础设施为重点的网络空间安全。

网络安全挂图作战以直观的地图、图形的形式代替原有的文本呈现方式，让海量网络安全保护数据变得直观、可读，使业务场景信息的展示简明扼要，且可层层递进、级联扩展，为网络安全保护业务的开展提供支撑。如图 10-1 所示，计算机、网络信息技术领域可视化图形设计一般包括页面的总体结构、页面及其组件的色调风格、时空信息映射（时空结合）、关联关系展示（关系可视），各部分的设计都与信息、数据的特征和特点密切相关。总体结构设计需要考虑业务需求、场景演化、页面框架、图层关联、与其他页面的关联等；

色调风格设计需要考虑展示要素的信息特征、点状呈现、线状呈现、动态呈现、静态呈现等；时空结合设计需要考虑时序数据分类、空间数据分级等；关系可视设计更为复杂，涉及关系呈现的点、线、图及其组合，以及关系的方向、关系的内涵等。可以说，可视化图形设计需要充分梳理数据、信息、可视化表达要素的特征和特点，设计出符合人类思维逻辑且内容丰富的图形，并根据人类大脑的思维习惯不断拓展，直至能够依据相关信息作出判断。

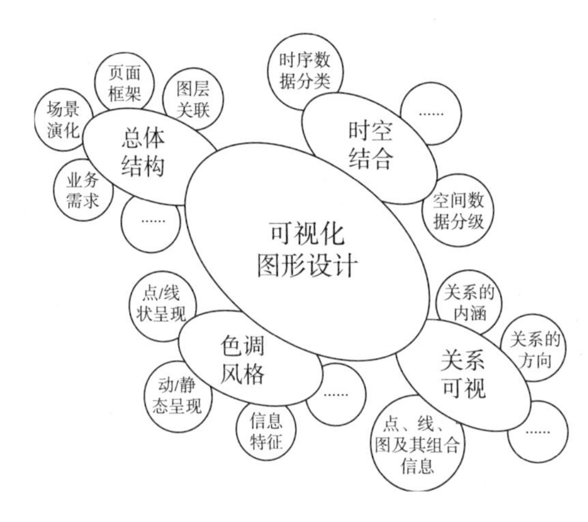

图 10-1 可视化图形设计

网络安全保护的传统业务工作多以文本、图表等方式进行查询与显示，由于网络空间信息数量大、种类繁多、表现形式复杂，且难以体现网络空间与地理空间的映射关系，所以，无法直观表达网络空间信息的多维特性，难以多角度、全方位地提供清晰明确的信息支持。网络安全挂图作战对地理、网络链路、网络资产、网络安全事件、威胁情报、虚拟主体等网络时空大数据进行融合分析，基于可视化表达技术进行数据上图、要素上图和业务上图，使网络安全保护工作向智能化、自动化和可视化迈进。在一定程度上，网络安全挂图作战的可视化图形设计离不开分类清晰、关系明确的网络安全保护大数据的支持，需要通过图层映射，在图层要素提取插件的帮助下，将数据及其代表的信息重组，从而直观、形象地呈现网络安全业务场景所需的组合图形。

如图 10-2 所示为场景（网络安全保护业务）驱动的网络安全挂图作战设计总体思路，即从网络安全保护业务场景出发，基于网络安全保护平台数据资源进行挂图作战图形的设计。在具体设计过程中，首先对挂图业务进行梳理，详细了解业务运作过程、业务关注的要素、要素的轮廓，从而确定网络安全保护业务上图的主逻辑，并在主逻辑的约束下，确定上图要素可能的表达维度、配套模型，以及同一要素多槽面表达之间、不同要素不同槽面表达之间的关联，进而确定挂图图形总体架构和关联关系。然后，进行业务数据和要素数据闭包提取。不管是图形上的业务表达，还是要素表达，在确定表达的主体逻辑之后，围绕业务流程、流程环节、环节配套数据，从平台数据资源中抽取相关信息并关联至业务。同样，从数据资源中抽取要素表达所需数据，进行数据所表达信息与图层的映射，构建业务所需的图层要素、要素轮廓呈现所需的数据、数据蕴含的要素，形成业务场景所需的图层及图层要素。最后，基于业务场景静态呈现和动态呈现的需要，进行图层叠加和要素级别对应，引入可视化表达技术以确定图形设计、分级上图策略、业务交换策略和视图转换策略。至此，基本完成面向某项实战业务的挂图作战图形设计。

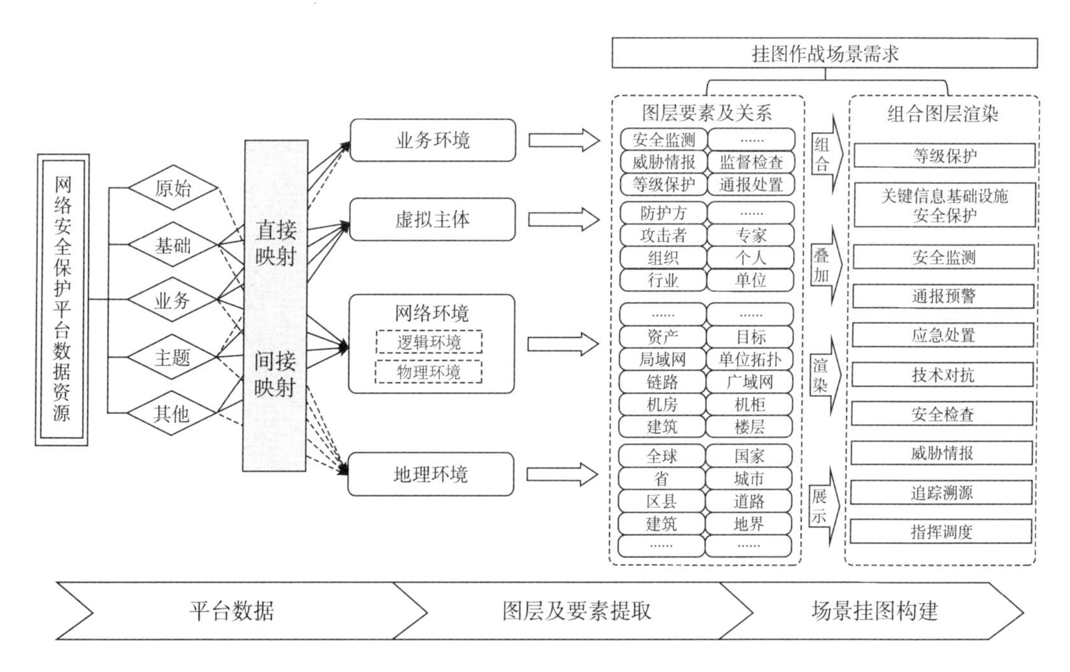

图 10-2　场景驱动的网络安全挂图作战设计总体思路

考虑当前网络安全保护业务开展的实际情况，重要行业部门、中央企业在平台建设过程中，应重点围绕等级保护、关键信息基础设施安全保护、安全监测、通报预警、应急处置、技术对抗、安全检查、威胁情报、追踪溯源、指挥调度等业务进行挂图作战图形设计。下面分别对各项业务的网络安全挂图作战图形设计进行介绍。

10.2 等级保护挂图作战

根据国家网络安全等级保护相关标准规范，重要行业部门、中央企业应围绕其自身主管、运营的重要信息系统、政府网站等保护对象，根据重要程度分等级进行保护。

等级保护业务包括定级、备案、等级测评、建设与整改、监督检查等工作环节。如图10-3所示，左侧为等级保护业务流程。等级保护各工作环节涉及不同的数据。对各工作环节的业务内容、范围及所需数据进行梳理和分析，等级保护业务相关要素包括：等级保护的定级对象，如单位、系统、机构、资产、网站、数据等；不同环节的业务流程，如环节动作、流转关系、工作模板，以及各环节需要的数据信息，包括网络拓扑、安全域划分、安全产品使用情况、管理制度、防护策略、防护设备等；保护对象的安全状况，如安全防护状况、安全监测情况、网络安全事件、安全态势、历史被控制利用情况等。另外，等级保护作为网络安全保护工作中管理保护的目标模块，其他模块均围绕该模块界定的保护对象展开，因此，基于等级保护业务，需要考虑由保护目标主导带来的与其他模块的协同联动需求，如同步安全监测数据、同步通报处置情况等。

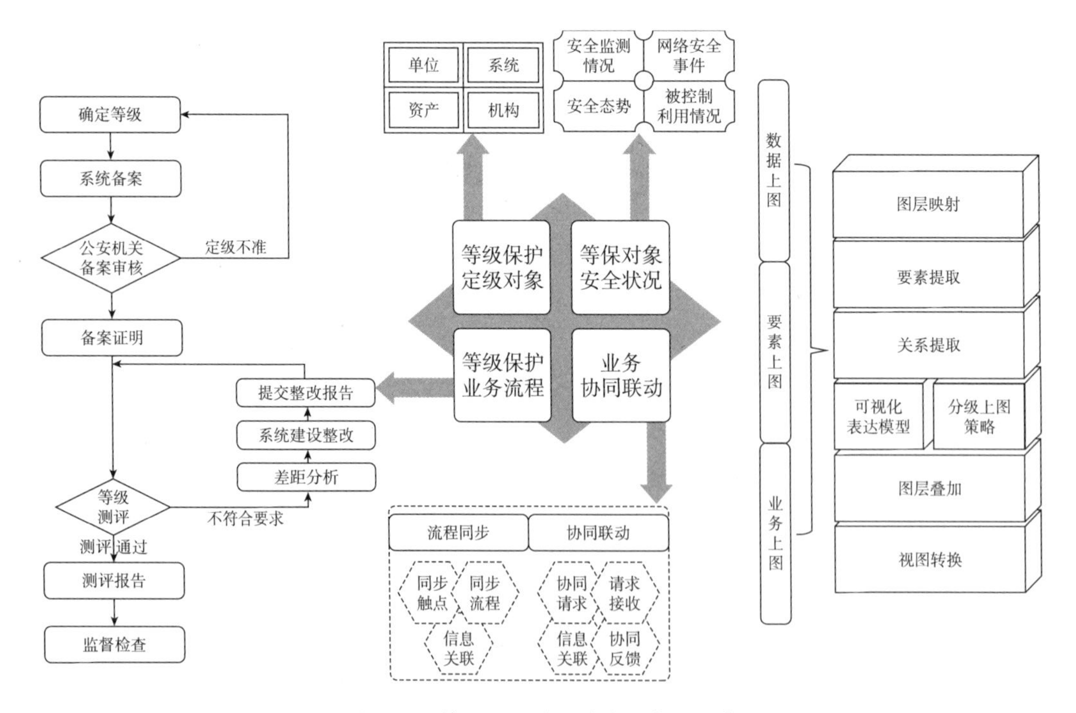

图10-3 等级保护挂图作战业务与要素

通过对等级保护业务流程和业务相关要素的梳理和分析可以看出，等级保护业务相关主管领导、负责人作为等级保护挂图作战的指挥人员，主要关心以下业务层面的问题。

- 本部门、本行业的等级保护定级对象有哪些？各安全保护等级分布情况如何，涉及哪些单位、系统、机构？
- 等级保护定级对象的底数情况如何，资产分布在哪里？
- 等级保护第二级、第三级、第四级系统的测评工作开展情况如何，哪些方面的问题最为突出，是否对测评工作中发现的问题进行了有效整改？
- 近些年的网络安全监督检查工作开展情况如何，发现的突出问题有哪些？
- 等级保护定级对象的安全状况如何，是否需要开展进一步工作？

因此，在等级保护挂图作战图形设计过程中，以通过定级备案的系统、行业网络资产、等级测评情况、监督检查情况、网络安全监测等挂图图形为主，配合等级保护单位视图、系统视图、多维度态势视图，根据工作决策、业务指令、防护策略、联动请求等要素的动态上图策略进行设计，为等级保护挂图作战提供可视化图形支持。同时，结合网络安全保护平台数据资源，研发或定制面向等级保护流程数据提取、要素提取、关联提取的插件，设计图层叠加策略、视图转换策略、页面交互策略，实现数据的动态加载和视图转换时的数据同步。通过直观的、可视化的图形设计和展示，方便业务指挥人员了解和掌握相关情况，及时作出决策、下达指令，保障业务工作顺利开展。

10.3　关键信息基础设施安全保护挂图作战

根据《关键信息基础设施安全保护条例》，关键信息基础设施安全保护业务包括关键信息基础设施认定、安全防护、监测预警、应急响应、通报处置、安全检查、安全管理等工作，是对网络安全等级保护工作的加强。因此，关键信息基础设施安全保护挂图作战图形设计与等级保护挂图作战图形设计类似，主要区别在于保护目标对象和部分防护措施不同，此处不再详述。

10.4 安全监测挂图作战

安全监测是重要行业部门、中央企业在网络安全保护业务开展过程中不可或缺的技术手段。随着威胁攻击的演进及监测发现技术的成熟，安全监测技术手段在积累中不断发展完善，逐步形成了一整套有内容、有范围、有目标的业务，一般由重要行业部门、中央企业和技术支持单位的运营人员协同完成。安全监测业务围绕威胁攻击的发现，综合采用主动检测、被动监测、共享交换等方法手段获取多源异构威胁攻击数据及关联数据，然后，利用数据融合、关联分析等技术手段，结合人工进行威胁攻击的发现，输出可反映网络安全状况的监测数据。安全监测挂图作战业务与要素如图 10-4 所示。

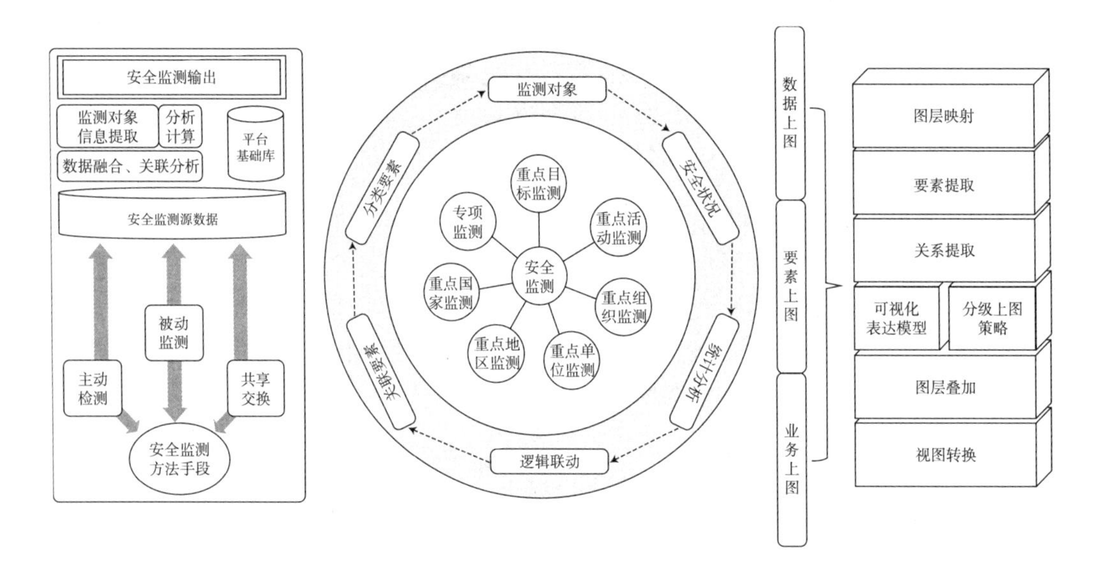

图 10-4 安全监测挂图作战业务与要素

从监测对象出发，考虑监测数据的相关组成，安全监测可分为重点目标监测、重点活动监测、重点组织监测、重点单位监测、重点地区监测、重点国家监测和专项监测，分别对应于威胁攻击的目标系统、威胁攻击行为、威胁攻击方、威胁攻击针对单位、威胁攻击来源地区、威胁攻击来源国家，以及在不同时期特定威胁、特定攻击的专项监测。安全监测结果一般包括监测对象信息、监测对象级别、相关保护目标安全状况、监测结果统计分析、安全监测关联要素，以及安全监测与其他业务、安全监测与外部的协同联动信息。

通过对安全监测业务流程和相关要素的分析可知，安全监测业务主要负责人在进行挂图作战指挥过程中关心以下问题。

- 近期安全监测的总体状况如何？有没有发现重大网络安全威胁攻击事件？
- 本部门、本行业重点保护对象情况如何，有无较大安全问题？
- 有没有发现境外攻击组织的针对性攻击？
- 有无重要专项监测任务，是否有必要启动针对特定问题的专项监测，是否需要请求外部协同？
- 安全监测要素信息流向哪些业务，是否与外部联动？

安全监测挂图作战图形设计要能反映上述问题，并能以动态可视的方式呈现指挥交互过程。综合考虑相关需求，以网络安全监测总览、重点目标监测、重点活动监测、重点组织监测、重点国家监测、重点地区监测、专项监测为总体框架，同时对目标、活动、组织、国家、地区、威胁进行分类，结合要素之间的关联关系，以及要素在地理图层上的映射，构建网络图层及与地理图层的叠加图层。从要素轮廓出发，研发针对要素数据和要素关联数据的闭包型提取组件，提取要素信息；考虑图层内部要素之间的关联，进一步提取数据，形成图层；考虑与地理图层之间的关系，研发地理图层叠加组件；考虑与其他图层要素之间的关系，研发图层叠加组件；综合安全监测业务场景，以地理图层为基础，通过要素级别的映射，确定多图层叠加机制并研制相关组件。引入可视化表达技术，为上述图层和要素设置可视化表达策略、要素上图策略、视图转换策略、页面交互策略，输出安全监测挂图作战图形。

10.5　通报预警挂图作战

随着网络安全保护工作的开展，网络安全威胁、事件、态势、线索及工作相关事项以文件/报告形式上传、下发的模式日渐成熟，形成了网络安全通报业务。在网络安全保护工作开展过程中，发现相关信息后，需要综合各类方法手段进行分析研判。经研判，如果相关事项较为重要，需要扩大知悉范围，就要以不同类型的通报形态上传、下发。相关事项由某领域权威部门面向更广大范围的受众发布，称为预警。预警一般是指针对即将发生或正在发生的网络安全事件或威胁，提前或及时发出的安全警示。网络安全预警级别根据网络安全保护对象的重要程度和网络安全保护对象可能受到损害的程度，分为红色预警、橙色预警、黄色预警和蓝色预警。网络安全预警是一个动态过程，预警发布后，需要实时对网络安全事态进行监测，并根据实际情况对预警级别进行调整，直至威胁、风险消失时解除预警。通报预警挂图作战业务与要素如图 10-5 所示。

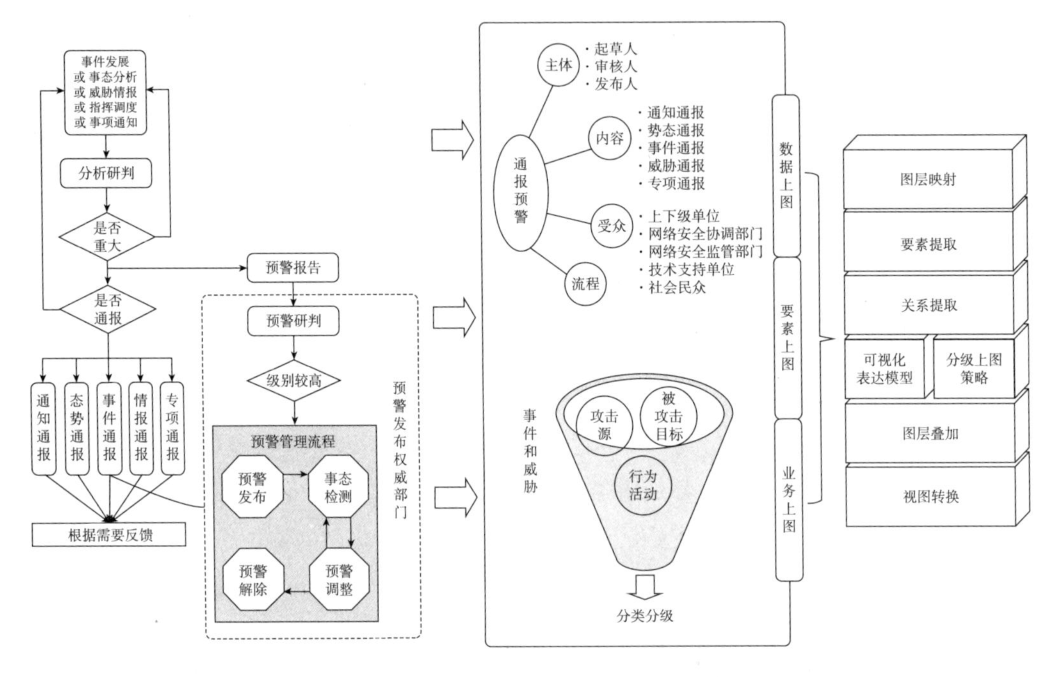

图 10-5 通报预警挂图作战业务与要素

网络安全通报预警要素主要包括通报预警的主体（起草人、审核人和发布人），通报预警的内容（通知通报、态势通报、事件通报、威胁通报和专项通报），通报预警的受众（上下级单位、网络安全协调部门、网络安全监管部门、技术支持单位和社会民众），通报预警的流程（流程动作、过程判断、流程指令），以及事件和威胁（涉及网络安全事件的攻击源、被攻击目标、威胁事件行为活动、威胁事件分类分级）。

通过对通报预警业务流程的梳理可以看出，网络安全通报预警负责人在处理相关业务时关心的主要问题如下。

- 需要进行通报预警的信息、事项有哪些？
- 经过分析研判，哪些信息、事项需要进行通报，哪些信息、事项需要进行预警？通报预警的理由或分析链条是怎样的？
- 通报业务流转情况如何？预警信息发布情况如何？

- 单一通报预警的详情如何？
- 通报预警的签收与反馈情况如何？

网络安全通报预警挂图作战以地理图层为基础，构建分类通报图层、预警图层、事件威胁图层、通报流程图层、预警流程图层，结合网络安全各类信息和关联数据，形成网络安全通报预警挂图作战图形。从要素轮廓出发，研发针对通报预警内容、通报预警流程、通报预警关联信息的要素数据和关联数据的闭包型提取组件；考虑图层内部要素之间的关联，进一步提取数据，形成图层；在此基础上，确定要素与地理图层叠加策略、流程与地理图层叠加策略，研制相关组件，构建叠加图层。为通报预警内容、通报预警流程、通报预警关联信息设计上图策略和可视化表达策略，输出专项通报和专项通报至地理图层的映射图形；设计要素地理分布图、流程地理映射图之间的视图转换策略，进行视图转换，从多个角度展示通报预警业务；设计通报下发、预警发布/降级/解除等指令的交互上图形态和交互响应动作，设计通报预警挂图作战交互逻辑。通过要素提取、图层构建、图层叠加组件、要素/流程/关联信息上图策略、映射图形输出、映射图形转换、通报预警交互响应设计等环节，输出通报预警挂图作战图形。

10.6　应急处置挂图作战

网络安全应急处置是指在发生重大网络安全事件时，根据既定的网络安全应急预案，按照科学规范的响应程序和处置要求，充分运用应急指挥、应急队伍、应急装备等应急资源，对网络安全事件、事故进行处理、恢复，有效控制事态发展，避免事态扩大和恶化，从而减轻网络安全事件、事故对系统运行、业务开展造成的危害。网络安全应急处置就是在网络安全预案的基础上，在重大网络安全威胁事件发生时，考虑事件现场情况，采取各类处置措施，降低影响或危害的过程。应急处置挂图作战业务与要素如图 10-6 所示。

网络安全应急处置要素包括：应急处置任务，以及与任务有关的参与单位、参与人、待处置的威胁或事件、涉事目标、涉事资产；应急处置任务流程，如指令下发、操作动作、判断动作、任务反馈；处置过程涉及的各类信息和数据（处置数据），如批准审核文件、处置文件截图、处置反馈表单、统计分析数据、处置工作报告、处置考核数据。

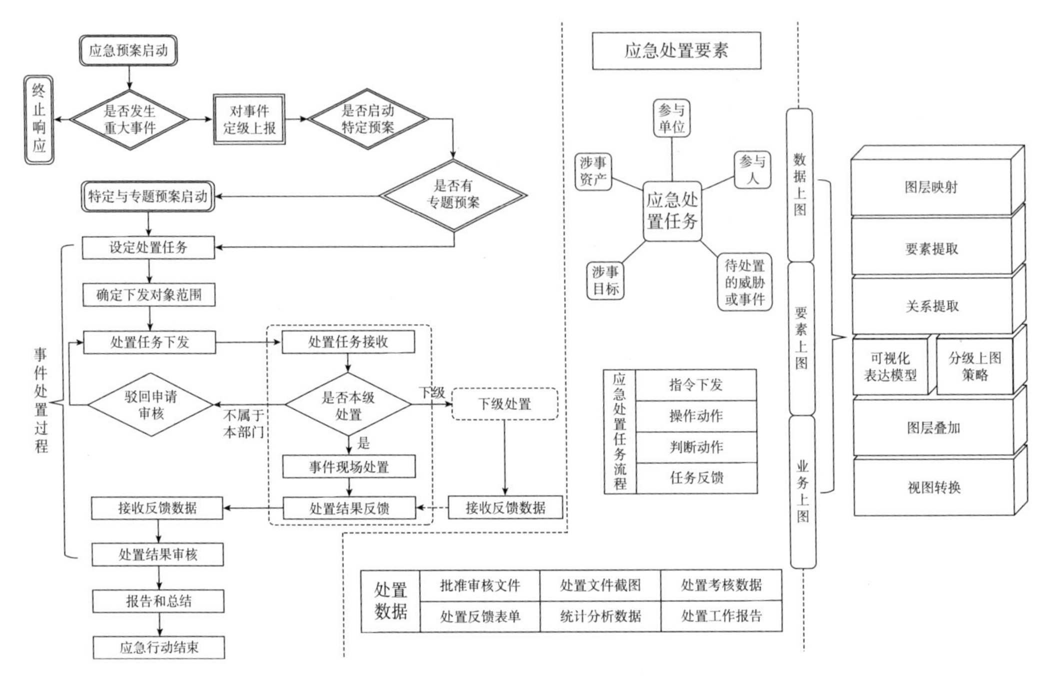

图 10-6　应急处置挂图作战业务与要素

网络安全应急处置指挥官在应急处置过程中关心的主要问题如下。

- 当前威胁、事件级别如何，发展态势如何？哪些因素造成了态势的恶化？哪些因素造成了态势向良性发展？
- 为处置当前威胁、事件，是否需要启动特定的分类应急预案？针对当前威胁、事件，是否有必要启动专项应急预案，专事专办以消除影响？
- 需要下发或已经下发哪些应急处置任务？任务如何流转，是否有反馈？
- 随着事件应急处置流转，产生了什么样的应急处置信息或数据，可作为指挥依据的信息或数据有哪些？
- 下发处置指令后，事态的发展如何？

通过对网络安全应急处置流程和要素的梳理可以看出，应急处置挂图作战图形，包括网络安全威胁/事件图层、应急处置任务图层、应急处置措施图层、网络安全威胁/事件关联信息图层，以及用于构建图谱的地理图层。在实际设计图层时，可以将网络安全威胁/事件图层、应急处置任务图层和地理图层作为主图层，与应急处置措施图层和网络安全威胁/事件关联信息图层关联，以充分表达网络安全应急处置信息。围绕上述五个图层，从网络安全保护平台的数据资源中提取相关要素及要素关联信息，构建网络安全应急处置要素，并实现关联要素的闭包提取。然后，根据不同图层要素的关系进行级别映射，并以此进行网络安全威胁/事件关联信息图层与地理图层的映射，构建威胁/事件地图；通过应急处置任务图层与地理图层的映射，构建应急处置任务地图；在必要的情况下，叠加这三个图，构建地图，进行综合展示，并考虑业务开展需要，进行威胁/事件地图、应急处置任务地图的切换。在此基础上，确定单个图层要素、两个图层融合要素、多个图层叠加要素的可视化表达策略，在页面上进行可视化表达的输出；确定要素模型联动策略，确定页面动态交互输出；确定处置指令、处置动作、处置反馈在可视化页面上的响应策略和响应动作，以此确定业务在该场景的交互输出。通过以上过程，完成应急处置挂图作战图形的设计和应用。

10.7　技术对抗挂图作战

网络安全的本质是攻防对抗，攻防对抗的本质是攻防两端力量的较量。网络安全保护过程其实是一个周而复始的技术对抗和较量的过程。从网络安全保护业务工作开展的实际情况看，技术对抗既体现在日常防护工作中，也体现在网络安全攻防演练活动中。在这两个场景中，技术对抗的双方是攻击方和防守方，也称为攻方和守方。在攻击链条上的每一步，攻击方通过各类技术和社会工程学手段对目标进行情报收集，根据攻击经验，综合分析多源情报，了解目标的弱点，然后尝试进行各种渗透攻击，以获取有利于下一步攻击的据点和资源，并对攻击实施过程和攻击效用进行评估，为下一步攻击策略的选择做准备。针对攻击方采取的攻击操作，防守方的监测设备实时进行威胁攻击数据的监测采集，通过分析计算、策略选择制定防护策略，并依托防护设备进行实时防护，通过评估确定防护策略的效果。

网络安全技术对抗挂图作战业务与要素如图 10-7 所示，体现了网络安全攻防对抗过程中的目标资产、目标系统状态、安全漏洞、攻击策略、防护策略、攻击代价、防护代价、攻击手段、防护措施、攻击效用、防护效果等。从攻击方和防守方的视角，网络安全技术对抗要素包括：攻击相关要素，如攻击工具、所利用资源、行为活动、破坏效果、攻击策略、攻击效用；防守相关要素，如保护目标、监测设备、防护设备、监测数据、遭攻击资产、防护策略、防护效果；对抗相关要素，如对抗态势、对抗评估。

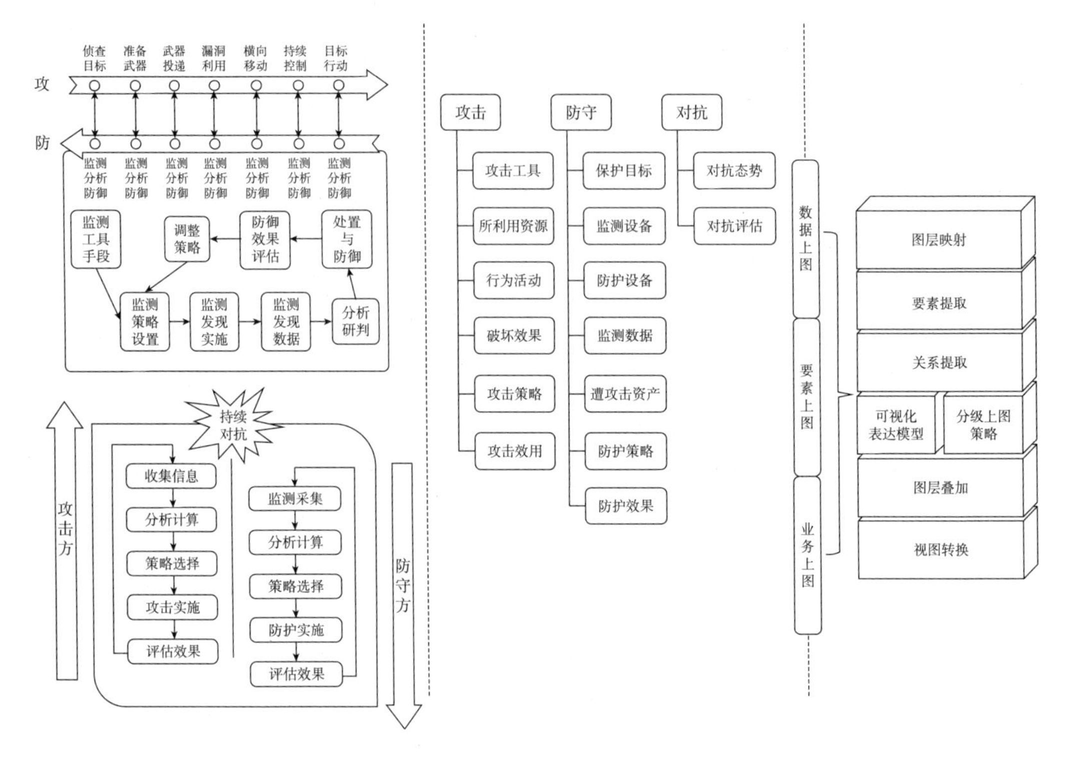

图 10-7 技术对抗挂图作战业务与要素

网络安全技术对抗负责人、指挥官关心的重点问题如下。

- 网络安全保护目标遭攻击情况、遭利用情况。
- 评估当前遭攻击利用的情况，以及采取何种策略进行处置。
- 根据当前攻守双方的对抗态势，评估攻击方下一步可能采取的攻击策略，作出防护决策。
- 评估攻守双方的对抗态势和对抗效果。

通过上述梳理和分析，可以为技术对抗挂图作战图形分别设计攻击方图层、防守方图层、对抗绩效图层、地理图层四个主图层，将攻击方数据与信息、防守方数据与信息作为关联轮廓要素引入。依托海量网络安全保护数据进行要素及其关联信息的抽取，构建主图层。在此基础上，考虑攻击方和防守方要素属性到地图的映射，构建攻击方地图、防守方地图两个复合地图图层；引入攻击方、防守方的对抗进行四个图层的叠加，形成综合图层数据，或者叠加攻击方地图、防守方地图，形成综合图层数据；将攻防态势作为辅助图形展示。根据不同要素的特点，设计单一要素、复合要素、组合要素的可视化表达策略，确定不同复杂度图层的可视化表达形态，设计可视化展示页面；根据技术对抗过程中需要设置的防护策略和需要引入的防护数据，进行页面交互策略和响应动作的设计，确定可视化展示页面的交互动效；考虑攻击方、防守方在不同环节的关联关系，确定攻击方视图、防守方视图、攻防对抗视图转换时的要素切换、图层转换、数据加载等可视化转换的设计，构建图形运转的主逻辑。综合上述过程，以攻击方、防守方对抗的形式展示网络安全保护和攻防演练过程。

10.8　安全检查挂图作战

根据国家网络安全监管的相关规定，网络安全监管职能部门应根据互联网服务提供者和联网使用单位履行法定网络安全义务的实际情况，对备案、管理制度落实、关键安全日志留存、入侵防范技术措施、网络安全等级保护等工作进行监督检查。重要行业部门、中央企业作为联网使用单位，在网络安全保护工作中，应由本行业、本企业网络安全主管部门定期进行安全检查。安全检查的业务流程由准备阶段、实施阶段、结果汇总与报告阶段组成。在准备阶段，需明确安全检查范围和所针对的问题，确定检查队伍，准备检查模板，选择检查工具，调取保护目标相关材料，编制检查方案。在实施阶段，通过资料核查、人员访谈、工具检查的方式实施检查，检查结果由相关方签字确认，并针对现场问题初步形成处置决定。在结果汇总与报告阶段，进行结果报告汇总，审议确定处置决定，编制检查工作报告并部署后续工作。

安全检查挂图作战业务与要素如图 10-8 所示。安全检查工作的相关要素包括：检查目标对象，如单位、网络、系统、数据；检查方法手段，如人员访谈、工具检查、记录调取；检查结果，如问题列表、保护目标安全备案与安全事件情况、检查处置结果；总结报告，如目标现状、结果统计与原因分析、检查结论。

网络安全检查负责人、指挥官关心的主要问题如下。

- 网络安全检查对象的范围有哪些？
- 网络安全检查的进度如何？
- 网络安全检查结果反映了哪些问题？
- 如何根据检查结果和统计结果部署下一步工作？

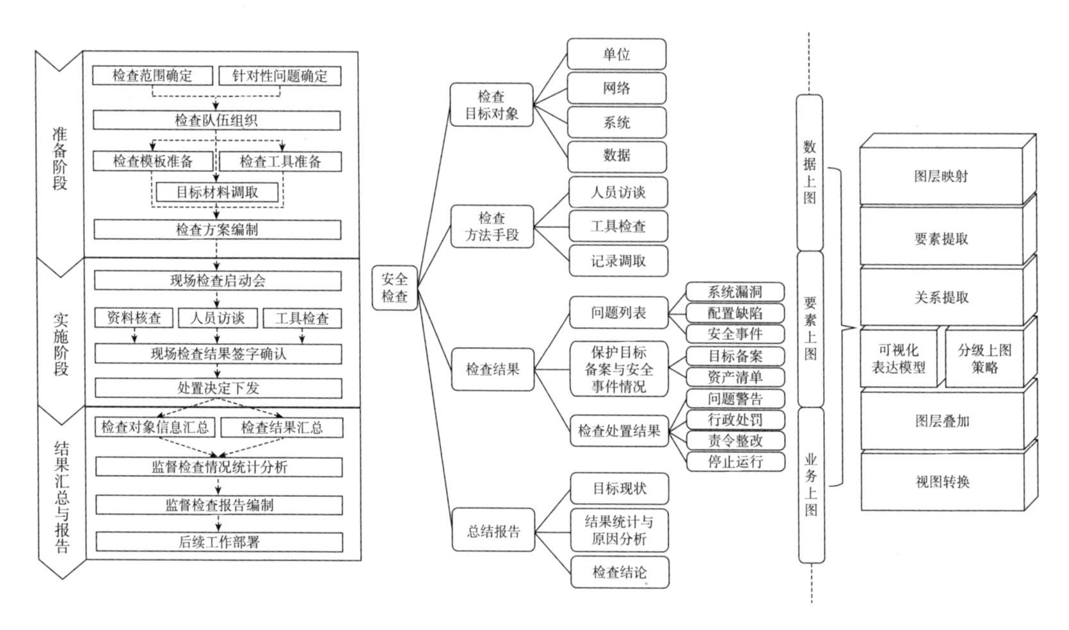

图 10-8 安全检查挂图作战业务与要素

综上，安全检查挂图作战图形应包含安全检查对象图层（含检查对象分类图层）、安全检查业务流程进度图层、安全检查结果图层（含问题列表、备案情况、安全事件情况、检查处置结果）、地理图层，检查结果统计分析数据、部署决策可作为关联信息图层上图。在该场景中，挂图作战图形设计从安全检查对象的角度出发，进行要素轮廓的数据抽取，在抽取过程中关联检查对象的备案情况、问题列表和安全事件情况，形成检查对象的关联图层。然后，考虑关联关系，进行上述图层的叠加，同时将上述要素向地理图层映射，形成安全检查对象综合地图。接下来，抽取安全检查业务流程及流程相关数据并向地理图层映射，形成安全业务流程与地理图层联动的业务流程地图（在该地图上可展示所有关联信息和数据）。将安全检查对象综合地图和业务流程地图进行图层的关联与叠加，形成安全检查挂图作战图形，并预设检查对象视图、检查结果视图和业务流程视图。围绕上述图形设计过程中的要素，设计单一要素可视化表达模型、关联要素可视化表达模型、组合要素可视化表达模型，确定不同图形中的可视化设计；设计安全检查信息关联查看、检查业务指令下达时的交互策略和响应动作，确定可视化交互设计；设计视图转换策略，确定视角转换时的图形转换逻辑。通过上述过程，输出安全检查挂图作战图形。

10.9 威胁情报挂图作战

网络安全威胁情报业务是指围绕网络安全威胁情报的获取、标识、研判、生产、使用、共享交换开展的一系列业务工作。与威胁情报获取有关的工作包括：不断拓展情报源，调集内外部力量，建立响应机制体系，构建自身威胁情报体系；依托各类网络安全保护技术手段进行威胁情报汇聚标识，并对各类情报开展研判，提取对网络安全保护业务具有价值的情报；综合情报档案、多源情报跟踪、社会力量的支持，进行威胁态势分析、黑客组织画像、保护目标分析，从而分析攻击源、攻击过程、攻击方法手段、攻击目的意图，对被攻击方进行单位画像、目标画像、资产画像，生产用于支撑网络安全保护业务工作的情报；向本行业、本企业的其他网络安全保护业务工作输出情报线索；与国家网络安全监管部门、其他行业、重要企业进行威胁情报共享交换，推动威胁情报的共享共用。在网络安全保护平台上，要实时获取威胁情报，通过威胁情报库持续进行威胁情报的积累，基于历史情报进行持续跟踪和关联分析。在情报分析过程中，要充分利用人工智能、大数据等技术，尝试进行深层次、行动性、高精准情报线索的分析挖掘。同时，要与本单位的保护对象库进行关联，充分利用大数据平台的优势，构建行业/企业威胁情报基础库。

威胁情报挂图作战业务与要素如图 10-9 所示。

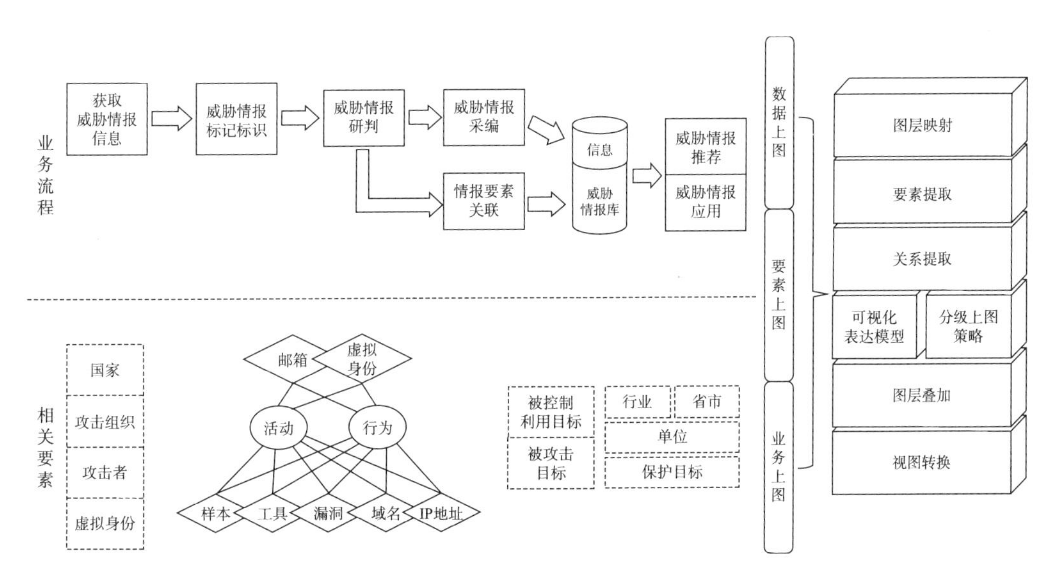

图 10-9 威胁情报挂图作战业务与要素

网络安全威胁情报相关要素可分为战略型、运营型、战术型和技术型，进一步可细分为与攻击主体有关的国家、攻击组织、攻击者、虚拟身份，与攻击运营有关的攻击活动、攻击行为、通联动作，与攻击行为有关的攻击方法、攻击工具、攻击策略，与攻击资源有关的 IP 地址、域名、邮箱、漏洞、工具、样本、URL、网络账号，与被攻击客体有关的被攻击目标、被控制利用目标、保护目标、行业、省市、单位、部门、系统、网络、数据、资产，等等。上述要素互相关联，构成了错综复杂的关系。要素之间的关系就是威胁情报关联分析的重点。

网络安全威胁情报业务的负责人、指挥官在业务开展过程中关心的问题如下。

- 当前发生的哪些活动或行为值得进一步关注或分析？
- 网络安全威胁情报获取数量变化趋势如何，向其他业务分发的情况如何，共享交换情况如何，有没有异常情况发生？
- 有没有与国家、组织有关的深层次、行动性情报线索需要进一步分析挖掘？
- 有没有针对重点单位、重要信息系统、关键信息基础设施的精准威胁情报？
- 根据当前威胁情报线索，需要作出怎样的网络安全决策？
- 针对威胁情报提供方的考核情况如何？

威胁情报挂图作战需要综合考虑网络空间中的人、物、地、事、关系进行图形设计。可以考虑从攻击者、被攻击利用对象、攻击活动与行为、攻击方法手段、攻击利用资源及图谱构建不可或缺的地图六个层面进行图层构建和要素提取。综合网络安全保护平台威胁情报及基础库数据，进行攻击者、被攻击利用对象、攻击活动与行为方面的信息抽取，构建三个主要素图层。在此基础上，通过多源威胁情报关联，补充与网络威胁攻击有关的攻击方法手段、攻击利用资源，构建两个关联要素图层。根据这五个要素图层的分类要素，分别形成各图层的细化图层，支持图层的分类与下钻，然后将这五个图层向地理图层映射，形成相应的地图，从而构建初步地理图谱。考虑要素之间的关联关系，确定图层之间的关联，将其作为某图层视角下数据展示联动的枢纽；确定图层之间的级别映射策略，进行图层叠加；确定组合要素和场景要素，并设计单一要素、组合要素、场景要素的可视化表达策略，进行各图层页面的设计；设计页面下钻、威胁情报业务动作发生时的交互响应策略，确定图形动态响应逻辑；设计视图转换策略，确定攻击方视图、活动行为视图、被攻击目标视图视觉转换时的页面响应、要素表达和数据加载策略，构成图形运转的主逻辑。通过上述过程输出威胁情报挂图作战图形。

10.10　追踪溯源挂图作战

网络安全追踪溯源是指综合利用各种手段，主动追踪攻击者、定位攻击源，结合网络取证和威胁情报，有针对性地减缓或反制网络攻击，争取在形成破坏之前消除隐患的过程。追踪溯源工作通常从造成了一定影响的网络安全事件出发，从事件关联线索开始进行攻击者、攻击源的追溯，在此过程中结合关联威胁情报，充分利用人工智能、大数据技术，剖析攻击者的攻击实例，抽丝剥茧，追踪定位攻击者或攻击源。网络安全追踪溯源通常根据不同类型的攻击事件采用不同的方法或手段进行，如：APT 攻击溯源通过样本分析获取相关威胁情报，将问题转化为线索，结合持续监测，实现近距离跟踪；借助攻击者画像进行溯源攻击，通过肉机追溯僵尸网络控制端，通过控制端资源利用情况追溯发起攻击的僵尸网络，进行进一步关联分析，从而追溯攻击源；网页篡改类攻击溯源通过分析篡改手法、篡改目标的相似性，获取可能被控制的目标对象，然后通过技术对抗进行攻击溯源或反制。因此，网络安全追踪溯源主要围绕不同类型的威胁线索开展大数据分析，在此基础上，通过对攻击目标、攻击手法、攻击代理及攻击过程逻辑、攻击活动、攻击利用资源相互作用的关联分析，追溯攻击源，定位攻击者。

追踪溯源挂图作战业务与要素如图 10-10 所示。

网络安全追踪溯源涉及的内容包括：攻击活动和行为，如通过威胁攻击监测发现的重大网络安全事件相关行为、目的及其方法或手段；攻击相关线索，如攻击行为活动利用的 IP 地址、域名等网络资源；攻击路径，如通过攻击链还原构建的部分或全部前后关联动作串；攻击者，如攻击者的网络账号、虚拟身份、真实身份、所属国家、所属组织等。

网络安全追踪溯源一般由高级网络安全专家进行。借助可视化手段，可以提升网络安全追踪溯源的效率。高级网络安全专家关心的主要问题如下。

- 当前易发生的活动、行为有哪些？
- 有哪些确定性线索，有哪些关联性线索，线索是否经过了核查？
- 各类线索之间的关联关系如何？
- 历史上的相似事件有哪些？
- 支持溯源的数据资源、工具有哪些？画像工具有哪些？
- 有哪些外部威胁情报可供调用？

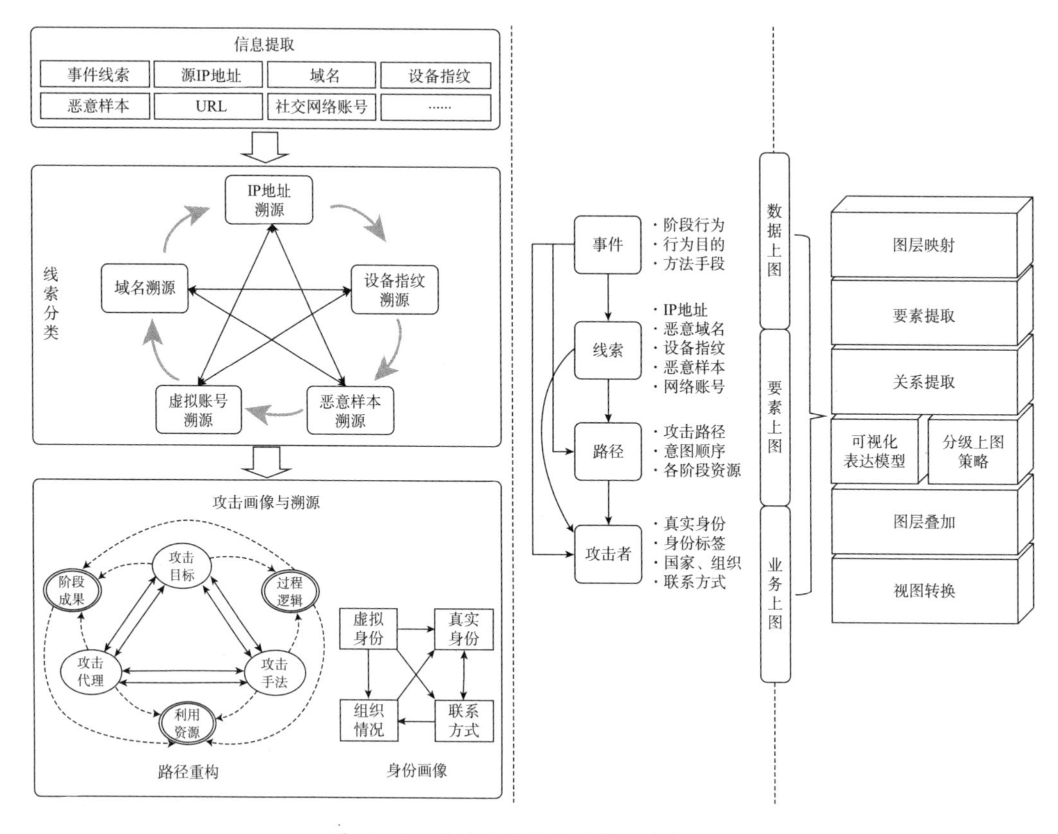

图 10-10 追踪溯源挂图作战业务与要素

追踪溯源挂图作战需要考虑重大网络安全事件、安全事件相关行为活动、安全事件相关线索、攻击实施路径、攻击者及图谱构建不可或缺的地图六个层面进行图层的构建。可以以重大网络安全事件、攻击实施路径、攻击者为主图层，以安全事件行为活动、安全事件相关线索为关联图层，分别向地图图层映射，构建五个主题地图。通过规划相关图层要素轮廓，设计轮廓提取组件，从海量威胁情报数据中提取相关图层要素，并结合要素之间的关联关系，设计重大网络安全事件、攻击实施路径、攻击者复合地图（包含行为活动和活动线索）。考虑上述单一要素、地图映射要素、组合要素的特点，设计可视化表达策略，分别输出主题地图页面、复合地图页面；考虑追踪溯源分析过程中可能采取的分析动作、调用的大数据分析工具，设计页面下钻和分析的交互逻辑，构建动态交互策略；考虑分析过程中的视角转换逻辑、要素关联关系及要素与数据资源的关系，设计视图转换时的页面动效、要素切换、数据加载逻辑，确定页面运转主逻辑。通过上述过程，输出追踪溯源挂图作战图形，必要时可内置分析过程摘要视图、数据收藏工具、重点目标画像工具、外部数据导入工具。

10.11　侦查打击挂图作战

网络安全侦查打击是指公安机关网安民警根据多源威胁情报、上级下达任务及其他业务部门移交的材料，有针对性地进行网络安全案事件的初步调查、深入调查、技术分析、嫌疑人侦查、固证反制等，以厘清威胁攻击事件的脉络，掌握不法分子的活动情况，并依法追究责任、予以处罚打击的过程。通常需要从事件、案件、人员三个方面对案事件进行深入分析和关联挖掘，定位嫌疑人，借助侦查手段进一步取证、固证，不排除必要时对攻击嫌疑人进行反制，综合侦办结果进行处罚和打击。

侦查打击挂图作战业务与要素如图 10-11 所示。

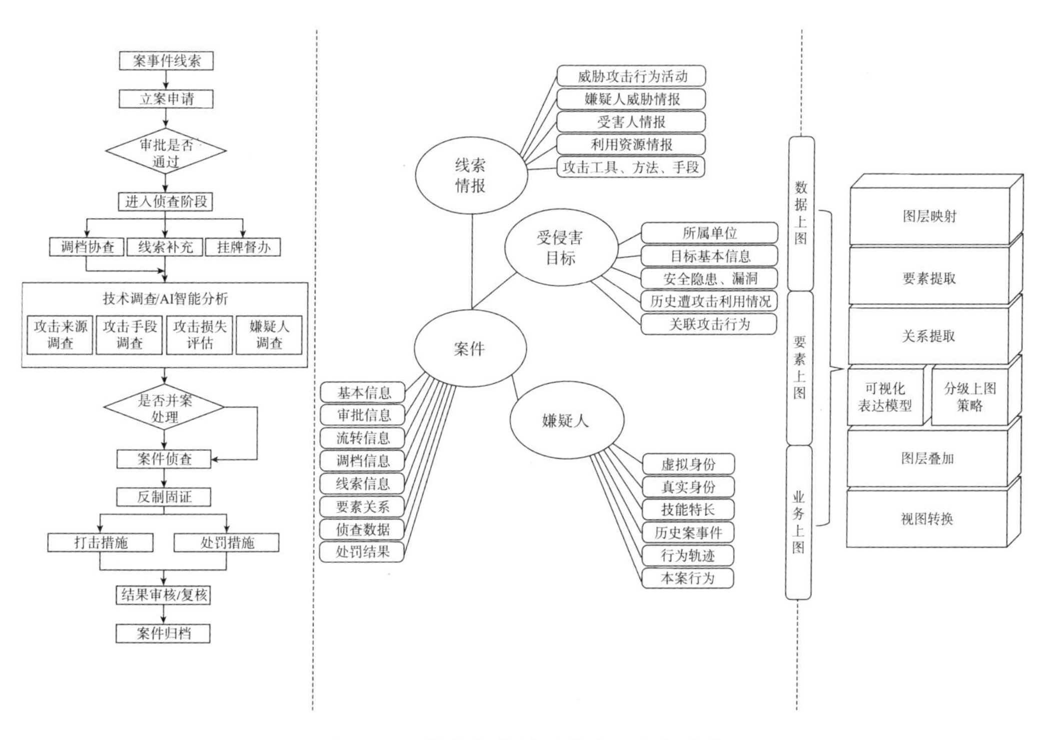

图 10-11　侦查打击挂图作战业务与要素

侦查打击涉及的主要内容包括：案件信息，如案件基本信息、案件审批信息、案件流转信息、调档信息、攻击来源、攻击手段、攻击造成的损失、侦查调查数据、安全处罚结果；案件线索情报信息，如威胁攻击行为活动、嫌疑人/攻击源威胁情报、受害人情报、攻击活动利用资源情报、攻击工具/方法/手段；受害人/受侵害目标信息，如所属单位、基本信息、安全隐患/漏洞、历史遭攻击情况、关联攻击行为；嫌疑人信息，如虚拟身份、真实身份、技能特长、历史关联案事件、行为轨迹、本案行为。

侦查打击业务的使用者一般是具有执法权限的公安干警。从业务工作开展的角度，他们通常关心以下问题。

- 哪些案事件线索需要核查立案？
- 哪些在办案件需要特别关注？这些案件分别处于什么阶段？
- 通过侦查发现了哪些可用于下一步的案件侦办工作的有价值的情报？
- 案件本身的攻击源、攻击手段方法、攻击造成的损失，案件各嫌疑人之间的关系及嫌疑人的网络活动轨迹。
- 是否需要进行案事件串并？是否需要侦查、固证？
- 当前案件与其他案件是否有关联？

侦查打击挂图作战需要综合考虑案件、案件线索、嫌疑人、受害人/受侵害目标、案件侦查打击业务流程、地图六个层面进行图层设计。在设计过程中，可以以地图图层为底图，将案件图层、嫌疑人图层、受害人/受侵害目标作为主图层，将案件线索作为次主图层，将业务流程作为辅助解释图层，进行要素梳理，构建案件地图、嫌疑人地图、受害人/受侵害目标地图。然后，考虑图层要素之间的关联关系进行图层的叠加，形成案件综合地图，案件侦办流程可向综合地图映射。考虑上述单一要素、地图映射要素、组合要素的特点，设计可视化表达策略，分别输出主题地图页面、复合地图页面；根据侦查打击过程中可能出现的交互、侦办流程处理等动作，设计地图页面的交互和响应内容，实现业务过程可视化；考虑分析过程中视角转换逻辑、要素关联关系及要素与数据资源的关系，设计视图转换时的页面动效、要素切换、数据加载逻辑，确定页面运转主逻辑。通过上述过程，输出侦查打击挂图作战图形。考虑侦查打击的实战业务需要，可在本业务图形中复用威胁情报挂图作战的部分画像工具。

10.12　指挥调度挂图作战

网络安全指挥调度是指在网络安全保护工作开展过程中，根据行业或企业内部单位、部门职能下发网络安全保护业务工作指令，调度本行业、本企业及第三方技术支持力量，迅速研判、快速响应、果断决策，及时处置隐患或风险，实现网络安全保护一体化指挥，保护本行业、本企业的系统、网络、业务持续稳定运行。网络安全指挥调度是在网络安全各项业务基础上形成的一体化运转业务，以指令、任务为主体，通常有主动发起和被动接收两种模式。由指挥调度中心主动发起的指挥调度任务流程，包括任务建立、任务审核研判、任务分发执行、任务反馈和任务完结。被动接收的指挥调度任务可分为两类：一类是在其他业务开展过程中，将业务流程同步至指挥调度中心；另一类是在其他业务开展过程中发现涉及跨业务执行的情况时，将进行中的业务流程交给指挥调度中心接管并继续执行。

指挥调度挂图作战业务与要素如图 10-12 所示。

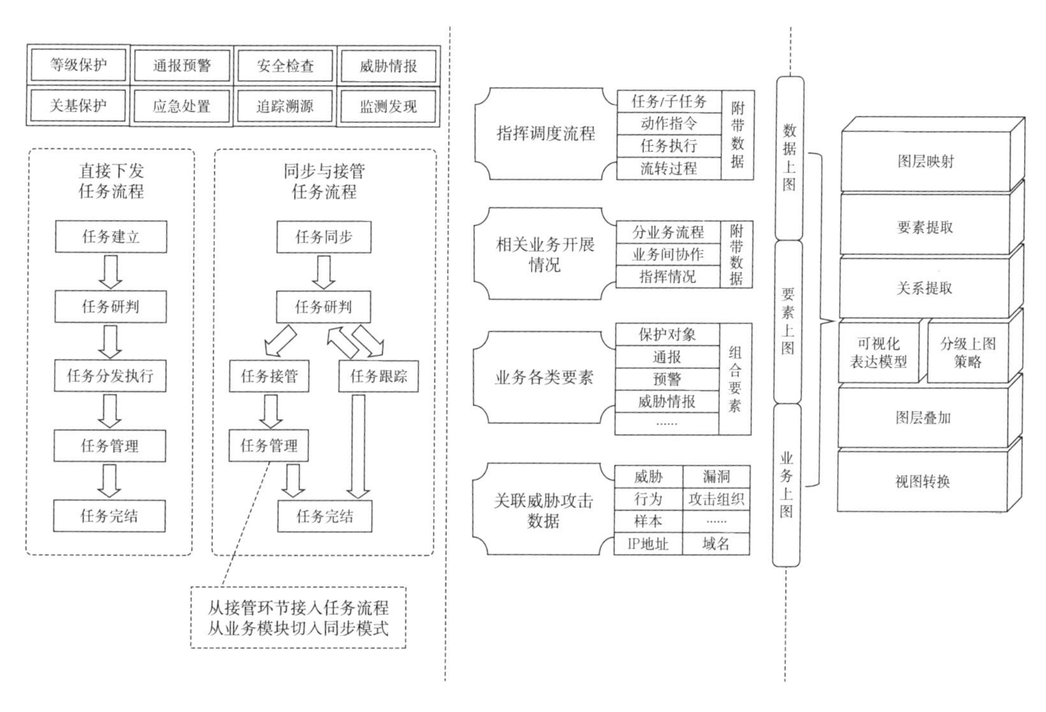

图 10-12　指挥调度挂图作战业务与要素

从业务开展的角度，指挥调度涉及的图层要素主要包括指挥调度流程、相关业务开展情况、业务各类要素、关联威胁攻击数据；从全局的视角，指挥调度涉及与前序所有业务有关的要素，构成了一个综合的要素视图。指挥调度开展的时机，包括一般时期、特殊重大敏感时期、发生特大网络安全威胁事件/事故时期、专项工作开展时期。因此，指挥调度的要素覆盖面广，是全部业务要素的特定子集。

网络安全保护指挥调度负责人、指挥官关心的问题如下。

- 当前网络安全保护业务需要处置的隐患、风险、事件有哪些？
- 需要作出什么样的战略决策、下发什么样的调度指令？
- 调度指令的反馈情况如何？
- 特定业务的开展情况如何？
- 本行业、本单位重要信息系统、关键信息基础设施的安全状况如何，是否受损？

综上，针对网络安全指挥调度挂图作战的图形设计，可综合考虑四个维度。

第一个维度是指挥调度涉及的所有业务及业务之间的关系。这个维度可作为网络安全指挥调度主视图图形设计的重点，展示业务之间的协同联动关系，涵盖任务、数据和部分关键要素。

第二个维度是指挥调度任务。这个维度可作为网络安全指挥调度的次主视图图形设计的重点，反映指挥调度过程中指挥决策、指令下发、任务响应的过程，从而实现业务之间的协同联动。

第三个维度是业务关键要素视图。在这个维度，需要提取业务关键要素、业务工作开展情况，形成概要视图、解释视图、详细视图，并将其融入指挥调度挂图作战图形。

第四个维度是网络安全要素主题视图。这个维度在网络安全保护平台底层打破业务边界，构建网络安全保护单位、部门、系统、资产及攻击者、事件等要素，依托安全监测、安全防护、技术对抗、威胁情报等实时展示本行业、本企业的网络安全状况。

在进行指挥调度挂图作战图形设计时，同样需要考虑场景驱动的图层规划、图层要素抽取、图层叠加、可视化表达策略、视图转换策略等问题。

10.13　小结

本章面向网络安全保护的业务需求，提出了挂图作战的总体设计方案，并围绕等级保护、关键信息基础设施安全保护、安全监测、通报预警、应急处置、技术对抗、安全检查、威胁情报、追踪溯源、侦查打击、指挥调度十一项典型安全保护工作，分别阐述了挂图作战的图层要素和图层设计方法，为相关业务工作开展挂图作战提供参考。

参考文献

[1] GB 17859—1999，计算机信息系统安全保护等级划分准则[S]. 北京：中国标准出版社，1999.

[2] GB/T 22240—2020，信息安全技术 网络安全等级保护定级指南[S]. 北京：中国标准出版社，2020.

[3] GB/T 22239—2019，信息安全技术 网络安全等级保护基本要求[S]. 北京：中国标准出版社，2019.

[4] GB/T 28448—2018，信息安全技术 网络安全等级保护测评要求[S]. 北京：中国标准出版社，2018.

[5] GB/T 25070—2019，信息安全技术 网络安全等级保护安全设计技术要求[S]. 北京：中国标准出版社，2019.

[6] GB/T 39477—2020，信息安全技术 政务信息共享 数据安全技术要求[S]. 北京：中国标准出版社，2020.

[7] GB/T 37973—2019，信息安全技术 大数据安全管理指南[S]. 北京：中国标准出版社，2019.

[8] GB/T 37988—2019，信息安全技术 数据安全能力成熟度模型[S]. 北京：中国标准出版社，2019.

[9] SHANNON C E. Communication theory of secrecy system[J]. Bell System Technical Journal, 1949, 28(4): 656-715.

[10] DIFFIE W, HELLMAN M E. New directions in cryptography[J]. IEEE Trans. on Information Theory, 1976, 22(6): 644-654.

[11] RIVEST R L, SHAMIR A, ADLEMAN L. A method for obtaining digital signatures and public-key cryptosystem[J]. Communications of the ACM, 1978, 21(2):120-126.

[12] 黄克振，连一峰，冯登国，等. 基于区块链的网络安全威胁情报共享模型[J]. 计算机

研究与发展，2020，57(4): 836-846.

[13] 郭莉，曹亚男，苏马婧，等. 网络空间资源测绘：概念与技术[J]. 信息安全学报，2018，3(4): 1-14.

[14] 齐云菲，白利芳，唐刚，等. 网络空间测绘概念理解与分析[J]. 网络空间安全，2018，9(10): 45-9.

[15] 方滨兴. 定义网络空间安全[J]. 网络与信息安全学报，2018，4(1): 1-5.

[16] 陈宗章. 网络空间：概念、特征及其空间归属[J]. 重庆邮电大学学报（社会科学版），2019，31(2): 63-71.

[17] 孙中伟，贺军亮，田建文. 网络空间的空间归属及其物质性构建的地理认知[J]. 世界地理研究，2016，25(2): 148-57.

[18] 王永，李翔，任国明，等. 全球网络空间测绘地图研究综述[J]. 信息技术与网络安全，2019，38(5): 1-6.

[19] 张国强，张国清，范晶. 中国大陆 AS 级拓扑的测量与分析[J]. 通信学报，2007(10): 92-101.

[20] 孙中伟，路紫，王杨. 网络信息空间的地理学研究回顾与展望[J]. 地球科学进展，2007(10): 1005-11.

[21] HEGRE H, NYGRD H M, LANDSVERK P. Can we predict armed conflict? How the first 9 years of published forecasts stand up to reality[J]. International Studies Quarterly, 2021(4).

[22] 翟书颖，郭斌，李茹，等. 信息物理社会融合系统：一种以数据为中心的框架[J]. 大数据，2017，3(6): 85-92.

[23] KITCHIN R M. Towards geographies of cyberspace[J]. Progress in Human Geography, 1998, 22(3).

[24] MATTHEWS J A. Telecommunications and the city: electronic spaces, urban places[J]. Journal of Transport Geography, 1996, 4(4).

[25] 张楠楠，顾朝林. 从地理空间到复合式空间——信息网络影响下的城市空间[J]. 人文地理，2002(4): 20-4.

[26] BATTY M. Virtual geography [J]. Futures, 1997, 29(4-5): 337-52.

[27] 张龙，周杨，施群山，等. 与地理空间紧关联的网络空间地图模型[J]. 信息安全学报，2018，3(4): 63-72.

[28] O'BRIEN R. Global financial integration: the end of geography[M]. New York: Councilon Foreign Relations Press, 1992.

[29] CAIRNCROSS F. The death of distance: how the communication revolution will change our lives[M]. Boston: Harvard Business School Press, 1999.

[30] MORLEY D, ROBINS K. Spaces of identity: global media, electronic landscapes and cultural boundaries[M]. London: Routledge, 1995.

[31] KITCHIN R. Towards geographies of cyberspaces[J]. Progress in Human Geography, 1998, 22(3): 385-406.

[32] BAKIS H. Understanding the geocyberspace: a major task for geographers and planners in the next decade[J]. Netcom, 2001, 15: 11-26.

[33] 蒋录全，邹志仁，刘荣增，等. 国外赛博地理学研究进展[J]. 世界地理研究，2002(3): 92-8.

[34] 张峥. 赛博地图构建理论研究[D]. 郑州：中国人民解放军信息工程大学，2012.

[35] 孙中伟，王杨. 中国信息与通信地理学研究进展与展望[J]. 地理科学进展，2011，30(2): 149-56.

[36] 吴传钧. 论地理学的研究核心：人地关系地域系统[J]. 经济地理，1991，11(3): 1-6.

[37] 毛汉英. 人地系统优化调控的理论方法研究[J]. 地理学报，2018，73(4): 608-19.

[38] 樊杰. “人地关系地域系统”是综合研究地理格局形成与演变规律的理论基石[J]. 地理学报，2018，73(4): 597-607.

[39] 张龙. 网络资源测绘数据表达与分析技术研究[D]. 郑州：中国人民解放军战略支援部队信息工程大学，2018.

[40] 高春东，郭启全，江东，等. 网络空间地理学的理论基础与技术路径[J]. 地理学报，2019，74(9): 1709-22.

[41] 张捷，顾朝林，都金康，等. 计算机网络信息空间（Cyberspace）的人文地理学研究

进展与展望[J]. 地理科学，2000，(4): 368-74.

[42] 李响，杨飞，王丽娜，等. 网络空间地图制图方法研究综述[J]. 测绘科学技术学报，2019，36(6): 620-6.

[43] 杨静飞，张强. 基于地理信息可视化的空间认知研究[J]. 测绘与空间地理信息，2013，36(7): 12-4.

[44] STARRS P, F. The sacred, the regional, and the digital[J]. Geographical review[J]. Geographical Review, 1997, 87(2): 193-218.

[45] MORLEY D. Spaces of identity: global media, electronic landscapes and cultural boundaries[M]. London: Routledge, 1995.

[46] 汪明峰，宁越敏. 网络信息空间的城市地理学研究：综述与展望[J]. 地球科学进展，2002(6): 855-63.

[47] 甄峰. 信息时代新空间形态研究[J]. 地理科学进展，2004(3): 16-26.

[48] 刘卫东. 论我国互联网的发展及其潜在空间影响[J]. 地理研究，2002(3): 347-56.

[49] 姚士谋，朱英明，陈振光. 信息环境下城市群区的发展[J]. 城市规划，2001(8): 16-8.

[50] 周杨，徐青，罗向阳，等. 网络空间测绘的概念及其技术体系的研究[J]. 计算机科学，2018，45(5): 1-7.

[51] 陈庆，李晗，杜跃进，等. 网络空间测绘技术的实践与思考[J]. 信息通信技术与政策，2021，47(8): 30-8.

[52] 郭启全，高春东，孙开锋，等. 基于"人—地—网"关系的网络空间要素层次体系建设[J]. 地理研究，2021，40(1): 109-18.

[53] 高俊. 地理空间数据的可视化[J]. 测绘工程，2000，9(3): 1-7.

[54] 龙毅，汤国安，周侗. 地理空间分析与制图的数据整合策略和方法[J]. 地球信息科学学报，2006，8(2): 125-30.

[55] 王学军. 空间分析技术与地理信息系统的结合[J]. 地理研究，1997，16(3).

[56] 王英杰. 基于知识图谱的地理实体关系构建研究[D]. 北京：北京建筑大学，2020.

[57] 刘俊楠，刘海砚，陈晓慧，等. 面向多源地理空间数据的知识图谱构建[J]. 地球信息科学学报，2020(7): 1476-86.

[58] ROB MCMILLAN. Definition: threat intelligence[R]. Gartner Research. G002 49251, 2013.

[59] 董坤，李序，刘艳梅，等. 面向卫星通信网络的威胁情报关键技术[J]. 软件工程与应用，2020，9(5): 403-411.

[60] CHISMON D, RUKS M. Threat intelligence: collecting, analyzing, evaluating, MWR infosecurity[R]. UK Cert, United Kingdom, 2015.

[61] LI Z, XIAN M, J LIU, et al. The development trend of artificial intelligence in cyberspace security: a brief survey[J]. Journal of Physics Conference Series, 2020, 1486: 022047.

[62] DAS S. Taking cyber security to the next level[J]. Dataquest, 2019, 37(1): 44-45.

[63] 王通. 威胁情报知识图谱构建技术的研究与实现[D]. 北京：中国电子科技集团公司电子科学研究院，2019.

[64] VAKILINIA I, TOSH D K, SENGUPTA S. Privacy-preserving cybersecurity information exchange mechanism[C]//2017 International Symposium on Performance Evaluation of Computer and Telecommunication Systems (SPECTS). Piscataway: IEEE, 2017: 1-7.

[65] BADSHA S, VAKILINIA I, SENGUPTA S. Privacy preserving cyber threat information sharing and learning for cyber defense[C]//2019 IEEE 9th Annual Computing and Communication Workshop and Conference (CCWC). Piscataway: IEEE, 2019: 0708-0714.

[66] AL-IBRAHIM O, MOHAISEN A, KAMHOUA C, et al. Beyond free riding: quality of indicators for assessing participation in information sharing for threat intelligence[J]. arXiv preprint arXiv: 1702.00552, 2017.

[67] TOSH D K, SENGUPTA S, MUKHOPADHYAY S, et al. Game theoretic modeling to enforce security information sharing among firms[C]//2015 IEEE 2nd International Conference on Cyber Security and Cloud Computing. Piscataway: IEEE, 2015: 7-12.

[68] 张海霞，乔赞瑞，潘啸，等. 网络安全数据采集关键技术研究[J]. 计算机科学与应用，2021，11(4): 832-839.

[69] PAEK Y. Hawkware: network intrusion detection based on behavior analysis with ANNs on an IoT device[C]. 2020 57th ACM/IEEE Design Automation Conference (DAC).

ACM, 2020.

[70] HUANG X, MA L, YANG W, et al. A method for windows malware detection based on deep learning[J]. Journal of Signal Processing Systems, 2020(1): 1-9.

[71] XIE P, LI J H, QU X, et al. Using bayesian networks for cyber security analysis[C]//2010 IEEE/IFIP International Conference on Dependable Systems & Networks (DSN). IEEE, 2010: 211-220.

[72] SZWED P, SKRZYŃSKI P. A new lightweight method for security risk assessment based on fuzzy cognitive maps[J]. Journal of Applied Mathematics and Computer Science, 2014, 24(1).

[73] DEVLIN J, CHANG M W, LEE K, et al. Bert: pre-training of deep bidirectional transformers for language understanding[J]. arXiv preprint arXiv: 1810.04805, 2018.

[74] TAN C, SUN F, KONG T, et al. A survey on deep transfer learning[C]//International conference on artificial neural networks. Springer, Cham, 2018: 270-279.

[75] 丁兆云，刘凯，刘斌，等. 网络安全知识图谱研究综述[J]. 华中科技大学学报：自然科学版，2021，49(7): 13.

[76] 黄克振. 网络安全威胁感知关键技术研究[D]. 北京：中国科学院大学，2020.

[77] 王昊奋，漆桂林，陈华钧. 知识图谱：方法、实践与应用[M]. 北京：电子工业出版社，2019.

[78] 李序，连一峰，张海霞，等. 网络安全知识图谱关键技术[J]. 数据与计算发展前沿，2021，3(3): 9-18.

[79] 廉龙颖. 基于本体的网络空间安全知识图谱的构建方法[J]. 黑龙江科技大学学报，2021，31(2): 254-8.

[80] 王映雪. 网络空间关系及节点信息地图可视化方法与技术研究[D]. 郑州：中国人民解放军战略支援部队信息工程大学，2020.

[81] 陆锋，余丽，仇培元. 论地理知识图谱[J]. 地球信息科学学报，2017，19(6): 723-34.

[82] 余丽，陆锋，张恒才. 网络文本蕴涵地理信息抽取：研究进展与展望[J]. 地球信息科学学报，2015，17(2): 127-34.

[83] 张凯. 基于增量学习的地理实体信息半自动标注方法研究[D]. 南京：南京师范大学，2020.

[84] 李凌峰. 基于社交网络数据的地理信息抽取技术研究与实现[D]. 长沙：国防科技大学，2017.

[85] 汪岩. 网络安全态势要素获取及评估方法研究[D]. 重庆：重庆邮电大学，2016.

[86] 侯梦飞，谭永滨，佅宣丞，等. 网络文本中位置信息提取及空间化研究进展[J]. 江西科学，2021，39(2): 354-9.

[87] MONTEIRO B R, DAVIS C A, FONSECA F. A survey on the geographic scope of textual documents[J]. Computers & Geosciences, 2016, 96: 23-34.

[88] SANTOS J O, ANASTÁCIO I, MARTINS B. Using machine learning methods for disambiguating place references in textual documents[J]. Geojournal, 2015, 80(3): 375-92.

[89] 李超鹏. 基于机器学习的地理信息链接方法研究[D]. 北京：华北电力大学，2017.

[90] HAHMANN S, BURGHARDT D. How much information is geospatially referenced? Networks and cognition[J]. International Journal of Geographical Information Science, 2013, 27(6): 1171-89.

[91] ALOTEIBI S, SANDERSON M. Analyzing geographic query reformulation: an exploratory study[J]. Journal of the Association for Information Science and Technology, 2014, 65(1): 13-24.

[92] 张国清. 互联网拓扑结构知识发现及其应用[J]. 通信学报，2010，31(10): 18-25.

[93] ZHANG G Q, ZHANG G Q, YANG Q F, et al. Evolution of the internet and ITs cores[J]. New Journal of Physics, 2008, 10.

[94] 亓玉璐，江荣，荣星，等. 基于网络安全知识图谱的天地一体化信息网络攻击研判框架[J]. 天地一体化信息网络，2021，2(3): 57-65.

[95] 吕明琪，朱康钧，陈铁明. 融合知识图谱的网络安全违法行为识别系统[J]. 小型微型计算机系统，2021，4(4): 740-7.

[96] 牛勇. 网络安全知识图谱构建的关键技术研究[D]. 成都：电子科技大学，2021.

[97] A S. Introducing the knowledge graph: things, not strings[J]. Official Google Blog, 2012,

6(9): 15-22.

[98] 庄传志，靳小龙，朱伟建，等. 基于深度学习的关系抽取研究综述[J]. 中文信息学报，2019，33(12): 1-18.

[99] 董聪，姜波，卢志刚. 面向网络空间安全情报的知识图谱综述[J]. 信息安全学报，2020，5(5): 56-76.

[100] QAMAR S, ANWAR Z, RAHMAN M A, et al. Data-driven analytics for cyber-threat intelligence and information sharing[J]. Computers & Security, 2017, 67: 35-58.

[101] 安景文，梁志霞，陈孝慈. 网络空间安全知识图谱研究[J]. 网络空间安全，2018，9(1): 30-5.

[102] HULL R, KING R. Semantic database modeling: survey, applications, and research issues[J]. ACM Computing Surveys, 1987, 19(3): 201-60.

[103] ANGLES R, GUTIERREZ C. Survey of graph database models[J]. ACM Computing Surveys (CSUR), 2008, 40(1): 1-39.

[104] POLLACK M, GIERKE O, RISBERG T, et al. Spring data: modern data access for enterprise java[M]. O'Reilly Media, Inc., 2012.

[105] 王余蓝. 图形数据库 NEO4J 与关系数据库的比较研究[J]. 现代电子技术，2012，35(20): 77-9.

[106] 赵帆，罗向阳，刘粉林. 网络空间测绘技术研究[J]. 网络与信息安全学报，2016，2(9): 1-11.

[107] 孟威. 网络安全：国家战略与国际治理[J]. 当代世界，2014(2): 46-9.

[108] 郭启全，高春东，郝蒙蒙，等. 发展网络空间可视化技术支撑网络安全综合防控体系建设[J]. 中国科学院院刊，2020，35(7): 917-24.

[109] DI BATTISTA G, EADES P, TAMASSIA R, et al. Algorithms for drawing graphs: an annotated bibliography[J]. Computational Geometry, 1994, 4(5): 235-82.

[110] 孙扬，蒋远翔，赵翔，等. 网络可视化研究综述[J]. 计算机科学，2010，37(2): 12-8, 30.

[111] SELASSIE D, HELLER B, HEER J. Divided edge bundling for directional network data [J]. IEEE Transactions on Visualization and Computer Graphics, 2011, 17(12): 2354-63.

[112] 孙扬，赵翔，唐九阳，等. 一种多变元网络可视化方法[J]. 软件学报，2010，21(9): 2250-61.

[113] 尹清波，张汝波，李雪耀，等. 基于线性预测与马尔可夫模型的入侵检测技术研究[J]. 计算机学报，2005，28(5): 900-7.

[114] 张健，陈松乔. 一种基于最大熵原理系统异常检测模型研究[J]. 小型微型计算机系统，2008(4): 643-8.

[115] 梁霞. 基于网络关系的社交网络群体行为研究[D]. 重庆：重庆邮电大学，2019.

[116] 何雪海，黄明浩，宋飞. 网络安全用户行为画像方案设计[J]. 通信技术，2017(4).

[117] 杨晓庆. 网络安全中用户和实体行为分析技术的研究与应用[D]. 成都：电子科技大学，2020.

[118] 赵战民，岳永哲. 网络信息交互过程安全漏洞检测仿真[J]. 计算机仿真，2017(11): 426-9.

[119] 张蕾，崔勇，刘静，等. 机器学习在网络空间安全研究中的应用[J]. 计算机学报，2018，41(9): 33.

[120] 蒋鲁宁. 机器学习、深度学习与网络安全技术[J]. 中国信息安全，2016，77(5).

[121] 李婷. 深度学习在网络安全防御中的应用研究[J]. 网络安全技术与应用，2020(1).

[122] 王健宗，孔令炜，黄章成，等. 图神经网络综述[J]. 计算机工程，2021，47(4): 12.

[123] 白铂，刘玉婷，马驰骋，等. 图神经网络[J]. 中国科学：数学，2020，50(3): 31-48.

[124] 徐冰冰，岑科廷，黄俊杰，等. 图卷积神经网络综述[J]. 计算机学报，2020，43(5): 755-80.

[125] 康世泽，吉立新，张建朋. 一种基于图注意力网络的异质信息网络表示学习框架[J]. 电子与信息学报，2021，43(4): 915-22.

[126] 袁非牛，章琳，史劲亭，等. 自编码神经网络理论及应用综述[J]. 计算机学报，2019，42(1): 203-30.

[127] 马春光，郭瑶瑶，武朋，等. 生成式对抗网络图像增强研究综述[J]. 信息网络安全，2019，221(5): 16-27.